高等学校の微分・積分

黒田孝郎　森 毅
小島 順　野﨑昭弘 ほか

筑摩書房

目　次

まえがき　011

第1章　微分と積分 …………………………… 013

1.1 運動と微分・積分　014
1.1.1 運動とその法則　014
1.1.2 加速度と第2次導関数　019
1.1.3 落下運動　022

1.2 微分・積分の計算　025
1.2.1 導関数とそのグラフ　025
1.2.2 合成関数の微分法　029
1.2.3 置換積分法　032
1.2.4 逆関数の微分法　034
1.2.5 $(x^\alpha)' = \alpha x^{\alpha-1}$ と $\int_a^b x^\alpha \, dx$　037
1.2.6 積・商の微分法　041
補足*（公式一覧系統図）　045
章末問題　046
数学の歴史1　049

第2章　指数関数 ……………………………… 053

2.1 指数関数の変化　054
2.1.1 コーヒーの冷めかた　054
2.1.2 バクテリアの増殖速度　054
2.1.3 標準の指数関数　060
2.1.4 自然対数　062

2.1.5　底が一般の場合　066
2.2　成長と衰退　070
 2.2.1　指数関数と微分方程式　070
 2.2.2　いくつかの例　072
 2.2.3　指数関数の増加の程度　076
2.3　指数・対数と微分積分の計算　082
 2.3.1　対数と微分　082
 2.3.2　積分の計算　084
 2.3.3　指数・対数と極限　087
　　補足*（成長率と倍率・伸び率）　091
　　章末問題　101
　　数学の歴史2　102

第3章　三角関数 ……………………………… 105

3.1　平面上の運動をとらえる　106
 3.1.1　円運動　106
 3.1.2　平面上の運動　107
 3.1.3　速度, 加速度　110
3.2　三角関数の微分・積分　115
 3.2.1　円運動の速度　115
 3.2.2　三角関数の微分と極限　117
 3.2.3　微分・積分の計算　120
 3.2.4　円の面積　126
　　補足*（球の表面積と体積）　131
3.3　円運動と振動　133
 3.3.1　円運動の加速度　133
　　補足*（中心力と引力）　135

3.3.2 単振動　137
　　　補足*（単振動とエネルギー）　142
　　　補足*（減衰振動）　144
　　　章末問題　147
　　　数学の歴史3　149

第4章　微分・積分の応用 …………………… 153

4.1 微分の応用　154
4.1.1 関数値の変化　154
4.1.2 第2次導関数と曲線の凹凸　158
4.1.3 近似式　162
4.1.4 方程式の根の近似値　167
4.2 積分の応用　173
4.2.1 面積と体積　173
4.2.2 曲線の長さ　178
4.2.3 重心　182
4.2.4 定積分の近似計算　184
4.3 微分方程式　191
4.3.1 微分方程式の意味（1）　191
4.3.2 微分方程式の意味（2）　193
4.3.3 運動の状態　197
　　　章末問題　201
　　　数学の歴史4　204

第5章　極限と連続 ……………………………… 207

5.1 数列と級数　208
5.1.1 指数関数と等比数列　208

5.1.2　無限大に発散することの意味　210
5.1.3　0に収束することの意味　212
5.1.4　一般の等比数列　214
5.1.5　いろいろな数列の極限　216
5.1.6　級数　221
5.1.7　項が正の級数　225
　　　補足*（数列と無限小数）　229
5.2　連続と近似　234
5.2.1　連続関数　234
5.2.2　中間値の定理　238
5.2.3　平均値の性質　242
5.2.4　関数の近似　244
　　　補足*（関数の級数展開）　250
　　　章末問題　254
　　　数学の歴史5　255

答　259
索引　266
数表　269

*）「補足」では，本文をさらに発展的に扱っている．ここは，いわば試験などとは無関係であって読んでも読まなくてもよいが，できれば読んでほしい．そうした自由なページである．

指導資料

まえがき　279

総説 …………………………………………………… 281

第1章　微分と積分 …………………………………… 293
1　編修にあたって　293
2　解説と展開　296
3　授業の実際　313

第2章　指数関数 ……………………………………… 327
1　編修にあたって　327
2　解説と展開　329
3　授業の実際　356
4　参考　360

第3章　三角関数 ……………………………………… 367
1　編修にあたって　367
2　解説と展開　370
3　授業の実際　387

第4章　微分・積分の応用 …………………………… 403
1　編修にあたって　403
2　解説と展開　407
3　参考　433

第5章　極限と連続 …………………………………… 443
1　編修にあたって　443

2　解説と展開　446
　3　授業の実際　467
　4　参考　503

資料

高3の選択科目（森　毅）　　508
指数関数・三角関数の微積分に意味づけを（近藤年示）　511
微積分の「計算」と「応用」について（増島高敬）　515
連続と近似（小島　順）　519
懸垂線と放物線（武藤　徹）　523
ロジスチック曲線（森　毅）　530
$x^x, x^{x^x}, \cdots$ について（森　毅）　532
複素対数関数（森　毅）　536
3種類の比率（森　毅）　538
三角関数と双曲線関数（森　毅）　541
重心について（黒田俊郎）　543
ある最大最小問題の解法（新海　寛）　567
微分積分の授業私論（新海　寛）　570
仕事とエネルギー（増島高敬）　583
第1宇宙速度と第2宇宙速度（増島高敬）　588
現実の中の積分（小島　順）　590
積分の計算（小島　順）　609
暴走の死角（小沢健一）　617
付表　631

高等学校の微分・積分

著作者一覧（1984年当時）

何森　仁（盈進高校教諭）

江藤邦彦（埼玉県立幸手商業高校教諭）

小沢健一（東京都立戸山高校教諭）

黒田孝郎（専修大学教授）

小島　順（早稲田大学教授）

小林道正（中央大学教授）

近藤年示（東京都立日比谷高校教諭）

新海　寛（信州大学助教授）

時永　晃（東京都立狛江高校教諭）

野﨑昭弘（国際基督教大学教授）

増島高敬（麻布学園教諭）

武藤　徹（東京都立戸山高校教諭）

森　　毅（京都大学教授）

黒田俊郎（東京都立小平養護学校教諭）

安野光雅（版画・切り絵）

大久保紀晴（三省堂版教科書編集長）

©H. IZUMORI/K. ETOU/K. OZAWA/T. KURODA/J. KOJIMA/
M. KOBAYASHI/T. KONDOU/H. SHINKAI/A. TOKINAGA/
A. NOZAKI/T. MASUJIMA/T. MUTOU/A. NAKATUKA/
T. KURODA/M. ANNO 2012 printed in Japan

まえがき

　この教科書は,「基礎解析」に続いて, 解析学の一層の発展をめざしたものである.

　とくに, 指数関数と三角関数の解析は, この教科書でなされる. 現実の世界では, 指数的な変化や周期的な変化が基礎的な法則になっていることが多く, 物理現象はもちろん, 生命現象や経済現象の基礎にもなる. そして, べつに科学者や技術者にならないまでも, 現代の世界に生きる人間として, 指数的変化や周期的変化を理解することは, とても役にたつことである. このように重要なことが, 高校を終わるころでないと理解できないのは, 本当は残念なことである.

　科学者や技術者をめざすとなると, 微分や積分の計算が十分に自分のものになっていることも必要である. しかし, それを身につけるということは, ただ機械的な訓練をするだけでなく, 微分や積分を使う自然科学を理解していくなかで, 可能になるものだ.

　また, だんだんと複雑な解析をしていくに従って, その運用の論理の基礎をかためていかねばならない. それで極限の概念が確立して, その上に微積分を展開していくよう

になってきた．また，最近では数値解析の発展から，こうした問題が実用的な重要性をも持ってきている．こうした展開は，大学の教養課程の解析学でなされるが，この教科書の扱いはその予備的段階にもなっている．

　しかし，この教科書が将来に理科系の大学に進学するためだけとは，考えていない．経済学をはじめ，文科系の学問でも微分や積分を使うことは多くなっているし，なによりも高校生の現在の立場として，この教科書を役にたててほしい．

　1984年4月

第1章　微分と積分

　速度や加速度を実感したかったら，電車かバスに乗ればよい．外の景色は映画のように流れる．これが速度の現れである．また，発車や停車のとき，体がグラリとする．これは加速度の影響である．

　速度や加速度の考えをはっきりさせることは，じつはなかなかむずかしい．それはニュートンの微分積分学ではじめて体系的に論じられた．ライプニッツはその理論について「彼以前の歴史が作ったことを全部あわせたより，もっとすばらしいこと」といった．

1.1 運動と微分・積分

1.1.1 運動とその法則

カーテンレールを用いて,下の図のような坂道をつくる.

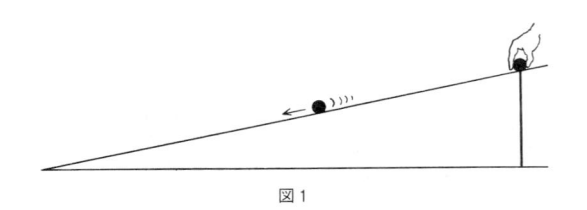

図1

レールのみぞに金属の小球をおき,静かに手を離す.すると,小球ははじめのうちはゆっくりところがり落ちるが,しだいに速度を増していく.

小球がころがりはじめてから t 秒後までの距離を x m とすると,x は t^2 に比例することが知られている.

いま,x と t とのあいだに $x=t^2$ となるように,カーテンレールの傾斜を調節したとしよう[1].

ここで,小球の平均の速度および t 秒後の瞬間の速度を求めてみよう.

小球が t 秒後までに進んだ距離を $x(t)$ m と書くと,t 秒後から $t+\Delta t$ 秒後までの平均の速度はつぎのようになる.

---

1) 金属製カーテンレールを使うときは,約12度にするとよい.

$$\frac{x(t+\Delta t)-x(t)}{\Delta t} = \frac{(t+\Delta t)^2-t^2}{\Delta t}$$
$$= 2t+\Delta t.$$

また，t 秒後の瞬間の速度は

$$\lim_{\Delta t\to 0}\frac{x(t+\Delta t)-x(t)}{\Delta t} = \lim_{\Delta t\to 0}(2t+\Delta t) = 2t$$

となる．

この計算は，関数 $x(t)$ の導関数 $\dfrac{dx}{dt}$ を求めることであった．したがって，t 秒後の速度を v m/秒で表すと

$$v = \frac{dx}{dt} = 2t$$

となる．導関数を求めることを，関数を微分するとよんだ．

また，導関数の図形的な意味は，図2のようにまとめられる．すなわち，平均の速度は $\dfrac{\mathrm{QR}}{\mathrm{PR}}$ となるので，Δt を限

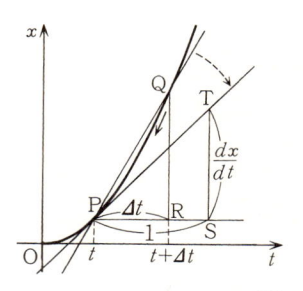

図2 導関数の図形的な意味　PTの傾き $=\dfrac{\mathrm{ST}}{\mathrm{PS}}=\dfrac{\mathrm{ST}}{1}=\mathrm{ST}.$

りなく小さくした瞬間の速度は，点Pにおける接線PTの傾きとして表せる．

微分するというのは，この例のように，いろいろな現象や物事をどんどん細かく分けて考える方法である．

問1 電車が駅を出発して，発車後 t 秒間に x m 進んだとする．はじめの10秒間において，x と t とのあいだに $x=2t^2$ となる関係があるとしよう．5秒後の速度および t 秒後の速度を求めよ．

つぎに，速度が前もってわかっている運動について考えてみよう．

電車が駅を出発すると，はじめのうちはゆっくりと走るが，しだいに速度を増していきやがて速度は一定になる．

いま，電車の運転台に速度計と時計があって，同時に観察できたとする．かりに，発車後10秒間において，時間 t 秒と速度 v m/秒とのあいだに

$$v = 2t$$

となる関係がわかったとしよう．

このとき，電車の走行距離 x m はどのようにして求めればよいだろうか．

もし，電車が速度 v m/秒 の等速運動をしていたなら，t 秒後の距離 x m は

$$x = v \times t$$

となり，これは図3の長方形の面積として表現される．

速度が一定でない場合は，ごくわずかの時間 Δt をとり，

このあいだで等速運動をしたとみなして考えていけばよい.

そこで，図4のグラフにおいて0からtまでのあいだを細かく分ける．そして分点を

$$t_1, t_2, \cdots, t_{n-1}$$

とおき，$t_n = t$ とする．t_{k-1} と t_k の微小区間 Δt_k では，電車が速度 $v(t_k)$ m/秒の等速運動をしたと考えると，このあいだに電車は

$$v(t_k) \cdot \Delta t_k$$

だけ進んだことになる.

したがって，0 から t までの全体では

$$\sum_{k=1}^{n} v(t_k) \cdot \Delta t_k$$

となる.

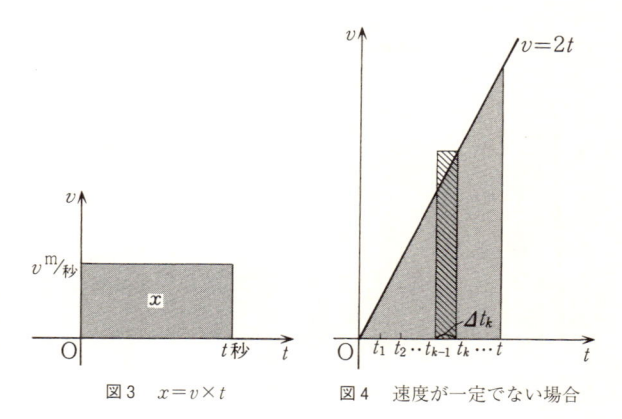

図3　$x = v \times t$

図4　速度が一定でない場合

図5 Δt_k を小さくする

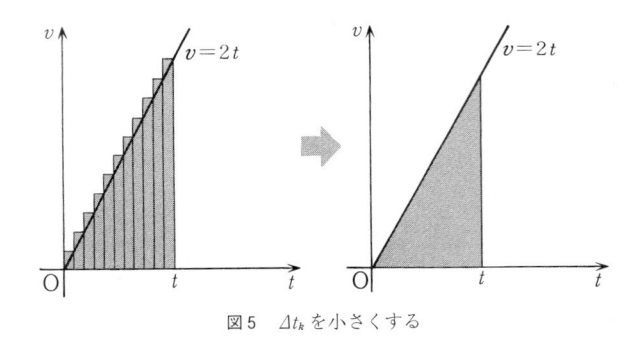

ここで n を限りなく大きくしていくと,上の値は電車の走行距離 x m に近づき,これを

$$x = \int_0^t v(t)dt = \int_0^t 2t\,dt$$

と表し,$v(t)=2t$ の 0 から t までの定積分とよんだ.

定積分の値は,原始関数を用いて

$$x = \int_0^t 2t\,dt = \left[t^2\right]_0^t = t^2$$

と計算することができた.なお,この式は,$v=2t$ のグラフと t 軸のあいだの 0 から t までの部分の面積を求めたことにあたる.

この例のように,定積分の意味は,細かく分けたものをつなぎ合わせ,全体のようすや法則を知る方法といえる.

例題 速度が時刻 t の関数として,

$$v(t) = 3t^2 + 2t$$

で表される乗り物が走っていたとしよう.$t=0$ のとき $x=$

5 であったとすると,距離を表す関数 $x(t)$ はどのようになるであろうか.

解 $x(0)=5$ となるので

$$\begin{aligned}x(t) &= x(0)+\int_0^t v(t)dt \\ &= 5+\int_0^t (3t^2+2t)dt \\ &= t^3+t^2+5.\end{aligned}$$

問 2 $x(0)=3$, $v(t)=t^2+t+1$ のとき, $x(t)$ および $x(3)$ を求めよ.

こうして,距離を表す関数 $x(t)$ と,速度を表す関数 $v(t)$ とは,微分と積分によってつぎのように関係づけられる.

$$\begin{array}{c} x(t) \qquad\qquad\qquad\qquad x'(t)=v(t) \\ \boxed{\text{距離を表す関数}} \underset{\text{積分}}{\overset{\text{微分}}{\rightleftarrows}} \boxed{\text{速度を表す関数}} \\ x(t)=x(0)+\int_0^t v(t)dt \qquad v(t) \end{array}$$

1.1.2 加速度と第 2 次導関数

出発してから 10 秒のあいだで,時間 t 秒と速度 v m/秒との関係が,

$$v=2t$$

となっている電車の運動をふたたびとりあげてみよう.

この電車の速度は,1 秒あたり 2 m/秒ずつ増加している.この 1 秒あたりの速度の変化の割合を,加速度とよぶ.なお,加速度は,速度を時間で割っているので,その

大きさを表すのに
$$距離/(時間)^2$$
を用いる[1]. したがって, この電車が出発して最初の 10 秒間の加速度は
$$2\,\mathrm{m}/(秒)^2$$
で表される.

　加速度が一定の場合, その速度を表す関数のグラフは直線になり, その直線の傾きが加速度を示すことになる.

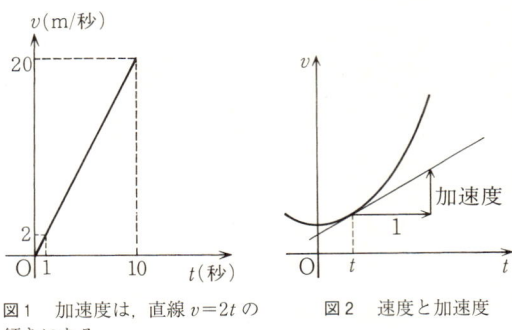

図1　加速度は, 直線 $v=2t$ の傾きになる.

図2　速度と加速度

　つぎに, 速度の変化の割合が一定でない運動を考えてみよう. この場合, 速度を表す関数のグラフは曲線になる.

　ところで, グラフが曲線の場合には, 十分小さい区間をとれば, 直線で近似できた. したがって, 速度の変化の割

---

1) 距離/時間÷時間＝距離/(時間・時間)

合が一定でない場合も瞬間における加速度が考えられ，その大きさは速度のグラフの接線の傾きで示すことができる．すなわち，加速度は時刻 t の瞬間において1単位時間あたりの速度の変化を表すと考えられる．

つまり，時刻 t における速度が $v(t)$ で与えられた運動では，加速度は

$$v'(t) = \lim_{\Delta t \to 0} \frac{v(t+\Delta t) - v(t)}{\Delta t}$$

を求めればよい．速度の関数を微分すると，加速度の関数が得られるのである．

例 速度の関数が

$$v(t) = 3t^2 + t$$

で与えられているとき，加速度を α とすると，

$$\alpha = v'(t) = 6t + 1$$

となる．

いま，加速度を表す関数を $\alpha(t)$ と書くとすると，$\alpha(t)$ と $v(t)$ との関係は

$$\alpha(t) = v'(t)$$

となる．これは，$x(t)$ と $v(t)$ の関係と同じになっているのでつぎのように図示できる．

$v(t)$ 　　　　　　　　　　　　　　　　$v'(t) = \alpha(t)$

$$\boxed{\text{速度を表す関数}} \xrightleftharpoons[\text{積分}]{\text{微分}} \boxed{\text{加速度を表す関数}}$$

$v(t) = v(0) + \int_0^t \alpha(t) dt$ 　　　　$\alpha(t)$

ここで，
$$\alpha(t) = v'(t) = (x'(t))'$$
であるから，$\alpha(t)$ は $x(t)$ を 2 回続けて微分した関数になっている．この関数は $x(t)$ の第 2 次導関数とよばれ，
$$x''(t) \quad \text{あるいは} \quad \frac{d^2 x}{dt^2}$$
と表す．

問 $x(t) = 2t^2 + 3t - 1$ の第 2 次導関数を求めよ．

1.1.3 落下運動

高い建物の上から静かに石を落とすと，落下の速度はしだいに大きくなっていく．石が落ちはじめてから t 秒後の距離を $x(t)$ m で表すと，
$$x(t) = \frac{1}{2} g t^2$$
となる関係が知られている．g の値は，地表付近では約 9.8 である．

ところで，落ちはじめてから t 秒後の石の速度は，距離の関数を微分して，
$$v(t) = x'(t) = gt$$
となる．また，加速度はさらに微分すると求められたので，
$$\alpha(t) = x''(t) = g$$
となる．この g の値 $9.8 \, \text{m}/(秒)^2$ は，重力の加速度とよばれている．

このように，落下運動では加速度がつねに一定になっている．

　つぎに，以上のことを逆にたどって考えてみよう．

　落下する物体の加速度が一定で，その値が g とわかっていたとすると，
$$x''(t) = g \quad \text{すなわち} \quad v'(t) = g.$$
　そこで，速度の関数は
$$v(t) = v(0) + \int_0^t g\, dt$$
$$= v(0) + gt$$
となる．

　$v(0)$ は，落下運動がはじまったときの速度で，初速度とよばれる．静かに物を落とした場合は，$v(0)=0$ である．

　いま，$v(0)=v_0$ のとき，落下距離 $x(t)$ は
$$x(t) = x(0) + \int_0^t (v_0 + gt)\, dt$$
として求められる．ここで，$x(0)$ は，落下運動を起こしたときの位置を表している．

　$x(0)=x_0$ とすると，
$$x(t) = x_0 + v_0 t + \frac{1}{2} g t^2$$
となる．

　以上のことは，
$$\frac{d^2 x}{dt^2} = g \tag{1}$$
から，

$$x = x_0 + v_0 t + \frac{1}{2} g t^2 \qquad (2)$$

を導いたことになるが，(1)のような導関数を含む関係式を微分方程式といい，(2)をその解という．また，$x(0)=x_0$ および $v(0)=v_0$ はあらかじめ与えないと(2)が定まらない．これらを(1)の初期条件という．

練習問題

1 加速度が一定の値 α をとるような運動で，位置を表す関数は時刻の2次関数となることを示せ．
2 加速度が0の運動では，位置を表す関数は時刻のどんな関数になるか．

1.2 微分・積分の計算

1.2.1 導関数とそのグラフ

いろいろな関数の導関数や定積分を求めたり,微分方程式を解いたりする場合,微分積分の計算方法を知る必要がある.この節では,その計算方法について学ぼう.

関数 $f(x)$ の導関数とは,

$$f'(x) = \lim_{\Delta x \to 0} \frac{f(x+\Delta x) - f(x)}{\Delta x} \tag{1}$$

のことであった.この定義にしたがって,

$$f(x) = \frac{1}{x}$$

を微分してみよう.$f(x+\Delta x) = \dfrac{1}{x+\Delta x}$ であるから,

$$\begin{aligned}
f'(x) &= \lim_{\Delta x \to 0} \frac{\dfrac{1}{x+\Delta x} - \dfrac{1}{x}}{\Delta x} \\
&= \lim_{\Delta x \to 0} \frac{\dfrac{-\Delta x}{(x+\Delta x)x}}{\Delta x} \\
&= \lim_{\Delta x \to 0} \frac{-1}{(x+\Delta x)x} \\
&= -\frac{1}{x^2}.
\end{aligned}$$

すなわち,

$$\left(\frac{1}{x}\right)' = -\frac{1}{x^2} \tag{2}$$

が得られる.

導関数 $f'(x)$ に，$x=a$ を代入した
$$f'(a) = \lim_{\Delta x \to 0} \frac{f(a+\Delta x)-f(a)}{\Delta x}$$
を，$x=a$ における変化率といった．

グラフでみると
$$\frac{f(a+\Delta x)-f(a)}{\Delta x}$$
の部分は，図1の割線ABの傾きを示す．そして，$\Delta x \to 0$ のとき，割線ABはAにおける接線に近づくので，
$$\lim_{\Delta x \to 0} \frac{f(a+\Delta x)-f(a)}{\Delta x}$$
は，Aにおける接線の傾きを表す．

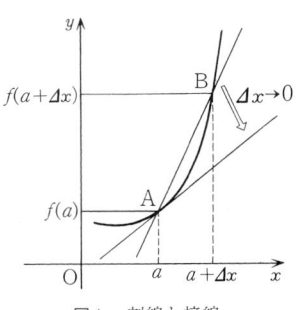

図1 割線と接線

導関数 $f'(x)$ は，x の値を固定してないので，結局，グラフ上のすべての点における接線の傾きを表すことになる．たとえば，25ページの式(2)

$$\left(\frac{1}{x}\right)' = -\frac{1}{x^2}$$

の場合でいえば，$y=\frac{1}{x}$ のグラフ上の任意の x に対する接線の傾きが，$-\frac{1}{x^2}$ であることを示している．

したがって，導関数 $y'=f'(x)$ のグラフをかくと，図2のように，もとの関数 $y=f(x)$ のグラフの接線の傾きを求めてその値を目盛っていったグラフとなる．

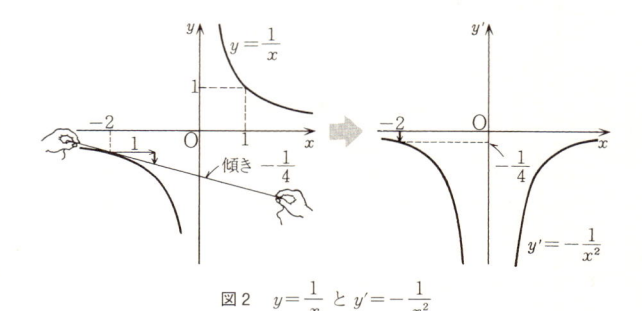

図2　$y=\frac{1}{x}$ と $y'=-\frac{1}{x^2}$

なお，25ページの式(1)において，
$$f(x+\Delta x) - f(x) = \Delta y$$
とすると，導関数は
$$f'(x) = \lim_{\Delta x \to 0} \frac{\Delta y}{\Delta x}$$
と表せる．また，$x+\Delta x=w$ とおけば，$\Delta x=w-x$, $\Delta y=f(w)-f(x)$ であり，$\Delta x \to 0$ のとき，$w \to x$ であるから，導関数は

$$f'(x) = \lim_{w \to x} \frac{f(w)-f(x)}{w-x}$$
とも表せる.

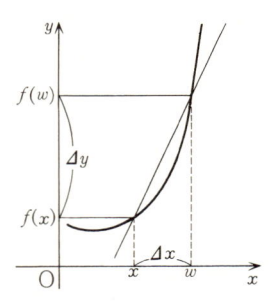

図3　$x + \Delta x = w$ とおく

これを用いて，n がどんな自然数の場合にも，
$$(x^n)' = nx^{n-1}$$
がなりたつことを確かめよう.

$f(x) = x^n$ とおくと，
$$\frac{f(w)-f(x)}{w-x} = \frac{w^n - x^n}{w-x}$$
$$= w^{n-1} + w^{n-2}x + w^{n-3}x^2 + \cdots + x^{n-1}$$
であるから，$w \to x$ として，
$$f'(x) = nx^{n-1}$$
が得られる.

問　$f(x) = x^3$ のグラフと，$f'(x) = 3x^2$ のグラフをかき, 27ページ図2にならってその関係を説明せよ.

1.2.2 合成関数の微分法

関数
$$y = (2x+1)^3$$
を考える．xにある値を代入してyの値を求めるときの計算の順序は，まず
$$u = 2x+1$$
という関数でuの値を求め，続いて関数
$$y = u^3$$
により，yの値を求めるというように分解することができる．

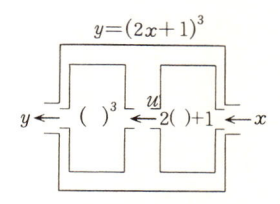

図1 関数を分解してみる

一般に
$$u = g(x), \tag{1}$$
$$y = f(u) \tag{2}$$
という2つの関数から，
$$y = f(g(x)) \tag{3}$$
という関数をつくることができる．

この(3)を，(1)，(2)の合成関数という．

$$y \xleftarrow{f} u \xleftarrow{g} x$$
$$f(g(x))$$

図2　合成関数 $f(g(x))$

問1　つぎの関数を2つの関数の合成関数としてみたとき，それぞれの関数をいえ．

① $y=(x^2+3x+1)^4$　② $y=\dfrac{1}{x^3}$

いま，$u=g(x)$ と $y=f(u)$ の合成関数 $y=f(g(x))$ において，x の増分 Δx に対応する u の増分を Δu，その Δu に対応する y の増分を Δy とする．

$$\frac{\Delta y}{\Delta x} = \frac{\Delta y}{\Delta u} \cdot \frac{\Delta u}{\Delta x}$$

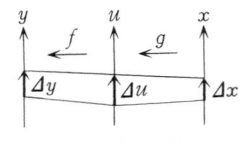

図3　増分の対応

であるから，ここで $\Delta x \to 0$ とすると，$\Delta u \to 0$ と考えられるので

$$\lim_{\Delta x \to 0} \frac{\Delta y}{\Delta x} = \lim_{\Delta x \to 0} \frac{\Delta y}{\Delta u} \cdot \frac{\Delta u}{\Delta x}$$
$$= \lim_{\Delta u \to 0} \frac{\Delta y}{\Delta u} \cdot \lim_{\Delta x \to 0} \frac{\Delta u}{\Delta x}$$

となり，したがって
$$\frac{dy}{dx} = \frac{dy}{du} \cdot \frac{du}{dx} \tag{4}$$
がなりたつ．この(4)は，
$$\frac{dy}{du} = f'(u), \quad \frac{du}{dx} = g'(x)$$
となるので，つぎのように書くことができる．
$$\frac{d}{dx}f(g(x)) = f'(g(x))g'(x).$$

この関係を利用すると，たとえば
$$y = (2x^2+1)^3$$
の場合，右辺を展開しないで，つぎのように導関数を求めることができる．

$u = 2x^2+1$ とおくと，$y = u^3$ だから
$$\begin{aligned}\frac{dy}{dx} &= \frac{dy}{du} \cdot \frac{du}{dx} \\ &= 3u^2 \cdot 4x \\ &= 12x(2x^2+1)^2.\end{aligned}$$

この(4)を，合成関数の微分法という．

問2 つぎの関数を微分せよ．
① $y = (x^2+1)^2$ ② $y = (3x-2)^5$
③ $y = (x^2-2x+5)^4$ ④ $y = (ax+b)^n$

例題 合成関数の微分法と，25ページの式(2)を使って，n がどんな自然数の場合にも
$$(x^{-n})' = -nx^{-n-1} \tag{5}$$

がなりたつことを示せ.

解 $y=x^{-n}=\dfrac{1}{x^n}$ であるから,$u=x^n$ とおくと,$y=\dfrac{1}{u}$ となる.したがって

$$\frac{dy}{dx} = \frac{dy}{du} \cdot \frac{du}{dx}$$

$$= -\frac{1}{u^2} \cdot nx^{n-1}$$

$$= -\frac{1}{x^{2n}} \cdot nx^{n-1} = -nx^{-n-1}.$$

問3 (5)を使ってつぎの関数を微分せよ.
① $y=\dfrac{1}{x^2}$ ② $y=\dfrac{1}{x^3}$ ③ $y=\dfrac{1}{x^4}$

1.2.3 置換積分法

定積分の計算

$$I = \int_0^3 (t^2+t)^4(2t+1)dt$$

について考えてみよう.この計算は,関数

$$(t^2+t)^4(2t+1)$$

を展開すればできる.ところが,この関数は特殊な形をしていて,合成関数の微分法を手がかりに,原始関数が $\dfrac{1}{5}(t^2+t)^5$ であることが見つけられる.すなわち,

$$(t^2+t)' = 2t+1$$

であるから,

$$\left\{\frac{1}{5}(t^2+t)^5\right\}' = (t^2+t)^4(2t+1)$$

である.そこで,

$$I = \left[\frac{1}{5}(t^2+t)^5\right]_0^3 = \frac{1}{5} \cdot 12^5$$

として計算できる．

こうして一般に，

$$J = \int_a^b f(g(t))g'(t)dt$$

の形をした積分は，$f(x)$ の原始関数の1つを $F(x)$ とすれば，合成関数の微分法により

$$\frac{d}{dt}\{F(g(t))\} = f(g(t))g'(t)$$

であるから[1]，

$$J = \left[F(g(t))\right]_a^b = F(g(b))-F(g(a))$$

として計算できる．

問 つぎの定積分を計算せよ．

① $\int_0^2 (t^3+t)^3(3t^2+1)dt$ ② $\int_0^1 (t^3+1)^4 t^2 dt$

なお，$g(a)=\alpha$, $g(b)=\beta$ とすれば，

$$J = F(\beta)-F(\alpha)$$
$$= \left[F(x)\right]_\alpha^\beta = \int_\alpha^\beta f(x)dx$$

であるから，つぎのように書くことができる．

$$\int_a^b f(g(t))g'(t)dt = \int_\alpha^\beta f(x)dx \tag{1}$$

ここで，$x=g(t)$ として，次ページのような表をつくると，対応がわかりやすくなる．

---

1) $g(t)=x$ とみなしている．

また，(1)は左右を逆にして，

$$\int_\alpha^\beta f(x)dx = \int_a^b f(g(t))g'(t)dt \qquad (2)$$

の形で利用する場合もある[1]．

この，(1)または(2)を置換積分法という．

1.2.4 逆関数の微分法

関数 $y=f(x)$ において，y の値を定めると x の値が1つきまるとき，y から x への関数を考えることができるが，これを $y=f(x)$ の逆関数といい

$$x = f^{-1}(y)$$

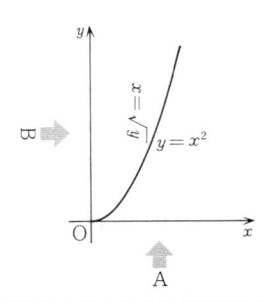

図1　横にしてBからみると逆関数のグラフ

---

1) 式(2)は $x=g(t)$ とおくと，$\dfrac{dx}{dt}=g'(t)$ だから，形式的に $dx=g'(t)dt$ とおくと，左辺から右辺への変形ができる．

で表す．

たとえば，$y=x^2$ $(x>0)$ の逆関数は $x=\sqrt{y}$ である．

グラフでいえば，図1において A の方向からみれば $y=x^2$ $(x>0)$ であるが，B の方向からみると $x=\sqrt{y}$ のグラフである．ただし，B の方向からみたときの y 軸は左が正，右が負の向きになっている．

さて，$y=f(x)$ の導関数 $\dfrac{dy}{dx}$ と，逆関数 $x=f^{-1}(y)$ の導関数 $\dfrac{dx}{dy}$ との関係を考えてみよう．

図2において，$\dfrac{dy}{dx}$ は，点 $\mathrm{P}(x, y)$ における接線の傾きである．また $\dfrac{dx}{dy}$ は，B の方向からみたときの接線の傾きである．したがって $\dfrac{dy}{dx}=m$ とすれば，$\dfrac{dx}{dy}=\dfrac{1}{m}$ であるから，

$$\frac{dx}{dy} = \frac{1}{\dfrac{dy}{dx}}$$

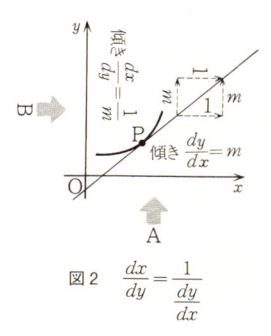

図2　$\dfrac{dx}{dy} = \dfrac{1}{\dfrac{dy}{dx}}$

または，
$$\frac{dy}{dx} = \frac{1}{\dfrac{dx}{dy}}$$
がなりたつ．これを，逆関数の微分法という．

たとえば $y=\sqrt{x}$ の導関数 $\dfrac{dy}{dx}$ を求めてみると，
$$x = y^2$$
だから，逆関数の微分法によれば
$$\frac{dy}{dx} = \frac{1}{\dfrac{dx}{dy}} = \frac{1}{2y} = \frac{1}{2\sqrt{x}}.$$

問1 $y=2x+5$ において，$\dfrac{dy}{dx}$，$\dfrac{dx}{dy}$ を求めよ．

例題 m を 0 でない整数としたとき，
$$\left(x^{\frac{1}{m}}\right)' = \frac{1}{m}x^{\frac{1}{m}-1} \quad (x>0)$$
がなりたつことを示せ．

解 $y=x^{\frac{1}{m}}$ とすると，$y^m=x$．

よって，逆関数の微分法により
$$\frac{dy}{dx} = \frac{1}{\dfrac{dx}{dy}} = \frac{1}{my^{m-1}}$$
$$= \frac{1}{m\left(x^{\frac{1}{m}}\right)^{m-1}} = \frac{1}{m}x^{\frac{1}{m}-1}.$$

問2 つぎの関数を微分せよ．
① $y=\sqrt[3]{x}$　② $y=\sqrt{x+1}$

1.2.5 $(x^\alpha)' = \alpha x^{\alpha-1}$ と $\int_a^b x^\alpha\, dx$

前ページの例題の結果を使うと, m, n が整数のとき,

$$\left(x^{\frac{n}{m}}\right)' = \frac{n}{m} x^{\frac{n}{m}-1}$$

のなりたつことが証明できる. すなわち

$$y = x^{\frac{n}{m}} = (x^n)^{\frac{1}{m}}$$

とおいて, $u = x^n$ とおくと, $y = u^{\frac{1}{m}}$ であるから,

$$\begin{aligned}
\frac{dy}{dx} &= \frac{dy}{du} \cdot \frac{du}{dx} \\
&= \frac{1}{m} u^{\frac{1}{m}-1} \cdot n x^{n-1} \\
&= \frac{n}{m} (x^n)^{\frac{1}{m}-1} \cdot x^{n-1} \\
&= \frac{n}{m} x^{\frac{n}{m}-1}.
\end{aligned}$$

したがって, $\dfrac{n}{m} = \alpha$ とおくと,

$$(x^\alpha)' = \alpha x^{\alpha-1}$$

という微分の公式は, α の値の範囲が有理数にまで拡張さ

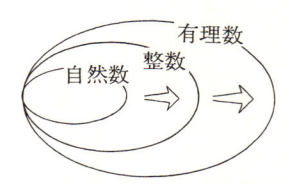

図1 $(x^\alpha)' = \alpha x^{\alpha-1}$ の α の値の範囲が拡張された.

れてきたことになる[1].

問1 つぎの関数を微分せよ.
① $y = x^{\frac{1}{3}}$ ② $y = x\sqrt{x}$

以上のことから，積分についても
$$\int_a^b x^\alpha \, dx = \left[\frac{1}{\alpha+1} x^{\alpha+1}\right]_a^b$$
がいえる.

問2 つぎの定積分を計算せよ.
① $\int_0^4 x^{\frac{5}{2}} \, dx$ ② $\int_1^3 x^{-\frac{3}{2}} \, dx$

例題1 $I = \int_0^4 x\sqrt{x+1} \, dx$ を計算せよ.

解 $x+1 = t$ とおくと，$x = t-1$ だから，
$$x = g(t) = t-1 \quad (t \geq 0)$$
と考えると，置換積分法により[2],

x	$0 \longrightarrow 4$
t	$1 \longrightarrow 5$

$$I = \int_1^5 (t-1) \cdot t^{\frac{1}{2}} \, dt$$
$$= \int_1^5 (t^{\frac{3}{2}} - t^{\frac{1}{2}}) \, dt$$
$$= \left[\frac{2}{5} t^{\frac{5}{2}} - \frac{2}{3} t^{\frac{3}{2}}\right]_1^5$$

---

1) 第2章では，α が実数にまで拡張される.
2) 33～34ページ参照.

$$= \left(10\sqrt{5} - \frac{10}{3}\sqrt{5}\right) - \left(\frac{2}{5} - \frac{2}{3}\right)$$
$$= \frac{20}{3}\sqrt{5} + \frac{4}{15}.$$

問3 つぎの定積分を計算せよ．

① $\int_1^3 x\sqrt{x-1}\,dx$ ② $\int_2^3 \dfrac{x}{\sqrt{x-1}}\,dx$

例題2 円 $x^2+y^2=a^2$ 上の点 $P(x_1, y_1)$ における接線の傾きは $-\dfrac{x_1}{y_1}$ であることを示せ．

解1 半径 OP の傾きは $\dfrac{y_1}{x_1}$ であり，接線は OP と垂直であるから，傾きは $-\dfrac{x_1}{y_1}$．

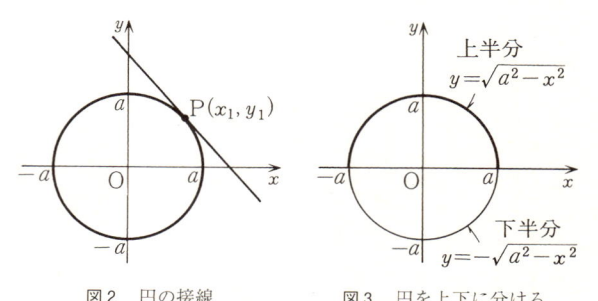

図2　円の接線　　図3　円を上下に分ける

解2 $x^2+y^2=a^2$ を y について解くと，
$$y = \pm\sqrt{a^2-x^2}$$
となるが，$y=\sqrt{a^2-x^2}$ は円の上半分を表し，$y=-\sqrt{a^2-x^2}$

は円の下半分を表す．Pが上半分にあるとき，

$$y' = \{(a^2-x^2)^{\frac{1}{2}}\}'$$
$$= \frac{1}{2}(a^2-x^2)^{\frac{1}{2}-1} \cdot (-2x)$$
$$= \frac{-x}{\sqrt{a^2-x^2}}$$
$$= -\frac{x}{y}$$

となるから，Pにおける接線の傾きは $-\dfrac{x_1}{y_1}$．

Pが円の下半分にあるときも，同様にして $-\dfrac{x_1}{y_1}$ が得られる．

解3 $x^2+y^2=a^2$ の両辺を x で微分する．y は x の関数とみなせるから，$f(x)=x^2+y^2$, $g(x)=a^2$ とおく．

$$f(x)=g(x) \quad ならば, \quad f'(x)=g'(x)$$

だから

$$2x+2y \cdot \frac{dy}{dx} = 0. \quad ^{1)}$$

ゆえに，

$$\frac{dy}{dx} = -\frac{x}{y}$$

となり，Pにおける接線の傾きは $-\dfrac{x_1}{y_1}$．

---

1) 合成関数の微分法で $\dfrac{d}{dx}y^2 = 2y \cdot \dfrac{dy}{dx}$．

1.2.6　積・商の微分法

たとえば,
$$(x^2+3x-1)' = 2x+3$$
という微分の計算は，くわしくみると
$$\{f(x)+g(x)\}' = f'(x)+g'(x), \tag{1}$$
$$\{f(x)-g(x)\}' = f'(x)-g'(x), \tag{2}$$
$$\{af(x)\}' = af'(x) \tag{3}$$
という計算規則を使っている．

では，積の形をした関数について
$$\{f(x)g(x)\}' = f'(x)g'(x)$$
がなりたつだろうか．

いま，$f(x)=x^2$, $g(x)=x$ としてみると,
$$\{f(x)g(x)\}' = (x^3)' = 3x^2,$$
$$f'(x)g'(x) = (x^2)'(x)' = 2x \cdot 1 = 2x$$
となってしまい，なりたたない．

そしてじつは,
$$\{f(x)g(x)\}' = f'(x)g(x)+f(x)g'(x) \tag{4}$$
という式がなりたつ[1]．これを積の微分法という．

この式がなりたつ理由を説明しよう．
$$\{f(x)g(x)\}' = \lim_{\Delta x \to 0} \frac{f(x+\Delta x)g(x+\Delta x)-f(x)g(x)}{\Delta x}$$

---

[1]　上の例でいうと，
　　$(x^3)'=(x^2)'x+x^2(x)'=2x \cdot x+x^2 \cdot 1=3x^2$
　　となる．

(ア)　　　　　　　　　(イ)

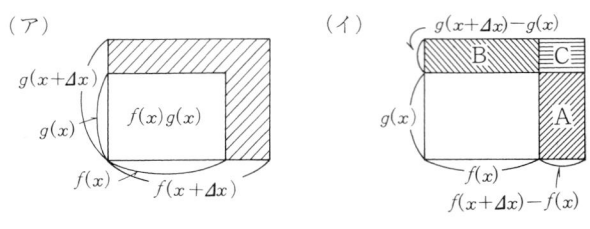

図1　斜線部を分解

であるが，いま $f(x)$, $g(x)$ を上の図のように，長方形の横と縦の長さだとみなそう．

分子の
$$f(x+\Delta x)g(x+\Delta x) - f(x)g(x)$$
は，図1(ア)の斜線部の面積にあたる．

これを図1(イ)のように3つの部分 A, B, C に分けると，それぞれ

　　A：$\{f(x+\Delta x) - f(x)\} \cdot g(x)$
　　B：$f(x) \cdot \{g(x+\Delta x) - g(x)\}$
　　C：$\{f(x+\Delta x) - f(x)\} \cdot \{g(x+\Delta x) - g(x)\}$

となる．これらを Δx で割って，$\Delta x \to 0$ とすると，それぞれ
$$f'(x)g(x), \qquad f(x)g'(x), \qquad 0$$
となる[1]．したがって，(4)の式がなりたつ．

例　$\{(x^2+1)(2x^3-4x)\}'$

---

1)　Cについては，$f'(x) \cdot 0$ あるいは，$0 \cdot g'(x)$ となる．

$$= (x^2+1)'(2x^3-4x) + (x^2+1)(2x^3-4x)'$$
$$= 2x(2x^3-4x) + (x^2+1)(6x^2-4)$$
$$= 10x^4 - 6x^2 - 4.$$

問1 積の微分法を用いて微分せよ．

① $y = x^2(2x^3 + x^2)$

② $y = (x-1)(x+1)$

③ $y = (x-1)(x^2+x+1)$

また，商の形をした関数の微分について

$$\left\{\frac{f(x)}{g(x)}\right\}' = \frac{f'(x)g(x) - f(x)g'(x)}{\{g(x)\}^2} \tag{5}$$

という公式がなりたつ．これを商の微分法という．

まず，

$$\left\{\frac{1}{g(x)}\right\}' = -\frac{g'(x)}{\{g(x)\}^2} \tag{6}$$

がなりたつことは，

$$\left(\frac{1}{x}\right)' = -\frac{1}{x^2} \,{}^{1)}$$

および合成関数の微分法からわかる．つぎに，積の微分法を使って

$$\left\{\frac{f(x)}{g(x)}\right\}' = \left\{f(x) \cdot \frac{1}{g(x)}\right\}'$$

を計算すれば，(5)が得られる．

---

1) 25 ページ参照．

例 $\left(\dfrac{2x}{x^2+1}\right)' = \dfrac{(2x)'(x^2+1) - 2x(x^2+1)'}{(x^2+1)^2}$

$\qquad = \dfrac{2(x^2+1) - 2x \cdot 2x}{(x^2+1)^2}$

$\qquad = \dfrac{-2x^2+2}{(x^2+1)^2}.$

問2 商の微分法を用いて微分せよ．

① $y = \dfrac{x^3}{x^2-1}$　　② $y = \dfrac{3x^2+x}{2x+1}$

練習問題

1 つぎの関数を微分せよ．

(1) $y = (x^2+2)^6$　　(2) $y = \dfrac{1}{(x^2+2)^6}$

(3) $y = (x^2+1)\sqrt{x}$　　(4) $y = \dfrac{\sqrt{x}}{x^2+1}$

2 つぎの計算をせよ．

(1) $\displaystyle\int_1^2 x^{\frac{1}{2}}\,dx$　　(2) $\displaystyle\int_0^1 x^{\frac{1}{3}}\,dx$

(3) $\displaystyle\int_1^2 \dfrac{1}{x^2}\,dx$　　(4) $\displaystyle\int_1^2 \dfrac{1}{x^3}\,dx$

【補足】公式一覧系統図

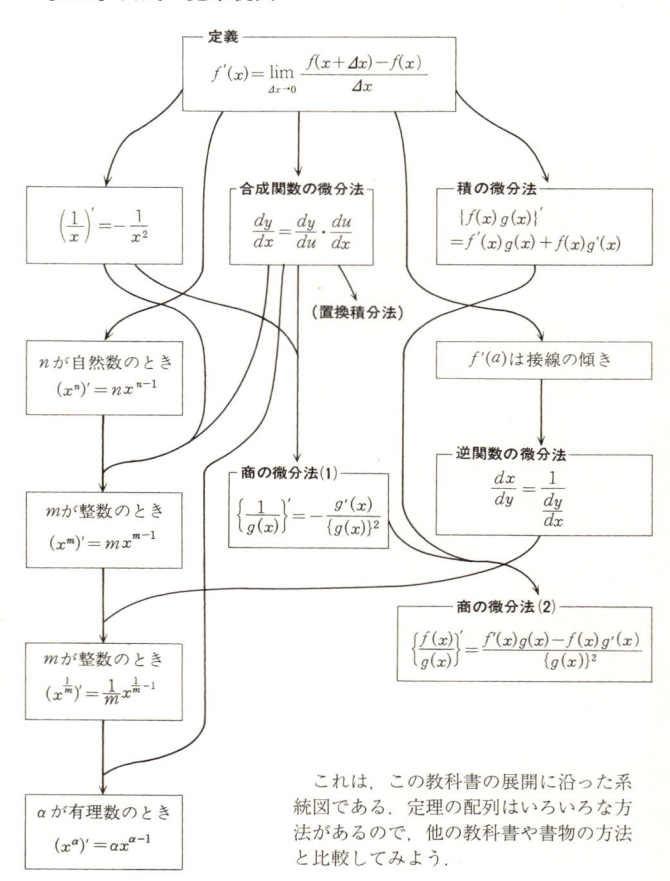

定義
$$f'(x) = \lim_{\Delta x \to 0} \frac{f(x+\Delta x)-f(x)}{\Delta x}$$

合成関数の微分法
$$\frac{dy}{dx} = \frac{dy}{du} \cdot \frac{du}{dx}$$

（置換積分法）

積の微分法
$$\{f(x)g(x)\}' = f'(x)g(x) + f(x)g'(x)$$

$$\left(\frac{1}{x}\right)' = -\frac{1}{x^2}$$

n が自然数のとき
$(x^n)' = nx^{n-1}$

m が整数のとき
$(x^m)' = mx^{m-1}$

m が整数のとき
$(x^{\frac{1}{m}})' = \frac{1}{m}x^{\frac{1}{m}-1}$

α が有理数のとき
$(x^\alpha)' = \alpha x^{\alpha-1}$

商の微分法(1)
$$\left\{\frac{1}{g(x)}\right\}' = -\frac{g'(x)}{\{g(x)\}^2}$$

$f'(a)$ は接線の傾き

逆関数の微分法
$$\frac{dx}{dy} = \frac{1}{\frac{dy}{dx}}$$

商の微分法(2)
$$\left\{\frac{f(x)}{g(x)}\right\}' = \frac{f'(x)g(x)-f(x)g'(x)}{\{g(x)\}^2}$$

　これは，この教科書の展開に沿った系統図である．定理の配列はいろいろな方法があるので，他の教科書や書物の方法と比較してみよう．

章末問題

1 時刻 t における位置 x が
$$x = at^2 + bt + c,$$
ただし a, b, c は定数

で表される運動において，速度 v および加速度 α を t の関数で表せ．

2 時刻 t における加速度 α が
$$\alpha = 3t + 1$$
で表されるとき，つぎの問いに答えよ．

(1) 速度 v を t の関数で表せ．ただし，$t=0$ のとき $v=0$ とする．

(2) さらに，位置 x を t の関数で表せ．ただし，$t=0$ のとき $x=0$ とする．

3 関数 $y=f(x)$ のグラフがつぎのような形をしているとき，$y'=f'(x)$ のグラフの概形を右側にかけ．

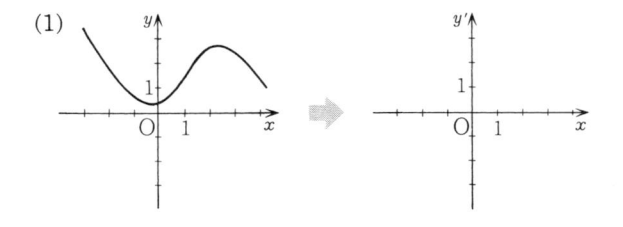

(1)

(2) [グラフ]

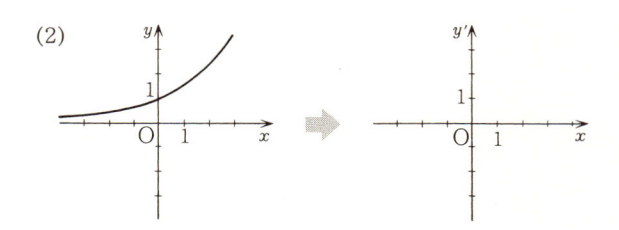

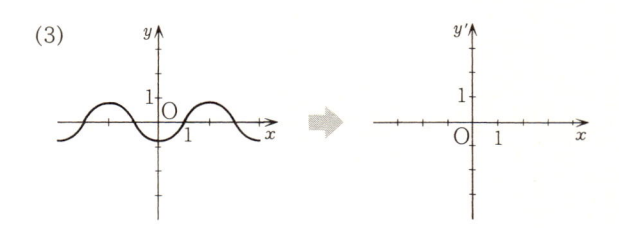

(3) [グラフ]

4 つぎの関数を微分せよ．
  (1) $y=(x^2-5)^3$
  (2) $y=(3x^2-1)^2$
  (3) $y=\sqrt{x-1}$
  (4) $y=\sqrt{x^2-1}$
  (5) $y=(x^3+1)(x^4-4x-1)$
  (6) $y=\dfrac{1}{1-x^4}$

5 つぎの関数の第2次導関数を求めよ．
  (1) $y=x^4-3x^2-1$
  (2) $y=\dfrac{1}{x}$
  (3) $y=\sqrt{x}$
  (4) $y=(x^2+1)^4$

6 つぎの積分の計算をせよ．
  (1) $\displaystyle\int_0^8 \sqrt[3]{x}\,dx$
  (2) $\displaystyle\int_1^2 \dfrac{x^4+x^2+1}{x^2}\,dx$

(3) $\int_0^3 \sqrt{2x+1}\,dx$ (4) $\int_0^3 x(x^2-1)^5 dx$

7 置換積分法を用いて，つぎの積分を計算せよ．

(1) $\int_3^7 (4x+1)\sqrt{x-3}\,dx$

(2) $\int_2^{11} (x+1)\sqrt{x-2}\,dx$

(3) $\int_3^5 \dfrac{1}{\sqrt{x-2}}\,dx$

8 積の微分法を用いて，つぎの式のなりたつことを示せ．
$$\{f(x)g(x)h(x)\}'$$
$$=f'(x)g(x)h(x)+f(x)g'(x)h(x)+f(x)g(x)h'(x)$$

数学の歴史　1

　ここで扱われている積分は，リーマン積分と呼ばれている．リーマンがその基礎づけを試みたからである．
　ベルンハルト・リーマン（1826-1866）は，ナポレオン戦争で疲弊したドイツの寒村に，貧乏牧師の子として生まれた．貧困の故か，幼児期から虚弱体質だったという．牧師になろうとしてゲッチンゲン大学に入ったのだが，やがて関心は物理学と数学に向かう．ドイツの大学生は，あちらこちらの大学を移るのが普通で，彼もベルリン大学に行っている．やがてゲッチンゲンに戻ってからは，物理のウェーバーの助手となった．現代の数学者はアイデアの源泉をリーマンに求めることが多く，それでリーマンは現代純粋数学の父のように思われがちだが，彼はもともと数理物理学者なのである．
　学位論文は関数論のリーマン面で，多様体論や位相幾何の起源とされている．さらに講師資格試験に向けて，ベルリンでディリクレに学んだフーリエ級数の基礎をまとめようとした．これは死後に公表され，そこに「リーマン積分」がある．しかし，老ガウスが指定した題目は『幾何学の基

礎』であって，それが一つの時代を画した．慎重なガウスは，半世紀間にわたって多くのアイデアを隠しあたためていたのだが，そのパンドラの箱がこの27歳の若者の手で開かれるのに驚嘆したという．興奮のあまりに，帰路にドブに落ちて死期を早めた，という説まである．もっともリーマンのほうも，物質的にめぐまれず，その上に虚弱な身体で，しばしば神経を病んだ．神経がおかしくなると，山をひと月もほっつき歩いて，それでやっと回復したという．

　30歳代で助教授からやがて教授になり，生活もようやく安定した．数理物理学での指導的地位が約束されていた．しかし，病魔が彼をとらえ，36歳での結婚と同時に結核が発病した．ゲッチンゲンとイタリアを往復しながらの療養の日々が，彼の30歳代後半だった．そして，40歳になる直前，まだ3歳にもならない娘のことを気にしながら，リーマンは死んだ．

　微分と積分というのは，もともとは独立に生まれて，どちらかというと積分が先行していた．しかし，ニュートンやライプニッツの時代，積分を逆微分として計算することから，微分が先行するようになった．そして，ダランベールからコーシーにかけて，極限の概念が成立することによって，微分を習ってから積分を習うという，19世紀の微積分教育課程がつくられた．さらに理論的要請から，コーシーからリーマン，そしてルベーグへという，19世紀の数学の流れのなかで，積分論が確立していった．だから今で

は，積分先行の教育課程を主張する人もある．一方，微分についての理論化は，これもリーマンに始まる多様体論として，20世紀に開花した．

微分と積分の2つが，からまりあいながら，数学の歴史をいろどっているところが，おもしろい．

そして，この歴史のなかで，もっとも美しい花を咲かせたのは，薄幸の天才リーマンであった．

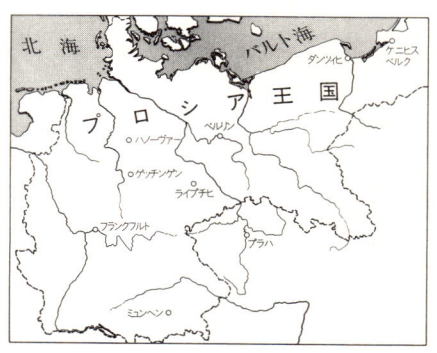

1827 ハイネ『歌の本』．頼山陽『日本外史』．
1830 フランス，7月革命．スタンダール『赤と黒』．
1838 緒方洪庵の蘭学塾．
1839 アヘン戦争おこる．
1840 アンデルセン『絵のない絵本』．
1848 ドイツ，3月革命．佐久間象山，大砲鋳造．
1853 クリミア戦争．太平天国が南京占領．ペリー来航．
1859 ダーウィン『種の起源』．安政の大獄．
1861 イタリア統一．南北戦争始まる．和宮降嫁．
1865 メンデルの遺伝の法則．トルストイ『戦争と平和』．

第2章　指数関数

　道具は使わないと覚えない．テープレコーダーでも計算機でも，まちがってもいいからどんどん使ったほうが，早く覚えられる．数学だってそうである．

　1626年，あるオランダ人がインディアンから，ニューヨークのマンハッタン島を24ドル相当のリボンやガラス玉で買ったという．このインディアンが，もし24ドルの現金をもらって，年利6パーセントの自動継続定期預金にあずけたとしたら，1983年には何ドルになるだろうか？

　しかし，数学をあわてて使うと，ヘンな答が出てしまう．

　アキコちゃんは200円もって八百屋さんにいき，ピーマンを50円，もやしを30円買いました．いくらおつりをもらったでしょう．ある大先生の答は200－50－30＝120（円）．さて，本当は？

2.1 指数関数の変化

2.1.1 コーヒーの冷めかた

コーヒーカップに注がれた熱いコーヒーもしばらく放置しておくと冷めてくる.

室温 26℃ のとき, 熱いコーヒーをカップに注ぎ, しばらくしてコーヒーの温度を測ってみたところ 63℃ になっていた.

それから 20 分後にコーヒーの温度を調べると 44.8℃ であった. それでは, さらに 30 分放置しておくと, コーヒーの温度はいったい何度になっているだろうか.

この答えは, つぎのような微分方程式を解くことによって得られるという.

$$\frac{dx}{dt} = -kx \tag{1}$$

(1) は, いったいどんなことを意味しているのだろうか. どうしたら, この関係式から, たとえば 50 分後の温度を求めることができるのだろうか.

身近な現象のなかには, その法則が (1) で表されるようなものがたくさんある. この章では, そうした現象のいくつかをとり上げて, (1) の意味や処理のしかたを学ぶことにしよう.

2.1.2 バクテリアの増殖速度

バクテリアは, 理想的な環境のもとでは, 一定時間に一

2.1 指数関数の変化

定の割合で増殖すると考えられる．いま，1時間で2倍に増えるようなバクテリア1 mgを考えると，その量は，下表のように増えてゆく．

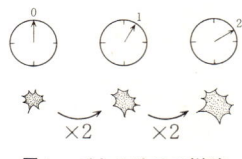

図1　バクテリアの増殖

時　刻　　　　　t（時）	0 … 1 … 2 … 3 … 4 … 5 … t
バクテリアの量　x（mg）	1 … 2 … 4 … 8 … 16 … 32 … x

時刻t時におけるバクテリアの量を$x(t)$ mgで表すと
$$x(t) = 2^t \tag{1}$$
となる．

このバクテリアの増える速さ，すなわち増殖速度を調べよう．

たとえば，時刻3から7までにバクテリアの量は8 mgから128 mgになる．これは，4時間で120 mg増えたこと

$$\begin{array}{c|ccc} & \multicolumn{3}{c}{\boldsymbol{\Delta t}} \\ \hline t & 3 & \longrightarrow & 7 \\ \hline x & 8 & \longrightarrow & 128 \\ & \multicolumn{3}{c}{\boldsymbol{\Delta x}} \end{array}$$

図2　$\dfrac{\Delta x}{\Delta t} = 30$

になるから，1時間あたりの増加量は

$$\frac{\Delta x}{\Delta t} = \frac{128-8}{7-3} = 30 \ (\text{mg/時})$$

となる．これは，平均の増殖速度である．

問1 下の表に与えられたそれぞれの時刻間における平均増殖速度を求めよ．

ただし，$2^{3.5} \fallingdotseq 11.3$，$2^{3.1} \fallingdotseq 8.6$ とする．

時　刻 (秒)	時　間 Δt	バクテリアの変化量 Δx	平均増殖速度 (mg/時)
3〜5			
3〜4			
3〜3.5			
3〜3.1			

指数関数
$$x(t) = 2^t \tag{1}$$
のグラフにおいて，$t=3$ に対応する点と，$t=3+\Delta t$ に対応する点を結んだ直線の傾きが，Δt 時間のあいだの平均増殖速度を表している．

Δt を小さくしてゆけば，平均増殖速度は時刻 3 における瞬間増殖速度にだんだん近づいていくようになる．そして，(1)のグラフの時刻 3 のところで引いた接線の傾きがその時刻における瞬間増殖速度を表している．

そこで，(1)のグラフをできるだけ正確に描き，各点にお

図3　瞬間増殖速度

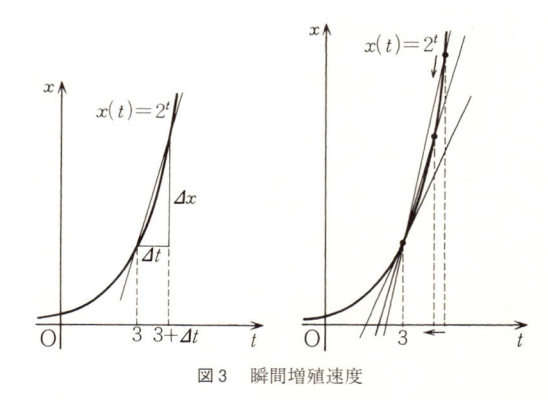

ける変化率を下の図のように糸を使って測れば瞬間増殖速度のだいたいの値が求められる．

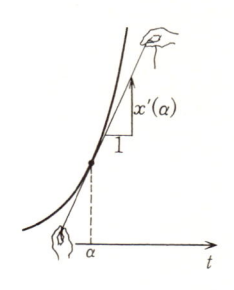

問2　次ページのような $x=2^t$ のグラフを方眼紙に大きくかき，表の t の各値における変化率のおよその値を，上図のようにして調べてみよ．

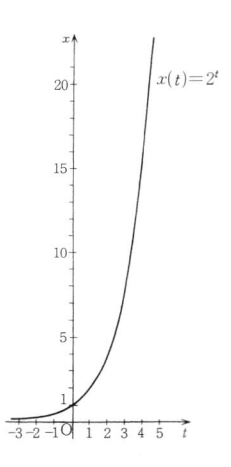

t	-2	-1	0	1	2	3
$x'(t)$						

　下の表は，グラフをかいて求めた1つの例である．こうしてできた $x'(t)$ が，$x(t)$ の導関数である．この表をみると，ほぼ

t	-2	-1	0	1	2	3
$x(t)$	0.25	0.5	1.0	2.0	4.0	8.0
$x'(t)$	0.18	0.36	0.68	1.36	2.78	5.55
$\dfrac{x'(t)}{x(t)}$	0.72	0.72	0.68	0.68	0.70	0.69

$$x'(t) = 0.7x(t) \tag{2}$$

という関係がありそうだという予想がたつであろう．

つまり，導関数 $x'(t)$ のグラフは，(1) のグラフを縦軸方向に約 0.7 倍に縮めたものになると考えられる．

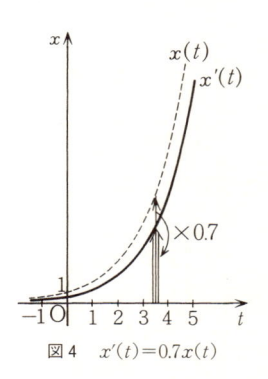

図 4　$x'(t) = 0.7x(t)$

これを計算によって確かめてみよう．

$$\begin{aligned}
x'(t) &= \lim_{\Delta t \to 0} \frac{x(t+\Delta t) - x(t)}{\Delta t} \\
&= \lim_{\Delta t \to 0} \frac{2^{t+\Delta t} - 2^t}{\Delta t} \\
&= \lim_{\Delta t \to 0} \frac{2^t(2^{\Delta t} - 1)}{\Delta t} \\
&= \lim_{\Delta t \to 0} \frac{2^{\Delta t} - 1}{\Delta t} \cdot 2^t.
\end{aligned}$$

ここで，

$$\lim_{\Delta t \to 0} \frac{2^{\Delta t}-1}{\Delta t} = \lim_{\Delta t \to 0} \frac{2^{0+\Delta t}-2^0}{\Delta t}$$

であり，これは $t=0$ における変化率にほかならない．

そこで，この値を k とおくと $k \fallingdotseq 0.7$ で
$$x'(t) = k \cdot 2^t.$$
つまり，
$$x'(t) = kx(t) \tag{3}$$
となる．

2.1.3 標準の指数関数

前項では，
$$x(t) = 2^t$$
という関数の導関数 $x'(t)$ を求め，それが $x(t)$ に比例することを導いたが，このことは，一般に指数関数
$$x(t) = a^t \tag{1}$$
についていえる．

すなわち，(1) の導関数は，$x'(0)=k$ として
$$x'(t) = ka^t = k \cdot x(t) \tag{2}$$
という関係がなりたつ．このように，指数関数の導関数は自分自身に比例する．

問1 (2) を計算で確かめよ．

問2 次ページの図は，$x(t)=a^t$ のグラフの $a=1.2$, 1.6, 2.0, 2.4, 2.8, 3.2 の場合である．これらのグラフのそれぞれの $x'(0)$ の値を読みとりたい．点 $(0, 1)$ 付近を拡大した図を用いて，それぞれの場合の $x'(0)$ を読みとれ．

2.1 指数関数の変化

a	1.2	1.6	2.0	2.4	2.8	3.2
$x'(0)$						

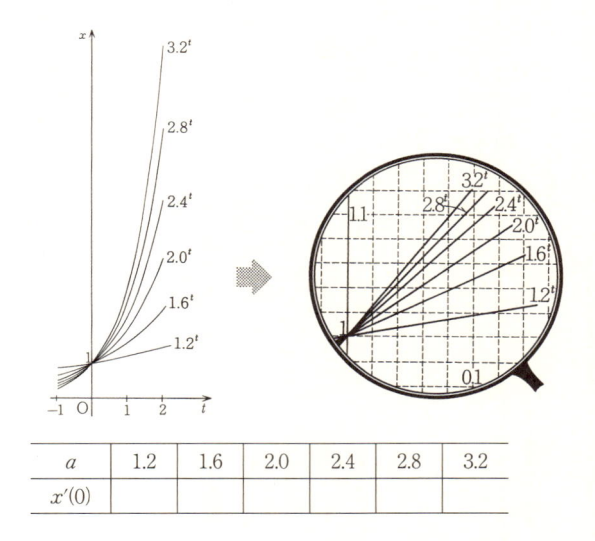

また，読みとった値を使って，つぎの各関数の導関数は，だいたいどんな関数になるかをいえ．

① $x(t) = 1.2^t$　　② $x(t) = 2.8^t$

上のグラフを見ると，$x(t) = a^t$ で，底 a が増加してゆくと $x'(0)$ も増加してゆくが，

$$2.4 < a < 2.8$$

であるようなある値 a で，

$$x'(0) = 1 \qquad (3)$$

をみたすものがあると予想できるだろう．この(3)をみた

す場合の a を文字 e で表す．

e の値は，じつは
$$e = 2.71828182\cdots$$
となり，π と同じように無理数であることがわかっている．

e を底にした指数関数
$$x(t) = e^t$$
については，その定義から $x'(0)=1$ であり，
$$x'(t) = x(t) \tag{4}$$
すなわち，
$$(e^t)' = e^t \tag{5}$$
がなりたつ．

つまり，$x(t)=e^t$ は，導関数が自分自身になるのである．

$x(t)=e^{3t}$ については，$u=3t$ とおくと，合成関数の微分法より
$$\frac{dx}{dt} = \frac{dx}{du} \cdot \frac{du}{dt} = e^u \cdot \frac{du}{dt} = 3e^{3t}.$$

すなわち，$x'(t)=3x(t)$ である．したがって，$x(t)=e^{3t}$ は，微分方程式
$$x'(t) = 3x(t)$$
の解になっている．

2.1.4 自然対数

底が e の指数関数
$$x = e^t \tag{1}$$

図1 　$x=e^t$ と $t=\log_e x$

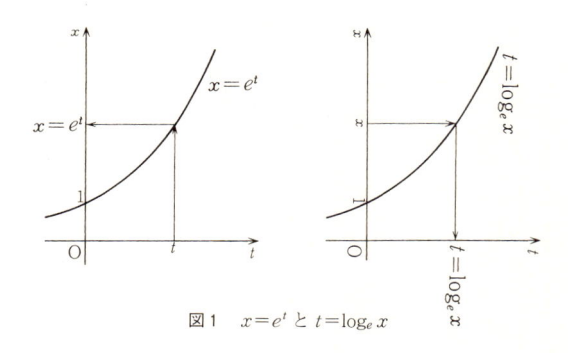

の逆関数は，対数関数
$$t = \log_e x \tag{2}$$
となる．

ここに出てきた，底が e の場合の対数を自然対数といって，微積分では e を省略して，単に $\log x$ と書く．

(1)は，たとえば1単位時間ごとに e 倍，すなわち約 2.7 倍に増えるバクテリアの量 x を表し，(2)は，バクテリアの量が x になるときの時間 t を表す．

(2)の導関数 $\dfrac{dt}{dx}$ を求めてみよう．

$\dfrac{dx}{dt} = x$ だから，逆関数の微分法により

$$\frac{dt}{dx} = \frac{1}{\dfrac{dx}{dt}} = \frac{1}{x}$$

である．すなわち

$$(\log x)' = \frac{1}{x}. \tag{3}$$

図2 $(\log x)' = \dfrac{1}{x}$ の意味

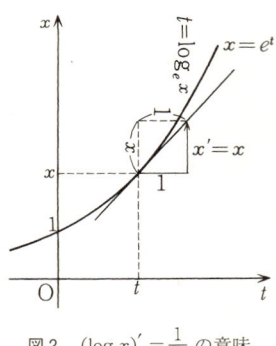

問1 合成関数の微分法を用いて
$$(\log f(x))' = \frac{f'(x)}{f(x)}$$
を示せ．

問2 つぎの関数を微分せよ．
① $\log 2x$ ② $\log(-x)$
③ $\log x^2$ ④ $\log(x+1)$

また，(3) を 1 から x まで積分すると
$$\log x = \log 1 + \int_1^x \frac{1}{x}\,dx = \int_1^x \frac{1}{x}\,dx$$
となる．

このことは，$\log x$ の値が図 3 の斜線部の面積で与えられることを示している．

図3　$\log x = \int_1^x \dfrac{1}{x}\,dx$

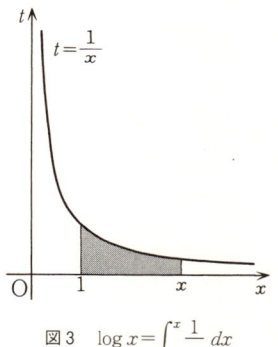

問3　つぎの値を求めよ．

① $\displaystyle\int_1^e \dfrac{1}{x}\,dx$　　② $\displaystyle\int_1^{e^2} \dfrac{1}{x}\,dx$

問4　$\log 2 = \displaystyle\int_1^2 \dfrac{1}{x}\,dx$ を用いて

$$\dfrac{1}{2} < \log 2 < 1$$

となることを示せ．

ところで，前ページの問2②の $\log(-x)$ という関数は $x<0$ で定義されているが，

$$(\log(-x))' = \dfrac{1}{x}$$

がなりたった．そこで(3)といっしょにして

$$(\log|x|)' = \frac{1}{x}$$

と書くこともできる．また同様にして，

$$(\log|f(x)|)' = \frac{f'(x)}{f(x)}$$

もなりたつことになる．

問5 つぎの関数を微分せよ．

① $\log|x-1|$ ② $\log|x^3|$

2.1.5 底が一般の場合

いままでは，おもに底が e の場合の指数関数，対数関数を考えてきた．そのさい基本となるのは，

$$(e^t)' = e^t \tag{1}$$

であった．

底が一般の指数関数

$$x(t) = a^t \tag{2}$$

の導関数も，底を e に変換して(1)を利用すれば，簡単に求められる．いま，

$$a = e^k$$

とおいてみよう．すると，

$$k = \log a$$

であるから，(2)は

$$x(t) = e^{kt} = e^{(\log a)t} \tag{3}$$

と書ける．したがって

$$x'(t) = (\log a)e^{(\log a)t}$$

$$= (\log a) a^t \tag{4}$$

となる．すなわち

$$(a^t)' = (\log a) a^t \tag{5}$$

がなりたつ．(4)あるいは(5)は

$$x'(t) = (\log a) x(t) \tag{6}$$

を意味するから，(2)すなわち(3)は，微分方程式(6)の解になっている．

また，(6)と60ページの(2)をくらべると，

$$x'(0) = \log a$$

となっている．

また，(5)から

$$\frac{a^t}{\log a}$$

は，a^t の原始関数であることがわかる．

つぎに，底が一般の場合の対数関数

$$\log_a x$$

を微分してみよう．

底の変換公式によって底を e とすると，

$$\log_a x = \frac{\log x}{\log a}$$

となるので，

$$(\log_a x)' = \frac{1}{\log a} \cdot \frac{1}{x} \tag{7}$$

がなりたつ．

または，$y = \log_a x$ の逆関数が $x = a^y$ であるから，逆関数

の微分法により
$$\frac{dy}{dx} = \frac{1}{\frac{dx}{dy}} = \frac{1}{\log a \cdot a^y} = \frac{1}{\log a} \cdot \frac{1}{x}$$

としても(7)が得られる．

問1　つぎの関数を微分せよ．

① 2^t　② $\left(\dfrac{1}{3}\right)^t$　③ $\log_3 x$

④ $\log_{10}|x-1|$

問2　つぎの定積分を計算せよ．

① $\displaystyle\int_0^1 2^t\,dt$　② $\displaystyle\int_0^1 \left(\dfrac{1}{2}\right)^t dt$

練習問題

1　つぎの関数を微分せよ．

(1) $e^x \log x$　(2) $\log_a(x^2-1)$　(3) $2^t + 2^{-t}$

2　つぎの関数の第2次導関数を求めよ．

(1) a^x　(2) $\log_a x$　(3) $x^2 e^x$

3　つぎの定積分を計算せよ．

(1) $\displaystyle\int_{-1}^1 (e^t + e^{-t})\,dt$　(2) $\displaystyle\int_1^2 \left(x + \dfrac{1}{x}\right) dx$

4　あるバクテリアの時刻 t 時における量 $x\,\mathrm{mg}$ が
$$x = 2^{\frac{t-1}{3}}$$
という式で与えられるという．つぎの問いに答えよ．

(1) このバクテリアの時刻 $t=1$ における増殖速度はいくらか.

(2) このバクテリアの量が2倍に増えるには，どれくらいの時間がかかるか.

5 つぎの極限値を求めよ.

(1) $\displaystyle\lim_{h\to 0}\frac{e^{2+h}-e^2}{h}$

(2) $\displaystyle\lim_{h\to 0}\frac{\log(a+h)-\log a}{h}$

6 $\log a=\displaystyle\int_1^a \frac{1}{x}\,dx$ を用いて，

$a>1$ のとき $\log a<a-1$

となることを示せ.

2.2 成長と衰退

2.2.1 指数関数と微分方程式

時刻 t におけるバクテリアの量を $x(t)$ で表すと、瞬間増殖速度は $\dfrac{dx}{dt}$ で与えられる。理想的な培養であれば、これはそのときのバクテリアの量 x に比例する。

そこで比例定数を k とおくと、

$$\frac{dx}{dt} = kx \tag{1}$$

という関係がなりたつ．

(1) を変形すると、

$$\frac{1}{x} \cdot \frac{dx}{dt} = k$$

と表せるが、左辺は、バクテリアの単位量あたりの増殖速度を表すと考えられる．これが k の意味である．この $\dfrac{1}{x} \cdot \dfrac{dx}{dt}$ すなわち k のことを成長率という[1]．

さて、初めの量が A で、成長率が k であるようなバクテリアの量の変化は、どんな関数で表されるだろうか．

これは、

$$\frac{dx}{dt} = kx, \ x(0) = A \tag{2}$$

という微分方程式を解くことにあたる．

指数関数

---

[1] これは変化率をそのときの量で割ったので、相対変化率と考えられる．

$$x = Ae^{kt} \tag{3}$$

が(2)の解であった.

はじめの量 A と変化の法則が与えられているのだから,解は(3)に限ると考えるのが自然である.これはつぎのように確かめられる.

(2)を

$$\frac{dt}{dx} = \frac{1}{kx}$$

と変形して,

t	$0 \longrightarrow t$
x	$A \longrightarrow x$

$$\begin{aligned} t &= 0 + \int_A^x \frac{1}{kx}\,dx \\ &= \frac{1}{k}\Big[\log x\Big]_A^x \\ &= \frac{1}{k}\log\frac{x}{A}. \end{aligned}$$

したがって,

$$x = Ae^{kt}$$

が得られる.

例 微分方程式

$$\frac{dx}{dt} = kx, \ x(0) = A$$

について,$k=0.5$, $k=-0.5$ として,解のようすを調べてみよう.

ⅰ) $k=0.5$ のとき

$x=Ae^{0.5t}$ で，$e^{0.5} \fallingdotseq 1.65$ だから，この場合 x は増加する．

ⅱ) $k=-0.5$ のとき

$x=Ae^{-0.5t}$ で，$e^{-0.5} \fallingdotseq 0.61$ だから，この x は減少してゆく．

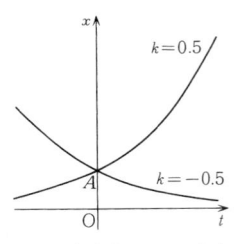

$k>0$ のときと $k<0$ のとき

2.2.2 いくつかの例

自然現象の中で，

$$\frac{dx}{dt} = kx \tag{1}$$

に従って変化している現象に放射性元素の崩壊がある．

ラジウム，ウラン等の放射性元素は放射線を出して，自分自身は壊れながらより安定な元素に変化してゆく．

たとえばウラン 235 の 1 g をとると，そのなかにはおよそ

$$2.6 \times 10^{21} 個$$

という膨大な数の原子が含まれているが，そのうちの一定

の割合の原子が壊れ，最終的には鉛の原子に変化してゆくのである．いま，時刻0のときのウランの量を N_0 とおき，時刻 t における量を N とすると，

$$\frac{dN}{dt} = -kN, \quad N(0) = N_0 \qquad (2)$$

がなりたち，これを解くと

$$N = N_0 e^{-kt} \qquad (3)$$

が得られる．

ウランの量が初めの半分になるまでの時間 T を求めてみよう．

(3)で，$N = \dfrac{N_0}{2}$ とおくと，$\dfrac{N_0}{2} = N_0 e^{-kT}$ より，

$$T = \frac{\log 2}{k} \qquad (4)$$

が得られる．この時間 T のことを半減期という．放射性元素の崩壊の速さを表現するには半減期が使われる．

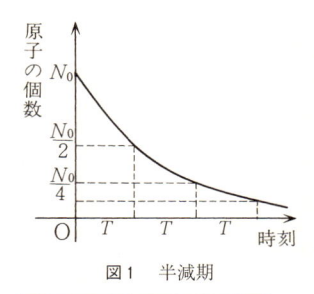

図1　半減期

元　素	半減期
ウラン 235	7 億年
炭素 14	5730 年
ラジウム 226	1602 年
ストロンチウム 90	27.7 年
フェルミウム 256	2.7 時間
ポロニウム 212	3.0×10^{-7} 秒

表1　いろいろな元素の半減期

---

1) N は減少してゆくから，成長率は負となるので，$-k$ と表した．

いくつかの放射性元素の半減期は前ページの表1のとおりである．

地球の年代を推定したり，古代の化石の年代を推定したりするのにも放射性元素が利用される．

例題 ある古い岩の年代を調べたいと思ってその岩の中に含まれるウラン235と鉛とを分析した．その結果，岩ができた当時にあったウラン235のうち14%が残り，86%は他の元素に移っていたことがわかった．この岩の年代を推定せよ．ただしウラン235の半減期は7億年，$\log 2 \doteqdot 0.7$，$\log 0.14 \doteqdot -2$ とする．

解 最初，岩の中に含まれていたウランの量を N_0，t 億年後のウランの量を N とすると，

$$N = N_0 e^{-kt}.$$

半減期が7億年だから，

$$\frac{1}{2} = e^{-7k}.$$

よって，$k = \dfrac{\log 2}{7} \doteqdot 0.1$．

現在のウランの量が14%だから，それまでに経過した時間を t とすると，

$$0.14 N_0 = N_0 e^{-0.1t}.$$

ゆえに，$t = \dfrac{\log 0.14}{-0.1} \doteqdot 20$（億年）．

この章の初めに述べた，コーヒーの冷めかたについて調べてみよう．

時間（分）	0	5	10	15	20	25	30
温度（実測値）	63.0°	57.4°	51.5°	48.0°	44.8°	42.3°	40.0°

	35	40	45	50	55	60
	38.0°	36.2°	34.6°	33.2°	32.3°	31.0°

表2　コーヒーの冷めかたの例（室温 26℃）

時刻 t におけるお湯の温度が室温より $x°$ 高いとしよう.
温度の下がる速さは $\dfrac{dx}{dt}$ で与えられる.

ニュートンの冷却の法則によると，この速さは室温との温度差 x に比例するという.

この法則を微分方程式を用いて表すと，

$$\frac{dx}{dt} = -kx \tag{5}$$

となる.

このコーヒーの場合，はじめの温度が室温より 37° 高かった．つまり

$$x(0) = 37 \tag{6}$$

である.

初期条件(6)のもとで(5)を解くと，

$$x = 37e^{-kt}. \tag{7}$$

20 分後の温度が 44.8° であったから，これを 45° とみなすと

$$45 - 26 = 37e^{-20k},$$
$$19 = 37e^{-20k}.$$

したがって，

$$e^{-k} = \left(\frac{19}{37}\right)^{\frac{1}{20}} \fallingdotseq 0.967. \tag{8}$$

(8)を(7)に代入すると,
$$x = 37 \times 0.967^t \tag{9}$$
となる[1].

2.2.3 指数関数の増加の程度

いろいろな量が,成長していったり,衰退したりするとき,それを表現するのに指数関数が登場する.ここでは,指数関数
$$x = e^t$$
をとりあげて,どの程度の速さでこれが増加してゆくのかを概算してみよう.

$t>0$ のとき,
$$e^t > 1$$
から,
$$\int_0^t e^t \, dt > \int_0^t dt.$$
すなわち
$$e^t > 1+t. \tag{1}$$

(1)で,t をどんどん大きくすると,$1+t$ もいくらでも大きくなり,e^t も限りなく大きくなる.このことを,
$$t \to \infty \text{ のとき } e^t \to \infty$$

---

[1] (9)で,$t=50$ とすると $x=6.9$ となり,コーヒーの温度は 32.9℃ となる.

あるいは

$$\lim_{t\to\infty} e^t = \infty$$

と書く．

(1)の両辺をさらに0からtまで積分すると，

$$e^t > 1 + t + \frac{t^2}{2}.$$

そこで，

$$e^t > \frac{t^2}{2}. \tag{2}$$

この両辺をtで割って

$$\frac{e^t}{t} > \frac{t}{2} \tag{3}$$

として，$t \to \infty$ とすると，$\dfrac{e^t}{t} \to \infty$ もいえる．

すなわち，

$$\lim_{t\to\infty} \frac{e^t}{t} = \infty. \tag{4}$$

この論法で，もっと一般に

$$\lim_{t\to\infty} \frac{e^t}{t^n} = \infty \tag{5}$$

もいえる．このことは，e^tという関数が，tが大きくなるとt^n程度では比較にならないほど大きくなることを意味する．

実際，方眼紙に1mmを1として$x=e^t$のグラフをかいてみると，$t=67$のとき，xの値は$e^{67} \fallingdotseq 10^{29}$（mm）に目盛られるが，この値は約100億光年にあたり，現代の人類が

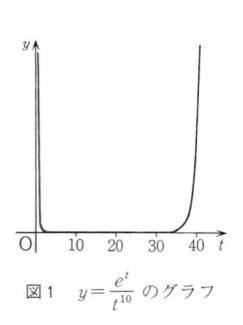

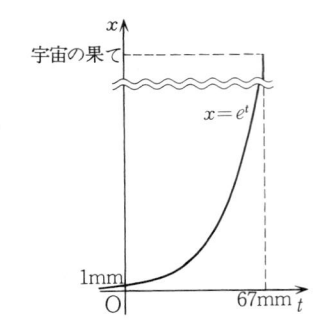

t	t^{10}	e^t	$\dfrac{e^t}{t^{10}}$
0	0	1	/
10	10^{10}	2.2×10^4	2.2×10^{-6}
20	1.0×10^{13}	4.8×10^8	4.8×10^{-5}
30	5.9×10^{14}	1.0×10^{13}	1.7×10^{-2}
40	1.0×10^{16}	2.3×10^{17}	2.3×10^1
50	9.7×10^{16}	5.1×10^{21}	5.3×10^4
60	6.0×10^{17}	1.1×10^{26}	1.8×10^8
70	2.8×10^{18}	2.5×10^{30}	8.9×10^{11}
⋮			

図1　$y=\dfrac{e^t}{t^{10}}$ のグラフ

図2　e^t の増加のようすはすさまじい

見ることのできる最も遠い距離，いわば宇宙の果てともいえる距離になる．指数関数 e^t の増加のようすはすさまじい．

また(5)は，$\lim_{t\to\infty} t^n e^{-t} = 0$ ということでもある．

(4)で
$$x = e^t$$
とおき，逆関数の立場から見ると，
$$\lim_{x\to\infty} \frac{\log x}{x} = 0 \tag{6}$$
が導かれる．これは，$x \to \infty$ のとき $\log x \to \infty$ ではあるが，その歩みがのろいことを示している．

実際，x が100億光年彼方の距離に行ったところで，$\log x$ はようやく 67 mm くらいにたどりつくにすぎない．このように $\log x$ の増加のようすは鈍重であるが，それでもいつかは無限大にゆく．

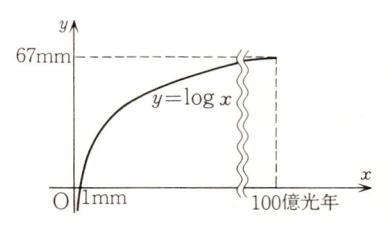

図3　$\log x$ はなかなかふえない

問　$\lim_{v\to 0} v \log v$ を求めよ．

練習問題

1 つぎの各微分方程式の解を求め，そのグラフをかけ．それぞれの解では，t が1増えるごとに x は何倍になるか．

(1) $\begin{cases} \dfrac{dx}{dt} = 2x \\ x(0) = 5 \end{cases}$

(2) $\begin{cases} \dfrac{dx}{dt} = -3x \\ x(1) = 4 \end{cases}$

(3) $\begin{cases} \dfrac{dx}{dt} = -x \\ x(0) = A \end{cases}$

2 底面の半径 a cm の円筒型の容器に A cc の水がはいっている．容器の底には小さな穴があいていて，水は穴から漏れてゆく．水が漏れ始めてから t 秒後の水の量を $V(t)$ とすると，水の漏れる速さ $-\dfrac{dV}{dt}$ は，そのときの水の深さ x cm に比例する．その比例定数を k としてつぎの問いに答えよ．

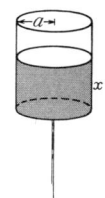

(1) $V(t)$ を A, a, k, t で表せ.
(2) 水の量が半分に減るまでに t_0 秒かかったとして, k を a, t_0 で表せ.

2.3 指数・対数と微分積分の計算

2.3.1 対数と微分

微分計算では,
$$\{f(x)+g(x)\}' = f'(x)+g'(x)$$
がなりたつので，微分の計算はなるべくなら和の形にして行った方がよい．

そこで，対数を使って，乗法を加法になおし，微分計算を楽にする方法が考えられる．
$$y = f(x) \cdot g(x)$$
について，両辺の絶対値の対数をとると
$$\log|y| = \log|f(x)| + \log|g(x)|.$$

そこで両辺を微分すると,
$$\frac{y'}{y} = \frac{f'(x)}{f(x)} + \frac{g'(x)}{g(x)} \tag{1}[1)]$$
となる．

なお，(1)の両辺に $y = f(x) \cdot g(x)$ をかけると,
$$y' = f(x)g(x)\left\{\frac{f'(x)}{f(x)} + \frac{g'(x)}{g(x)}\right\}$$
$$= f'(x)g(x) + f(x)g'(x)$$
となり，積の微分公式が得られる．

例題 $y = (x+1)^2(x+2)^3$ を微分せよ．

解 両辺の絶対値の対数をとると

---

1) この式は，積の相対変化率が，相対変化率の和になることを示している．

$$|y| = 2\log|x+1| + 3\log|x+2|.$$

この両辺を微分して,

$$\frac{y'}{y} = \frac{2}{x+1} + \frac{3}{x+2}.$$

ゆえに

$$\begin{aligned}y' &= y\Big(\frac{2}{x+1} + \frac{3}{x+2}\Big)\\ &= (x+1)^2(x+2)^3\Big\{\frac{2}{x+1} + \frac{3}{x+2}\Big\}\\ &= (x+1)(x+2)^2(5x+7).\end{aligned}$$

問1 対数を利用してつぎの関数を微分せよ.

① $(x-1)^2(x+1)^2$ ② $(2x-1)^3(x+2)^2$

問2 $y = \dfrac{f(x)}{g(x)}$ の両辺の対数をとって, 商の微分公式

$$\Big\{\frac{f(x)}{g(x)}\Big\}' = \frac{f'(x)g(x) - f(x)g'(x)}{\{g(x)\}^2}$$

を導け.

問3 対数を利用して, つぎの関数を微分せよ.

① $y = \dfrac{(x+1)^2}{(x-1)^3}$ ② $y = \dfrac{1}{(x+1)^2}$ ③ $y = \dfrac{x-1}{\sqrt{x+1}}$

α が実数のとき,

$$y = x^\alpha, \quad \text{ただし } x > 0 \tag{2}$$

という関数について,

$$y' = \alpha x^{\alpha-1}$$

がなりたつことが, 対数を利用すると簡単に導かれる.

すなわち，(2) の両辺の対数をとって，
$$\log y = \alpha \log x$$
から，
$$\frac{y'}{y} = \alpha \cdot \frac{1}{x}.$$

つまり，
$$y' = \alpha \cdot \frac{y}{x} = \alpha \cdot \frac{x^\alpha}{x} = \alpha x^{\alpha-1}$$
で，
$$(x^\alpha)' = \alpha x^{\alpha-1} \tag{3}$$
がなりたつことになる．

2.3.2 積分の計算

積の微分公式
$$\{f(x)g(x)\}' = f'(x)g(x) + f(x)g'(x)$$
の両辺を，$x=a$ から $x=b$ まで積分すると，
$$\Big[f(x)g(x)\Big]_a^b = \int_a^b f'(x)g(x)dx + \int_a^b f(x)g'(x)dx$$
となる．

これより，
$$\int_a^b f'(x)g(x)dx = \Big[f(x)g(x)\Big]_a^b - \int_a^b f(x)g'(x)dx$$
という等式がなりたつ．

この式を利用して積分する方法を部分積分法という．

例1 $\int_1^e x^2 \log x \, dx$ を求めてみよう．

$(\log x)' = \dfrac{1}{x}$ であるから,

$$\begin{aligned}
\int_1^e x^2 \log x \, dx &= \int_1^e \left(\frac{x^3}{3}\right)' \log x \, dx \\
&= \left[\frac{x^3}{3} \log x\right]_1^e - \int_1^e \left(\frac{x^3}{3}\right)(\log x)' \, dx \\
&= \left[\frac{x^3}{3} \log x\right]_1^e - \int_1^e \frac{x^3}{3} \cdot \frac{1}{x} \, dx \\
&= \left[\frac{x^3}{3} \log x\right]_1^e - \int_1^e \frac{x^2}{3} \, dx \\
&= \frac{2}{9} e^3 + \frac{1}{9}.
\end{aligned}$$

問 1 つぎの積分を計算せよ.

① $\displaystyle\int_1^e x \log x \, dx$ ② $\displaystyle\int_1^e \log x \, dx$

③ $\displaystyle\int_1^e x e^x \, dx$ ④ $\displaystyle\int_0^1 x e^{-x} \, dx$

例 2 $\displaystyle\int_0^1 \frac{2x}{x^2+1} dx$ を求めてみよう.

$(x^2+1)' = 2x$ であることに着目すると,

$$(\log |f(x)|)' = \frac{f'(x)}{f(x)}$$

であるから,

$$\begin{aligned}
\int_0^1 \frac{2x}{x^2+1} dx &= \int_0^1 \frac{(x^2+1)'}{x^2+1} dx \\
&= \Big[\log(x^2+1)\Big]_0^1 \\
&= \log 2.
\end{aligned}$$

問2 つぎの積分を計算せよ．

① $\displaystyle\int_{-1}^{1}\frac{2x+1}{x^2+x+1}dx$ ② $\displaystyle\int_{1}^{2}\frac{e^x}{e^x+1}dx$

例3 $\displaystyle\int_{-1}^{1}\frac{dx}{(x-2)(x+2)}$ を求めてみよう．

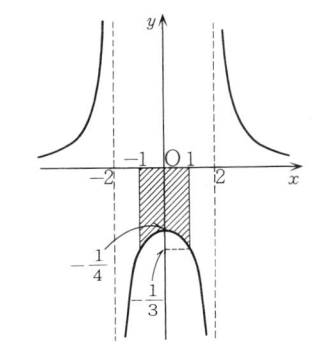

$$\frac{1}{(x-2)(x+2)} = \frac{1}{4}\cdot\frac{(x+2)-(x-2)}{(x-2)(x+2)}$$
$$= \frac{1}{4}\left\{\frac{1}{x-2}-\frac{1}{x+2}\right\}.$$

ゆえに，
$$\int_{-1}^{1}\frac{dx}{(x-2)(x+2)} = \frac{1}{4}\cdot\int_{-1}^{1}\left\{\frac{1}{x-2}-\frac{1}{x+2}\right\}dx$$
$$= \frac{1}{4}\Big[\log|x-2|-\log|x+2|\Big]_{-1}^{1}$$
$$= -\frac{1}{2}\log 3.$$

上に出てきたように，たとえば
$$\frac{1}{(x-2)(x+2)}$$
という分数式を，
$$\frac{1}{4}\left\{\frac{1}{x-2}-\frac{1}{x+2}\right\}$$
の形にすることを部分分数に分解するという．

分数式の積分は，部分分数に分解して行う．

問3 つぎの積分を計算せよ．

① $\int_{-2}^{-1}\frac{dx}{x(x+3)}$ ② $\int_{2}^{3}\frac{1}{x^2-1}\,dx$

2.3.3 指数・対数と極限

指数関数
$$x(t)=e^t \tag{1}$$
のグラフの $t=0$ における微分係数は，
$$x'(0)=e^0=1$$
であるが，この値は
$$\lim_{h\to 0}\frac{x(0+h)-x(0)}{h}=\lim_{h\to 0}\frac{e^h-1}{h}$$
のことであった．すなわち
$$\lim_{h\to 0}\frac{e^h-1}{h}=1. \tag{2}$$

(2)は，h が小さいとき
$$e^h \fallingdotseq 1+h \tag{3}$$
と近似できることを示している．

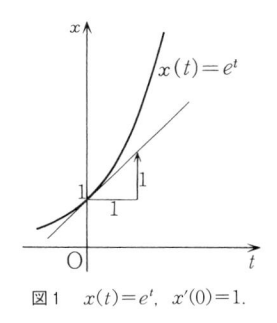

h	e^h	$1+h$
0	1	1
0.01	1.010	1.01
0.05	1.051	1.05
0.1	1.105	1.1
0.5	1.649	1.5
1.0	2.718	2.0

図1　$x(t)=e^t$, $x'(0)=1$.

このことはまたつぎのようにも表現できる．

(1)の逆関数
$$t = \log x \tag{4}$$
の $x=1$ における微分係数は1であるが，この値は，
$$\lim_{u \to 0} \frac{\log(1+u) - \log 1}{u} = \lim_{u \to 0} \frac{\log(1+u)}{u}$$
と等しい．したがって，
$$\lim_{u \to 0} \frac{\log(1+u)}{u} = 1. \tag{5}$$

(5)は，u が小さいとき
$$\log(1+u) \fallingdotseq u \tag{6}$$
と近似できることを示している．

(5)はまた，
$$\lim_{u \to 0} (1+u)^{\frac{1}{u}} = e \tag{7}$$

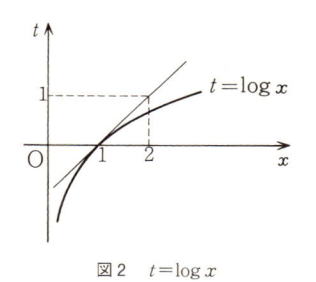

u	$\log(1+u)$
0	0
0.005	0.00498…
0.01	0.0099…
0.05	0.0487…
0.1	0.095…
0.5	0.405…
1.0	0.693…

図2　$t=\log x$

とも表される.

(7)で, $u=\dfrac{1}{n}$ とおくことにより,

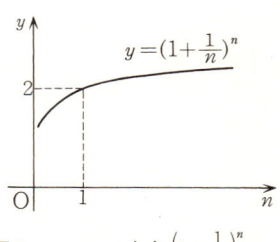

$$\lim_{n\to\infty}\left(1+\frac{1}{n}\right)^n = e \tag{8}$$

n	$\left(1+\dfrac{1}{n}\right)^n$
1	2.0
2	2.25
3	2.3703…
4	2.4414…
⋮	⋮
10	2.5937…
⋮	⋮
100	2.7048…
⋮	⋮
1000	2.7169…

図3　$n\to\infty$ のとき $\left(1+\dfrac{1}{n}\right)^n \to e$.

が得られる．

実際に，$n=1, 2, 3, \cdots$ に対し，順次 $\left(1+\dfrac{1}{n}\right)^n$ を計算してゆくと，かなりゆっくりだが，一定の値に近づいてゆく．

この極限値が，62ページで述べた
$$e = 2.71828182\cdots$$
なのである．

練習問題

1 対数を利用して，つぎの関数を微分せよ．

(1) $\dfrac{x+3}{(x+1)(x+2)}$ (2) $y = 2^{\frac{1}{x}}$

2 つぎの積分の値を求めよ．

(1) $\displaystyle\int_1^2 x \log(x+1)\, dx$ (2) $\displaystyle\int_0^1 \dfrac{x}{x^2-4}\, dx$

(3) $\displaystyle\int_1^2 \dfrac{x+1}{x^2}\, dx$ (4) $\displaystyle\int_0^1 \dfrac{e^x - e^{-x}}{e^x + e^{-x}}\, dx$

3 つぎの極限値を求めよ．

(1) $\displaystyle\lim_{h \to 0} \dfrac{a^h - 1}{h}$ (2) $\displaystyle\lim_{h \to \infty} \dfrac{\log_a(1+h)}{h}$

【補足】成長率と倍率・伸び率
●指数関数と成長率

指数関数
$$x(t) = ce^{kt} \tag{1}$$
は，微分方程式
$$\frac{dx}{dt} = kx \tag{2}$$
によって特徴づけられる．(1)は(2)の解であり，また，(2)を初期条件 $x(0)=c$ のもとで解くと(1)が得られる．

ここで，(2)は量 x の変化率が，x それ自身に比例することを示している．量 x が大きいときは変化率も大きく，x が小さくなれば変化率も小さくなるような現象が観察されたとき，(2)のように仮定することは自然である．

ところで，(2)は
$$\frac{1}{x} \cdot \frac{dx}{dt} = k = 一定 \tag{3}$$
と変形できる．

(3)は，x の変化率が，x の1単位量あたりでみると一定であることを示している．(3)の左辺は，成長率とよばれた(70ページ参照)．指数関数(1)では，このように，成長率が一定である．

成長率は，各 t ごとに，x の1単位量が t の増加1あたりにしてどれだけ大きくなるか，を示している．

これは，速度が各瞬間ごとに与えられるにもかかわらず，1単位時間あたりの変位として示されるのに似ている．

指数関数(1)について，e^{kt} の部分だけぬき出して，あらためて $x(t)$ とおくと，この $x(t)$ について，成長率は k で，それはまた $x'(0)$ に等しい[1]．

●倍率について

つぎに，(1)にもどって
$$e^k = a \tag{4}$$
とおくと，(1)は $x(t) = ca^t$ となる．

ここで，$x(t+1)$ と $x(t)$ をくらべてみると，
$$\frac{x(t+1)}{x(t)} = \frac{ca^{t+1}}{ca^t} = a = 一定.$$

そこで，a は，$x(t)$ が t の増加1あたり何倍になるかを表しているので，指数関数(1)の倍率とよぶ．

(1)の倍率 a は，(1)で $t=0, 1, 2, \cdots$ として得られる等比数列
$$c, ca, ca^2, \cdots \tag{5}$$
の公比である．逆に，等比数列(5)があれば，あいだを埋めて，倍率が a であるような連続的な指数関数(1)が得られる．

---

1) $x'(t) = ke^{kt} = kx(t)$ より，成長率 $\dfrac{x'(t)}{x(t)} = k$.
   また，$x'(0) = kx(0) = k \cdot 1 = k$.

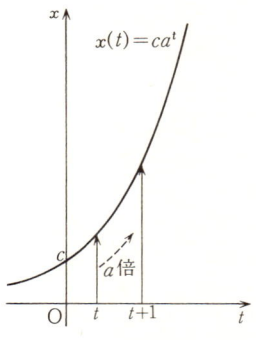

図1　$x(t)=ca^t$ の倍率は a.

●伸び率について

また，
$$r = a-1 = x(1)-x(0)$$
を伸び率とよぶ．
$$\begin{aligned}x(t+1)-x(t) &= ca^{t+1}-ca^t \\ &= (a-1)ca^t \\ &= rx(t)\end{aligned}$$
であるから，
$$r = \frac{1}{x(t)} \cdot \frac{x(t+1)-x(t)}{1}$$
となり，伸び率は，離散的な意味での成長率という意味をもっている．

成長率・倍率・伸び率とは，具体的にいうと，つぎのようなことである．

指数関数 $x(t)=e^t$ の成長率は
$$\frac{dx}{dt} = e^t = x, \quad \frac{1}{x} \cdot \frac{dx}{dt} = 1$$
であるから1である．

成長率が1であるとは，たとえば，1年を時間 t の単位とするとき，各瞬間の成長率を1年あたりで表現したものが1，つまり，現在 x である量が1年後には $2x$ になるような勢いで成長していることを示している（図2）．同じ成長率を1日あたりで表現すれば，
$$\frac{1}{365} = 0.00274,$$
1秒あたりで表現すれば，
$$\frac{1}{365 \times 24 \times 60 \times 60} = 3.17 \times 10^{-8}$$
となる．

各瞬間毎に成長率1の成長をつみ重ねていく結果，1年後には，$2x$ ではなく，ex に成長する．実際，
$$x(t+1) = e^{t+1} = e \cdot e^t = ex(t)$$
であり，倍率は
$$e = 2.718$$
である．

図2 $x(t)=e^t$ の成長率は 1.

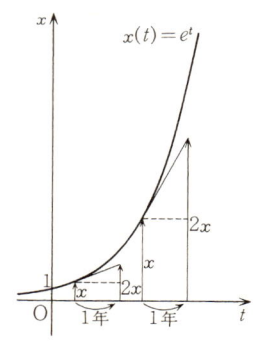

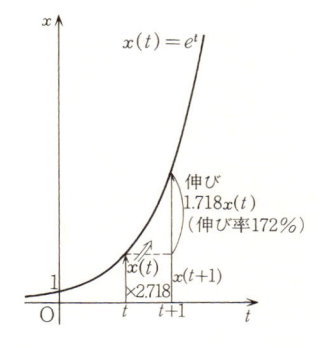

図3 $x(t)=e^t$ の倍率は e, 伸び率は $e-1\fallingdotseq 1.72$

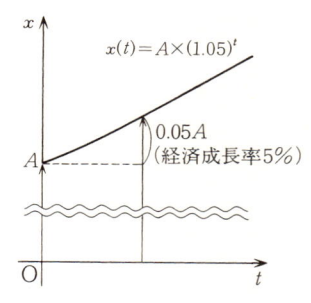

図4 経済成長率 5% とは，伸び率 5% のことである．

このとき，伸び率は
$$r = e - 1 = 1.718.$$

このようなとき，新聞記事などでは，年成長率 172% と書かれる．経済成長率 5% というときの成長率は，ここでいう伸び率のことである．

また，1 万円の元金に 1% の利息をつけるときの利率は伸び率であり，元利合計は
$$10000 + 10000 \times 0.01 = 10000 \times 1.01$$
となるので，倍率は 1.01 である．

毎月 1 分の利息を複利でつけたときの 12 カ月後の元利合計は，
$$10000 \times 1.01^{12} = 10000 \times 1.127$$
となる．すなわち，元金の 1.127 倍となり，1 年間の伸び率は 12.7% である．

逆に，年利すなわち 1 年あたりの伸び率がちょうど 12% になる月利を求めてみよう．そのような月利を r_1 とすると，
$$r = (1 + r_1)^{12} - 1 = 0.12.$$

これを r_1 について解いて，
$$r_1 = (1 + r)^{\frac{1}{12}} - 1 = 1.12^{\frac{1}{12}} - 1.$$

これは，0.0095 となり，1% より少し小さい．つまり，月利 1% と年利 12% は同じではないのである．

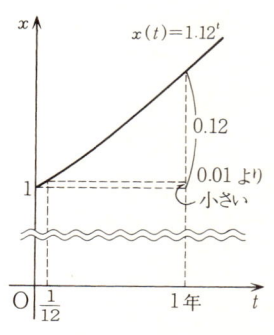

図5 年利12%のときの月利

指数関数 $x(t)=ce^{kt}$ について，成長率 k, 倍率 a, 伸び率 r のあいだにはつぎの関係がある．
$$a = e^k = 1+r,$$
$$r = a-1 = e^k-1,$$
$$k = \log a = \log(1+r).$$

●連続複利法

以上では，連続的な指数関数が先にあって，これを離散的に考えたりした．

こんどは，倍率が2，すなわち伸び率が1であるような離散的な変化から出発して，連続的な変化へすすんでみよう．

いま，いささか空想的だが，元金10000円を年利10割で

預金したとする．すなわち，1年あたりの倍率は 2，伸び率は 1 である．1 年後には
$$10000 \times (1+1) = 20000$$
で，20000 円となる．

さて，これを 6 カ月ごとに 5 割の複利にしてみると，

$$6\text{カ月後} \quad 10000 \times \left(1 + \frac{1}{2}\right)$$

$$1\text{年後} \quad 10000 \times \left(1 + \frac{1}{2}\right)^2$$

で，
$$\left(1 + \frac{1}{2}\right)^2 = 1 + 1 + \frac{1}{4} = \frac{9}{4}$$

であるから，1 年後には，
$$10000 \times \frac{9}{4} = 22500$$

で，22500 円となり，初めの場合より多くなっている．

さらに，4 カ月ごとに利率 $\frac{10}{3}$ 割，3 カ月ごとに利率 2 割 5 分，… としてみると，

$$10000 \times \left(1 + \frac{1}{3}\right)^3 = 10000 \times \frac{64}{27}$$
$$\fallingdotseq 23703,$$
$$10000 \times \left(1 + \frac{1}{4}\right)^4 = 10000 \times \frac{625}{256}$$
$$\fallingdotseq 24414,$$
$$\cdots\cdots\cdots\cdots$$

となり，1年後の元利合計は，それぞれ 23703 円，24414 円，… となって，さらに大きくなる．

それでは，1年を n 期に分け，1期の利率を $\frac{1}{n}$ にした複利法にすれば，1年後の元利合計は際限なく大きくなるだろうか．

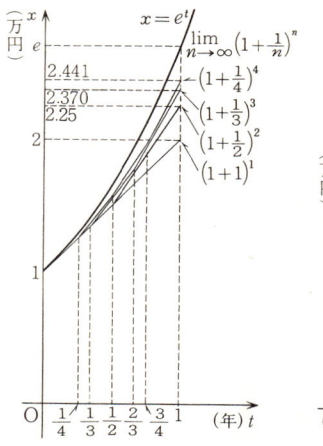

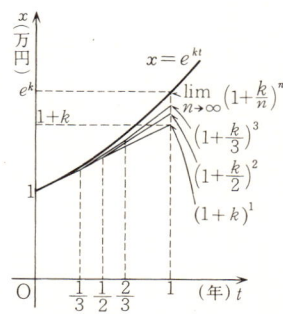

図6 1万円の1年後の元利合計(1)　**図7** 1万円の1年後の元利合計(2)

残念ながら，そんなうまい金もうけの方法はなく，
$$\lim_{n\to\infty}\left(1+\frac{1}{n}\right)^n = e = 2.71828182\cdots$$

であるから，1年後の元利合計は，たかだか 27182 円余をこえないのである．

この，$n \to \infty$ の極限は，瞬間ごとに利子を元金にくりこむ，連続複利法とでもいうべきものである．

同じように考えると，1年あたりの伸び率 k から出発して連続複利法によると，1年後には e^k 倍となる．

章末問題

1 つぎの関数を微分せよ.

(1) $\dfrac{1-e^t}{1+e^t}$ (2) e^{-x^2} (3) $\dfrac{1}{\log x}$

2 つぎの定積分の値を求めよ.

(1) $\displaystyle\int_0^1 t e^{-\frac{t^2}{2}}\,dt$ (2) $\displaystyle\int_1^e \dfrac{\log x}{x}\,dx$

3 つぎの式をみたす関数 $f(x)$ を求めよ.

$$f(x) = e^x + 2\int_0^1 f(t)\,dt$$

4 $\displaystyle\sum_{k=2}^{n}\dfrac{1}{k} < \log n < \sum_{k=1}^{n-1}\dfrac{1}{k}$ を示せ.

5 関数 $x(t)$ は,任意の t, s について

$x(t) > 0$ かつ $x(t+s) = x(t)x(s)$

という関係がなりたつという.

(1) $x(0) = 1$ を示せ.

(2) $x'(t) = x'(0)x(t)$ となることを示せ.

6 気温が 20℃ のとき,風呂をわかしすぎて 60℃ にしてしまった.あわてて火を止め,30 分後に湯の温度を測ると 50℃ に下がっていた.温度の下がる速さは気温との温度差に比例するとして,湯の温度が 40℃ になるのは火を止めてから約何分後かをいえ.

ただし $\log 2 \fallingdotseq 0.7$, $\log 3 \fallingdotseq 1.1$ とする.

数学の歴史　2

　数学というものでは，それがかなり昔につくられたものであっても，新しい時代には新しく構造化されて，その姿がよく見えるようになる．高校の数学の大部分は，17世紀か18世紀につくられたものだが，それを証明するのは20世紀の数学である．

　20世紀の数学の形を生みだしたのは，ダビッド・ヒルベルト（1862-1943）とされている．彼は，プロシアの美しい城と橋の都ケニヒスベルクで生まれた．プロシアがドイツ帝国への歩みを始めていたころだった．

　幼時は，どちらかといえば，ぼんやりした子だったらしい．大学時代の親友ミンコフスキーは2歳年下の天才ユダヤ少年で，3歳年長の若い助教授フルビッツは卓抜なアイデアの奇才として知られ，三人組でリンゴの木の下で数学を語ったものだが，ヒルベルトの役わりは鈍才というところである．

　20歳代の前半は，ダンス上手の評判のわりには，数学では目だたないのだが，そのころに，当時の技巧を駆使した不変式論に対して，計算なしに構造を了解しようとする，

新しい方法を見いだした.「これは数学ではない,神学だ」と言われたという.鈍才の勝利だった.

30歳代でゲッチンゲン大学教授になってからは,代数的数体の理論,そしてやがて,毎年のように新しい主題に挑戦した.それで,自分のつくった理論を忘れてしまっていた,ともいわれている.1900年のパリ国際会議で,『数学の将来』と題した講演で,23の未解決問題を提出したので,「ヒルベルトの問題」というのは,20世紀の数学者の目標となった.

こうしてゲッチンゲンは,20世紀初頭の数学の中心となった.かつての親友ミンコフスキーを同僚に迎えて,物理に熱中したのもこの時代である.ハイキングやダンスも欠かせなかった.

やがて,この友も死に,第1次大戦と戦後の暗さが不吉な影を投げかける頃,敗戦国ドイツは国際会議への参加を許されなかった.それでも,新しい時代の数学の中心として,老年のヒルベルトは多くの数学者たちに囲まれていた.

転落は急速に来た.彼が70歳になって間もなく,ヒトラーが政権についたのである.彼をとりまいていた数学者たちの多くは亡命し,だれもいなくなってしまった.増えるのは軍服ばかりだ.80歳のときの伝記からは,多くの友人や学生の名を削除せねばならなかった.

かつてのダンス友だちだった妻に,「ケニヒスベルクこそドイツでもっとも美しい町だ」と主張し,「私が一生を過ごした町だからたしかだ」と断言したという.ゲッチンゲ

ンは 50 年間の夢だったのだ．しかし，ヒルベルトが死んでまもなく，この古い都ケニヒスベルクは戦争で破壊された．かつて哲学者カントの歩んだ散歩道も消えた．いまでは，ソ連の軍港となってカリーニングラードと呼ばれている．

でも，哲学者や数学者の思い出を残して，美しい町は消えさっても，その哲学や数学は人間文化のなかで生き続けている．

1862　ビスマルクがプロシア首相．寺田屋事件．
1870　プロシア・フランス戦争．佩刀禁止令．
1882　独・伊・オーストリア三国同盟．フランス，ハノイ占領．
1890　ビスマルク失脚．日本帝国議会．
1900　ツェッペリンの飛行船．プランクの量子論．義和団，北京入城．
1914　第 1 次世界大戦始まる．
1923　ヒトラーのミュンヘン一揆．関東大震災．
1933　ヒトラー，首相．京大，滝川事件．
1943　スターリングラードで独軍降伏．日本，ガダルカナルから撤退．

第3章　三角関数

　私たちは，とかく結論をさきにきめてしまって，あとから理くつをつけようとする．だからほかの人が，いくらよい意見を出しても，なかなか最初の結論を変えようとしない．大人の中にも，そういう人が多い．中には理くつなどどうでもいいから，結論だけ教えてくれ，などという人もいる．

　しかし結論だけでなく，「なぜ」と疑問をもつことは大切なことである．また，ほかの人の意見をよく聞くことも，よいことである．まちがった意見にしがみついていると，気がつかないところで損をすることになる．

　畳の上の黒いものが，豆だろうか，虫だろうかと議論していたら，それがモゾモゾ動きだした．「ほら，やっぱり虫じゃないか」と一方がいうと，相手はまだ「いや，これは黒豆だ」とがんばった．こんな人を評して「這っても黒豆」という．

3.1 平面上の運動をとらえる

3.1.1 円運動

夜空に浮かぶ月は地球の衛星であり，地球のまわりをほぼ円軌道をえがいて回っている．

月はなぜ地球に落ちてこないのだろうか．また，月はなぜ遠くへ飛んでいってしまわないのだろうか．

物は，力が働かなければそのときの速度のまま直進運動をする．ところが月の場合は，地球の引力によって引っぱられ，軌道を少しずつ曲げられているのである．

このことは，陸上競技のハンマー投げに似ている．すなわち，ハンマー投げの鉄球を月とみなすと，鉄球についているワイヤーを手で引っぱる力が地球の引力にあたる．

したがって，ハンマーを手離すと鉄球が遠くへ飛んでいくのと同じように，地球の引力が働かなければ月は飛び去ってしまう．飛び去ろうとする月を引力によって引きもど

し，その結果として円軌道をえがくといってもよいであろう．

この章では，こうした円運動を中心に考える．

問 ハンマー投げで，鉄球が前ページ右図のAにきたところで手を離すと，鉄球はどちらの方向に飛んでいくか．

3.1.2 平面上の運動

円運動や，斜めに物を投げ上げたときの放物運動などは，直線上の運動と違って，運動の舞台として平面を想定しなければならない．

いま，x-y 平面上を曲線 C に沿って運動する点 P を考える．この P の運動をとらえるにはどうしたらよいであろうか．

その方法として，P を x 軸および y 軸に正射影した点 Q，R を考え，P の運動を，Q と R の運動に分解する．

x 軸上を直線運動する点 Q の時刻 t における位置 x が

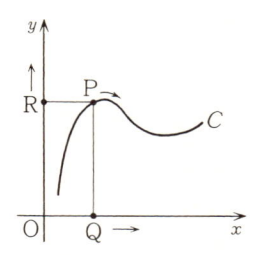

図1　点Pの運動を，点Q, Rの運動に分解する．

$$x = f(t) \tag{1}$$

で表され，y軸上を直線運動する点Rの時刻tにおける位置yが

$$y = g(t) \tag{2}$$

で表されるとすれば，時刻tにおける点Pの位置は，座標$(f(t), g(t))$でとらえられる．そこで，Pの運動は，(1)，(2)をいっしょに書いて

$$\begin{cases} x = f(t) \\ y = g(t) \end{cases} \tag{3}$$

で表すことにする．

このとき，(3)は曲線Cを，tを助変数として表現した式とみることもできる．

例1 単位円$x^2+y^2=1$上を角速度ωで運動する等速円運動を考える[1]．ただし，動点Pは$t=0$のとき$(1, 0)$にあるとする．

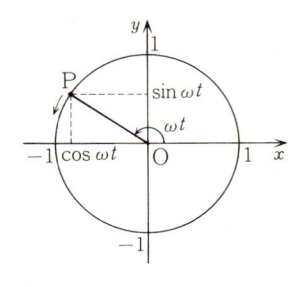

---

1) 『基礎解析』第5章 251ページ参照．

この運動は，
$$\begin{cases} x = \cos \omega t \\ y = \sin \omega t \end{cases}$$
と表すことができる．

例 2 $\begin{cases} x = 2t \\ y = 3t - 5t^2 \end{cases}$

で表される運動の軌跡は，この式から t を消去してみると
$$y = \frac{3}{2}x - \frac{5}{4}x^2$$
となるから，放物線であることがわかる．

例 3 $\begin{cases} x = 3 + 2t \\ y = 1 + 4t \end{cases}$

で表される運動の軌跡は直線である．この式から t を消去すると，
$$2x - y - 5 = 0$$
となる．

問 1 例 1 にならって，原点を中心，半径 2 の円周上を角速度 $\dfrac{\pi}{6}$ で運動する等速円運動の式を書け．ただし，動点 P は，$t=0$ のとき $(2, 0)$ にあるとする．

問 2 $\begin{cases} x = 3t \\ y = 1 + t - t^2 \end{cases}$

で表される運動の軌跡を図示せよ．

3.1.3 速度,加速度

平面上の運動が

$$\begin{cases} x = f(t) \\ y = g(t) \end{cases}$$

図1 $\begin{cases} x = f(t) \\ y = g(t) \end{cases}$

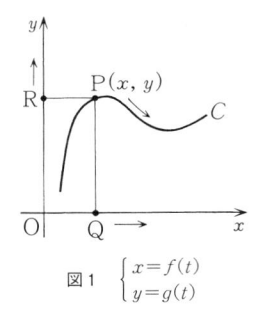

で与えられたとき,それぞれを t で微分した

$$\begin{cases} x' = f'(t) \\ y' = g'(t) \end{cases}$$

は,それぞれ x 軸,y 軸上を直線運動する点 Q, R の時刻 t における速度である.

では,P の速度はどう表したらよいであろうか.

そのために,ベクトル

$$\begin{pmatrix} f'(t) \\ g'(t) \end{pmatrix} \quad \begin{matrix} \Leftarrow \text{Q の速度} \\ \Leftarrow \text{R の速度} \end{matrix}$$

を考え,これを点 P の時刻 t における速度ベクトルまたは単に速度という.$f'(t)$, $g'(t)$ をそれぞれ x 成分,y 成分とよぶ.

たとえば，ある時刻 t_0 において
$$f'(t_0) = 3, \ g'(t_0) = 2$$
であれば，速度ベクトルは $\binom{3}{2}$ であり，これを図2のような矢線で表示するとわかりやすい．この矢印の方向を速度の方向という．

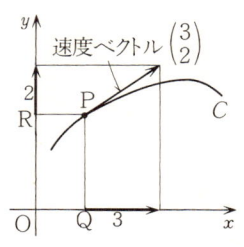

図2　速度ベクトルと矢線

また，この矢線の長さにあたる
$$\sqrt{\{f'(t)\}^2+\{g'(t)\}^2}$$
のことを，速度ベクトルの大きさという．上の例でいえば，$\sqrt{3^2+2^2}=\sqrt{13}$ である．

問1 $\begin{cases} x=2t \\ y=-t^2+6t \end{cases}$

で表される運動において，つぎの問いに答えよ．

① この運動の軌跡を表す曲線を求め，図示せよ．ただし，$0 \leqq t \leqq 6$ とする．

② $t=1, \ t=2$ における速度ベクトルを求めよ．また①

で図示した曲線上に矢線で表せ.
③ ②の速度ベクトルの大きさをいえ.

ところで,時刻 t の増分 Δt に対応する x および y の変化をそれぞれ Δx, Δy とすると,

$$\frac{\Delta y}{\Delta x} = \frac{\frac{\Delta y}{\Delta t}}{\frac{\Delta x}{\Delta t}}$$

であるから,$\Delta t \to 0$ のとき,

$$\frac{dy}{dx} = \frac{\frac{dy}{dt}}{\frac{dx}{dt}} = \frac{g'(t)}{f'(t)}$$

が得られる.ただし,$f'(t) \neq 0$ とする.

この式で $\frac{dy}{dx}$ は,運動の軌跡を示す曲線 C 上の点 $(f(t), g(t))$ における接線の傾きを表し,また $\frac{g'(t)}{f'(t)}$ は,

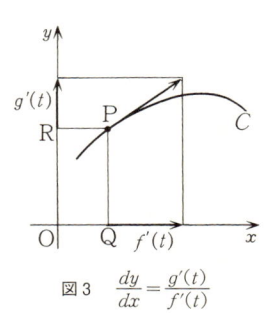

図3　$\dfrac{dy}{dx} = \dfrac{g'(t)}{f'(t)}$

速度ベクトル $\begin{pmatrix} f'(t) \\ g'(t) \end{pmatrix}$ を矢線で表したときの矢線の傾きを表している.

したがって, 点Pにおける速度ベクトルを表す矢線の方向は, 曲線 C の点Pにおける接線の方向と一致する.

加速度についても同様に扱う. すなわち

$$\begin{pmatrix} f''(t) \\ g''(t) \end{pmatrix} \begin{matrix} \Leftarrow Q の加速度 \\ \Leftarrow R の加速度 \end{matrix}$$

を, 時刻 t における加速度ベクトルまたは単に加速度といい, このベクトルの大きさ

$$\sqrt{\{f''(t)\}^2 + \{g''(t)\}^2}$$

を加速度ベクトルの大きさという. また, 矢線で表したときの矢印の向きを加速度の方向という.

問2 $\begin{cases} x = 2t \\ y = -t^2 + 6t \end{cases}$

で表される運動において, $t=1$, $t=2$ における加速度ベクトルはともに $\begin{pmatrix} 0 \\ -2 \end{pmatrix}$ となることを示せ.

練習問題

1 $\begin{cases} x = 2t \\ y = 3t - 5t^2 \end{cases}$

で表される運動において $t=2$ における速度ベクトル, 加速度ベクトル, およびそれぞれの大きさを求めよ.

2 $\begin{cases} x = 3t^2 - 3 \\ y = 3t + 1 \end{cases}$

のとき,$\dfrac{dy}{dx}$ を t の式で表せ.

3.2 三角関数の微分・積分

3.2.1 円運動の速度

角度の単位をラジアンとして,角速度1で単位円 $x^2+y^2=1$ 上を回転する円運動は,動点 P が $t=0$ のとき $(1, 0)$ にあるとすると

$$\begin{cases} x = \cos t \\ y = \sin t \end{cases}$$

で表される.

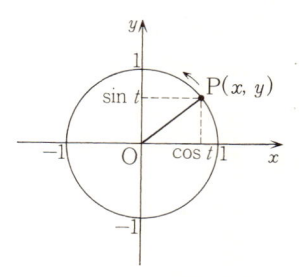

図1 円運動

この運動の時刻 t における速度ベクトル

$$\begin{pmatrix} (\cos t)' \\ (\sin t)' \end{pmatrix}$$

を考えよう.

まず,速度ベクトルの方向は円の接線方向である.

また,この円運動は1単位時間にちょうど1の長さの弧を動くのであるから,各点における速度ベクトルの大きさ

も1と考えることができる.

ハンマー投げにたとえれば, 手を離したとき鉄球は円の接線方向に速さ1で飛んでいくことになる.

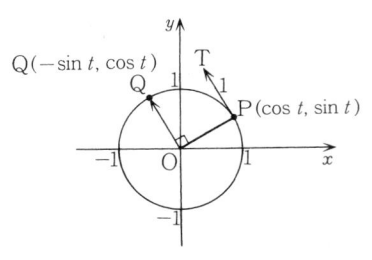

図2 円運動の速度ベクトル

したがって, この円運動の速度ベクトルは図2の矢線 $\overrightarrow{PT}$ で表せる. そしてこのベクトルの成分は, Pが90°回転した点をQとしたときの矢線 $\overrightarrow{OQ}$ の成分と同じであるから,

x 成分は $\cos\left(t+\dfrac{\pi}{2}\right) = -\sin t$,

y 成分は $\sin\left(t+\dfrac{\pi}{2}\right) = \cos t$

である.

したがって,

$$(\cos t)' = -\sin t, \tag{1}$$
$$(\sin t)' = \cos t \tag{2}$$

が得られる.

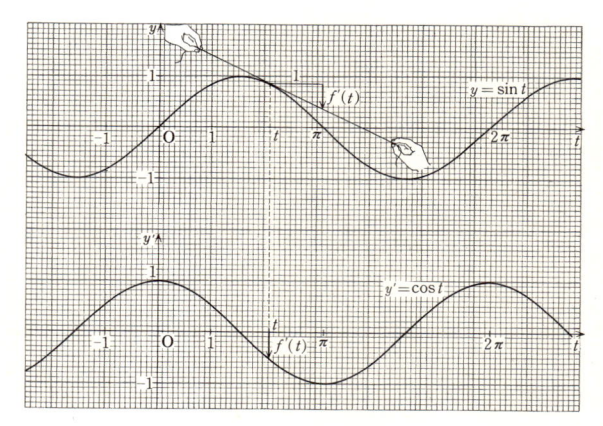

図3　$(\sin t)' = \cos t$

この式(1), (2)については，上の図のように，グラフ上のいろいろな点で接線の傾きを調べてみると，そのようすを知ることができる．図3は(2)の場合であるが，(1)についてもやってみよう．

3.2.2　三角関数の微分と極限

前ページで得られた式
$$(\cos t)' = -\sin t, \tag{1}$$
$$(\sin t)' = \cos t \tag{2}$$
において，$t=0$ の場合を考えてみると，(1)については
$$\lim_{h \to 0} \frac{\cos(0+h) - \cos 0}{h} = -\sin 0,$$

(2)については
$$\lim_{h \to 0} \frac{\sin(0+h) - \sin 0}{h} = \cos 0$$
となる．これらは整理すると
$$\lim_{h \to 0} \frac{\cos h - 1}{h} = 0, \tag{3}$$
$$\lim_{h \to 0} \frac{\sin h}{h} = 1 \tag{4}$$
と書ける．

いま(3), (4)は(1), (2)を使って，その $t=0$ の場合として導いたが，この極限の式(3), (4)は，(1), (2)を使わずに，直接確かめることができる．

まず(3)は，$x = \cos t$ のグラフの $t=0$ における接線の傾きが0であることを主張した式であるが，これは $\cos t$ のグラフが y 軸に対称ななめらかな曲線であることから，図1のように考えれば明らかである．

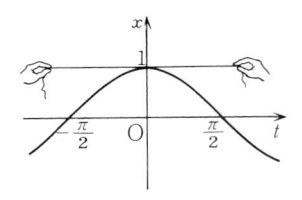

図1　$t=0$ における傾きは0だから，$\lim_{h \to 0} \frac{\cos(0+h) - 1}{h} = 0$．

また(4)は，h の値が小さければ，$\sin h$ と h の比は1に

近づくことを主張した式であるが，このことは下の図のように十分小さな h についての弧の長さは $\sin h$ とほとんど等しくなることからわかる．

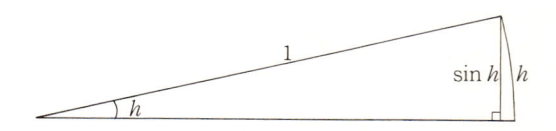

実際，t と $\sin t$ の値を表にすると下のようになっている．t が 60 分法で $10°$ くらいの角もラジアンではすでに $\sin t$ とかなり近いことがわかる．

t ラジアン　（度）	$\sin t$
0.17453　（$10°$）	0.17365
0.08727　（$5°$）	0.08716
0.05236　（$3°$）	0.05234
0.03491　（$2°$）	0.03490
0.01745　（$1°$）	0.01745

表　t と $\sin t$

さて，このようにして極限の式(3), (4)を認めれば，これを用いて逆に三角関数の微分の公式(1), (2)を導くことができる．

すなわち

$$(\cos t)' = \lim_{h \to 0} \frac{\cos(t+h) - \cos t}{h}$$

$$= \lim_{h \to 0} \frac{\cos t \cos h - \sin t \sin h - \cos t}{h} \quad {}^{1)}$$

$$= \lim_{h \to 0} \left(\frac{\cos h - 1}{h} \cdot \cos t - \frac{\sin h}{h} \cdot \sin t \right)$$

$$= 0 \cdot \cos t - 1 \cdot \sin t$$

$$= -\sin t$$

となる．

問 上と同じ方法で，$(\sin t)' = \cos t$ を導け．

3.2.3 微分・積分の計算

$\sin t$, $\cos t$ を微分すると，

$$(\sin t)' = \sin\left(t + \frac{\pi}{2}\right) = \cos t,$$

$$(\cos t)' = \cos\left(t + \frac{\pi}{2}\right) = -\sin t$$

というように，t を $\frac{\pi}{2}$ だけずらすことになっている．さらに続けると，

$$(-\sin t)' = -\sin\left(t + \frac{\pi}{2}\right) = -\cos t,$$

$$(-\cos t)' = -\cos\left(t + \frac{\pi}{2}\right) = \sin t$$

となってひとまわりする．

---

1) 三角関数の加法定理
$$\cos(\alpha + \beta) = \cos \alpha \cos \beta - \sin \alpha \sin \beta$$
を使った．なお，
$$\sin(\alpha + \beta) = \sin \alpha \cos \beta + \cos \alpha \sin \beta.$$

図1　→ 微分　←--- 積分

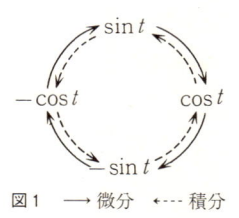

原始関数はこれが反対まわりになって，

$$\int \sin t\, dt = -\cos t + c,$$

$$\int \cos t\, dt = \sin t + c$$

となる．定積分では，たとえば

$$\int_0^{\frac{\pi}{2}} \sin t\, dt = \Big[-\cos t\Big]_0^{\frac{\pi}{2}} = 1,$$

$$\int_0^{\frac{\pi}{2}} \cos t\, dt = \Big[\sin t\Big]_0^{\frac{\pi}{2}} = 1$$

となるが，ともに等しいことはグラフをかいてみてもわかる．

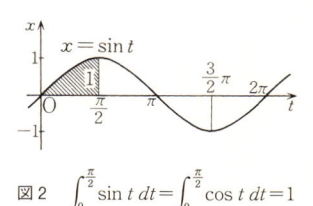

図2　$\int_0^{\frac{\pi}{2}} \sin t\, dt = \int_0^{\frac{\pi}{2}} \cos t\, dt = 1$

以下，微分・積分の計算をいくつかやってみよう．

例題 1 $\sin(\omega t+\alpha)$ を微分せよ．ただし ω と α は定数である．

解 $x=\omega t+\alpha$ と $y=\sin x$ の合成関数とみなせるから，

$$\frac{dy}{dt} = \frac{dy}{dx}\cdot\frac{dx}{dt}$$
$$= \cos x\times\omega = \omega\cos(\omega t+\alpha).$$

問 1 つぎの関数を微分せよ．

① $\cos(2t+3)$ ② $\sin(-2t+3)$

③ $a\cos(\omega t+\alpha)$ ただし，a, ω, α は定数．

例題 2 $\sin^2 t$ を微分せよ．

解 $x=\sin t$ と $y=x^2$ の合成関数とみなせるから

$$\frac{dy}{dt} = \frac{dy}{dx}\cdot\frac{dx}{dt}$$
$$= 2x\cos t = 2\sin t\cos t.$$

問 2 つぎの関数を微分せよ．

① $\sin^3 t$ ② $\cos^2 t$ ③ $\cos^3 t$ ④ $\dfrac{1}{\sin t}$

例題 3 $\displaystyle\int_0^{\frac{\pi}{2}}\sin^2 t\,dt$ を求めよ．

解 $\sin^2 t=\dfrac{1-\cos 2t}{2}$ であるから[1]，

$$\int_0^{\frac{\pi}{2}}\sin^2 t\,dt = \int_0^{\frac{\pi}{2}}\left(\frac{1}{2}-\frac{\cos 2t}{2}\right)dt$$

---

1) 加法定理から
$$\cos 2t = \cos^2 t-\sin^2 t = 2\cos^2 t-1 = 1-2\sin^2 t.$$

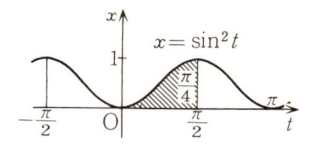

$$= \left[\frac{t}{2} - \frac{\sin 2t}{4}\right]_0^{\frac{\pi}{2}} = \frac{\pi}{4}.$$

例題 4 $\int_0^{\frac{\pi}{2}} \sin^3 t \, dt$ を求めよ．

解 $\int_0^{\frac{\pi}{2}} \sin^3 t \, dt = \int_0^{\frac{\pi}{2}} (1 - \cos^2 t) \sin t \, dt$

$$= \left[-\cos t + \frac{\cos^3 t}{3}\right]_0^{\frac{\pi}{2}} = \frac{2}{3}.$$

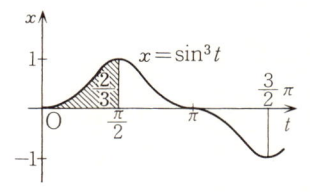

問 3 つぎの定積分を計算せよ．

① $\int_0^{\frac{\pi}{2}} \cos^2 t \, dt$ ② $\int_0^{\frac{\pi}{2}} \cos^3 t \, dt$

③ $\int_0^{\frac{\pi}{2}} \sin^5 t \, dt$ ④ $\int_0^{\frac{\pi}{2}} \cos^5 t \, dt$

例題 5 $\int \sin 3t \cos 2t \, dt$ を計算せよ．

解 $\sin 3t \cos 2t = \dfrac{1}{2}(\sin 5t + \sin t)$

であるから[1],

$$\int \sin 3t \cos 2t \, dt = \frac{1}{2} \int (\sin 5t + \sin t) \, dt$$
$$= -\frac{1}{10} \cos 5t - \frac{1}{2} \cos t + c.$$

問4 $\int \sin 2t \cos t \, dt$ を計算せよ.

例題6 $\tan t$ を微分せよ.

解 $\tan t = \dfrac{\sin t}{\cos t}$ だから,商の微分法により

$$(\tan t)' = \frac{(\sin t)' \cos t - \sin t (\cos t)'}{(\cos t)^2}$$
$$= \frac{\cos^2 t + \sin^2 t}{\cos^2 t} = \frac{1}{\cos^2 t}.$$

問5 つぎの関数を微分せよ.

① $\dfrac{1}{\sin t}$ ② $\dfrac{1}{\cos t}$ ③ $\dfrac{1}{\tan t}$

問6 つぎの式がなりたつことを確かめよ.

① $\int \tan t \, dt = -\log|\cos t| + c$

② $\int \dfrac{1}{\tan t} \, dt = \log|\sin t| + c$

例題7 $y = 2\cos t + \cos 2t$ のグラフをかけ.

解 $y = 2\cos t$ と $y = \cos 2t$ のグラフをかき,それを合成す

---

[1] 加法定理から
$$\sin(\alpha + \beta) + \sin(\alpha - \beta) = 2 \sin \alpha \cos \beta.$$

るとほぼ下のようなグラフになる．
$$y' = -2\sin t - 2\sin 2t$$
$$= -2\sin t - 4\sin t \cos t \text{ [1]}$$
$$= -4\sin t \left(\cos t + \frac{1}{2}\right).$$

したがって，$0 \leq t \leq 2\pi$ の範囲の増減表はつぎのようになる．

t	0	...	$\frac{2}{3}\pi$	...	π	...	$\frac{4}{3}\pi$	...	2π
y'	0	$-$	0	$+$	0	$-$	0	$+$	0
y	3	↘	$-\frac{3}{2}$	↗	-1	↘	$-\frac{3}{2}$	↗	3

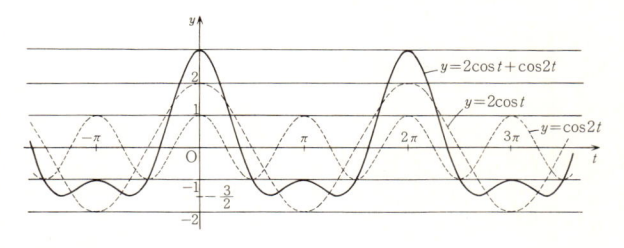

問7 つぎの関数のグラフをかけ．
① $y = \sin t + \cos t$
② $y = 2\sin t + \cos 2t$
③ $y = 2\sin t + \sin 2t$

---

1) 加法定理から，$\sin 2t = 2\sin t \cos t$．

問8 つぎの関数のグラフをかけ.

① $y = \dfrac{1}{\sin x}$ ② $y = \dfrac{1}{\tan x}$

3.2.4 円の面積

半径 a の円の面積は πa^2 であることは，小学校のとき学んだ.

問1 小学校のとき，円の面積をどのようにして求めたか思い出してみよ.

ここで，あらためて3通りの方法で円の面積を導いてみる.

〈その1〉 内接多角形で近似していく方法

円に内接する正 n 角形を考え，n をしだいに大きくしていった極限として円の面積を導いてみよう.

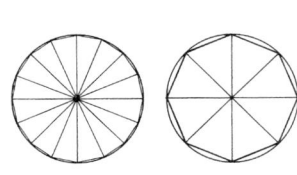

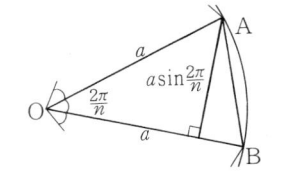

図1 円を多角形で近似   図2 △AOB の面積を考える.

図2のように，正 n 角形のとなり合う頂点を A, B とすると，

$$\triangle \mathrm{AOB} = \frac{1}{2} \times a \times a \sin\frac{2\pi}{n}$$

であるから,正 n 角形の面積 S_n は,

$$S_n = n \times \frac{a^2}{2}\sin\frac{2\pi}{n} = \pi a^2 \frac{\sin\dfrac{2\pi}{n}}{\dfrac{2\pi}{n}}$$

と書ける.ここで,$n \to \infty$ のとき $\dfrac{2\pi}{n} \to 0$ であるから,118 ページの極限の式 (4) により

$$S_n \to \pi a^2 \times 1 = \pi a^2$$

となる.

問2 円の外接 n 角形で近似する方法で導くこともできる.それを考えてみよ.

〈その2〉 置換積分を使う方法

原点を中心,半径 a の円の式は

$$x^2 + y^2 = a^2$$

であり,その上半分は

$$y = \sqrt{a^2 - x^2}$$

と表せる.したがって,円の面積 S は

$$S = 4\int_0^a \sqrt{a^2 - x^2}\, dx$$

である.この計算はつぎのように置換積分法を使うとできる.

$$x = a\cos t \quad \left(0 \leq t \leq \frac{\pi}{2}\right)$$

図3　$y=\sqrt{a^2-x^2}$

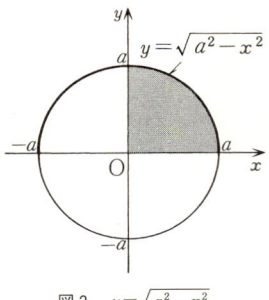

とおくと,
$$\sqrt{a^2-x^2} = \sqrt{a^2(1-\cos^2 t)}$$
$$= a\sin t$$

であり, また
$$\frac{dx}{dt} = -a\sin t$$

であるから,

x	$0 \longrightarrow a$
y	$\dfrac{\pi}{2} \longrightarrow 0$

$$S = 4\int_{\frac{\pi}{2}}^{0} a\sin t \times (-a\sin t)\,dt$$
$$= 4a^2 \int_{0}^{\frac{\pi}{2}} \sin^2 t\,dt$$

$$= 4a^2 \times \frac{\pi}{4} = \pi a^2 \quad \text{[1]}$$

となる．

問 3　上の置換積分法において，

$$x = a\sin t \quad \left(0 \le t \le \frac{\pi}{2}\right)$$

とおいてもできる．その方法で計算してみよ．

〈その 3〉　環状に分割する方法

半径 r の円の周の長さは $2\pi r$ である．これは円周率 π の定義であった．

円を図 4 のように，n 個の環状に分け，各環の幅は Δr とする．

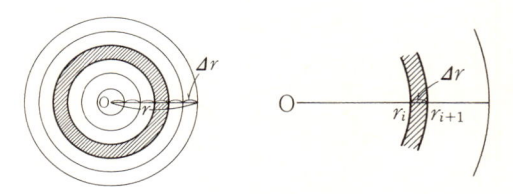

図 4　円を環状に分ける

半径 r_i の円と半径 $r_{i+1} = r_i + \Delta r$ の円とのあいだの環の面積を S_i とすると，

$$2\pi r_i \Delta r < S_i < 2\pi r_{i+1} \Delta r$$

であるから，円の面積は

---

[1]　122 ページ例題 3 参照．

$$\sum_{i=0}^{n-1} 2\pi r_i \Delta r$$

で近似できる．したがって円の面積 S は

$$S = \lim_{n \to \infty} \sum_{i=0}^{n-1} 2\pi r_i \Delta r = \int_0^a 2\pi r \, dr$$
$$= 2\pi \int_0^a r \, dr = \pi a^2$$

となる．

問4 以上3つの証明のうち，どれが一番わかりやすかったか．

練習問題

1 つぎの関数の第2次導関数を求めよ．
  (1) $y = 2\cos(2t - 4)$
  (2) $y = \sin^2 t$

2 $\sin^4 t = (1 - \cos^2 t)\sin^2 t$
$$= \sin^2 t - \frac{1}{4}\sin^2 2t$$

であることを用い，$\int \sin^4 t \, dt$ を計算せよ．

【補足】球の表面積と体積

円の面積を求めたときの〈その3〉と同じ方法で，半径 a の球の表面積が $4\pi a^2$ であることを示そう．

図1のように，球を，中心Oを通る平面で切った大円を考え，その半周を n 等分した点を
$$P_1, P_2, \cdots, P_{n-1}$$
とする．また $\dfrac{\pi}{n} = \Delta\theta$, $\angle \mathrm{NOP}_i = \theta_i$ とする．

いま，図2の斜線部のような帯状部分の面積は，
$$2\pi a \sin\theta_i \cdot a\, \Delta\theta$$
で近似できる．したがって表面積は

$$\lim_{n\to\infty} \sum_{i=0}^{n-1} 2\pi a \sin\theta_i \cdot a\, \Delta\theta = \int_0^\pi 2\pi a^2 \sin\theta\, d\theta$$
$$= 2\pi a^2 \int_0^\pi \sin\theta\, d\theta$$
$$= 4\pi a^2$$

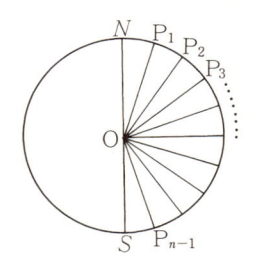

図1　半周を n 等分

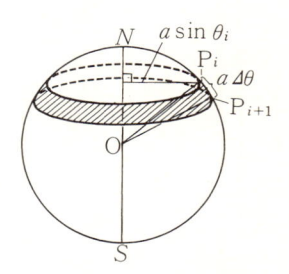

図2　球を帯状に分ける

となる.

また, 体積が $\frac{4}{3}\pi a^3$ となることは,「基礎解析」で回転体の体積を求める例として証明したが, 上と同じ論法で, 球を図3のような層に分けて考えることにより,

$$\int_0^a 4\pi r^2 dr = 4\pi \int_0^a r^2 dr = \frac{4}{3}\pi a^3$$

として導くこともできる.

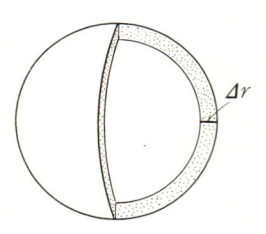

図3　球を層に分ける

3.3 円運動と振動

3.3.1 円運動の加速度

一般の等速円運動は，動点 P の座標を (x, y)，角速度を ω，円の半径を a，初期位相を α として[1]，

$$\begin{cases} x = a\cos(\omega t + \alpha) \\ y = a\sin(\omega t + \alpha) \end{cases}$$

と表せる．それぞれ微分すると

$$\begin{cases} x' = -a\omega \sin(\omega t + \alpha) = -\omega y \\ y' = a\omega \cos(\omega t + \alpha) = \omega x \end{cases}$$

がなりたつ．

問 上の円運動の速度ベクトルの大きさは $a\omega$ であることを示せ．なお，$\omega > 0$ とする．

さらにもういちど微分すると，

$$\begin{cases} x'' = -\omega y' = -\omega^2 x \\ y'' = \omega x' = -\omega^2 y \end{cases}$$

となり，加速度ベクトルは

$$\begin{pmatrix} x'' \\ y'' \end{pmatrix} = \begin{pmatrix} -\omega^2 x \\ -\omega^2 y \end{pmatrix} = -\omega^2 \begin{pmatrix} x \\ y \end{pmatrix}$$

となる．したがって，その方向は図1の矢線のように円の中心に向かい，その大きさは

---

1) 『基礎解析』第5章5.2参照．

$$\sqrt{(x'')^2+(y'')^2} = \omega^2\sqrt{x^2+y^2}$$
$$= a\omega^2$$

となる.

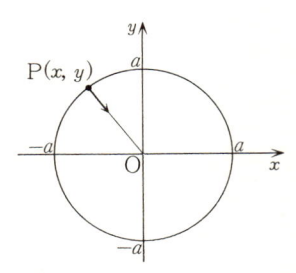

図1　加速度の方向

【補足】中心力と引力

円運動する物体の質量が m のとき,加速度の大きさ $a\omega^2$ と m との積 $ma\omega^2$ を中心力の大きさという.

第3章のはじめにある月の運動の場合でいえば,この中心力がすなわち地球と月とのあいだに働く引力である.

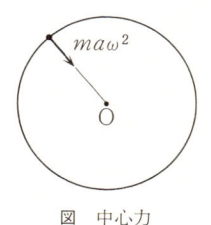

図 中心力

中心力 $ma\omega^2$ と,引力が一致することをつぎのように計算で確かめることができる.

月の質量 $m = 7.35 \times 10^{22}$ (kg),
月の回転半径 $a = 3.84 \times 10^8$ (m),
回転の角速度 $\omega = 2.66 \times 10^{-6}$ (ラジアン/秒)[1]

であるから,

$$ma\omega^2 = (7.35 \times 10^{22}) \times (3.84 \times 10^8) \times (2.66 \times 10^{-6})^2$$
$$= 2.00 \times 10^{20} \text{ (ニュートン)}\ [2].$$

---

1) 月の1周は 27.32 日,すなわち 2.36×10^6 秒かかり,角速度は 2π をこれで割る.

一方，質量が m, M (kg) の2つの物体が r (m) 離れたところにあるとき，そのあいだに働く力 f は，万有引力の公式により，

$$f = (6.67 \times 10^{-11}) \cdot \frac{mM}{r^2}$$

で与えられる．そこで m に月の質量，M に地球の質量 5.97×10^{24} (kg)，r に月の回転半径をそれぞれ代入すると，

$$f = (6.67 \times 10^{-11}) \cdot \frac{(7.35 \times 10^{22}) \cdot (5.97 \times 10^{24})}{(3.84 \times 10^8)^2}$$
$$= 1.98 \times 10^{20} \ (\text{ニュートン})$$

となってほとんど一致している．

---

2) 1 kg の物体に 1 m/秒^2 の加速度をつける力を1ニュートンという．

3.3.2 単振動

点Pが,
$$\begin{cases} x = a\cos(\omega t + \alpha) \\ y = a\sin(\omega t + \alpha) \end{cases}$$
で表される等速円運動をしているとき, 点Pを x 軸上へ正射影した点Qの運動
$$x = a\cos(\omega t + \alpha) \tag{1}$$
は単振動である[1]. この式が, 微分方程式
$$\frac{d^2x}{dt^2} = -\omega^2 x \tag{2}$$
を満たすことは133ページで確かめた.

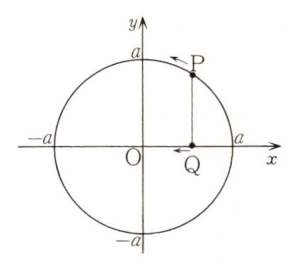

図1 Pが円運動をするとQは単振動をする.

ところで, これとよく似た微分方程式が指数関数でも得られる. すなわち, 指数関数
$$x = Ae^{pt} \tag{3}$$

---

1) 『基礎解析』第5章254ページ参照.

は,

$$\frac{d^2x}{dt^2} = p^2 x \tag{4}$$

を満たす.

(4)の場合は,$p^2>0$だからxに比例して加速度もどんどん大きくなる.

ところが,(2)の場合は$-\omega^2<0$だからxが大きくなると加速度は逆向きに大きくなり,したがってこれが物体を引きもどそうという力を生み,周期的な運動をする.

すなわち,(2)も(4)もともに加速度がxに比例することを表しているが,その比例定数の正負で指数的変化か,周期的変化かが分かれることになる.

ここでつるまきバネの単振動を考えよう.

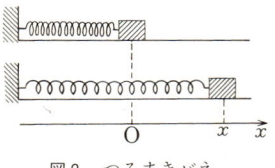

図2 つるまきバネ

図2のように,自然の位置にあるバネに質量mの物体をとりつけ,長さxだけのばすと,まさつなどによるエネルギーの損失がない場合には,

$$m\frac{d^2x}{dt^2} = -px \tag{5}$$

がなりたつことが知られている.ここでpは個々のバネに

よってきまっている定数で，バネ定数といわれている．
(5)は

$$\frac{d^2x}{dt^2} = -\frac{p}{m}x$$

と変形すると，137 ページの式(2)で

$$\omega^2 = \frac{p}{m}$$

の場合であると思えばよいので，このバネによる運動は

$$x = a\cos\left(\sqrt{\frac{p}{m}}t + \alpha\right) \tag{6}$$

という形で表される単振動である．

単振動の1往復にかかる時間 t_0 をこの単振動の周期というが，コサインのグラフは 2π ラジアンで1往復するので，それだけの角度を変える時間 t_0 は

$$\sqrt{\frac{p}{m}}\,t_0 = 2\pi$$

より，

$$t_0 = 2\pi\sqrt{\frac{m}{p}}$$

となり，これが単振動(6)の周期である．

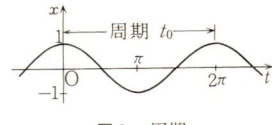

図3　周期

例 バネ定数が $0.25\,\mathrm{N/m}$[1] のつるまきバネに $0.04\,\mathrm{kg}$ のおもりをつけた単振動の式は,

$$x = a\cos\left(\sqrt{\frac{0.25}{0.04}}t + \alpha\right) = a\cos\left(\frac{5}{2}t + \alpha\right).$$

ここで,はじめにバネを $30\,\mathrm{cm}$ のばしたところで手を離したとし,そのときを $t=0$ とおくと,$a=0.3$,$\alpha=0$ であり,

$$x = 0.3\cos\frac{5}{2}t$$

という式が得られる.周期は $\frac{4}{5}\pi$ である.

また,$20\,\mathrm{cm}$ のばして手を離した場合は

$$x = 0.2\cos\frac{5}{2}t.$$

このように,同じバネに同じものをつるした場合,振れ幅は違っても周期は変わらない.

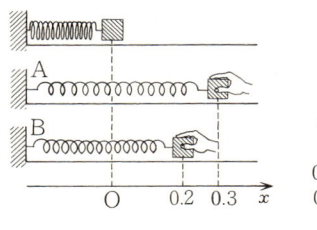

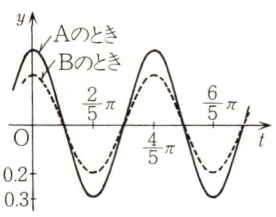

$x=0.3\cos\frac{5}{2}t$ と $x=0.2\cos\frac{5}{2}t$.

---

1) N は力の単位ニュートンを表す.

練習問題

1 バネにおもりをつけて単振動させたときの周期について,つぎの問いに答えよ.
(1) おもりを2倍にすると,周期は何倍になるか.
(2) 周期を2倍にするには,おもりを何倍にすればよいか.

【補足】単振動とエネルギー

138ページの式(5)は

$$m\frac{d^2x}{dt^2} + px = 0 \tag{1}$$

と書ける．ここで両辺に

$$v = \frac{dx}{dt}$$

をかけると

$$mv\frac{dv}{dt} + px\frac{dx}{dt} = 0 \tag{2}$$

と書くことができる．これを t で積分すると

$$\frac{1}{2}mv^2 + \frac{1}{2}px^2 = 一定 \tag{3}$$

という式が得られる．逆に，(3)を微分してみればすぐ(2)が得られる．

これはエネルギーの式であって，$\frac{1}{2}mv^2$ という「運動エ

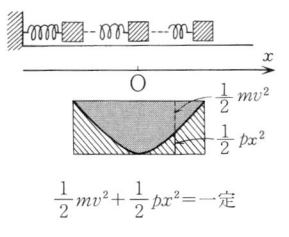

$$\frac{1}{2}mv^2 + \frac{1}{2}px^2 = 一定$$

ネルギー」と，$\frac{1}{2}px^2$ という「位置エネルギー」の和が一定であることを示している．

この式(3)をみると，$|x|$ が大きいときは $|v|$ が小さくなり，$|x|$ が小さいときは $|v|$ が大きくなることがわかる．

すなわち，運動エネルギーと位置エネルギーは和を一定に保ちながらも，お互いに増減をくりかえし，それが単振動を維持していることになる．

【補足】減衰振動

現実の振動は，抵抗が働いてエネルギーを損失してしだいに振動が弱くなったり，逆に外から別の力が加わって振動が強まったりすることが多く，前者を減衰振動，後者を強制振動という．

減衰振動のひとつの例は，速度 v に比例する粘性抵抗が働く場合で，この場合の微分方程式は，142 ページ(1)に qv を加えた

$$m\frac{d^2x}{dt^2}+q\frac{dx}{dt}+px=0 \tag{1}$$

の形になる．

この場合，x を t の式で表すと，三角関数に指数関数が関係してきて

$$x=ae^{-\gamma t}\cos(\omega t+\alpha) \tag{2}$$

という形になり，グラフは下のようになる．

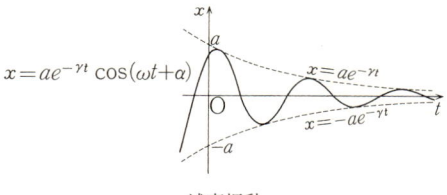

減衰振動

実際に試してみると
$$x' = -\gamma x - \omega a e^{-\gamma t}\sin(\omega t+\alpha),$$
$$x'' = (\gamma^2-\omega^2)x + 2\gamma\omega a e^{-\gamma t}\sin(\omega t+\alpha)$$
となり,
$$\frac{d^2x}{dt^2}+2\gamma\frac{dx}{dt}+(\omega^2+\gamma^2)x = 0$$
がなりたつ.

ここで, 2次方程式
$$X^2+2\gamma X+(\omega^2+\gamma^2) = 0$$
を考えると, この根は虚根であり,
$$X = -\gamma \pm \omega i$$
になっている.

すなわち, もとの微分方程式(1)にもどれば, 2次方程式
$$mX^2+qX+p = 0 \qquad (3)$$
が虚根をもつとき, すなわち
$$q^2 < 4mp$$
のとき, (2)のような減衰振動が得られ, しかも虚根を $-\gamma \pm \omega i$ としたときの

　　実部 $-\gamma$ が減衰 $e^{-\gamma t}$ にかかわり,

　　虚部 ω が振動 $\cos(\omega t+\alpha)$ にかかわる

ということになる.

数学Iで学んだ2次方程式の判別式や虚根が, ここまできてはじめて実際に活躍する.

なお,
$$q^2 > 4mp$$
のときは粘性が強すぎて, もはや周期運動はせず, 方程式(3)の2実根を α, β とすると
$$x = ae^{\alpha t} + be^{\beta t}$$
という形で表される関数になる[1].

実際の数で例示してみると,
$$\frac{d^2x}{dt^2} + 2\frac{dx}{dt} + 5x = 0$$
のときは, $X^2 + 2X + 5 = 0$ の根が $-1 \pm 2i$ だから
$$x = ae^{-t}\cos(2t + \alpha)$$
となり,
$$\frac{d^2x}{dt^2} + \frac{dx}{dt} - 2x = 0$$
のときは, $X^2 + X - 2 = 0$ の根が, $1, -2$ だから
$$x = ae^t + be^{-2t}$$
となる[2].

---

[1] さらに $q^2 = 4mp$ のときは(3)は重根をもつが, これを α とすると, $x = e^{\alpha t}(at + b)$ の形になる.
[2] a, b, α などは初期の条件で決まるある定数である.

章末問題

1 つぎの関数を微分せよ．

(1) $y=\sin^2(3x+1)$ (2) $y=\dfrac{\cos x}{1+\sin x}$

(3) $y=\cos(x^2+1)$ (4) $y=\log|\sin x|$

2 つぎの式の両辺を x について微分せよ．

(1) $\sin 2x = 2\sin x \cos x$

(2) $\sin 3x = 3\sin x - 4\sin^3 x$

3 つぎの積分を計算せよ．

(1) $\displaystyle\int \sin^3 x \cos x \, dx$ (2) $\displaystyle\int \cos^5 x \sin x \, dx$

4 部分積分法を用いてつぎの積分をせよ．

(1) $\displaystyle\int_0^{\frac{\pi}{2}} x\cos x \, dx$ (2) $\displaystyle\int_0^{\frac{\pi}{2}} x\sin x \, dx$

5 つぎのように助変数 t を用いて表された曲線において，$\dfrac{dy}{dx}$ を求めよ．

(1) $\begin{cases} x=a\sin^3 t \\ y=a\cos^3 t \end{cases}$

(2) $\begin{cases} x=\dfrac{3at}{1+t^3} \\ y=\dfrac{3at^2}{1+t^3} \end{cases}$

6 円 $x^2+y^2=1$ において，つぎの図の斜線部の面積を求めよ．

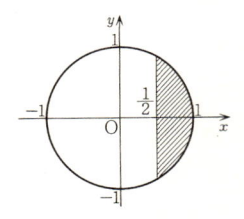

7 $\cos(m-n)t - \cos(m+n)t = 2\sin mt \sin nt$
を用い，つぎのことを示せ．ただし，m, n は整数とする．

$$\int_0^\pi \sin mt \cdot \sin nt \, dt = \begin{cases} 0 \quad (m \neq n \text{ のとき}) \\ \dfrac{\pi}{2} \quad (m = n \text{ のとき}) \end{cases}$$

数学の歴史 3

　三角関数は，三角形や円弧の問題から生まれたが，18世紀ごろには，弦の振動の解析に関係して，波を調べるのに使うようになった．熱の伝導の問題にそれを応用して，一般の関数を三角関数に分解したのはフーリエである．それで，三角関数の級数のことを，フーリエ級数という．もっとも，論理的にはフーリエの理論に不十分なところがあって，19世紀の数学者たちは，その基礎づけに努力し，そこから数学のいろいろな概念が生まれた．ディリクレの関数概念の定式化も，リーマンの積分の基礎づけも，カントルの集合概念も，そこから始まった．

　ジャン・バチスト・ジョゼフ・フーリエ（1768-1830）は，仕立て屋の息子で8歳で孤児となり，教会の学校で育てられた．ところが，修道院に入る直前，フランス革命が起こり，この21歳の青年を若い闘士にしてしまった．僧院に入る前にと，書いたばかりの数学の処女論文をパリに届けに行っていたときのこと，運命というものは不思議なものだ．

　30歳のとき，ナポレオンのエジプト遠征軍に加わり，エ

ジプト学士院に残されたが，以来彼は，偉大な文明は炎暑から生まれる，という奇妙な信念を持つにいたった．それで，夏でもしめきった部屋で，からだに真綿をまきつけて，汗を流しながら数学を考えたという．そのテーマが「熱の理論」だったのだから，おかしい．

　グルノーブルの知事になって，政治的手腕もなかなかだったらしいが，そのころに熱伝導論を仕上げたものだが，理論的に不十分だったので，それの完成に賞金がかけられ，のちにフーリエが学士院のボスになったときに，自分で賞金を獲得している．

　しかし，フーリエの一生をいろどっているのは，政治的激動期での行動である．ナポレオンがエルバ島に流されたとき，フーリエはルイ 18 世に忠誠を誓って知事を続けていた．そして，ナポレオンがフランスに帰ってきたのに，みずから馬を駆ってブルボン家に通報，グルノーブルに帰ってみると，もうナポレオンがいて，エジプト以来の仲で，またナポレオンに忠誠を誓う身となってしまった．そして，ナポレオンの百日天下が終わって，さすがに知事のほうはあきらめるが，セーヌの統計局長におさまっているのだから，よほど行政手腕をみこまれたのだろう．そればかりか，3 年後には，ボナパルト派の追放されたあとの科学学士院に入っている．そして，晩年はフランス数学界の大御所的な存在となった．

　もっとも，例の炎熱地獄で暮らしたせいか心臓を病み，1830 年の政情騒然たるなかで，それほど老人ともいえぬ

62歳で,フーリエは息をひきとった.

　熱と波とはずいぶん違いそうなものだが,フーリエの一生が,熱と波のなかにあったと言えなくもない.以来,三角関数というのは,円弧や三角形と離れて,数学の基本的素材と考えられるようになった.

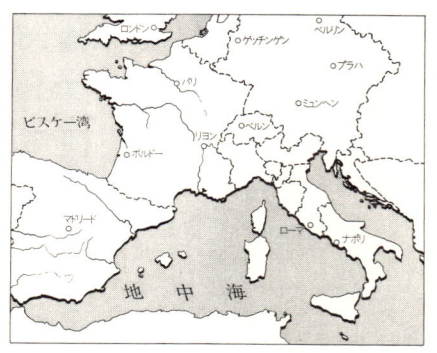

1765　ワットの蒸気機関.伊勢おかげ参り.
1776　アメリカ独立宣言.平賀源内のエレキテル.
1784　『フィガロの結婚』初演.田沼意知,殺される.
1789　フランス革命.松平定信の奢侈禁止令.
1798　ナポレオンのエジプト遠征.
1804　ナポレオン,皇帝.レザノフ,長崎来航.
1815　ワーテルローの戦.杉田玄白『蘭学事始』.
1821　ナポレオン死亡.伊能忠敬『大日本沿海実測地図』.
1830　フランス,7月革命.

第4章　微分・積分の応用

　ある先生が，生徒に「微分のことは自分でやれ」と教えた．すると ある生徒が「じゃ積分のことは，誰に頼もうか」といった.
　昔から微分と積分は，数学が嫌いな生徒を泣かせることが多かった ようである．「微分は微かに分るが，積分は積り積って，ようやく分っ た」とか「微分は微かにさえ分らない，積分はとても分った積りにな れない」などという人もいる．
　しかし，微分も積分も，人間が考えだしたものである．ゆっくり考 えて，わからないはずがない．人生にはもっとわけがわからない，大 切な問題がたくさんある.
　君の魂は，何を求めているのだろうか？

4.1 微分の応用

4.1.1 関数値の変化

関数値の増減や極値の調べ方，その応用はすでに学んだ[1]．ここではとり扱える関数がひろがり，計算手段も豊富になったのでいろいろな場合について考えてみよう．

例1 $f(x) = \dfrac{x^2}{x-1}$ について調べてみよう．この式は，
$$f(x) = x+1 + \frac{1}{x-1}$$
と変形できる．

$x \to +\infty$ と $x \to -\infty$ のとき，$\dfrac{1}{x-1} \to 0$ であるから，x の絶対値が非常に大きいところでは，この関数はほとんど $y = x+1$ と同じふるまいをする．だから，
$$\lim_{x \to +\infty} f(x) = +\infty, \qquad \lim_{x \to -\infty} f(x) = -\infty.$$

また，x が1に非常に近いとき $x+1 \fallingdotseq 2$ だが，$\dfrac{1}{x-1}$ の絶対値は非常に大きくなるから，ここではこの関数は，ほとんど $y = \dfrac{1}{x-1}$ と同じふるまいをする．だから
$$\lim_{x \to 1-0} f(x) = -\infty, \qquad \lim_{x \to 1+0} f(x) = +\infty. \quad [2]$$

ここまでのことから，この関数の値の変化の大まかなようすは次ページの図のようになる．

---

1) 『基礎解析』第2章参照．
2) $x > 1$ で $x \to 1$ のとき $x \to 1+0$，$x < 1$ で $x \to 1$ のとき，$x \to 1-0$ と書く．

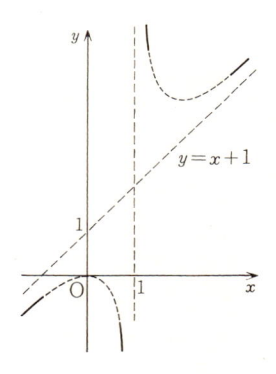

そこで，$x>1$ の範囲には $f(x)$ が極小になる点が，$x<1$ の範囲には $f(x)$ が極大になる点がそれぞれあるものと考えられる．

つぎに $f(x)$ を微分して，増減表をつくる．
$$f'(x) = 1 - \frac{1}{(x-1)^2} = \frac{x(x-2)}{(x-1)^2}.$$

x	$\cdots$	0	$\cdots$	1	$\cdots$	2	$\cdots$
$f'(x)$	+	0	−		−	0	+
$f(x)$	↗	0	↘		↘	4	↗

グラフは次ページの図のようになる．

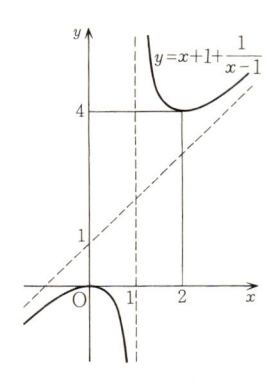

関数値の変化を調べるには，この例のように，まず大まかに全体のようすをつかむとよい．それには，$x \to +\infty$ や $x \to -\infty$ でのようす，いくつかの特別な点，関数が定義されない点の近くなどを調べる．つぎに，細かい変動をみるためには，微分して増減や極値を調べる．

例2 $y = f(x) = xe^{-x}$ について調べてみよう．
$$\lim_{x \to \infty} f(x) = 0, \qquad \lim_{x \to -\infty} f(x) = -\infty$$
である[1]．

また，$x > 0$ のとき $y > 0$，$x < 0$ のとき $y < 0$，そして，$x = 0$ のとき $y = 0$ であるから，この関数の値の変化は大まかに次ページの左のグラフのようになる．$x > 0$ の範囲に $f(x)$ が極大になる点があるものと考えられる．

---

1) 77ページを参照．

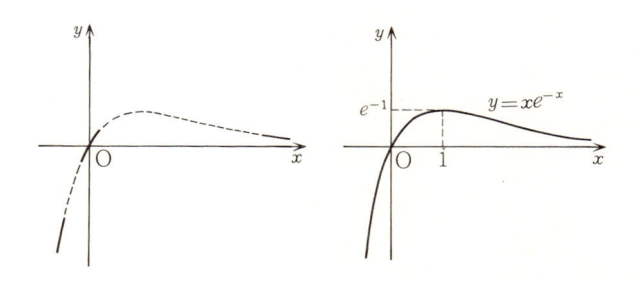

そこで増減表をつくってみる．
$$f'(x) = 1 \cdot e^{-x} + x \cdot (-e^{-x}) = (1-x)e^{-x}.$$

x	$\cdots$	1	$\cdots$
$f'(x)$	+	0	−
$f(x)$	↗	e^{-1}	↘

表から，上の右のようなグラフが得られる．

問1 つぎの関数の値の変化を調べて，グラフをかけ．

① $y = \dfrac{x^3}{x+1}$　　② $y = \dfrac{x}{(x-1)^2}$

③ $y = \dfrac{1}{2}x + \sin x$　　④ $y = e^{-x}\sin x$　ただし $x \geqq 0$．

問2 $y = x^2 e^{-x}$ のグラフをかけ．これを用いて，方程式 $x^2 e^{-x} = a$ の実根の数が a の値によってどう変わるかを調べよ．

問3 $x > -1$ において，$y = x - \log(x+1)$ の変化を調べる

ことにより，$x \geq \log(x+1)$ を示せ．

問4 幅が $3a$ cm のトタン板を図のように折り曲げて，断面が台形であるような雨どいをつくる．断面積を y cm^2，$\angle \text{ABE} = \theta$ とする．このとき，つぎの問いに答えよ．

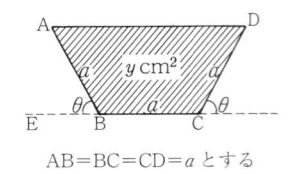

AB＝BC＝CD＝a とする

① $y = a^2 \sin\theta(1 + \cos\theta)$ を示せ．
② y の最大値と，そのときの θ を求めよ．

4.1.2 第2次導関数と曲線の凹凸

いままで，導関数を用いて関数の増減や極値を調べることを学んできた．

しかし，同じ増加の状態といっても，$y = \log x$ のように

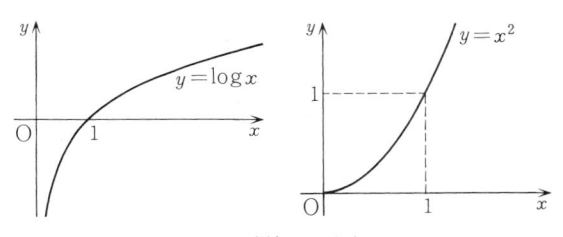

図1 増加のしかた

4.1 微分の応用

増加のしかたがしだいに衰えていく場合もあるし，反対に，$y=e^x$ のように増加のしかたが著しくなっていく場合もある．

減少の状態にある関数についても，同じようなことが考えられる．

増加のしかた，あるいは減少のしかたは，グラフ上では接線の傾きに現れている．

もし，接線の傾きが減少していくならば，図2のように増加のしかたが衰え，あるいは減少のしかたが著しくなり，グラフは上に凸になるであろう．

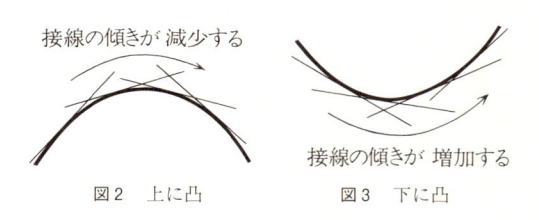

接線の傾きが減少する

接線の傾きが増加する

図2　上に凸　　　図3　下に凸

ここで，接線の傾きが減少していくことは接線の傾きの変化率が負ということだから，関数 $y=f(x)$ についてみると，

$$\{f'(x)\}' = f''(x) < 0$$

ということになる．

接線の傾きが増加していくときは，同様に考えるとグラフは下に凸で，$f''(x) > 0$ ということになる（図3）．

つまり，$y=f(x)$ のグラフについて，

$f''(x) > 0$ のとき　下に凸，

$f''(x) < 0$ のとき　上に凸．

例1　$f(x) = x^3 - 3x$ について，

$$f'(x) = 3x^2 - 3, \qquad f''(x) = 6x$$

だから，

$x > 0$ のとき　グラフは下に凸，

$x < 0$ のとき　グラフは上に凸

であり，グラフは下のようになる．

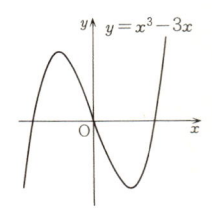

上に凸と下に凸が入れかわる点を変曲点という[1]．上の例では，原点が変曲点である．

例2　$f(x) = \dfrac{1}{1+x^2}$ のグラフをかいてみよう．

まず，$x \to \infty$ のときおよび $x \to -\infty$ のときは，$f(x) \to 0$ である．また，

$$f'(x) = \frac{-2x}{(1+x^2)^2} = -2x(1+x^2)^{-2},$$

---

1) $f''(x) = 0$ でも変曲点とはかぎらない．たとえば，$y = x^4$ の原点など．

$$f''(x) = -2\cdot(1+x^2)^{-2} + (-2x)(-2)(1+x^2)^{-3}(2x)$$
$$= \frac{6x^2-2}{(1+x^2)^3}.$$

$f'(x)=0$ とすれば $x=0$,

$f''(x)=0$ とすれば $x=\pm\dfrac{1}{\sqrt{3}}$ となる.

つぎに,増減,凹凸の表をつくる[1].

x	$\cdots$	$-\dfrac{1}{\sqrt{3}}$	$\cdots$	0	$\cdots$	$\dfrac{1}{\sqrt{3}}$	$\cdots$
$f'(x)$	+	+	+	0	−	−	−
$f''(x)$	+	0	−	−	−	0	+
$f(x)$	↗	変曲点	↗	極大値	↘	変曲点	↘

$f(0)=1$ が極大値. 点 $\left(\pm\dfrac{1}{\sqrt{3}},\dfrac{3}{4}\right)$ が変曲点. そこで,グラフは下のようになる.

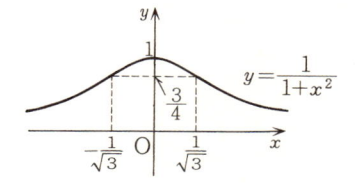

---

1) 表中では,↗ は,下に凸で増加,↗ は,上に凸で増加,↘ は,上に凸で減少,↘ は,下に凸で減少,となっている.

4.1.3 近似式

関数 $y=f(x)$ の $x=a$ の近くでのようすを考えてみよう．

このとき，$f(x) \fallingdotseq f(a)$ であり，$f(x)$ における変化率は $f'(a)$ である．

そこでこれを考えに入れて，$x=a$ において，値も変化率も $f(x)$ に一致するような1次関数 $g(x)$ をつくれば，$x=a$ の近くでは，$f(x)$ のかわりにこれを用いることができるだろう．つまり，$g(x)$ は $f(x)$ の近似式となる．$g(x)$ を求めてみると，

$$g(x) = f(a) + f'(a)(x-a)$$

となる[1]．

この1次関数は，いわば，$f(x)$ の変化のうちから増減だけをぬき出してきたものであり，グラフでは，$y=f(x)$ のグラフの点 $(a, f(a))$ での接線の式になっている．

ここでもし，$x=a$ において第2次導関数まで $f(x)$ と一致するような2次関数をつくるならば，それは，さらによい近似式となるであろう．

$f(a)=A$, $f'(a)=B$, $f''(a)=C$ として，

$$g(a) = A, \ g'(a) = B, \ g''(x) = 一定 = C$$

となるような2次関数 $g(x)$ をきめてみよう．

$$g'(x) = g'(a) + \int_a^x g''(x)\,dx$$

---

1) 『基礎解析』第2章69ページ参照．

$$= B + \int_\alpha^x C\,dx$$
$$= B + C(x-\alpha),$$
$$g(x) = g(\alpha) + \int_\alpha^x g'(x)\,dx$$
$$= A + \int_\alpha^x \{B + C(x-\alpha)\}\,dx$$
$$= A + B(x-\alpha) + \frac{1}{2}C(x-\alpha)^2.$$

すなわち,
$$g(x) = f(\alpha) + f'(\alpha)(x-\alpha) + \frac{1}{2}f''(\alpha)(x-\alpha)^2$$
となる.これは, $f(x)$ の $x=\alpha$ の近くでの 2 次の近似式になっている.

2 次の近似式をつくって, 関数の値の変化のようすを調べてみよう.

例 1 $y = f(x) = x^4 - 2x^3 + x^2$ について調べてみよう.
$$f'(x) = 4x^3 - 6x^2 + 2x$$
$$= 2x(2x-1)(x-1),$$
$$f''(x) = 12x^2 - 12x + 2.$$

$f'(x)=0$ となる点 $x=1$ で, 2 次の近似式 $g(x)$ をつくってみると,
$$f(1) = 0,\ f'(1) = 0,\ f''(1) = 2$$
だから,
$$g(x) = 0 + 0(x-1) + \frac{2}{2}(x-1)^2$$
$$= (x-1)^2.$$

$x=1$ の近くでは, $y=f(x)$ は, 2 次の近似式 $g(x)=(x-1)^2$ と同じふるまいをする.

そこで, $f(1)=0$ は, $y=f(x)$ の極小値であることがわかる.

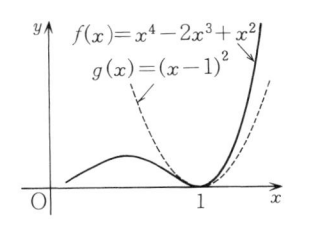

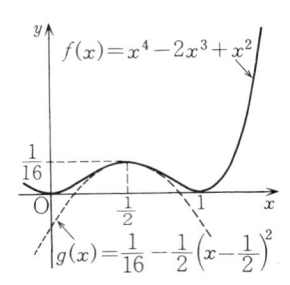

$x=\dfrac{1}{2}$ ではどうだろうか.

$$f\left(\dfrac{1}{2}\right)=\dfrac{1}{16}, \ f'\left(\dfrac{1}{2}\right)=0, \ f''\left(\dfrac{1}{2}\right)=-1$$

だから,

$$g(x)=\dfrac{1}{16}-\dfrac{1}{2}\left(x-\dfrac{1}{2}\right)^2$$

となる.

そこで, $f\left(\dfrac{1}{2}\right)=\dfrac{1}{16}$ が, $y=f(x)$ の極大値であることがわかる.

一般に, $y=f(x)$ は, $f'(\alpha)=0$ となる点 $x=\alpha$ の近くでは,

$$g(x) = f(\alpha) + \frac{1}{2}f''(\alpha)(x-\alpha)^2$$

と同じふるまいをする．2次関数の値の変化を考えると，

$f''(\alpha) > 0$ のとき $f(\alpha)$ は $g(x)$ の最小値，

$f''(\alpha) < 0$ のとき $f(\alpha)$ は $g(x)$ の最大値

となる．

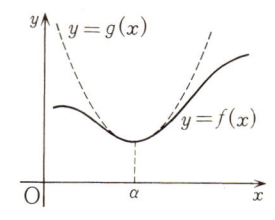

図1　$f''(\alpha) > 0$ のとき，$f(\alpha)$ は極小値．

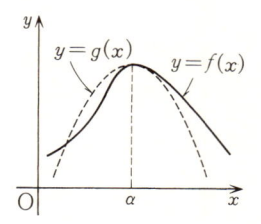

図2　$f''(\alpha) < 0$ のとき，$f(\alpha)$ は極大値．

そこで，$y = f(x)$ について，$f'(\alpha) = 0$ のとき，$f''(\alpha)$ の正負によって $f(\alpha)$ が極大値か極小値かの判定ができる．

すなわち，

$f'(\alpha) = 0$, $f''(\alpha) > 0$ ならば，

　　$f(\alpha)$ は，$y = f(x)$ の極小値，

$f'(\alpha) = 0$, $f''(\alpha) < 0$ ならば，

　　$f(\alpha)$ は，$y = f(x)$ の極大値

である．

なお，$f'(\alpha) = f''(\alpha) = 0$ のときは，これだけのことからは極大とも極小ともそのいずれでないとも判定できない．

例2 $0 \leqq x \leqq 2\pi$ において,
$$f(x) = \cos x(1+\sin x)$$
の極値を調べてみよう.
$$f'(x) = (1-2\sin x)(1+\sin x)$$
であるから, $f'(x)=0$ となる x は
$$x = \frac{\pi}{6}, \quad \frac{5}{6}\pi, \quad \frac{3}{2}\pi.$$

また,
$$f''(x) = -\cos x(4\sin x + 1)$$
であるから,
$$f''\left(\frac{\pi}{6}\right) = -\frac{3}{2}\sqrt{3} < 0,$$
$$f''\left(\frac{5}{6}\pi\right) = \frac{3}{2}\sqrt{3} > 0,$$
$$f''\left(\frac{3}{2}\pi\right) = 0.$$

そこで $f(x)$ は,
$$x = \frac{\pi}{6} \text{ で極大値 } f\left(\frac{\pi}{6}\right) = \frac{3}{4}\sqrt{3},$$
$$x = \frac{5}{6}\pi \text{ で極小値 } f\left(\frac{5}{6}\pi\right) = -\frac{3}{4}\sqrt{3}$$
をとる.

また, $x=\frac{3}{2}\pi$ の前後で $f'(x)$ の符号は変わらないから, $f\left(\frac{3}{2}\pi\right)$ は極値ではない.

$$y = \cos x(1+\sin x)$$

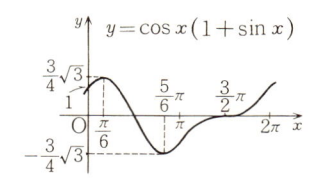

(グラフ: 最大値 $\frac{3}{4}\sqrt{3}$ at $x=\frac{\pi}{6}$, 最小値 $-\frac{3}{4}\sqrt{3}$ at $x=\frac{5}{6}\pi$, $x=\frac{3}{2}\pi$ 付近)

4.1.4 方程式の根の近似値

$y=f(x)$ のグラフ上の点 $(\alpha, f(\alpha))$ における接線の式は，

$$y = f'(\alpha)(x-\alpha) + f(\alpha)$$

となるのであった．

接線を用いると，方程式の根の近似値を求めることができる[1]．

例1 方程式 $2-x=e^x$ の根の近似値を求めてみよう．

$f(x) = e^x - (2-x) = e^x + x - 2$ とおく．

$f'(x) = e^x + 1 > 0$ だから，$f(x)$ は増加関数である．そして，

$$f(0) = e^0 + 0 - 2 = -1 < 0,$$
$$f\left(\frac{1}{2}\right) = e^{\frac{1}{2}} + \frac{1}{2} - 2 \fallingdotseq 0.1487 > 0 \text{ [2]}$$

であるから，方程式 $f(x)=0$ は，0 と $\frac{1}{2}$ のあいだに1個だけ根をもつ．

この根を α とすると，それは $y=f(x)$ のグラフ上の点

---

1) ここで根とは，実根である．
2) $e^{\frac{1}{2}} \fallingdotseq 1.6487$

$\left(\dfrac{1}{2},\ f\!\left(\dfrac{1}{2}\right)\right)$ における接線と x 軸の交点の x 座標にほぼ等しい.

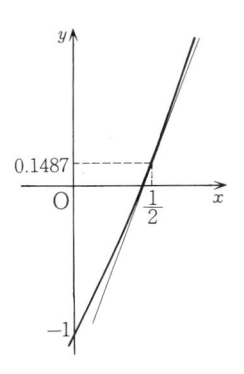

その接線の式は,
$$f\!\left(\dfrac{1}{2}\right) = e^{\frac{1}{2}} - \dfrac{3}{2},\ \ f'\!\left(\dfrac{1}{2}\right) = e^{\frac{1}{2}} + 1$$
から,
$$y = (e^{\frac{1}{2}}+1)\!\left(x-\dfrac{1}{2}\right) + \left(e^{\frac{1}{2}} - \dfrac{3}{2}\right)$$
$$= (e^{\frac{1}{2}}+1)x + \left(\dfrac{1}{2}e^{\frac{1}{2}} - 2\right).$$

$y=0$ とおくと, $x \fallingdotseq \alpha$ となる.
$$x = \dfrac{2 - \dfrac{1}{2}e^{\frac{1}{2}}}{e^{\frac{1}{2}} + 1} = \dfrac{2 - \dfrac{1}{2} \times 1.6487}{1.6487 + 1} \fallingdotseq 0.444.$$

よって，$a \fallingdotseq 0.444$ となる[1].

例2 $f(x)=x^2-2$ のグラフの接線を利用して，$\sqrt{2}$ の近似値を求めてみよう．

$x_0{}^2>2$ となる x_0 を 1 つとって，このグラフの点 $(x_0, f(x_0))$ における接線を引く．

その式は，
$$y = f'(x_0)(x-x_0)+f(x_0)$$
となる．

その x 軸との交点を $(x_1, 0)$ とすると，
$$x_1 = x_0 - \frac{f(x_0)}{f'(x_0)}.$$
$f(x_0)=x_0{}^2-2$, $f'(x_0)=2x_0$ だから，
$$x_1 = x_0 - \frac{x_0{}^2-2}{2x_0}$$
$$= \frac{x_0{}^2+2}{2x_0}.$$

次ページのグラフからわかるように，x_0 が $\sqrt{2}$ の近似値ならば，x_1 はもっとよい近似値である．

同じようにして，$(x_1, f(x_1))$ における接線と x 軸の交点を $(x_2, 0)$，$(x_2, f(x_2))$ における接線と x 軸の交点を $(x_3, 0)$，… と続けていくと，一般に
$$x_n = \frac{x_{n-1}{}^2+2}{2x_{n-1}} = \frac{1}{2}\left(x_{n-1}+\frac{2}{x_{n-1}}\right)$$
となり，x_n は x_{n-1} よりもよい $\sqrt{2}$ の近似値となる．

---

1) これは小数第 2 位まで正しい．

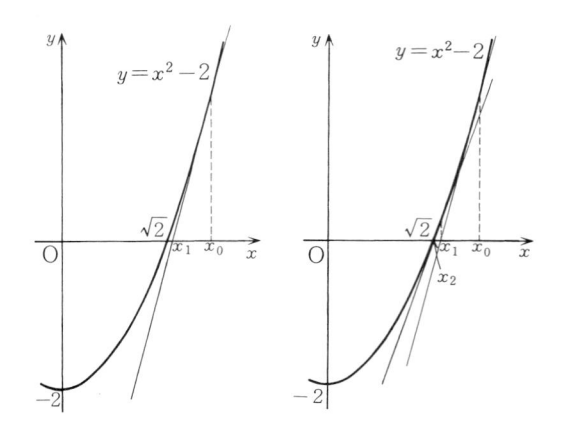

そこで，$x_0=2$ としてみると，

$$x_1 = \frac{3}{2} = 1.5,$$

$$x_2 = \frac{17}{12} = 1.41666\cdots,$$

$$x_3 = \frac{577}{408} = 1.4142156\cdots,$$

$$x_4 = \frac{665857}{470832} = 1.41421356\cdots,$$

$$\cdots\cdots$$

となる．正しくはつぎのようになる．

$$\sqrt{2} = 1.414213562373\cdots$$

このようにして方程式の根の近似値を求める方法をニュートンの方法という．

問　$\sqrt[3]{2}$ の近似値を求めよ[1].

練習問題

1　つぎの関数を微分せよ．

(1) $\log\sqrt{\dfrac{1-x}{1+x}}$　　(2) $\log(x+\sqrt{x^2+a})$

(3) $\dfrac{1}{2}e^x(\sin x - \cos x)$

2　つぎの関数の増減・極値を調べて，グラフをかけ．

(1) $f(x)=\dfrac{2x}{x^2+1}$　　(2) $f(x)=\dfrac{2x}{x^2-1}$

3　つぎの関数の増減，極値，凹凸，変曲点を調べてグラフをかけ．

(1) $f(x)=x^4-4x^3$　　(2) $f(x)=e^{-\frac{x^2}{2}}$

4　点 $(1,2)$ を通る直線が，x 軸，y 軸の正の部分とそれぞれ A，B で交わるとき，原点を O として，△OAB の面積の最小値を求めよ．

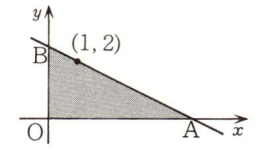

---

[1]　$\sqrt[3]{2}=1.25992104\cdots$

5 半径 a の球に外接する直円錐の体積の最小値を求めよ．

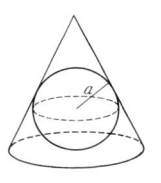

6 $f(x)=\sqrt{1+x}$ の $x=0$ の近くでの 1 次，2 次の近似式を求め，それぞれ，$1+\dfrac{1}{2}x$，$1+\dfrac{1}{2}x-\dfrac{1}{8}x^2$ となることを示せ．また，つぎの問いに答えよ．

(1) $x \geqq -1$ のとき，つぎの式を示せ．
$$\sqrt{1+x} < 1+\frac{1}{2}x.$$

(2) $\sqrt{1.1}$，$\sqrt{1.01}$ の近似値を求めよ[1]．

---

1) $\sqrt{1.1}=1.04880884\cdots$
   $\sqrt{1.01}=1.00498756\cdots$

4.2 積分の応用

4.2.1 面積と体積

$a \leqq x \leqq b$ において，$f(x) \geqq g(x)$ のとき，曲線 $y=f(x)$, $y=g(x)$ と，直線 $x=a$, $x=b$ とで囲まれた部分の面積は，
$$\int_a^b \{f(x)-g(x)\}\,dx$$
で表される[1]．

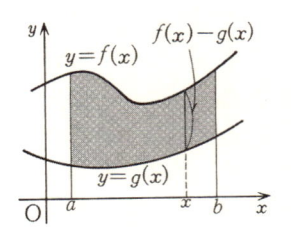

図1 $\int_a^b \{f(x)-g(x)\}\,dx$

一般に，ある図形の x 軸に垂直な切り口の長さを $l(x)$ とするとき，その図形の $a \leqq x \leqq b$ の部分の面積は
$$\int_a^b l(x)\,dx$$
で表される．

例1 $y=\sin x$ と $y=\cos x$ のグラフで囲まれた，つぎの図のような部分の面積は，2つの曲線の交点の x 座標が $\dfrac{\pi}{4}$,

---

1) 『基礎解析』第3章140ページ参照．

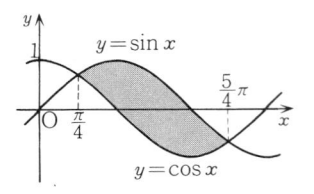

$\dfrac{5}{4}\pi$ であるから，求める面積を S とすると，
$$S = \int_{\frac{\pi}{4}}^{\frac{5}{4}\pi}(\sin x - \cos x)\,dx = \Big[-\cos x - \sin x\Big]_{\frac{\pi}{4}}^{\frac{5}{4}\pi} = 2\sqrt{2}.$$

こんどは空間に z 軸をとり，$a<b$ とする．ある立体の高さが，$z=a$ から $z=b$ までであり，z 軸に垂直な平面で切った切り口の面積が，高さ z のところで $S(z)$ になっているとすると，この立体の体積は
$$\int_a^b S(z)\,dz$$

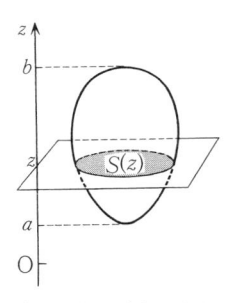

図2 立体を z 軸に垂直な平面で切る．

となる[1].

例2　底面の正方形の1辺が a, 高さ h の正四角柱 ABCD-EFGH がある. 側面の長方形の対角線 AF, BG, CH, DE を考える. 4つの動点 P, Q, R, S がそれぞれ, A, B, C, D を同時に出発してそれぞれの対角線にそって, 同じ速さで F, G, H, E にむかって動いていくとき, この四角柱の中にあって, 四辺形 PQRS が通過する部分の体積を求めてみよう.

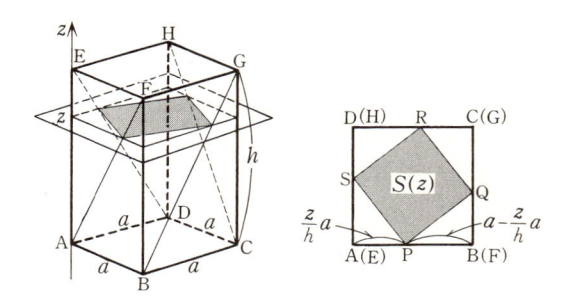

A を原点にして AE を z 軸にとり, 高さ z のところで z 軸に垂直に, つまり, 底面に平行にこの立体を切る. これを真上からみると, 右図のようになる. 切り口の面積は,

$$S(z) = a^2 - 4 \times \frac{1}{2} \cdot \frac{z}{h}a \cdot \left(a - \frac{z}{h}a\right)$$
$$= \frac{a^2}{h^2}(h^2 - 2hz + 2z^2).$$

---

1)　『基礎解析』第3章 147-148 ページ参照.

そこで，求める体積は

$$\int_0^h S(z)\,dz = \int_0^h \frac{a^2}{h^2}(h^2-2hz+2z^2)\,dz$$
$$= \frac{a^2}{h^2}\left[h^2z - hz^2 + \frac{2z^3}{3}\right]_0^h$$
$$= \frac{2}{3}a^2h.$$

立体が $a \leqq z \leqq b$ において，ある曲線を z 軸のまわりに回転した回転体のとき，高さ z の点での z 軸と立体の表面との距離を $r(z)$ とすると，この回転体の体積は

$$\int_a^b \pi\{r(z)\}^2\,dz$$

である[1].

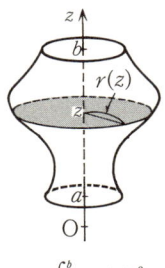

図3 $\int_a^b \pi\{r(z)\}^2\,dz$

---

1) 『基礎解析』第3章150ページ参照.

問 1 曲線 $y = \dfrac{1}{2}(e^z + e^{-z})$ の $-1 \leq z \leq 1$ の部分を z 軸のまわりに回転してできる回転体の体積を求めよ．

例 3 図の曲線
$$\begin{cases} x = \sin t \\ y = \sin 2t \end{cases} \left(0 \leq t \leq \dfrac{\pi}{2}\right)$$
と x 軸のあいだの部分の面積 S を求めよう．

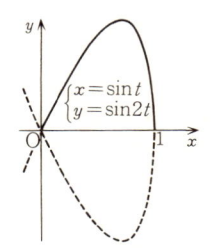

$0 \leq t \leq \dfrac{\pi}{2}$ のとき $0 \leq x \leq 1$ であるから，
$$S = \int_0^1 y\, dx$$
である．ただし，この y は x からきまる関数と考えている．ここに，$x = \sin t$ を代入すると，置換積分法により，

$$S = \int_0^1 y\, dx = \int_0^{\frac{\pi}{2}} y\, \dfrac{dx}{dt}\, dt$$

$$= \int_0^{\frac{\pi}{2}} \sin 2t \cos t\, dt$$

$$= \int_0^{\frac{\pi}{2}} 2\cos^2 t \sin t\, dt\ ^{1)}$$

$$= \frac{2}{3}.$$

　この曲線を x 軸のまわりに回転して得られる回転体の体積 V も，同じようにして

$$V = \int_0^1 \pi y^2 \, dx = \int_0^{\frac{\pi}{2}} \pi y^2 \frac{dx}{dt} \, dt = \int_0^{\frac{\pi}{2}} \pi \sin^2 2t \cos t \, dt$$

として求められる．

問2　$\cos^2 t = 1 - \sin^2 t$ に注意して，上の定積分を計算し，V を求めよ．

4.2.2　曲線の長さ

　こんどは曲線の長さを求めてみよう．

　まず，

$$\begin{cases} x = f(t) \\ y = g(t) \end{cases}$$

と助変数表示された曲線の，$\alpha \leqq t \leqq \beta$ の部分の長さを考えてみよう．

$$\alpha = t_0 < t_1 < t_2 < \cdots < t_{n-1} < t_n = \beta$$

となるように α と β のあいだを細かく分け，

$$f(t_k) - f(t_{k-1}) = \Delta x_k,$$
$$g(t_k) - g(t_{k-1}) = \Delta y_k,$$
$$t_k - t_{k-1} = \Delta t_k$$

---

1)　$\sin 2t = 2\sin t \cos t$．また，$\cos t = u$ とおけば，この積分は $\int_0^1 2u^2 \, du$ となる．

とおく．また，$t_0, t_1, t_2, \cdots$ に対する曲線上の点を $P_0, P_1, P_2, \cdots$ とする．

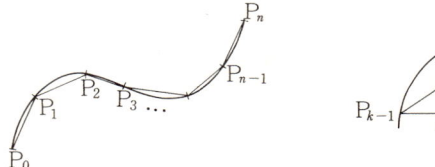

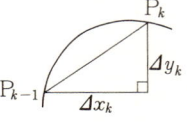

図1　曲線と折れ線　　図2　$P_{k-1}P_k = \sqrt{(\Delta x_k)^2 + (\Delta y_k)^2}$

このとき求める曲線の長さ l は，
$$l = \lim_{n \to \infty}(P_0P_1 + P_1P_2 + \cdots + P_{n-1}P_n)$$
$$= \lim_{n \to \infty} \sum_{k=1}^n \sqrt{(\Delta x_k)^2 + (\Delta y_k)^2}$$
となる．ただし，すべての Δt_k が 0 に近づくようなやり方で $n \to \infty$ とするのである．

さて，
$$\sqrt{(\Delta x_k)^2 + (\Delta y_k)^2} = \sqrt{\left(\frac{\Delta x_k}{\Delta t_k}\right)^2 + \left(\frac{\Delta y_k}{\Delta t_k}\right)^2} \Delta t_k$$
であり，また次ページの図からわかるように，
$$\frac{\Delta x_k}{\Delta t_k} = f'(p_k), \quad \frac{\Delta y_k}{\Delta t_k} = g'(q_k)$$
となるような p_k, q_k を t_{k-1} と t_k のあいだにとることができる．そこで，
$$l = \lim_{n \to \infty} \sum_{k=1}^n \sqrt{(\Delta x_k)^2 + (\Delta y_k)^2}$$

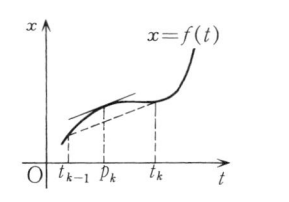

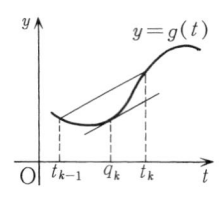

図3　t_{k-1} と t_k のあいだに p_k, q_k がそれぞれとれる.

$$= \lim_{n \to \infty} \sum_{k=1}^{n} \sqrt{\{f'(p_k)\}^2 + \{g'(q_k)\}^2}\, \Delta t_k$$
$$= \int_{\alpha}^{\beta} \sqrt{\{f'(t)\}^2 + \{g'(t)\}^2}\, dt \text{ [1]}$$

となる.

例　曲線

$$\begin{cases} x = a\cos^3 t \\ y = a\sin^3 t \end{cases} \left(0 \leqq t \leqq \frac{\pi}{2}\right)$$

の長さを求めてみよう.

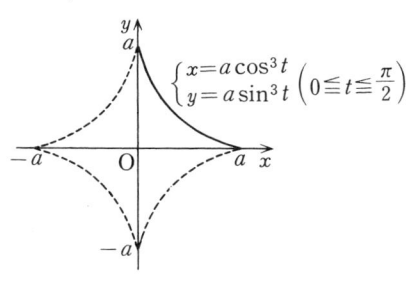

---

[1]　$\int_{\alpha}^{\beta} \sqrt{\left(\dfrac{dx}{dt}\right)^2 + \left(\dfrac{dy}{dt}\right)^2}\, dt$ とも書ける.

$$\frac{dx}{dt} = -3a\cos^2 t \sin t,$$

$$\frac{dy}{dt} = 3a\sin^2 t \cos t$$

だから,

$$\left(\frac{dx}{dt}\right)^2 + \left(\frac{dy}{dt}\right)^2 = 9a^2\cos^4 t \sin^2 t + 9a^2\sin^4 t \cos^2 t$$

$$= 9a^2\cos^2 t \sin^2 t.$$

そこで,曲線の長さ l は,

$$l = \int_0^{\frac{\pi}{2}} \sqrt{9a^2\cos^2 t \sin^2 t}\, dt$$

$$= \int_0^{\frac{\pi}{2}} 3a\cos t \sin t\, dt = \frac{3}{2}a.$$

曲線が $x = f(t) = t$ と表されるとき,

$$x = t,\ y = g(t) = g(x)$$

と考えられる.このとき,

$$\frac{dx}{dt} = 1,$$

$$\frac{dy}{dt} = \frac{dy}{dx} = y'$$

であるから, $a \leq x \leq b$ に対する曲線の長さ l は,つぎのようになる.

$$l = \int_a^b \sqrt{1 + (y')^2}\, dx.\ \text{[1]}$$

---

[1] $\int_a^b \sqrt{1 + \left(\dfrac{dy}{dx}\right)^2}\, dx$ とも書ける.

問 曲線 $y = \dfrac{1}{2}(e^x + e^{-x})$ の $-1 \leqq x \leqq 1$ の部分の長さを求めよ．

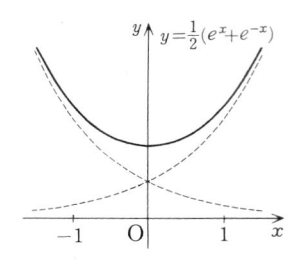

4.2.3 重心

一様な材質でできた二等辺三角形の板の重心について考えてみよう．

x 軸を，原点を支点とするさおばかりにみたて，この二等辺三角形の板を，頂角の 2 等分線が x 軸に重なり，頂点が原点に重なるように「はかりにかけた」状態を考えよう．

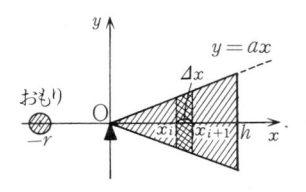

図1 二等辺三角形の板の重心

このとき，底辺が $x = h$ に重なり，斜辺が $y = ax$ に重なったとする．

いま，点 $(-r, 0)$ に三角形の板と同じおもさのおもりをのせたら両方がつりあったとしよう．これは，点 $(r, 0)$ に板の重さがすべて集まったとしてつりあいを考えたのと同じである．この点 $(r, 0)$ をこの三角形の板の重心という．上の三角形の板の重心を求めてみよう．

三角形の板の単位面積あたりの重さを ρ とする[1]．また，$0 \leq x \leq h$ を n 等分してその幅を Δx とすると，i 番目の点 x_i からつぎの点 $x_{i+1} = x_i + \Delta x$ までのあいだの部分の重さは，Δx が小さいときには，$\rho \cdot 2ax_i \cdot \Delta x$ とみなせる．

点 $(-r, 0)$ にあって，この部分とつりあうおもりの重さを Δm_i とすると，
$$r\Delta m_i = x_i \cdot \rho \cdot 2ax_i \Delta x = 2\rho a x_i^2 \Delta x$$
でなければならない．

これらをよせあつめると
$$\sum_{i=0}^{n-1} r\Delta m_i = \sum_{i=0}^{n-1} 2\rho a x_i^2 \Delta x,$$
$$r \sum_{i=0}^{n-1} \Delta m_i = 2\rho \sum_{i=0}^{n-1} a x_i^2 \Delta x.$$

ここで分けかたを限りなく細かくしていくと，$\sum_{i=0}^{n-1} \Delta m_i$ はおもり全体の重さ，すなわち $\rho a h^2$ になる．また，分けかたを限りなく細かくしていくと，$\sum_{i=0}^{n-1} a x_i^2 \Delta x$ は $\int_0^h ax^2\,dx$ と表されるから，
$$r\rho a h^2 = \int_0^h 2\rho a x^2\,dx = \frac{2}{3}\rho a h^3.$$

---

1) ρ は，ギリシア文字でローと読む．

よって $r = \dfrac{2}{3}h$.

すなわち,点 $\left(\dfrac{2}{3}h,\ 0\right)$ が重心であることがわかった.

問 一様な材質でできた半径 a の半円形の板がある.この重心を求めよ.

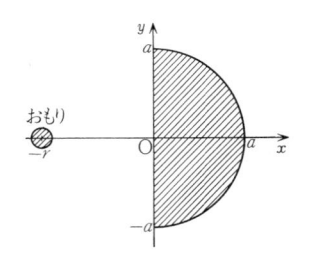

4.2.4 定積分の近似計算

関数 $f(x)$ の原始関数が求まらない場合などにも $\displaystyle\int_a^b f(x)\,dx$ を求めたいこともある.そのときは近似値を求める方法を考えればよいであろう.

それには,$a \leqq x \leqq b$ を小さな区間に分け,各区間で $y = f(x)$ に近く,しかも積分が簡単な関数 $g(x)$ を求めて,これを積分するとよい.$g(x)$ として,2次関数を用いる場合を考えよう.

そこでまず,$h > 0$ として,$-h \leqq x \leqq h$ で与えられた関数 $y = f(x)$ のグラフ上に3点 $(-h, y_0)$,$(0, y_1)$,(h, y_2) をとり,この3点を通って y 軸に平行な軸をもつ放物線を引

く. $y=f(x)$ をこの放物線が表す2次関数でおきかえて積分してみよう.

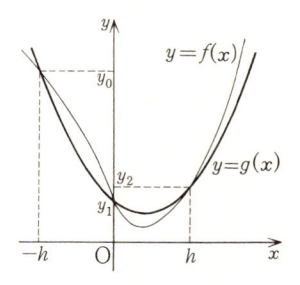

図1 $f(x)$ を, $f(-h)=g(-h)$, $f(0)=g(0)$, $f(h)=g(h)$ となる2次関数で近似.

この2次関数を,
$$y = g(x) = Ax^2+Bx+C$$
とすると,
$$\int_{-h}^{h} g(x)\,dx = \int_{-h}^{h}(Ax^2+Bx+C)\,dx$$
$$= \frac{h}{3}(2Ah^2+6C).$$

ところが,
$$y_0 = Ah^2-Bh+C,$$
$$y_1 = \phantom{Ah^2-Bh+{}}C,$$
$$y_2 = Ah^2+Bh+C$$
だから,
$$2Ah^2+6C = y_0+4y_1+y_2.$$

したがって,
$$\int_{-h}^{h} f(x)\,dx \doteqdot \int_{-h}^{h} g(x)\,dx$$
$$= \frac{h}{3}(y_0 + 4y_1 + y_2).$$

このことを用いて, $\int_a^b f(x)\,dx$ を求めよう.

$a \leqq x \leqq b$ を $2n$ 等分する点を順に
$$a = x_0 < x_1 < x_2 < \cdots < x_{2n-1} < x_{2n} = b$$
となるようにとり,
$$x_1 - x_0 = x_2 - x_1 = \cdots = x_{2n} - x_{2n-1} = h$$
とおく. また,
$$f(x_0) = y_0,\ f(x_1) = y_1,\ \cdots,\ f(x_{2n}) = y_{2n}$$
とすると,
$$\int_a^b f(x)\,dx$$
$$= \int_{x_0}^{x_2} f(x)\,dx + \int_{x_2}^{x_4} f(x)\,dx + \cdots + \int_{x_{2n-2}}^{x_{2n}} f(x)\,dx$$
$$\doteqdot \frac{h}{3}(y_0 + 4y_1 + y_2) + \frac{h}{3}(y_2 + 4y_3 + y_4)$$
$$\quad + \cdots + \frac{h}{3}(y_{2n-2} + 4y_{2n-1} + y_{2n})$$
$$= \frac{h}{3}\{(y_0 + y_{2n}) + 4(y_1 + y_3 + \cdots + y_{2n-1})$$
$$\quad + 2(y_2 + y_4 + \cdots + y_{2n-2})\}.$$

これをシンプソンの公式という.

例 $\int_0^1 \dfrac{dx}{1+x} = \log 2$

の近似値を $0 \leqq x \leqq 1$ を4等分して求めてみよう．

$h = 0.25$ である．

$$\begin{array}{ll} y_0 = 1 & y_1 = 0.8 \\ \underline{+\ y_4 = 0.5} & \underline{+\ y_3 = 0.5714} \\ \quad\ \ 1.5, & \quad\ \ 1.3714, \end{array}$$

$$y_2 = 0.6667.$$

上の数値から，

$$\int_0^1 \dfrac{dx}{1+x} \fallingdotseq \dfrac{0.25}{3} \times (1.5 + 4 \times 1.3714 + 2 \times 0.6667)$$

$$= 0.6933.\ ^{1)}$$

問1 $0 \leqq x \leqq 1$ を4等分して，$\int_0^1 \dfrac{dx}{1+x^2}$ の近似値を求めよ[2]．

問2 つぎの表から，$\int_0^{10} f(x)\,dx$ の近似値を求めよ．

x	0	1	2	3	4	5	6	7	8	9	10
$f(x)$	4.00	4.21	4.32	4.05	3.82	3.50	3.22	3.78	4.32	5.02	5.20

以上では，関数 $y = f(x)$ を2次関数におきかえたが，細かく分けた区間毎に，1次関数におきかえることもできる．

---

1) 正しくは $\log 2 = 0.6931471\cdots$

2) $\int_0^1 \dfrac{dx}{1+x^2} = \dfrac{\pi}{4}$ となることが知られている．このことから，π の近似値を求めることもできる．

$y=f(x)$ が $a \leqq x \leqq b$ で与えられているとき, $a \leqq x \leqq b$ を n 等分する点を順に

$$a = x_0 < x_1 < x_2 < \cdots < x_{n-1} < x_n = b$$

とする.

$$f(x_0) = y_0, \ f(x_1) = y_1, \ \cdots, \ f(x_n) = y_n$$

とし, $\dfrac{b-a}{n} = h$ とおく.

このとき, 小区間

$$x_0 \leqq x \leqq x_1, \ x_1 \leqq x \leqq x_2, \ \cdots, \ x_{n-1} \leqq x \leqq x_n$$

ごとに, $y=f(x)$ のグラフを直線とみなし, $y=f(x)$ のグラフの下の面積を台形の面積で近似してやると,

$$\int_a^b f(x)dx \fallingdotseq \frac{h}{2}\{(y_0+y_n)+2(y_1+y_2+\cdots+y_{n-1})\}.$$

これを台形公式という.

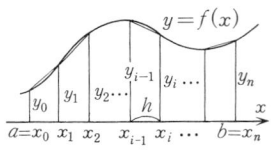

図2 台形で近似

問3 この式を確かめよ.

練習問題

1 曲線 $y=1+\cos x$ の $[-\pi, \pi]$ の部分と x 軸とによって囲まれた図形を，x 軸のまわりに回転してできる立体の体積を求めよ．

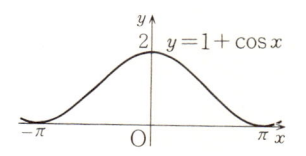

2 半径 a の直円柱を，下の図のように底面と θ の角をなす平面 α で切ったとき，この円柱の α の下側にある部分の側面積を求めよ．

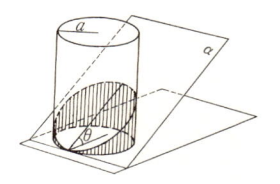

3 つぎのような式で表される曲線について，以下の問いに答えよ[1]．

$$\begin{cases} x = at - a\sin t \\ y = a - a\cos t \end{cases} \quad \text{ただし，} 0 \leq t \leq 2\pi.$$

---
[1] 円が定直線にそってすべらずに転がるとき，円周上の1点がえがく曲線はこの式で表される．

$$\begin{cases} x = at - a\sin t \\ y = a - a\cos t \end{cases}$$

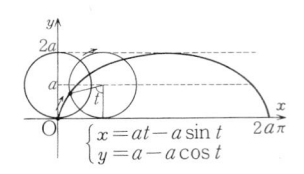

(1) その長さを求めよ．

(2) x 軸とのあいだにある部分の面積を求めよ．

4 $0 < a < 1$ のとき，曲線 $y = \log(1-x^2)$ の $0 \leqq x \leqq a$ の部分の長さを求めよ．

5 下の図は，ある船の甲板の平面図で，10 m 毎に区切って船幅を示してある．ただし，単位は m である．

 シンプソンの公式および台形公式により，この甲板の面積を求めよ．

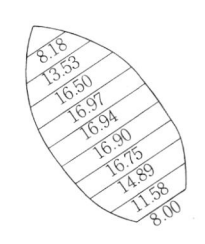

8.18
13.53
16.50
16.97
16.94
16.90
16.75
14.89
11.58
8.00

4.3 微分方程式

4.3.1 微分方程式の意味(1)

いままでにも，ある関数の導関数がみたす条件を示した等式がしばしば表れた．このような等式を微分方程式とよぶ．

微分方程式を成立させるような関数のことを，その微分方程式の解という．

例1　g が定数で $\dfrac{d^2x}{dt^2}=g$ のとき，その解は
$$x = A+Bt+\frac{1}{2}gt^2$$
となる．A, B は定数である[1)]．

例2　$\dfrac{dx}{dt}=kx$ のとき，その解は
$$x = Ae^{kt}$$
となる．A は定数である．

例3　$\dfrac{d^2x}{dt^2}=-\omega^2 x$ のとき，その解は
$$x = A\cos(\omega t+B)$$
となる．A, B は定数である．

問1　上の例1，2，3の形の微分方程式は，何ページに出てきたかさがしてみよう．

---

1) 第1次あるいは第2次導関数についての微分方程式の解は，それぞれ1個，2個の定数を含む．任意定数を含む解を一般解，その値が特定された解を特殊解という．

上の例の解には，定数 A, B が含まれている．この定数の値は，たとえば $t=0$ のときの x, $\dfrac{dx}{dt}$ などの値を与えればきまる．この条件のことを初期条件という．

そして，初期条件が与えられれば解が1つきまる．

微分方程式

$$\frac{dx}{dt} = x+1$$

を，

$$t=0 \text{ のとき } x=0$$

という初期条件のもとで考えてみよう．

この微分方程式の解を $x=f(t)$ とすると，これは，t-x 平面でのある曲線を表す．

この曲線 $x=f(t)$ の上の点 (t, x) では，接線の傾きが $x+1$ になっている．

そこで，t-x 平面の各点に，傾き $x+1$ の小線分をとりつけた図をかくと，下のようになる．この図を見ると，えが

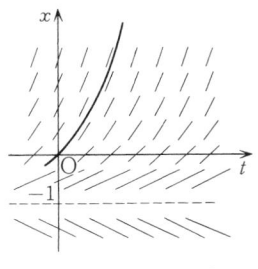

図1　傾き $x+1$ の小線分

かれた小線分につぎつぎに接しているような曲線が「見えて」くる.

初期条件から, 解の曲線は $(0, 0)$ を通るから, 図1のような曲線になる.

問2 図1から, 解の式を予想せよ.

さて, $\dfrac{dx}{dt} = x+1$ から, $\dfrac{dt}{dx} = \dfrac{1}{x+1}$.

両辺を 0 から x まで積分すると, $x=0$ のとき $t=0$ だから,

$$t = 0 + \int_0^x \frac{dx}{x+1} = \log(x+1).$$

そこで, これを変形すると

$$x = e^t - 1.$$

これはつぎのように解釈できる.

(A) はじめの状態は, $t=0$ のとき $x=0$ である.
(B) $\dfrac{dx}{dt} = x+1$ という法則にしたがって変化していく.
(C) 全体として, $x = e^t - 1$ という関係がある.

(A)は初期条件であり, 微分方程式は(B)の法則, すなわち, 各瞬間ごとにとらえた微小な視野での法則を示す. そして(C)はその解にあたり, t の変動全体をみわたした全体的な視野での法則を表している.

4.3.2 微分方程式の意味(2)

座標平面上の動点Pは, 時刻 t における位置 (x, y) が

によって与えられているとしよう．

このとき，
$$x(0) = a, \ y(0) = 0$$
だから，P の初めの位置は $(a, 0)$ である．

そして，
$$x^2 + y^2 = a^2$$
であるから，P は，原点を中心として半径 a の円周上を，$(a, 0)$ から出発して角速度 ω で動いていく．

(1)を t で微分して，微分方程式としては
$$\begin{cases} \dfrac{dx}{dt} = -\omega y \\ \dfrac{dy}{dt} = \omega x \end{cases} \tag{2}$$

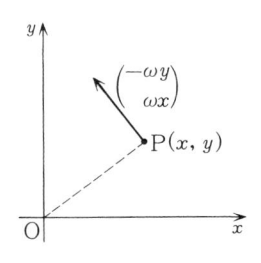

図1　微分方程式の意味

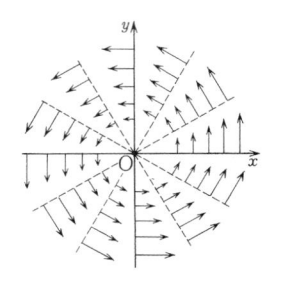

図2　P は動径 OP に直交するように動く

となる.

だから,(1)は微分方程式(2)の解で,初期条件 $x(0)=a$, $y(0)=0$ をみたすものになっている.

逆に,微分方程式(2)から出発してみよう.(2)は各点 (x, y) に対して,P がそこを通るときは,P の速度ベクトルが

$$\begin{pmatrix} -\omega y \\ \omega x \end{pmatrix} = \begin{pmatrix} 0 & -\omega \\ \omega & 0 \end{pmatrix} \begin{pmatrix} x \\ y \end{pmatrix}$$

であることを述べている.このベクトルは,$\begin{pmatrix} x \\ y \end{pmatrix}$ を 90° 回転して ω 倍したものになっている.

つまり,P はいつでも動径 OP に直交するように動いていくから,原点を中心とする円をえがく(図2).

いま,初期条件を $x(0)=a$, $y(0)=0$ とすると,P は円 $x^2+y^2=a^2$ の上にあり,

$$\begin{cases} x = a \cos At \\ y = a \sin At \end{cases}$$

と書ける.(2)がなりたつように A をきめてやると,$A=\omega$ となり,(1)が得られる.

つまり,微分方程式(2)の,初期条件
$$x(0) = a, \ y(0) = 0$$
のもとでの解は,

$$\begin{cases} x = a \cos \omega t \\ y = a \sin \omega t \end{cases}$$

である.

とくに，(2)で $\omega=1$ とおいた微分方程式

$$\begin{cases} \dfrac{dx}{dt} = -y \\ \dfrac{dy}{dt} = x \end{cases} \qquad (3)$$

の初期条件

$$x(0) = 1, \ y(0) = 0 \qquad (4)$$

のもとでの解として，

$$\begin{cases} x = \cos t \\ y = \sin t \end{cases}$$

が得られる．微分方程式(3)と初期条件(4)が $\cos t$ と $\sin t$ を特徴づけている．

微分方程式(3)は，各点 (x, y) に対してその点での速度ベクトルを表している．初めの位置を与えると，その後の動点の運動が(3)から定まる．たとえば(4)のかわりに

$$x(0) = 0, \ y(0) = 2$$

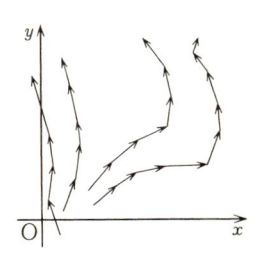

図3　微分方程式は各点 (x, y) にベクトルを指定する．

と与えると,
$$\begin{cases} x = -2\sin t \\ y = 2\cos t \end{cases}$$
となる[1].

4.3.3 運動の状態

こんどは，数直線上の動点の運動の状態を前項を利用して考えてみよう．

バネの振動の運動方程式
$$m\frac{d^2x}{dt^2} = -kx$$
を例にとろう．

$\dfrac{k}{m}=\omega^2$ とおいて，微分方程式
$$\frac{d^2x}{dt^2} = -\omega^2 x \tag{1}$$
を考えることにする．

$\dfrac{dx}{dt}=v$ とすると，(1)は
$$\begin{cases} \dfrac{dx}{dt} = v \\ \dfrac{dv}{dt} = -\omega^2 x \end{cases} \tag{2}$$
と書きなおせる．

---

[1] このように，初めの位置を与えて，(3)が指定する速度を実現する運動 $(x(t), y(t))$ を求めることが，微分方程式(3)を解くことである．

これは，前項で述べたことによると，x-v 平面の点 (x, v) にベクトル $\begin{pmatrix} v \\ -\omega^2 x \end{pmatrix}$ を指定することにあたる．

これはいったいどういう意味をもっているのだろうか．

点 (x, v) は，振動する点の位置と速度を組にしたものだから，「どこで，どんな速度で動いているか」という運動の状態を表していると考えられる．

点 (x, v) に指定されたベクトル $\begin{pmatrix} v \\ -\omega^2 x \end{pmatrix}$ は，位置 x の変わりかたと速度 v の変わりかたの組，つまり，速度と加速度の組で運動の状態の変わりかたを示している[1]．

初期条件として
$$x(0) = A, \quad v(0) = 0$$
を与えてみよう．これは，バネを自然の状態から A だけ引きのばして，静かに手離すことにあたり，x-v 平面の点 $(A, 0)$ で表される．

点 $(A, 0)$ から出発してベクトル $\begin{pmatrix} v \\ -\omega^2 x \end{pmatrix}$ をたどっていくことで，運動の状態がどう変わっていくかをみることができる．

微分方程式(2)の，初期条件
$$x(0) = A, \quad v(0) = 0$$
のもとでの解は，

---

[1] 　位置　速度
　　　↓　　↓
　　$(x,\quad v)$ 　　　$\Longrightarrow$ 　$\begin{pmatrix} v \\ -\omega^2 x \end{pmatrix}$ 　← 位置の変わりかた（速度）
　運動の状態　どう変わるか　　　　　　　　← 速度の変わりかた（加速度）

$$x = A \cos \omega t \quad [1] \tag{3}$$

であることが確かめられる．このとき，

$$v = -A\omega \sin \omega t. \quad [1] \tag{4}$$

(3), (4)から t を消去すると，この振動の状態は，x-v 平面では，楕円

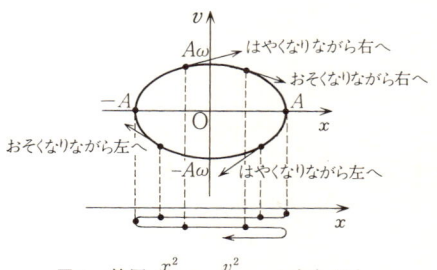

$$\frac{x^2}{A^2} + \frac{v^2}{A^2\omega^2} = 1$$

をえがいてうつり変わっていくことがわかる．

この楕円を x 軸に垂直な方向からみれば，これは振動そのものを表す．

図1 楕円 $\dfrac{x^2}{A^2} + \dfrac{v^2}{A^2\omega^2} = 1$ をえがく．

---

[1] $\begin{cases} x = A \cos \omega t & (3) \\ v = -A\omega \sin \omega t & (4) \end{cases}$
 は(2)の解である．

練習問題

1 微分方程式
$$\frac{dx}{dt} = 2 - x$$
について，つぎの問いに答えよ．

(1) t-x 平面の点に，この微分方程式が定める傾きを記入した図をつくれ．

(2) $x(0)=0$ のとき，この微分方程式を解け．

2 動点 P の位置 (x, y) について，
$$\begin{cases} \dfrac{dx}{dt} = 1 & (\text{i}) \\ \dfrac{dy}{dt} = x & (\text{ii}) \end{cases}$$
がなりたつとき，次の問いに答えよ．

(1) x-y 平面の点にこの微分方程式の定める速度ベクトルを記入した図をつくれ．

(2) $x(0)=0$ として (i) を解け．

(3) 上の結果を用いて，$y(0)=0$ のとき，(ii) を解け．

3 質量 m の質点が，速度に比例する抵抗のみの作用のもとで運動しているとき，微分方程式
$$\frac{dv}{dt} = -\frac{k}{m}v$$
がなりたつという．$v(0)=0$ としてこの微分方程式を解け．

章末問題

1 $A, B, k, \omega, \alpha, \beta$ は定数として，つぎのことを確かめよ．

(1) $y = Ae^{\alpha x} + Be^{\beta x}$ は，微分方程式
$$y'' - (\alpha + \beta)y' + \alpha\beta y = 0$$
の解である．

(2) $y = Ae^{-kx}\sin(\omega x + B)$ は，微分方程式
$$y'' + 2ky' + (k^2 + \omega^2)y = 0$$
の解である．

2 $x = a\tan t$ のとき，$\dfrac{dx}{dt}$ を求めよ．

つぎに，これを用いて，
$$\int_0^a \frac{dx}{a^2 + x^2} = \frac{\pi}{4a}$$
を導け．

3 $x = a\sin t$ とおき，定積分
$$\int_0^{\frac{1}{2}a} \frac{dx}{\sqrt{a^2 - x^2}}$$
を求めよ．

4 $y = \log(1 + x^2)$ の増減・極値・凹凸を調べて，グラフをかけ．

5 半径 a の半円に，次図のように内接する等脚台形の面積の最大値をつぎの 2 つの方法で求めよ．

(1) $\angle \mathrm{AOP} = \theta$ とおく．

(2) $\mathrm{OH} = x$ とおく．

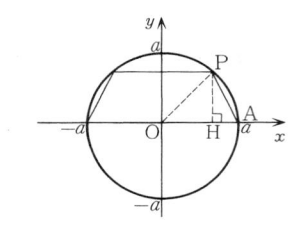

6 底面の半径 a の直円柱が2つあって，その軸が直交している．このとき，つぎの各問いに答えよ．

(1) 2つの直円柱の軸を x 軸，y 軸とし，軸の交点に垂直に z 軸をとるとき，2つの円柱に共通な立体ができる．その立体の高さ z のところでの切り口の面積を z で表せ．ただし，$-a \leq z \leq a$ とする．

(2) 上の立体の体積を求めよ．

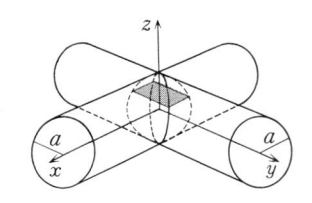

7 曲線
$$\begin{cases} x = a\cos^3 t \\ y = a\sin^3 t \end{cases}$$
が囲む図形の面積を求めよ．ただし，$0 \leq t \leq 2\pi$ とする．

$\begin{cases} x = a\cos^3 t \\ y = a\sin^3 t \end{cases}$

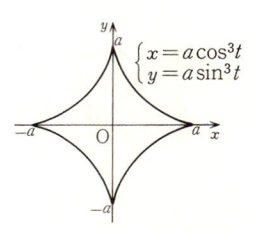

数学の歴史　4

　19世紀にあって，解析の神様といえばワイエルシュトラスだろう．そのワイエルシュトラスが数学者として知られたのは，39歳のときである．それまで田舎の高校で，数学に国語に地理，そして体操まで教えていたのである．

　カール・ワイエルシュトラス（1815-1897）は，ボン大学に学んだが，4年間に単位を少しもとらないで，ビールと決闘に熱中していたという．それからミュンスター大学で教職単位をとって，26歳で高校教師になった．

　教師をしながら数学を研究，やがてはベルリン大学学長，というと出世物語のようだが，田舎の高校教師の生活に充足していたらしく，41歳でベルリン大学助教授になっても，むしろ田舎の生活を懐しんでいたらしい．19世紀のなかばというと，研究者が大学に職を持つ専門研究者体制が確立した時期だが，彼はそれになじめず，論文を書きかけで紛失することが多かったし，未発表の結果をどんどん他人に利用させていた．そうした人柄が，かえって彼を学長にまでしたのかもしれない．

　彼は一生を独身で過ごしたのだが，その生涯に花をそえ

たのは，幅広の帽子にうるんだ瞳(ひとみ)のロシア娘，ソーニャ・コバレフスカヤである．このころのベルリン大学は女性の聴講を許可しなかったので，54歳の老先生は週に一回少女を訪問し，19歳の少女は週に一回老先生を訪問した．

ソーニャはロシア貴族の娘，世界で最初の女性の大学教授として，41歳の人生のさかりで死んだ．その一生は，15歳のときのドストエフスキーへの初恋から始まって，多くの恋にいろどられている．ベルリンに学んだときも，じつは偽装結婚した「夫」とともに，ロシアを脱出したのだった．それからも，ワイエルシュトラスのところから消えて，姉とともにパリ・コミューンに参加したり，ロシアへ帰国しては詩と小説と劇作で売りだしたり，やがてストックホルム大学教授として社交界の花となったりした．最後の恋人とイタリア旅行で別れた帰途，北に向かうソーニャの胸を冬の寒風がおそった．あっけなく死んだ彼女の遺稿は一篇の小説，「ニヒリストの女」と題されていた．

ワイエルシュトラスは，長生きしたが，やがて病気がちとなった．決闘で鳴らした体のしなやかさは消え，酒量も落ちた．20世紀にあとわずかの世紀末，悪性の感冒にとらえられた．81歳だった．

彼は19世紀後半のドイツ数学界の指導者であり，とくに若い数学者たちへのよき理解者であったことでも知られているが，なにより，その人柄がよい．大学生としては大学生活を楽しみ，高校教師としては教師生活を楽しみ，大学教授としては研究生活を楽しんだ．その生活をありのま

まに楽しむ以外，地位とか名誉とかへの欲望がまったく感じられない．結果として，最高の地位に達しはしたが，それは環境がそうさせただけだった．研究者が専門的制度となった時期に，こうした人がいたというのはおもしろい．それに，40歳からでも数学者になれる，というのがまたいい．

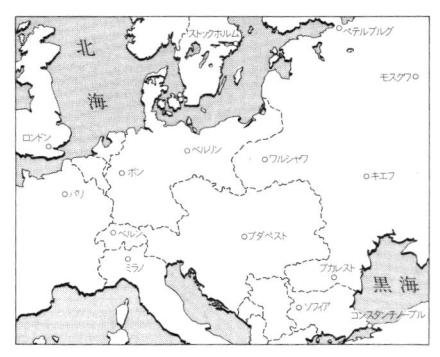

1817　ドイツ学生組合設立．英船浦賀来航．
1825　デカブリストの反乱．日本で異国船打払令．
1832　ロシアがポーランド併合．鼠小僧刑死．
1837　ビクトリア女王即位．大塩平八郎の乱．
1848　ドイツ，3月革命．ニューヨークで女権会議．
1861　イタリア統一．南北戦争始まる．和宮降嫁．
1871　パリ・コミューン．廃藩置県．
1881　アレクサンドル2世暗殺．自由党結成．
1889　パリ，万国博開く．日本帝国憲法．
1894　露仏同盟．日清戦争始まる．

第5章　極限と連続

　無限小数の 0.3333… は，何を表すのだろうか．1 を 3 で割ったとき，「いつまでも割り切れない」というようすを表すのだろうか．そうではない．0.3333333… と 3 を無限に続けたとき，その結果として定まる数値がある．記号 0.3333… は，その数値を表すと約束されているのである．

　もちろん，割り算を「無限に続ける」ことはできない．しかし「かりに無限に続けたら」と想像することはできる．そうすれば 0.33…3 が近づいてゆくさきの値 $\frac{1}{3}$ が，いわば「見えて」くるだろう．そこでつぎの等式が書ける．

$$0.3333\cdots = \frac{1}{3}.$$

　ところで，この式の両辺を 3 倍してみよう．どうです，これは？

$$0.9999\cdots = 1.$$

5.1 数列と級数

5.1.1 指数関数と等比数列

$c \neq 0$, $a > 0$ として，等比数列
$$c,\ ca,\ ca^2,\ \cdots,\ ca^n,\ \cdots \tag{1}$$
を考えよう．

これは，第2章で扱った指数関数
$$f(x) = ca^x \tag{2}$$
の，$x = 0, 1, 2, \cdots, n, \cdots$ における値になっている．だから，等比数列の性質を考えるのに，すでに学んだ指数関数をもとにして考えていくことができる．

数列(1)について，a^x の部分に注目してみよう．

指数関数 $y = a^x$ について，$a > 1$ のときは，
$$\lim_{x \to \infty} a^x = \infty$$

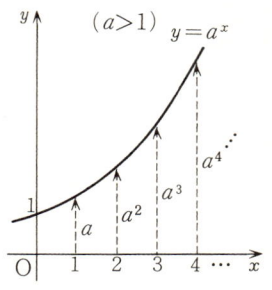

図1 $\displaystyle\lim_{x \to \infty} a^x = \infty$ ただし，$a > 1$.

となる[1]. したがって, x がとくに, 0, 1, 2, … という値だけをとって大きくなっていくときも,
$$\lim_{x \to \infty} a^x = \infty$$
となる.

つぎに, $a=1$ のときは, いつでも $a^x=1$ である. この場合,「x が限りなく大きくなるとき, a^x はいくらでも 1 に近づく」という実感からはおかしいと感じるかもしれないが, $x \to \infty$ のとき, $a^x \to 1$ とする.

また, $0<a<1$ のとき,
$$\lim_{x \to \infty} a^x = 0$$
であるのに応じて, x が 0, 1, 2, …, と自然数の値をとって大きくなっていくときにも,
$$\lim_{x \to \infty} a^x = 0$$
となる.

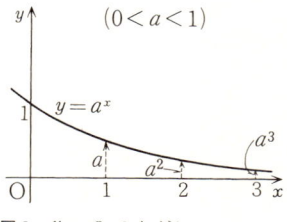

図2 $\lim_{x \to \infty} a^x = 0$ ただし, $0<a<1$.

---

1) $a^x = e^{(\log a)x}$ で, $a>1$ だから $\log a > 0$ となる. そこで $x \to \infty$ のとき, $e^{(\log a)x} \to \infty$.

まとめると，

$$\lim_{x \to \infty} a^x = \begin{cases} a>1 \text{ のとき} & \infty \\ a=1 \text{ のとき} & 1 \\ 0<a<1 \text{ のとき} & 0 \end{cases}$$

となる．

つぎの項以下で，このことの意味を少しくわしく考えてみよう．

5.1.2 無限大に発散することの意味

まず，$a>1$ のとき，
$$\lim_{n \to \infty} a^n = \infty$$
となることについて，調べてみよう．

私たちは，10進法を用いているから，

$$1, 10, 10^2, 10^3, \cdots, 10^p, \cdots$$

という数の系列は，数の大きさの程度を表すめやすになっている．

そこで，$a>1$ のとき，a^n がいくらでも大きくなっていくということを，10^p との比較で考えてみることにする．

たとえば，2^n を10億より大きくせよ，つまり，
$$2^n > 10^9$$
にせよという要求を出してみよう．

これには，$n \geqq 30$ とすればこたえられる．

実際，
$$2^{10} = 1024 > 10^3$$

だから,
$$2^{30} = (2^{10})^3 > (10^3)^3 = 10^9$$
となるからである.

同じように, 2^n を 1 兆より大きくせよ, つまり,
$$2^n > 10^{12}$$
にせよという要求には, $n \geqq 40$ とすることでこたえられる.

一般に, p を与えたとき,
$$2^n > 10^p$$
とする n が必ず求められる.

こんどは, $a = 1.01$ としてみよう.
$$(1.01)^n > 10$$
とすると, $\log_{10} 1.01 \doteqdot 0.00432$ だから,
$$n > \frac{\log_{10} 10}{\log_{10} 1.01} \doteqdot \frac{1}{0.00432} = 231.4\cdots$$
となる.

そこで,
$$(1.01)^n > 10^9,$$
$$(1.01)^n > 10^{12}$$
という要求には, それぞれ
$$n \geqq 2083,$$
$$n \geqq 2777$$
とすれば, こたえられることになる[1].

このように, $a > 1$ で p を与えるとき,

---

1) $231.4\cdots \times 9 = 2082.6\cdots$, $231.4\cdots \times 12 = 2776.8\cdots$.

$$a^n > 10^p$$

という要求にこたえるには n をどのくらい大きくとればよいかは，a の値によって違う．

しかし，

$$n > \frac{p}{\log_{10} a}$$

とすれば，必ず $a^n > 10^p$ となって，この要求にはこたえられるのである．

このように，n を十分大きくとれば，a^n を望むだけ大きくできるということが，

$$\lim_{n \to \infty} a^n = \infty$$

または，

$$n \to \infty \ \text{のとき} \ a^n \to \infty$$

の意味である．そして，a^n は，$n \to \infty$ のとき「無限大に発散する」という．このとき a^n の極限値は無限大である．

なお，数列 x_n について，$n \to \infty$ のとき $x_n < 0$ であって，$|x_n| \to \infty$ となるとき，

$$\lim_{n \to \infty} x_n = -\infty$$

と書き，x_n は $n \to \infty$ のとき「負の無限大に発散する」という．このとき x_n の極限値は負の無限大である．

5.1.3　0に収束することの意味

つぎに，

$$0 < a < 1 \ \text{のとき} \ \lim_{n \to \infty} a^n = 0$$

5.1 数列と級数

について考えよう.

0に近い数をはかるめやすとなるのは,
$$10^{-1} = 0.1, \quad 10^{-2} = 0.01, \cdots$$
のような, 10^{-p} というかたちの数である.

そこで, $0<a<1$ のとき a^n が0にむかうということを, 10^{-p} との比較で考えてみよう.

問1 $\left(\dfrac{1}{2}\right)^n<10^{-9}$, $\left(\dfrac{1}{2}\right)^n<10^{-12}$ とするには, それぞれ n をどのくらい大きくとればよいか.

問2 $(0.99)^n<10^{-9}$, $(0.99)^n<10^{-12}$ とするには, それぞれ n をどのようにとればよいか. ただし, $\log_{10} 0.99 = -0.0044$ とする.

一般に, $0<a<1$ で, 自然数 p を与えたとき,
$$a^n < 10^{-p}$$
とするには, n をどうとればよいだろうか.

それには, $\log_{10} a < 0$ に注意すると,
$$n > \frac{-p}{\log_{10} a}$$
とすればよい.

つまり, $0<a<1$ のとき, n を十分大きくとれば a^n をいくらでも0に近づけることができる.

このことを,
$$\lim_{n \to \infty} a^n = 0$$
または

$$n \to \infty \text{ のとき } a^n \to 0$$

と書くのであり，$n \to \infty$ のとき a^n は「0 に収束する」という．このとき a^n の極限値は 0 である．

5.1.4 一般の等比数列

こんどは，数列

$$1, a, a^2, \cdots, a^n, \cdots$$

において，$a \leq 0$ の場合を考えよう[1]．

$a=0$ のとき，$a^n = 0^n = 0$ であるから，

$$\lim_{n \to \infty} a^n = 0$$

と考えることにする．これは $a=1$ のときと同様である．

つぎに，$-1 < a < 0$ のときは，図1のグラフから，

$$\lim_{n \to \infty} a^n = 0$$

とわかる．

実際，$-a = b$ とおくと，$0 < b < 1$ で，

$$0 < |a^n| = b^n$$

であるから，$n \to \infty$ のとき，$b^n \to 0$．したがって，$a^n \to 0$ である．

$a = -1$ のときは，$a^n = (-1)^n$ について $n = 0, 1, 2, \cdots$ とすると，

$$1, -1, 1, -1, \cdots$$

となり，2つの値 1 と -1 とが交互に現れる．

---

1) この場合は，指数関数との直接のつながりはない．

図1　$\lim_{n\to\infty} a^n = 0$．ただし，$-1 < a < 0$．

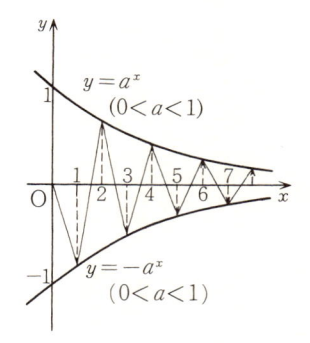

この場合は $\lim_{n\to\infty} a^n$ はきまらない．

しかし，n が偶数のときだけの部分をとった数列 $(-1)^{2m}$ や，奇数のときだけの部分をとった数列 $(-1)^{2m+1}$ は極限値をもつ．

$a < -1$ のときを考えよう．

このとき，a^n の絶対値はいくらでも大きくなって無限大に発散するが，a^n 自身は正と負の符号を交互にとる．それで，a^n の状態はどこまでいっても定まらない（図2）．

しかし，数列 a^{2m}, a^{2m+1} のようなその一部分だけをとった数列は，

$$\lim_{m\to\infty} a^{2m} = \infty, \ \lim_{m\to\infty} a^{2m+1} = -\infty$$

となっている．

一般に，数列 x_n について，$\lim_{n\to\infty} x_n$ が有限な定数 l にきま

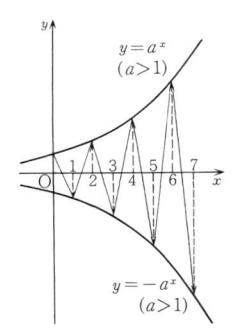

図2 $a<-1$ のとき，$\lim_{n\to\infty} a^n$ はきまらない．

るとき，x_n は l に収束するといい，x_n がいかなる値にも収束しないとき，発散するという．

なお，$\lim_{n\to\infty} a^n = \infty$ のとき「極限値は無限大」といういいかたをするが，これは，「無限大に収束する」とはいわず「無限大に発散する」という．

まとめると，数列 a^n については，
「$-1 < a \leq 1$ のときに限り収束し，その他のとき発散する」
ということになる．

5.1.5 いろいろな数列の極限

等差数列 $cn+d$ を考えよう．ただし，$c \neq 0$ とする．このとき，
$$\lim_{n\to\infty}(cn+d) = \begin{cases} c>0 \text{ のとき } \infty \\ c<0 \text{ のとき } -\infty \end{cases}$$

図1　$\lim_{n\to\infty}(cn+d)$

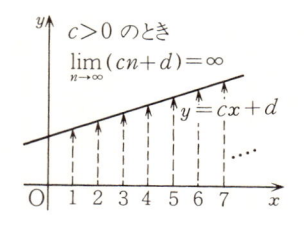

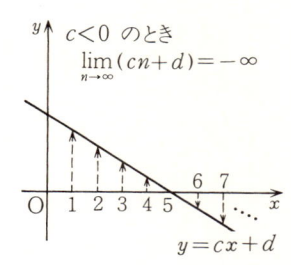

である．つぎに，

$$a_n = bn^2+cn+d \tag{1}$$

のように，a_n が n の 2 次式の場合を考えよう．まず，$a_n = bn^2$ のとき，

$$\lim_{n\to\infty} bn^2 = \begin{cases} \infty & b>0 \text{ のとき} \\ -\infty & b<0 \text{ のとき} \end{cases}$$

である．

ここで，簡単のために，$b>0$ としよう．

$n \to \infty$ のとき，

$$bn^2+cn+d = bn^2\left(1+\frac{c}{bn}+\frac{d}{bn^2}\right)$$

で，

$$1+\frac{c}{bn}+\frac{d}{bn^2} \to 1$$

だから，

$$\lim_{n\to\infty}(bn^2+cn+d) = \lim_{n\to\infty} bn^2\Bigl(1+\frac{c}{bn}+\frac{d}{bn^2}\Bigr)$$
$$= \lim_{n\to\infty} bn^2 \cdot \lim_{n\to\infty}\Bigl(1+\frac{c}{bn}+\frac{d}{bn^2}\Bigr)$$
$$= \infty \times 1 = \infty.$$

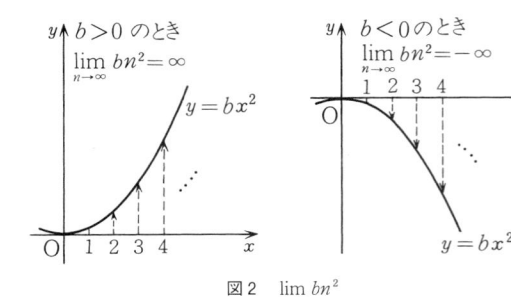

図 2　$\lim_{n\to\infty} bn^2$

式(1)の $n\to\infty$ のときのようすは，このように2次の項 bn^2 によってきまる．その意味で，bn^2 が bn^2+cn+d の $n\to\infty$ における主要な部分，あるいは本質的な部分であるということができる．

例1　$\lim_{n\to\infty}\dfrac{4n^2+3n+5}{3n^2+2n+1}$ について考えてみよう．この場合，分母も分子もともに無限大に発散するが，それぞれの主要な部分だけをとればよい．実際，

$$\lim_{n\to\infty}\frac{4n^2+3n+5}{3n^2+2n+1} = \lim_{n\to\infty}\frac{4n^2\Bigl(1+\dfrac{3}{4n}+\dfrac{5}{4n^2}\Bigr)}{3n^2\Bigl(1+\dfrac{2}{3n}+\dfrac{1}{3n^2}\Bigr)}$$

$$= \lim_{n \to \infty} \frac{4n^2}{3n^2} \cdot \lim_{n \to \infty} \frac{1 + \dfrac{3}{4n} + \dfrac{5}{4n^2}}{1 + \dfrac{2}{3n} + \dfrac{1}{3n^2}}$$

$$= \frac{4}{3} \times 1 = \frac{4}{3}$$

となり，主要な部分だけの比 $\dfrac{4n^2}{3n^2}$ の極限と一致する．

この計算は，つぎのようにしてもよい．

$$\lim_{n \to \infty} \frac{4n^2+3n+5}{3n^2+2n+1} = \lim_{n \to \infty} \frac{4+\dfrac{3}{n}+\dfrac{5}{n^2}}{3+\dfrac{2}{n}+\dfrac{1}{n^2}} = \frac{4}{3}.$$

問 1 $\lim_{n \to \infty} \dfrac{2n^2-6n-3}{3n^2+4n-2}$ を求めよ．

また，たとえばつぎのようになる．

$$\lim_{n \to \infty} \frac{2n^2+n+1}{2n^2+7n+4} = 1.$$

つまり，$2n^2+n+1$ と $2n^2+7n+4$ とは，$n \to \infty$ のとき比が1という意味で，近似的に等しいといってよい．

しかし，近似的に等しいといっても差が小さいわけではない．むしろ，$n \to \infty$ のとき

$$(2n^2+7n+4)-(2n^2+n+1) = 6n+3 \to \infty$$

でさえある．

だが，差 $6n+3$ は，分母 $2n^2+7n+4$ とくらべると，

$$\lim_{n\to\infty}\frac{6n+3}{2n^2+7n+4} = \lim_{n\to\infty}\frac{6n\left(1+\dfrac{1}{2n}\right)}{2n^2\left(1+\dfrac{7}{2n}+\dfrac{2}{n^2}\right)}$$

$$= \lim_{n\to\infty}\frac{3}{n}$$

$$= 0$$

となり，$n\to\infty$ のとき比が 0 という意味で相対的に無視できるというわけである．

例 2 $\lim_{n\to\infty}\dfrac{2^{n+1}}{3^n+1}$ を求めてみよう．

$$\lim_{n\to\infty}\frac{2^{n+1}}{3^n+1} = \lim_{n\to\infty}\frac{2^n\times 2}{3^n\left(1+\dfrac{1}{3^n}\right)}$$

$$= \lim_{n\to\infty}\left(\frac{2}{3}\right)^n\cdot\lim_{n\to\infty}\frac{2}{1+\dfrac{1}{3^n}}$$

$$= 0\times 2 = 0.$$

数列 a_n, b_n が収束するときは，つぎの式がなりたつ．

$$\lim_{n\to\infty}ka_n = k\lim_{n\to\infty}a_n,$$

$$\lim_{n\to\infty}(a_n+b_n) = \lim_{n\to\infty}a_n+\lim_{n\to\infty}b_n,$$

$$\lim_{n\to\infty}a_nb_n = \lim_{n\to\infty}a_n\lim_{n\to\infty}b_n,$$

$$\lim_{n\to\infty}\frac{a_n}{b_n} = \frac{\lim_{n\to\infty}a_n}{\lim_{n\to\infty}b_n}.$$

ただし，最後の式では，$b_n\neq 0$, $\lim_{n\to\infty}b_n\neq 0$ とする．

問2 つぎの極限値を求めよ．

① $\displaystyle\lim_{n\to\infty}\frac{4n}{5n^2+3}$　② $\displaystyle\lim_{n\to\infty}\frac{2n^2}{n+1}$

③ $\displaystyle\lim_{n\to\infty}\frac{n(n+1)(2n+1)}{n^3}$

④ $\displaystyle\lim_{n\to\infty}\frac{3^n-9}{5^n+2}$　⑤ $\displaystyle\lim_{n\to\infty}\frac{10^n-2^n}{10^n+2^n}$

例3　$\displaystyle\lim_{n\to\infty}(\sqrt{n+1}-\sqrt{n})=\lim_{n\to\infty}\frac{1}{\sqrt{n+1}+\sqrt{n}}=0.$ [1)]

例4　$\displaystyle\lim_{n\to\infty}n\sin\frac{1}{n}=\lim_{n\to\infty}\frac{\sin\dfrac{1}{n}}{\left(\dfrac{1}{n}\right)}=1.$ [1)]

問3　① $\displaystyle\lim_{n\to\infty}\{(n+1)^2-n^2\}$ および，$\displaystyle\lim_{n\to\infty}\{(n+1)-n\}$ を求めよ．

② $\displaystyle\lim_{n\to\infty}n^2\sin\frac{1}{n}$ および，$\displaystyle\lim_{n\to\infty}n\sin\frac{1}{n^2}$ を求めよ．

5.1.6 級数

数列 a_n からつくられる

$$a_0+a_1+a_2+\cdots \tag{1}$$

のようなものを無限級数，またはたんに級数という．

(1)は，いわば無限個の項の和であるが，それは，有限個の項の和

---

1) $n\to\infty$ のとき，みかけ上，極限が $\infty-\infty$ や，$\infty\times0$ になることがある．このときも極限値は，0，定数，正や負の無限大，きまらないなどのいろいろな場合がある．

$$s_n = a_0 + a_1 + \cdots + a_n$$

をつくり,それをならべた数列

$$s_0, s_1, s_2, \cdots, s_n, \cdots$$

つまり,

$$a_0, a_0 + a_1, a_0 + a_1 + a_2, \cdots$$

の極限を考えることである.

もしもこの数列が収束するならば,つまり,

$$\lim_{n \to \infty} s_n = s$$

が有限な値としてきまるならば「無限級数(1)は s に収束する」,「無限級数(1)は和 s をもつ」などといい,

$$a_0 + a_1 + a_2 + \cdots = s$$

と書く.左辺を,

$$\lim_{n \to \infty} \sum_{k=0}^{n} a_k, \quad \text{または} \quad \sum_{n=0}^{\infty} a_n$$

と書くこともある.

また,$\lim_{n \to \infty} s_n = \infty$ のとき,この級数は無限大に発散するといい,つぎのように書く.

$$a_0 + a_1 + a_2 + \cdots = \infty, \quad \sum_{n=0}^{\infty} a_n = \infty.$$

例1 無限等比級数

$$c + ca + ca^2 + ca^3 + \cdots$$

は,$|a| < 1$ のとき収束し,その和は

$$\frac{c}{1-a}$$

である.実際,

図 c からの減少分を合計する

$$c-ca^{n+1} = (c-ca)+(ca-ca^2)+\cdots+(ca^n-ca^{n+1})$$
$$= c(1-a)+ca(1-a)+\cdots+ca^n(1-a)$$
$$= (1-a)(c+ca+ca^2+\cdots+ca^n)$$

だから，

$$c+ca+ca^2+\cdots+ca^n = \frac{c-ca^{n+1}}{1-a}. \quad [1)]$$

$n \to \infty$ とすると，$|a|<1$ であることから $a^{n+1} \to 0$ となり，

$$\lim_{n\to\infty}(c+ca+\cdots+ca^n) = \frac{c}{1-a}.$$

$c \neq 0$ で，$|a| \geq 1$ のときは無限等比級数

$$c+ca+ca^2+\cdots+ca^n+\cdots$$

は発散する．

問 1 $a>1, a=1, a=-1, a<-1$ の各場合について，発散のようすを調べよ．

例 2 循環する無限小数 $0.9999\cdots$ が 1 に等しいことを確かめてみよう．

---

1) なお『基礎解析』第 1 章 21〜22 ページでは，この式を別の方法で求めた．

$$0.9999\cdots = 0.9 + 0.09 + 0.009 + \cdots$$
$$= \frac{0.9}{1 - \frac{1}{10}} = 1.$$

問2 循環する小数 $0.1\dot{3}\dot{4}$ を分数になおせ.

問3 $0.12\dot{3}4\dot{5}$ を分数になおせ.

例3 1辺の長さが a である正方形がある.各辺の中点を結んで正方形をつくり,つぎに新しくできた正方形の各辺の中点をむすんでまた正方形をつくる.これを無限に続けたとき,これらの正方形の面積の和は有限だろうか.和を求めてみよう.

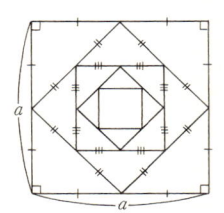

初めの正方形の面積を s とすると,2番目,3番目,… の正方形の面積は $\frac{s}{2}$, $\frac{s}{4}$, … である.だから,それらの和は

$$s + \frac{s}{2} + \frac{s}{4} + \cdots = \frac{s}{1 - \frac{1}{2}} = 2s$$

となり,有限であることがわかる.

問 4　線分 AB の中点を P_1, AP_1 の中点を P_2, P_1P_2 の中点を P_3, …, と続けていくとき, $\lim_{n\to\infty} AP_n$ を求めよ. ただし, $AB = l$ とする.

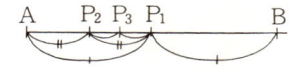

5.1.7 項が正の級数

項 a_n がすべて正である級数
$$a_0 + a_1 + a_2 + \cdots + a_n + \cdots$$
を考えよう.

$s_n = a_0 + a_1 + \cdots + a_n$ とおくと,
$$s_0 < s_1 < s_2 < \cdots < s_n < \cdots$$
となり, 数列 s_n は単調に増加する. それでは, s_n は収束するだろうか, 発散するだろうか.

例 1　$1 + \dfrac{1}{2} + \dfrac{1}{3} + \cdots + \dfrac{1}{n} + \cdots = \infty$ である[1]. なぜなら,
$$1 + \frac{1}{2} + \cdots + \frac{1}{n} > \int_1^n \frac{dx}{x} = \log n$$
であり,
$$\lim_{n\to\infty} \log n = \infty$$
だからである.

これは, $\lim_{n\to\infty} a_n = 0$ であっても, $\sum_{k=0}^{\infty} a_k$ が発散することがあるという例である.

---

1)　この級数を調和級数ということがある.

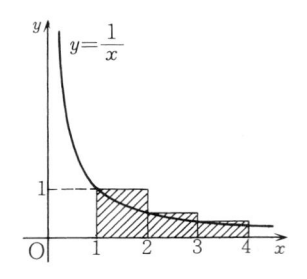

しかし，$\sum_{k=0}^{\infty} a_k$ が収束するときは，$\lim_{n\to\infty} a_n$ は 0 である．

例 2 $1^2+\dfrac{1}{2^2}+\dfrac{1}{3^2}+\cdots+\dfrac{1}{n^2}+\cdots$ は収束する．

なぜなら，まず，いつでも

$$1^2+\frac{1}{2^2}+\cdots+\frac{1}{n^2} < 1+\int_1^n \frac{dx}{x^2},$$

$$\int_1^n \frac{dx}{x^2} = 1-\frac{1}{n} < 1$$

であるから，この級数は 2 をこえない．

いま，数直線上に数列 $s_1, s_2, s_3, \cdots$ を表す点をとり，その点上につぎつぎに針を立てていくとすると，この級数は増加するから針は右にすすんでいくが，この級数は 2 をこえないから，針は必ず点 2 より左側にある．

次ページの図のように，点 2 のところにカベをつくって，このカベを左にすすめていくと，針にぶつかってもうこれ以上左へすすめない限界があるであろう．この限界の

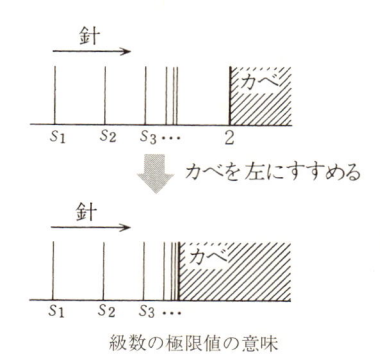

点 α がこの級数の極限値である．この例では $\dfrac{\pi^2}{6}$ になることが知られている．すなわち，

$$1+\frac{1}{2^2}+\frac{1}{3^2}+\cdots+\frac{1}{n^2}+\cdots = \frac{\pi^2}{6}.$$

例3 例2にならって，$0.999\cdots=1$ を説明してみよう．

数列 0.9, 0.99, 0.999, … は増加するから，点 0.9, 0.99, 0.999, … に針を立てていくと，針は右へとすすんでいくが，1 をこえることはできない．そこで，1 のところにカベをつくって，このカベを左にすすめられるかどうか考えてみる．いまカベを 1 より左に 0.000001 すすめたとしよう．すると，7 本目の針は，0.9999999 の位置にくるので，このカベをつきやぶってしまう．カベを 1 から左へ，どんなに少しだけすすめてみても，何本目かの針がカベをやぶってしまう．だからカベは 1 より左へ行けない．

以上の例のように，上に限界のある増加数列は収束する．

例4 $1+\dfrac{1}{2^2}+\cdots+\dfrac{1}{n^2}+\cdots$ が収束すれば

$$1+\dfrac{1}{2^3}+\cdots+\dfrac{1}{n^3}+\cdots$$

も収束することがいえる．実際,

$$1+\dfrac{1}{2^3}+\cdots+\dfrac{1}{n^3} \qquad (1)$$

について $\dfrac{1}{n^3}<\dfrac{1}{n^2}$ だから,

$$1+\dfrac{1}{2^3}+\cdots+\dfrac{1}{n^3} < 1+\dfrac{1}{2^2}+\cdots+\dfrac{1}{n^2}$$
$$< 1+\dfrac{1}{2^2}+\cdots+\dfrac{1}{n^2}+\cdots = \dfrac{\pi^2}{6}.$$

そして(1)は増加するから，収束する．

問 $1+\dfrac{1}{2}+\cdots+\dfrac{1}{n}+\cdots$ が発散することを用いて, $1+\dfrac{1}{\sqrt{2}}+\dfrac{1}{\sqrt{3}}+\cdots+\dfrac{1}{\sqrt{n}}+\cdots$ が発散することをいえ．

例4や問いのように，ある級数の収束・発散を，他の級数の収束・発散と比較してきめられることがある．

一般にすべての n について, $0<a_n\leqq b_n$ のとき,

$\displaystyle\sum_{n=0}^{\infty} b_n$ が収束すれば $\displaystyle\sum_{n=0}^{\infty} a_n$ も収束する,

$\displaystyle\sum_{n=0}^{\infty} a_n$ が発散すれば $\displaystyle\sum_{n=0}^{\infty} b_n$ も発散する.

【補足】数列と無限小数

方程式 $x^2=2$ の正の根は $\sqrt{2}$ であるが,この方程式は

$$x = 1 + \frac{1}{x+1}$$

と変形できる[1].これを用いて $\sqrt{2}$ の値を求めてみよう.

この方程式の根 $\sqrt{2}$ は,グラフ上では

$$y = 1 + \frac{1}{x+1} \quad \text{と} \quad y = x$$

の交点の x 座標である.

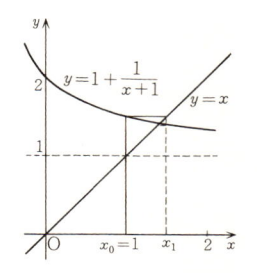

図1　$y=1+\dfrac{1}{x+1}$ と $y=x$ の交点を求める.

まず x_0 を与えて,

---

1) $x^2-1=1$, $(x+1)(x-1)=1$, $x=1+\dfrac{1}{x+1}$.

$$x_1 = 1 + \frac{1}{x_0 + 1}$$

によって x_1 をきめる. たとえば, $x_0 = 1$ とすると,

$$x_1 = 1 + \frac{1}{1+1} = \frac{3}{2} = 1.5.$$

つぎに, この x_1 から

$$x_2 = 1 + \frac{1}{x_1 + 1}$$

によって x_2 をきめると,

$$x_2 = 1 + \frac{1}{\frac{3}{2} + 1} = 1 + \frac{2}{5} = 1.4.$$

同じようにして, $x_3, x_4, \cdots$ を順にきめていく.

すると, グラフから, $x_0, x_1, x_2, \cdots$ が, しだいに $y = 1 + \frac{1}{x+1}$ と $y = x$ の交点の x 座標に近づいていくようすがわかる.

つまり, $\lim_{n \to \infty} x_n = \sqrt{2}$ である. そこで, $x_0, x_1, x_2, \cdots$ の値をつぎつぎに求めることによって, $\sqrt{2}$ の値を求めてみよう.

$$x_0 = 1,$$

$$x_1 = \frac{3}{2} = 1.5,$$

$$x_2 = \frac{7}{5} = 1.4,$$

$$x_3 = \frac{17}{12} = 1.416666\cdots,$$

$$x_4 = \frac{41}{29} = 1.413793\cdots,$$

$$x_5 = \frac{99}{70} = 1.414285\cdots,$$

……

　この結果をみると，n を大きくしていくとき，x_n はしだいに数字がそろってきて値が変動しなくなり，1つの無限小数

$$1.41421356237\cdots$$

が，おのずからつくり出されていく．これが $\sqrt{2}$ である．つまり，数列そのものが1つの数 $\sqrt{2}$ を表すともいえる．

　さて，$\sqrt{2}=1.41421356237\cdots$ となることがわかったが，このことは，つぎのようにも考えられる．

　いま，$a \leqq x \leqq b$ となるような実数 x の集合を閉区間といい，$[a, b]$ と表すことにする．

　すると，$\sqrt{2}$ の整数部分1は，$\sqrt{2}$ が $[1, 2]$ の中にあることを示す．

　$\sqrt{2}$ の小数第1位までの部分1.4は，$\sqrt{2}$ が $[1.4, 1.5]$ の中にあることを示す．

　同じように続けていくと，$\sqrt{2}$ は，$[1.41, 1.42]$，$[1.414, 1.415]$，$[1.4142, 1.4143]$，… の中にあるということになる．

ここで，閉区間の列

　　[1, 2]，[1.4, 1.5]，[1.41, 1.42]，[1.414, 1.415]，…

は，あとのものが前のものの内に含まれるように，しだいに長さが短くなって0に近づいていく．このように$\sqrt{2}$は，これらの閉区間すべての共通点になっているのである．

　つまり，前のものの内にあとのものが含まれるようにして長さが0に縮小していく閉区間の列は，その共通点として，1つの実数を定める．

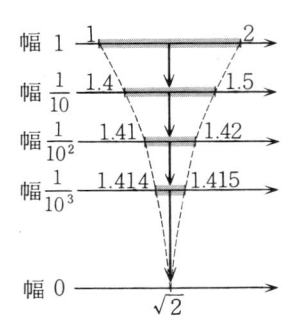

図2　すべての閉区間に共通な点がある．

練習問題

1 下の図のように $\angle AOB = 30°$ とし，OA 上に $OP_0 = l$ となる点 P_0 をとる．P_0 から OB におろした垂線を P_0P_1，P_1 から OA におろした垂線を P_1P_2 とし，同様に P_3, P_4, $\cdots$ をきめる．

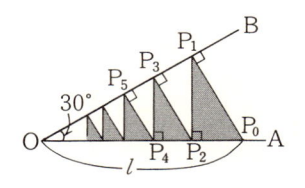

(1) $P_0P_1 + P_1P_2 + P_2P_3 + \cdots$ を求めよ．

(2) 三角形の面積の和，
$$\triangle P_0P_1P_2 + \triangle P_2P_3P_4 + \cdots$$
を求めよ．

2 $0 < a < 1$ のとき，$\dfrac{a^n}{1+a^n} < a^n$ を用いて

$$\frac{a}{1+a} + \frac{a^2}{1+a^2} + \cdots + \frac{a^n}{1+a^n} + \cdots$$

が収束することを示せ．

5.2 連続と近似

5.2.1 連続関数

つぎのいずれかの形で表される実数の集合を区間という．そして，その右側に書いた記号で表す．

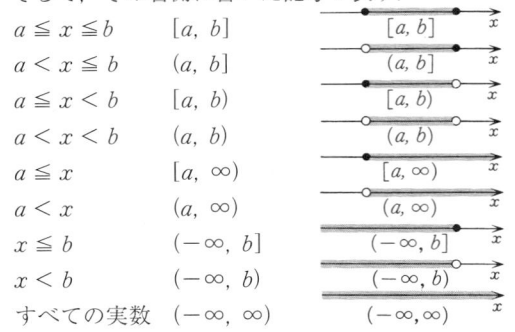

$a \leqq x \leqq b$	$[a, b]$	
$a < x \leqq b$	$(a, b]$	
$a \leqq x < b$	$[a, b)$	
$a < x < b$	(a, b)	
$a \leqq x$	$[a, \infty)$	
$a < x$	(a, ∞)	
$x \leqq b$	$(-\infty, b]$	
$x < b$	$(-\infty, b)$	
すべての実数	$(-\infty, \infty)$	

数直線上でいえば図のようになる．

これらの区間のうち，とくに $[a, b]$ を有界閉区間という[1]．

関数 $y = f(x)$ が $[a, b]$ で連続であるとは，その区間内に任意に 2 点 x_1, x_2 をとるとき，x_1, x_2 が近ければ $f(x_1)$ と $f(x_2)$ も近いということ，つまり，その区間の中で変数 x が少しだけ変われば，関数値 $f(x)$ も少しだけ変わる，ということである．

これは，式で書けば

---

1) 境界の点を含む区間を閉区間という．$[a, \infty)$, $(-\infty, b]$ も閉区間である．

$$\lim_{x_1-x_2\to 0}|f(x_1)-f(x_2)| = 0 \qquad (1)$$

ということであり，直観的には，グラフが切れ目なくつながっていることとして理解されよう．

例1 $f(x)=x^2$ は，$[0, a]$ で連続である．

なぜなら，$[0, a]$ の区間内に任意に2点 x_1, x_2 をとるとき，

$$\begin{aligned}0 &\leq |x_1{}^2-x_2{}^2| \\ &= |(x_1+x_2)(x_1-x_2)| \\ &\leq 2a|x_1-x_2|\end{aligned}$$

となるから，

$$\lim_{x_1-x_2\to 0}|x_1{}^2-x_2{}^2| = 0.$$

同じようにすれば，$f(x)=x^2$ は任意の有界閉区間 $[a, b]$ で連続となることがいえる．

例2 $f(x)=\sin x$ は，$\left[0, \dfrac{\pi}{2}\right]$ で連続である．

なぜなら，$\left[0, \dfrac{\pi}{2}\right]$ の区間内に任意に x_1, x_2 をとるとき，つぎのページの図で，$\angle \mathrm{BOK}=x_1$, $\angle \mathrm{AOH}=x_2$ とすると，$\sin x_1=\mathrm{BK}$, $\sin x_2=\mathrm{AH}$ だから，

$$\begin{aligned}0 \leq |\sin x_1-\sin x_2| &= \mathrm{BP} \text{ の長さ} \\ &\leq 弦\,\mathrm{AB} \\ &\leq \widehat{\mathrm{AB}} = |x_1-x_2|.\end{aligned}$$

そこで，

$$\lim_{x_1-x_2\to 0}|\sin x_1-\sin x_2| = 0$$

となる．

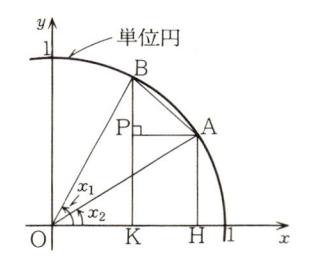

なお，$f(x)=\sin x$ も，任意の有界閉区間で連続である．

問1 $f(x)=x^3$ は，$[0, 1]$ で連続であることを示せ．

問2 $f(x)=\dfrac{1}{x}$ は，$[0.01, 1]$ で連続であることを示せ．

$f(x)$ が連続であるような閉区間の区間内に1点 α を任意にとってこれを固定すると，
$$|x-\alpha| \to 0 \ \text{ならば} \ |f(x)-f(\alpha)| \to 0$$
だから
$$\lim_{x \to \alpha} f(x) = f(\alpha). \tag{2}$$

(2)をもとにして，一般に
$$\lim_{x \to \alpha} f(x) = f(\alpha)$$
となるとき，$f(x)$ は点 α で連続であるということにする．

例3 $f(x)=x^2$ は，$(-\infty, \infty)$ で定義されている．この区間の任意の点 α について，$a<\alpha<b$ となる有界閉区間 $[a, b]$ がとれるが，例1でみたように $f(x)=x^2$ はその閉区間で連続である．

したがって，点 a において，(2) の意味で連続である．すなわち，定義域の各点で連続である．

一般に，$f(x)$ と $g(x)$ が連続なときには，
$$af(x)+bg(x),\ f(x)g(x),\ \frac{f(x)}{g(x)}$$
の各関数も連続である．

また，つぎのことがいえる．

$g(x)$, $f(x)$ が連続とすると，合成関数 $f(g(x))$ は連続である．

$f(x)$ が連続なとき，$f(x)$ の逆関数 $f^{-1}(x)$ が存在すれば，$f^{-1}(x)$ は連続である．

多項式や分数式，無理式で表されるような関数，指数関数と対数関数，三角関数などは，定義域の各点で連続である．

$f(x)$ が $x=a$ で連続でないとき，この点で不連続であるという．

例 4　$f(x)=x\sin\dfrac{1}{x}$ を考えてみよう．この関数は，$x\neq 0$ である各点で連続である．しかし，$f(0)$ が存在しないから，$x=0$ では不連続である．

そこで，$f(0)=0$ ときめてやると，$x=0$ でも連続になる．実際
$$0 \leq \left|x\sin\frac{1}{x}\right| = |x|\left|\sin\frac{1}{x}\right| \leq |x|$$

だから,
$$\lim_{x \to 0} x \sin\frac{1}{x} = 0 = f(0)$$
となる.

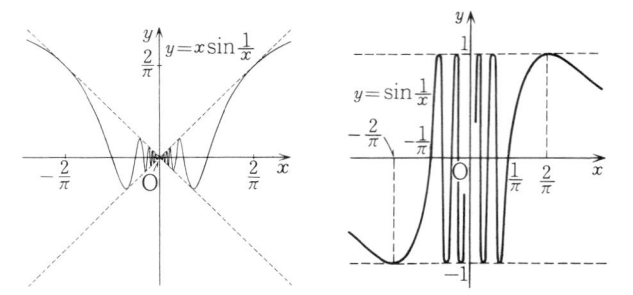

しかし, $g(x) = \sin\frac{1}{x}$ については, $g(0)=0$ と定めても, $x=0$ で連続にならない. この関数は, x をどんなふうに0に近づけても, -1 と1のあいだを振動してしまい, 0には近づかない.

5.2.2 中間値の定理

 $f(x)$ が $[a, b]$ で連続ならば, $f(x)$ は $f(a)$ と $f(b)$ のあいだのすべての値をとり, とくに $f(a)$ と $f(b)$ が異符号ならば, $f(c)=0$ となる点 c が, a と b のあいだに存在すると考えられる.

これを中間値の定理というが, この定理がなりたつことを,

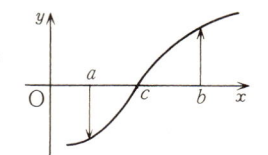

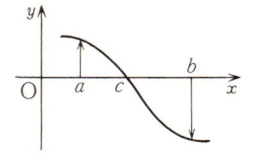

図1　中間値の定理

$$f(x) = e^x - (2-x)$$

で確かめてみよう．まず，

$$f(0) = 1-(2-0) = -1 < 0,$$
$$f(1) = e-(2-1) = e-1 > 0$$

となる．

つぎに，[0, 1] を 10 等分して，分点

$$0.1,\ 0.2,\ 0.3,\ \cdots,\ 0.9$$

での $f(x)$ の符号を調べる．左から順にみていくと，$f(0.5)$ が，初めて正になる．実際，

$$f(0.4) = -0.108\cdots < 0,$$
$$f(0.5) = 0.148\cdots > 0.$$

つぎに，[0.4, 0.5] を 10 等分して同じようにすると，

$$f(0.44) = -0.00729\cdots < 0,$$
$$f(0.45) = 0.0183\cdots > 0.$$

そこで，[0.44, 0.45] を 10 等分する．

このようにしていくと，

[0, 1], [0.4, 0.5], [0.44, 0.45], [0.442, 0.443], …

という閉区間の列ができる．これらの区間はつぎつぎに幅が $\frac{1}{10}$ 倍になりながら，内へ内へと縮小していくが，これ

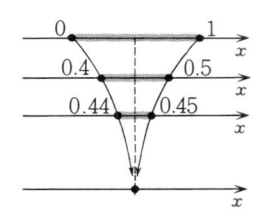

図2　閉区間の列から c がきまる．

らの区間のすべてに共通な1点 c が存在する．

じつは，$f(c)=0$ になっているのである．

実際，n 回目に得られる閉区間を $[x_n, y_n]$ とすると，$x_n < c < y_n$ で，
$$\lim_{n\to\infty} x_n = \lim_{n\to\infty} y_n = c$$
だから，$\lim_{n\to\infty} f(x_n) = \lim_{n\to\infty} f(y_n) = f(c)$. [1]

そして，$f(x_n) < 0$ であるから，負の値 $f(x_n)$ の極限値である $f(c)$ は正にはなり得ない[2]．すなわち，
$$f(c) = \lim_{n\to\infty} f(x_n) \leq 0.$$

同様にして，$f(c) = \lim_{n\to\infty} f(y_n) \geq 0$．

したがって，$0 \leq f(c) \leq 0$ だから，$f(c)=0$ でなくてはならない．

---

[1]　$f(x)$ は連続だからである．
[2]　一般に，$a_n < b_n$ のとき，
　$\lim_{n\to\infty} a_n \leq \lim_{n\to\infty} b_n$．
　とくに，
　$a_n < k$ ならば $\lim_{n\to\infty} a_n \leq k$，$a_n > k$ ならば $\lim_{n\to\infty} a_n \geq k$．

なお，$c=0.442\cdots$ である．

これで中間値の定理が確かめられた．

ところで，有界な閉区間で連続な関数は，その区間で最大値と最小値をとる．

しかし，それ以外の区間では，最大値や最小値が存在するとは限らない．

問 $f(x)=x^2$ について，つぎの区間での最大値と最小値を調べよ．

$[-1, 2]$,　　$(-1, 2)$,　　$[1, 3]$,　　$(1, 3]$,　　$[1, \infty)$.

また，中間値の定理はつぎのようにいいかえられる．

$f(x)$ の $[a, b]$ における最大値と最小値をそれぞれ，M, L とすると，

$$L \leq y_0 \leq M$$

となる任意の y_0 について

$$f(c) = y_0$$

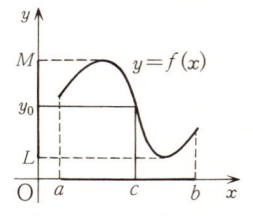

図3　$[a, b]$ が $y=f(x)$ で $[L, M]$ にうつる．

となる c が $[a, b]$ の中に存在する.

すなわち,この関数 $y=f(x)$ により $[a, b]$ は $[L, M]$ にうつされる.

5.2.3 平均値の性質

$y=f(x)$ が $[a, b]$ で連続なとき,そこでの最大値と最小値をそれぞれ M, L とすると,
$$L \leq f(x) \leq M$$
がなりたつから,a から b まで積分して
$$L(b-a) \leq \int_a^b f(x)\, dx \leq M(b-a)$$
となる.したがって,正の数 $b-a$ で割って,
$$L \leq \frac{1}{b-a}\int_a^b f(x)\, dx \leq M.$$

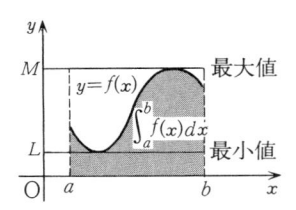

図1　$L(b-a) \leq \int_a^b f(x)\, dx \leq M(b-a)$.

この中央の項は,$[a, b]$ における $f(x)$ の平均値であって[1],この不等式は,平均値が最大値と最小値の中間にあ

---

1) 『基礎解析』第3章 117 ページ参照.

るという常識的にも納得できる事実を示している.

ところが,中間値の定理によれば,

$$\frac{1}{b-a}\int_a^b f(x)\,dx = f(c)$$

となるような c が $[a, b]$ の中に存在する.

さて,この事実を $f'(x)$ に適用してみよう. $f'(x)$ は $[a, b]$ で連続とする. $f'(x)$ の $[a, b]$ での最大値と最小値をそれぞれ, m, l とすると

$$l \leqq f'(x) \leqq m,$$
$$l \leqq \frac{1}{b-a}\int_a^b f'(x)\,dx \leqq m.$$

ところが,

$$\int_a^b f'(x)\,dx = f(b) - f(a)$$

だから,

$$l \leqq \frac{f(b)-f(a)}{b-a} \leqq m.$$

ここで, $f(x)$ は $[a, b]$ で連続としたから,

$$\frac{f(b)-f(a)}{b-a} = f'(c)$$

となる c が $[a, b]$ の中に存在することになる.

これは,たとえば5時間で300 km走った自動車は,途中で時速60 kmの瞬間があったということであり,次ページの図でいえば,弦ABに平行な接線がAB間で引けるということにほかならない.

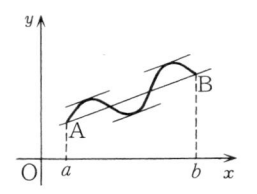

図2　弦ABに平行な接線が引ける.

5.2.4　関数の近似

4.1.3でみたように，関数 $y=f(x)$ の $x=\alpha$ における1次，2次の近似式は，それぞれ

$$f(\alpha)+f'(\alpha)(x-\alpha),$$
$$f(\alpha)+f'(\alpha)(x-\alpha)+\frac{1}{2}f''(\alpha)(x-\alpha)^2$$

となるのであった[1]．

ここで，$f(x)=e^x$ を $x=0$ において考えると，1次，2次の近似式はそれぞれ

$$1+x,$$
$$1+x+\frac{x^2}{2}$$

となる．

ここでは，この近似式を別の方法で導くとともに，より高次の近似式や誤差についても考えてみよう．

t を $[0, x]$ の中にとると，e^x は増加するから

$$1 \leq e^t \leq e^x$$

---

[1]　162，163ページ参照.

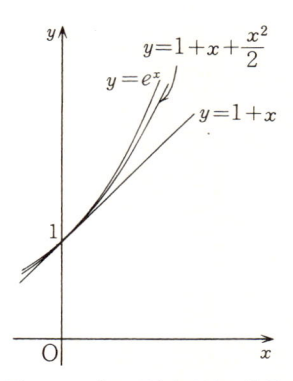

図1　$y=e^x$ の1次と2次の近似

となる.ただし,x は固定しておく.

この式を 0 から t まで積分すると,
$$t \leq e^t - 1 \leq e^x t.$$ [1]

もういちど 0 から t まで積分して,
$$\frac{t^2}{2} \leq e^t - 1 - t \leq e^x \frac{t^2}{2}.$$

ここで,$t=x$ とおくと,
$$\frac{x^2}{2} \leq e^x - (1+x) \leq e^x \frac{x^2}{2}.$$

各辺を $\dfrac{x^2}{2}$ で割ると,

---

[1] $\int_0^t 1 \cdot dt \leq \int_0^t e^t\,dt \leq \int_0^t e^x\,dt$ より,x を固定していることに注意して
$$t \leq e^t - 1 \leq e^x t.$$

$$1 \leqq \frac{e^x-(1+x)}{\dfrac{x^2}{2}} \leqq e^x$$

となり，$x \to 0$ とすると，$e^x \to 1$ だから

$$\lim_{x \to 0} \frac{e^x-(1+x)}{\dfrac{x^2}{2}} = 1$$

となる．

そこで，$x=0$ の近くでは

$$e^x-(1+x) \fallingdotseq \frac{x^2}{2}$$

となり，e^x の $x=0$ における1次の近似式 $1+x$ の誤差は，$\dfrac{x^2}{2}$ 程度とみなせる．

同様に，式

$$1 \leqq e^t \leqq e^x$$

を，0 から t まで3回くりかえして積分して，上と同じように処理すると

$$\lim_{x \to 0} \frac{e^x-\left(1+x+\dfrac{x^2}{2}\right)}{\dfrac{x^3}{6}} = 1$$

が得られる．

問 1 上の式を導け．

したがって，e^x の $x=0$ における2次の近似式 $1+x+\dfrac{x^2}{2}$ の誤差は，$\dfrac{x^3}{6}$ 程度とみなすことができる．

5.2 連続と近似

さらに式 $1 \leq e^t \leq e^x$ を 0 から t まで $n+1$ 回くりかえして積分して,$t=x$ とおくと,

$$\frac{x^{n+1}}{(n+1)!} \leq e^x - \left(1 + x + \frac{x^2}{2} + \cdots + \frac{x^n}{n!}\right)$$

$$\leq \frac{x^{n+1}}{(n+1)!} e^x \qquad (1)$$

が得られる.この式を前と同じように処理すると,e^x の $x=0$ における n 次の近似式として,

$$1 + x + \frac{x^2}{2} + \cdots + \frac{x^n}{n!}$$

が得られ,その誤差が $\dfrac{x^{n+1}}{(n+1)!}$ 程度であることがわかる.

また,(1) で $x=1$ とおくと,

$$\frac{1}{(n+1)!} \leq e - \left(1 + 1 + \frac{1}{2} + \cdots + \frac{1}{n!}\right)$$

$$\leq \frac{1}{(n+1)!} e$$

が得られる.ここで,$n \to \infty$ とすると,両端は 0 に収束するから,

$$e = 1 + 1 + \frac{1}{2} + \cdots + \frac{1}{n!} + \cdots$$

となり,

$$e \doteqdot 1 + 1 + \frac{1}{2} + \cdots + \frac{1}{n!} \qquad (2)$$

が得られる.

問 2 式 (2) で $n=10$ として e の近似値を求め,正しい値と比較してみよ.

一般に,関数 $f(x)$ について,$[a, x]$ で $f''(x)$ が連続で,最小値 l,最大値 m をとるとする.

不等式 $l \leq f''(x) \leq m$ を,a から t までくりかえして積分する.ただし,t は $[a, x]$ の中にある.すると,
$$l(t-a) \leq f'(t) - f'(a) \leq m(t-a),$$
$$l \cdot \frac{(t-a)^2}{2} \leq f(t) - f(a) - f'(a)(t-a) \leq m \cdot \frac{(t-a)^2}{2}.$$

$t=x$ とおいて変形すると,
$$l \leq \frac{f(x)-(f(a)+f'(a)(x-a))}{\frac{(x-a)^2}{2}} \leq m.$$

$x \to a$ とすると,$f''(x)$ が連続としたことから,l も m も $f''(a)$ に収束するから,
$$\lim_{x \to a} \frac{f(x)-(f(a)+f'(a)(x-a))}{\frac{(x-a)^2}{2}} = f''(a)$$

となる.

$x=a$ の近くでは,
$$f(x)-(f(a)+f'(a)(x-a)) \fallingdotseq \frac{f''(a)}{2}(x-a)^2.$$

これは,$f(x)$ の $x=a$ における 1 次の近似式 $f(a)+f'(a)(x-a)$ の誤差が,$\frac{f''(a)}{2}(x-a)^2$ 程度であることを示す.

$f(x)$ を n 回くりかえして微分して得られる関数を第 n 次導関数といい,$f^{(n)}(x)$,$y^{(n)}$ などと表すことにする.

一般に,$f(x)$ の $x=a$ における n 次の近似式

$$f(a)+f'(a)(x-a)+\frac{1}{2}f''(a)(x-a)^2$$
$$+\cdots+\frac{1}{n!}f^{(n)}(a)(x-a)^n$$

の誤差は，$\frac{1}{(n+1)!}f^{(n+1)}(a)(x-a)^{n+1}$ 程度であることがわかる．

練習問題

1 $0<x<\frac{\pi}{2}$ のとき，つぎの式を証明せよ．
$$0 < \frac{1}{x}\int_0^x \sin x\, dx < \sin x$$

2 e^x の1次および2次の近似式を用いて，$e^{0.1}$ および $e^{0.01}$ の近似値を求めよ．また，これらが小数第何位まで正しい値と一致しているか確かめよ[1]．

---

1) $e^{0.1}=1.10517091\cdots$
   $e^{0.01}=1.01005016\cdots$

【補足】関数の級数展開

247 ページの式 (1)

$$\frac{x^{n+1}}{(n+1)!} \leq e^x - \left(1 + x + \frac{x^2}{2} + \cdots + \frac{x^n}{n!}\right)$$
$$\leq \frac{x^{n+1}}{(n+1)!} e^x \qquad (1)$$

は，5.2.4 では，n を固定して $x \to 0$ とし，$x=0$ の近くでのようすを考えた．こんどは x を固定して，$n \to \infty$ にしてみよう．

たとえば，$x=10$ と固定して，$n \to \infty$ にする．

$$\frac{10^{n+1}}{(n+1)!} = \frac{10}{1} \cdot \frac{10}{2} \cdots \cdot \frac{10}{9} \cdot \frac{10}{10} \cdot \frac{10}{11} \cdots \cdot \frac{10}{n+1}$$
$$\leq \frac{10^{10}}{10!} \left(\frac{10}{11}\right)^{n-9}$$

であり，$\left|\dfrac{10}{11}\right| < 1$ だから，$\displaystyle\lim_{n \to \infty} \left(\frac{10}{11}\right)^{n-9} = 0$.

そこで，

$$\lim_{n \to \infty} \frac{10^{n+1}}{(n+1)!} = 0, \quad \lim_{n \to \infty} \frac{10^{n+1}}{(n+1)!} e^{10} = 0$$

となるから，(1) の両端は，$x=10$，$n \to \infty$ のとき 0 に収束し，

$$e^{10} = 1 + 10 + \frac{10^2}{2} + \cdots + \frac{10^n}{n!} + \cdots.$$

x を正の値で固定すると，同じようなことがいえるか

ら，結局

$$e^x = 1 + x + \frac{x^2}{2} + \cdots + \frac{x^n}{n!} + \cdots \tag{2}$$

と級数に展開される．一般に，いろいろな関数が

$$f(x) = f(a) + f'(a)(x-a) + \frac{1}{2}f''(a)(x-a)^2 + \cdots$$
$$+ \frac{1}{n!}f^{(n)}(a)(x-a)^n + \cdots \tag{3}$$

と展開できる．関数を(3)のような級数に展開することをテイラー展開という．

たとえば，

$$\sin x = x - \frac{x^3}{6} + \frac{x^5}{120} - \cdots + \frac{(-1)^n x^{2n+1}}{(2n+1)!} + \cdots, \tag{4}$$

$$\cos x = 1 - \frac{x^2}{2} + \frac{x^4}{24} - \cdots + \frac{(-1)^n x^{2n}}{(2n)!} + \cdots, \tag{5}$$

$$(1+x)^\alpha = 1 + \alpha x + \frac{\alpha(\alpha-1)}{2}x^2 + \cdots$$
$$+ \frac{\alpha(\alpha-1)\cdots(\alpha-n+1)}{n!}x^n + \cdots \tag{6}$$

などとなる．(4)，(5)は任意の x の値にたいして収束し，(6)は，$|x|<1$ のとき収束することが知られている[1]．

---

1) とくに α が自然数のときは(6)は任意の x について収束する．そして，それは
$$(1+x)^2, \ (1+x)^3, \ \cdots$$
の展開式となる．

ところで，式(2)
$$e^x = 1+x+\frac{x^2}{2}+\frac{x^3}{6}+\cdots+\frac{x^n}{n!}+\cdots$$
において，形式的に $x=it$ とおいてみる．ただし，i は虚数単位で $i^2=-1$ とする．すると，
$$\begin{aligned}e^{it} &= 1+it+\frac{i^2t^2}{2}+\frac{i^3t^3}{6}+\cdots+\frac{i^nt^n}{n!}+\cdots\\ &= 1+it-\frac{t^2}{2}-\frac{it^3}{6}+\frac{t^4}{24}+\frac{it^5}{120}-\cdots\\ &= \left(1-\frac{t^2}{2}+\frac{t^4}{24}-\cdots\right)+i\left(t-\frac{t^3}{6}+\frac{t^5}{120}-\cdots\right)\end{aligned}$$
となる．

そこで，(4), (5)に注意すると，
$$e^{it} = \cos t + i\sin t \tag{7}$$
が得られる．

この式は，指数関数と三角関数をむすびつけてしまう．これをオイラーの公式という．

(7)はつぎのようにして導くこともできる．
$$z = \cos t + i\sin t \tag{8}$$
とおき，この右辺をベクトル $\begin{pmatrix}\cos t\\ \sin t\end{pmatrix}$ に対応させる．このベクトルを微分すると $\begin{pmatrix}-\sin t\\ \cos t\end{pmatrix}$ となるから（116ページ参照），これは，

$$-\sin t + i\cos t$$
すなわち,
$$i(\cos t + i\sin t) = iz \tag{9}$$
に対応する.

(8),(9)から,
$$\begin{cases} \dfrac{dz}{dt} = iz \\ t=0 \text{ のとき } z=1 \end{cases} \tag{10}$$
と考えられる. すると,(10)は指数関数を特徴づける微分方程式そのものであるから,
$$z = e^{it} \tag{11}$$
と書くことが適当である (70 ページ参照).

(11)と(8)を比較して,
$$e^{it} = \cos t + i\sin t$$
が得られる. これは(7)にほかならない.

また,(7)の左辺を i を定数とみて微分すると
$$ie^{it} = i(\cos t + i\sin t)$$
$$= -\sin t + i\cos t$$
となり,(7)から,$(\cos t)' = -\sin t$, $(\sin t)' = \cos t$ が出てくることになる.

章末問題

1 $\dfrac{1}{3}+\dfrac{1}{4}>\dfrac{2}{4}$, $\dfrac{1}{5}+\dfrac{1}{6}+\dfrac{1}{7}+\dfrac{1}{8}>\dfrac{4}{8}$, … を用い,
$$1+\dfrac{1}{2}+\dfrac{1}{3}+\cdots+\dfrac{1}{n}+\cdots$$
が発散することを示せ.

2 $f(x)=x^2+\dfrac{x^2}{1+x^2}+\dfrac{x^2}{(1+x^2)^2}+\cdots$

について, つぎの問いに答えよ.

(1) $x\neq 0$ のとき $f(x)$ は収束することを示し, $f(x)$ を求めよ.

(2) $f(0)$ および $\lim_{x\to 0} f(x)$ を求めよ.

(3) $f(x)$ は $x=0$ において連続か.

3 $f(x)$ の $x=a$ における n 次の近似式は,
$$f(a)+f'(a)(x-a)+\dfrac{1}{2}f''(a)(x-a)^2+\cdots+\dfrac{1}{n!}f^{(n)}(a)(x-a)^n$$
である. これを用いてつぎの問いに答えよ.

(1) $\sin x$ の $x=0$ における 1 次, 3 次, 5 次の近似式を求め, $y=\sin x$ とこれらの式のグラフを同じ座標平面上にかけ.

(2) $\cos x$ の $x=0$ における 2 次, 4 次の近似式を求め, (1)と同様のことをせよ.

数学の歴史　5

　19世紀になって解析学は，極限概念の確立の上にたって，厳密な論理に従うようになった．その意味で純粋数学の幕を切ったガウスとコーシーは，純粋数学者のように思われやすい．ところが，当時はふたりとも，数理物理学者と考えられていた．大学での職が，ともに天文台教授であったことも，おもしろい．そして，ともに保守主義者だった．

　オーギュスタン・ルイ・コーシー（1789-1857）は，フランス革命のなかで生まれた．父はカトリックの王党派で，パリ警察の主任警部をしていたので，革命から隠れて暮らさねばならず，その不自由が彼に一生にわたる病身を約束した．ナポレオンのクーデタ後，父は元老院書記の職を得，病弱な数学少年のコーシーは，ナポレオンのサロンの科学者たちにかわいがられた．ラグランジュは，未来の大数学者になるためには，若いあいだは文学にも親しむようにと忠告したという．

　コーシーは工兵士官になってシェルブール要塞の建設に従事したのだが，ナポレオンの英本土攻略の夢は破れ，パ

リに帰ってからは，数学者としての生活に入ることになった．23歳のときである．やがてソルボンヌ大学教授，新しく解析学の基礎を確立したのは，30歳代の時代である．

1830年には神権的なシャルル10世は追放されて，「人民の王」ルイ・フィリップの時代になった．これは王党派の「厳密主義者」コーシーには受け入れがたいもので，彼の40歳代は亡命の旅のなかにある．王がプラハに亡命したので，王子の侍講となったのである．このころ，光の散乱の研究があるが，プラハの空は暗かった．神権的な王は，手をさしのべるだけで病をいやすと信じられていたが，健康を害したコーシーを救うことはできなかった．

挫折してパリへ戻ったコーシーは50歳．ルイ・フィリップとの関係は悪かったが，学士院はコーシーの数学論文の山に埋まることになった．それで，4ページ以下の論文しか受けつけない，という習慣がいまに続いている．ここでも，ルイ・ナポレオンのクーデタのあと，妥協が成立して正式に天文台教授として安定することになった．王党派のくせに，2人のナポレオンのクーデタのあとに生活が正常化しているところが，皮肉である．神権的な王がパリに戻ることはなかったが，コーシーのカトリック信仰のほうは終生にわたって変わらなかった．

身体の弱さと精神の固さとが，コーシーにあっては同居していた．ラグランジュの忠告が有効であったかどうかはわからないが，コーシーが大数学者になったことには違いない．時代には沿わなかったかもしれないが，それでも大

数学者にはなれる．それどころか，19世紀の数学における厳密主義のように，ひとつの時代風潮をつくることさえできる．

　時代のなかで生きることと，時代をつくって生きることとの関係は，微妙なところがある．歴史における進歩と反動とは，なにであろうか．

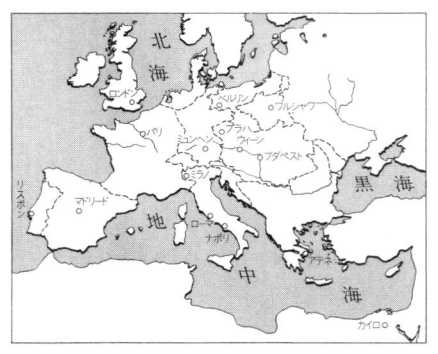

1789　フランス革命．
1799　ナポレオンのクーデタ．幕府，東蝦夷を直轄領．
1805　トラファルガー海戦．
1812　ナポレオンのロシア遠征．高田屋嘉兵衛，カムチャッカに連行．
1821　ナポレオン死亡．
1830　フランス，7月革命．シャルル10世亡命．
1839　ブランキストの蜂起．崋山，長英の投獄．
1848　フランス，2月革命．ルイ・ボナパルト，大統領．
1852　ナポレオン3世の第2帝政．

答

[第1章]

練習問題 1.1 (p.24)

1 略　　2 略（1次関数になる）

練習問題 1.2 (p.44)

1 (1) $y'=12x(x^2+2)^5$　　(2) $y'=\dfrac{-12x}{(x^2+2)^7}$

(3) $y'=\dfrac{5x^2+1}{2\sqrt{x}}$　　(4) $y'=\dfrac{-3x^2+1}{2\sqrt{x}(x^2+1)^2}$

2 (1) $\dfrac{4\sqrt{2}-2}{3}$　　(2) $\dfrac{3}{4}$　　(3) $\dfrac{1}{2}$　　(4) $\dfrac{3}{8}$

章末問題 (p.46)

1 $v=2at+b,\ \alpha=2a$

2 (1) $v=\dfrac{3}{2}t^2+t$　　(2) $x=\dfrac{1}{2}t^3+\dfrac{1}{2}t^2$　　3 略

4 (1) $y'=6x(x^2-5)^2$　　(2) $y'=12x(3x^2-1)$

(3) $y'=\dfrac{1}{2\sqrt{x-1}}$　　(4) $y'=\dfrac{x}{\sqrt{x^2-1}}$

(5) $y'=7x^6-12x^3-3x^2-4$　　(6) $y'=\dfrac{4x^3}{(1-x^4)^2}$

5 (1) $y''=12x^2-6$　　(2) $y''=\dfrac{2}{x^3}$

(3) $y''=-\dfrac{1}{4x\sqrt{x}}$　　(4) $y''=8(x^2+1)^2(7x^2+1)$

6 (1) 12　　(2) $\dfrac{23}{6}$　　(3) $\dfrac{7\sqrt{7}-1}{3}$　　(4) $\dfrac{8^6-1}{12}$

7 (1) $\dfrac{1808}{15}$ (2) $\dfrac{756}{5}$ (3) $2\sqrt{3}-2$ 8 略

[第2章]

練習問題 2.1 (p. 68)

1 (1) $e^x\left(\log x + \dfrac{1}{x}\right)$ (2) $\dfrac{2x}{(x^2-1)\log a}$

(3) $(2^t - 2^{-t})\log 2$

2 (1) $a^x(\log a)^2$ (2) $-\dfrac{1}{x^2 \log a}$ (3) $(x^2+4x+2)e^x$

3 (1) $2\left(e - \dfrac{1}{e}\right)$ (2) $\dfrac{3}{2} + \log 2$

4 (1) $\dfrac{\log 2}{3}$ mg/時 (2) 3 時間

5 (1) e^2 (2) $\dfrac{1}{a}$

6 $x>1$ のとき $\dfrac{1}{x}<1$. ゆえに $a>1$ のとき $\int_1^a \dfrac{1}{x}\,dx < \int_1^a dx$.

すなわち,$\log a < a - 1$.

練習問題 2.2 (p. 80)

1 (1) $x = 5e^{2t}$,e^2 倍 (2) $x = 4e^{3-3t}$,e^{-3} 倍

(3) $x = Ae^{-t}$,e^{-1} 倍

2 (1) $V = Ae^{-\frac{k}{\pi a^2}t}$ (2) $k = \dfrac{\pi a^2 \log 2}{t_0}$

練習問題 2.3 (p. 90)

1 (1) $\dfrac{-(x^2+6x+7)}{(x+1)^2(x+2)^2}$ (2) $-\dfrac{1}{x^2} 2^{\frac{1}{x}} \log 2$

2 (1) $\dfrac{3}{2}\log 3 - \dfrac{1}{4}$ (2) $\dfrac{1}{2}\log \dfrac{3}{4}$ (3) $\log 2 + \dfrac{1}{2}$

(4) $\log \dfrac{e+e^{-1}}{2}$

3　(1) $\log a$　　(2) $\dfrac{1}{\log a}$

章末問題 (p. 101)

1　(1) $-\dfrac{2e^t}{(1+e^t)^2}$　　(2) $-2xe^{-x^2}$　　(3) $-\dfrac{1}{x(\log x)^2}$

2　(1) $1-\dfrac{1}{\sqrt{e}}$　　(2) $\dfrac{1}{2}$

3　$f(x)=e^x+2(1-e)$

4　（ヒント）$y=\dfrac{1}{x}$ のグラフで考える．$k\leqq x\leqq k+1$ のとき

$\dfrac{1}{k+1}<\dfrac{1}{x}<\dfrac{1}{k}$.

5　略

6　$-\dfrac{dx}{dt}=kx$ より $x=Ae^{-kt}$. $t=0$ で $x=40$ より $x=40e^{-kt}$.

$t=30$ で $x=30$ だから $k=\dfrac{1}{30}\log\dfrac{4}{3}$. 40℃ になるのは T 分

後とすると $e^{-kt}=\dfrac{1}{2}$ より，$T=\dfrac{1}{k}\log 2 \fallingdotseq 70$. 約 70 分後.

〔第 3 章〕

練習問題　3.1（p. 113）

1　速度ベクトル $\begin{pmatrix}2\\-17\end{pmatrix}$，大きさ $\sqrt{293}$;

加速度ベクトル $\begin{pmatrix}0\\-10\end{pmatrix}$，大きさ 10.

2 $\dfrac{1}{2t}$

練習問題 3.2 (p.130)

1 (1) $y'' = -8\cos(2t-4)$ (2) $2\cos 2t$

2 $\dfrac{3}{8}t - \dfrac{1}{4}\sin 2t + \dfrac{1}{32}\sin 4t + c$

練習問題 3.3 (p.141)

1 (1) $\sqrt{2}$ 倍   (2) 4 倍

章末問題 (p.147)

1 (1) $y' = 3\sin(6x+2)$ (2) $y' = -\dfrac{1}{1+\sin x}$

   (3) $y' = -2x\sin(x^2+1)$ (4) $y' = \dfrac{1}{\tan x}$

2 (1) $2\cos 2x = 2(\cos^2 x - \sin^2 x)$

   (2) $3\cos 3x = 3\cos x - 12\sin^2 x \cos x$

3 (1) $\dfrac{1}{4}\sin^4 x + c$ (2) $-\dfrac{1}{6}\cos^6 x + c$

4 (1) $\dfrac{\pi}{2} - 1$ (2) 1

5 (1) $-\dfrac{1}{\tan t}$ (2) $\dfrac{t(2-t^3)}{1-2t^3}$

6 $\dfrac{\pi}{3} - \dfrac{\sqrt{3}}{4}$ 7 略

[第 4 章]

練習問題 4.1 (p.171)

1 (1) $\dfrac{1}{x^2-1}$ (2) $\dfrac{1}{\sqrt{x^2+a}}$ (3) $e^x \sin x$

2 (1) $f'(x) = \dfrac{2(1+x)(1-x)}{(x^2+1)^2}$

x	$(-\infty)$	$\cdots$	-1	$\cdots$	1	$\cdots$	(∞)
$f'(x)$			$-$	0	$+$	0	$-$
$f(x)$	(0)		$\searrow$	-1	$\nearrow$	1	$\searrow$	(0)

グラフ略

(2) $f'(x) = \dfrac{-2(x^2+1)}{(x^2-1)^2}$

x	$(-\infty)$	$\cdots$	-1	$\cdots$	1	$\cdots$	(∞)
$f'(x)$		$-$		$-$		$-$	
$f(x)$	(0)	$\searrow$ $(-\infty)$		(∞) $\searrow$ $(-\infty)$		(∞) $\searrow$	(0)

グラフ略

3 (1) $f'(x) = 4x^2(x-3)$, $f''(x) = 12x(x-2)$.

x	$\cdots$	0	$\cdots$	2	$\cdots$	3	$\cdots$
$f'(x)$	$-$	0	$-$	$-$	$-$	0	$+$
$f''(x)$	$+$	0	$-$	0	$+$	$+$	$+$
$f(x)$	$\searrow$	0	$\searrow$	-16	$\searrow$	-27	$\nearrow$

グラフ略

(2) $f'(x) = -xe^{-\frac{x^2}{2}}$, $f''(x) = (x+1)(x-1)e^{-\frac{x^2}{2}}$.

x	$\cdots$	-1	$\cdots$	0	$\cdots$	1	$\cdots$
y'	$+$	$+$	$+$	0	$-$	$-$	$-$
y''	$+$	0	$-$	$-$	$-$	0	$+$
y	$\nearrow$	$e^{-\frac{1}{2}}$	$\nearrow$	1	$\searrow$	$e^{-\frac{1}{2}}$	$\searrow$

グラフ略

答

4 最小値 4. (ヒント) 点 A の座標を $(a, 0)$ とすると，点 B は $\left(0, \dfrac{2a}{a-1}\right)$ となる．

5 $\dfrac{8}{3}\pi a^3$　　6 略

練習問題 4.2 (p. 189)

1 $3\pi^2$　　2 $2\pi a^2 \tan\theta$

3 (1) $8a$　　(2) $3a^2\pi$

4 $-a+\log\dfrac{1+a}{1-a}$　　5 略

練習問題 4.3 (p. 200)

1 (1) 略　　(2) $x=2(1-e^{-t})$

2 (1) 略　　(2) $x=t$　　(3) $y=\dfrac{t^2}{2}$

3 $v=v_0 e^{-\frac{k}{m}t}$

章末問題 (p. 201)

1 略　　2 $\dfrac{\pi}{4a}$．(ヒント) $\dfrac{dx}{dt}=\dfrac{a}{\cos^2 t}$．　　3 $\dfrac{\pi}{6}$

4 $y'=\dfrac{2x}{1+x^2}$, $y''=\dfrac{2(1-x^2)}{(1+x^2)^2}$.

x	$\cdots$	-1	$\cdots$	0	$\cdots$	1	$\cdots$
y'	$-$	$-$	$-$	0	$+$	$+$	$+$
y''	$-$	0	$+$	$+$	$+$	0	$-$
y	↘	$\log 2$	↘	0	↗	$\log 2$	↗

グラフ略

5 $\dfrac{3}{4}\sqrt{3}a^2$　　6 (1) $4(a^2-z^2)$　　(2) $\dfrac{16}{3}a^3$

7　$\dfrac{3}{8}\pi a^2$

〔第5章〕
練習問題 5.1 (p. 233)

1　(1) $(2+\sqrt{3})l$　(2) $\dfrac{\sqrt{3}}{14}l^2$

2　$\dfrac{a}{1+a}+\dfrac{a^2}{1+a^2}+\cdots+\dfrac{a^n}{1+a^n}$ は増加し，しかも

$\sum_{n=0}^{\infty} a^n = \dfrac{1}{1-a}$ をこえない.

練習問題 5.2 (p. 249)

1　略

2　$e^x = 1+x$ を用いると，$e^{0.1} \fallingdotseq 1.1$. $e^{0.01} \fallingdotseq 1.01$.

$e^x = 1+x+\dfrac{x^2}{2}$ を用いると，$e^{0.1} \fallingdotseq 1.105$. $e^{0.01} \fallingdotseq 1.01005$.

章末問題 (p. 254)

1　略

2　(1) $x \neq 0$ のとき，$|公比| = \left|\dfrac{1}{1+x^2}\right| < 1$ だから収束する.

$f(x) = 1+x^2$.　(2) $f(0) = 0$. $\lim_{x \to 0} f(x) = 1$　(3) 不連続

3　(1) $\sin x \fallingdotseq x$. $\sin x \fallingdotseq x - \dfrac{x^3}{6}$. $\sin x \fallingdotseq x - \dfrac{x^3}{6} + \dfrac{x^5}{120}$.

グラフ略

(2) $\cos x \fallingdotseq 1 - \dfrac{x^2}{2}$. $\cos x \fallingdotseq 1 - \dfrac{x^2}{2} + \dfrac{x^4}{24}$. グラフ略

索　引

あ行

e　62
　　――を底とした指数関数　62
位置エネルギー　143
一般解
　　(微分方程式の――)　191
ウランの半減期　74
運動エネルギー　142
x 成分　110
凹　158

か行

角速度　108
加速度　19
　　(重力の――)　22
　　――ベクトル　113
傾き
　　(接線の――)　16, 26, 112
　　(矢線の――)　113
逆関数　34
　　――の微分法　36
級数
　　(項が正の――)　225
　　(調和――)　225
　　――の極限値　227
強制振動　144
極限値
　　(級数の――)　227
　　――0　225
　　――は負の無限大　212
　　――は無限大　212
極小値　164
　　――の判定　165
曲線の長さ　178
極大値　164
　　――の判定　165
近似計算
　　(定積分の――)　184
近似式　162
　　(2次の――)　163
近似値
　　(方程式の根の――)　167
区間　234
　　(閉――)　231
　　(有界閉――)　234
原始関数　18
減衰振動　144
項が正の級数　225
合成関数　29
　　――の微分法　31

さ行

サイクロイド　189
指数関数
　　――と成長率　91
　　――の増加　76
　　――の導関数　60, 66
　　(一般の場合)　66
　　(底 e の場合)　62
自然対数　62
周期的な運動　138, 146

索 引

重心 182
収束
　(0に——) 214
瞬間の速度 15
初期位相 133
初期条件 24, 192
初速度 23
助変数 108
シンプソンの公式 186
積の微分法 41
積分法
　(置換——) 34
　(部分——) 84
接線
　——の傾き 16, 26, 112
　——の式 162
0に収束 214
増加数列
　(上に限界のある——) 227
増殖速度 55
　(瞬間の——) 56
　(平均の——) 56
速度
　(瞬間の——) 15
　——の変化の割合 20
　——ベクトル 110

た行

台形公式 188
対数関数 63
対数をとって微分 82
第2次導関数 22, 162
単振動 137
置換積分法 34
中間値の定理 238
調和級数 225
定積分 18

　——の意味 18
　——の近似計算 184
導関数 15
　(一般の指数関数の——) 66
　(指数関数の——) 60
　(対数関数の——) 63
等速円運動 108
特殊解
　(微分方程式の——) 191
凸 158

な行

2次導関数 22, 162
2次の近似式 163
ニュートンの冷却法則 75
粘性抵抗 144
伸び率 93

は行

倍率 92
発散する 216
　(負の無限大に——) 212
　(無限大に——) 212
バネの振動 197
半減期 73
微分する 15
微分と積分 19
微分法
　(逆関数の——) 36
　(合成関数の——) 31
　(指数関数の——) 60
　(商の——) 43
　(積の——) 41
　(対数関数の——) 63
微分方程式 24, 191
　——の一般解 191
　——の解 191

——の特殊解　191
　　——を解く　25
負の無限大に発散　212
部分分数に分解　87
不連続　237
閉区間　234
　　（有界——）　234
ベクトル
　　（加速度——）　113
　　（速度——）　110
変曲点　160

ま行

無限級数
　　——は収束する　222
　　——は和をもつ　222
無限大
　　（極限値は——）　212
　　——に発散　212, 216, 222

や行

矢線の傾き　113
有界閉区間　234

ら行

連続　234
連続複利法　100

わ行

y 成分　110

第1表　微分・積分の公式

微分法

$\{f(x)+g(x)\}'=f'(x)+g'(x)$ (p. 41)

$\{af(x)\}'=af'(x)$ (p. 41)

$\{f(x)g(x)\}'=f'(x)g(x)+f(x)g'(x)$　　積の微分法　(p. 41)

$\left\{\dfrac{f(x)}{g(x)}\right\}'=\dfrac{f'(x)g(x)-f(x)g'(x)}{\{g(x)\}^2}$　　商の微分法　(p. 43)

　$y=f(u),\ u=g(x)$ のとき

$\dfrac{dy}{dx}=\dfrac{dy}{du}\cdot\dfrac{du}{dx}$　　　　　　　合成関数の微分法　(p. 31)

$\dfrac{dy}{dx}=\dfrac{1}{\dfrac{dx}{dy}},\quad \dfrac{dx}{dy}=\dfrac{1}{\dfrac{dy}{dx}}$　　　逆関数の微分法　(p. 35, 36)

いろいろな関数の導関数

$(x^\alpha)'=\alpha x^{\alpha-1}$ ； α は任意の実数 (p. 37)

$(e^x)'=e^x$ (p. 62)

$(a^x)'=(\log a)a^x$ (p. 67)

$(\log_e x)'=\dfrac{1}{x}$ (p. 63)

$(\log_a x)'=\dfrac{1}{\log a}\cdot\dfrac{1}{x}$ (p. 67)

$(\sin x)'=\cos x$ (p. 116)

$(\cos x)'=-\sin x$ (p.116)

積分法

$x = g(t)$, $g(a) = \alpha$, $g(b) = \beta$ のとき

$$\int_\alpha^\beta f(x)\, dx = \int_a^b f(g(t)) g'(t)\, dt \qquad \text{置換積分法} \quad (\text{p. 33, 34})$$

$$\int_a^b f'(x) g(x)\, dx = \Big[f(x) g(x)\Big]_a^b - \int_a^b f(x) g'(x)\, dx$$

$$\text{部分積分法} \quad (\text{p. 84})$$

第2表 いくつかの定数

$e = 2.718281828459\cdots$

$e^{-1} = 0.367879441171\cdots$

$\pi = 3.14159265358979323846264338327950288\cdots$

$\pi^{-1} = 0.318309886184\cdots$

$\log_e 2 = 0.6931471\cdots$

$\log_e \dfrac{1}{2} = -0.6931471\cdots$

数　表

n	$\left(1+\dfrac{1}{n}\right)^n$	$n!$
1	2	1
2	2.25	2
3	2.3703703…	6
4	2.4414062…	24
5	2.48832	120
6	2.5216264…	720
7	2.5464996…	5040
8	2.5657845…	40320
9	2.5811748…	362880
10	2.5937425…	3628800
100	2.7048138…	⋮
1000	2.7169239…	
10000	2.7181459…	
100000	2.7182682…	
1000000	2.7182805…	

第3表 指数関数 (e^x, 2^x)

x	e^x	2^x
−1.5	0.2231301	0.3535533
−1.4	0.2465969	0.3789291
−1.3	0.2725317	0.4061262
−1.2	0.3011942	0.4352752
−1.1	0.332871	0.4665165
−1.0	0.3678794	0.5000000
−0.9	0.4065696	0.5358867
−0.8	0.4493289	0.5743491
−0.7	0.4965853	0.6155722
−0.6	0.5488116	0.6597539
−0.5	0.6065306	0.7071067
−0.4	0.67032	0.7578582
−0.3	0.7408182	0.8122524
−0.2	0.8187307	0.8705505
−0.1	0.9048374	0.9330329
0.0	1.0000000	1.0000000
0.1	1.1051709	1.0717735
0.2	1.2214027	1.1486984
0.3	1.3498588	1.2311444
0.4	1.4918247	1.3195079
0.5	1.6487212	1.4142136
0.6	1.8221188	1.5157166
0.7	2.0137527	1.6245048
0.8	2.2255409	1.7411011
0.9	2.4596031	1.866066
1.0	2.7182818	2.0000000
1.1	3.004166	2.1435469
1.2	3.3201169	2.2973967
1.3	3.6692966	2.4622888
1.4	4.0551999	2.6390159
1.5	4.481689	2.8284271
1.6	4.9530324	3.0314331
1.7	5.4739473	3.2490096
1.8	6.0496474	3.4822022
1.9	6.6858944	3.732132
2.0	7.389056	4.0000000
2.1	8.1661698	4.2870938
2.2	9.0250134	4.5947934
2.3	9.9741824	4.9245776
2.4	11.023176	5.2780316
2.5	12.182493	5.6568542
2.6	13.463738	6.0628662
2.7	14.879731	6.4980192
2.8	16.444646	6.9644045
2.9	18.174145	7.4642639
3.0	20.085536	8.0000000
3.1	22.197951	8.5741877
3.2	24.53253	9.1895868
3.3	27.112638	9.8491553
3.4	29.9641	10.556063
3.5	33.115451	11.313708

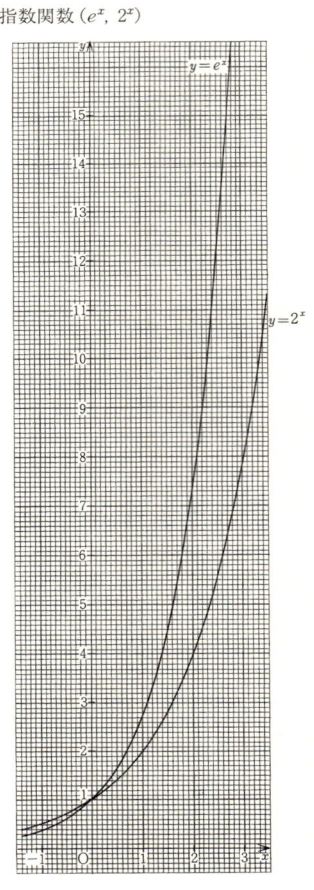

第4表 平方・立方・平方根

n	n^2	n^3	$\sqrt{n}$	$\sqrt{10n}$	n	n^2	n^3	$\sqrt{n}$	$\sqrt{10n}$
1	1	1	1.0000	3.1623	51	2601	132651	7.1414	22.5832
2	4	8	1.4142	4.4721	52	2704	140608	7.2111	22.8035
3	9	27	1.7321	5.4772	53	2809	148877	7.2801	23.0217
4	16	64	2.0000	6.3246	54	2916	157464	7.3485	23.2379
5	25	125	2.2361	7.0711	55	3025	166375	7.4162	23.4521
6	36	216	2.4495	7.7460	56	3136	175616	7.4833	23.6643
7	49	343	2.6458	8.3666	57	3249	185193	7.5498	23.8747
8	64	512	2.8284	8.9443	58	3364	195112	7.6158	24.0832
9	81	729	3.0000	9.4868	59	3481	205379	7.6811	24.2899
10	100	1000	3.1623	10.0000	60	3600	216000	7.7460	24.4949
11	121	1331	3.3166	10.4881	61	3721	226981	7.8102	24.6982
12	144	1728	3.4641	10.9545	62	3844	238328	7.8740	24.8998
13	169	2197	3.6056	11.4018	63	3969	250047	7.9373	25.0998
14	196	2744	3.7417	11.8322	64	4096	262144	8.0000	25.2982
15	225	3375	3.8730	12.2474	65	4225	274625	8.0623	25.4951
16	256	4096	4.0000	12.6491	66	4356	287496	8.1240	25.6905
17	289	4913	4.1231	13.0384	67	4489	300763	8.1854	25.8844
18	324	5832	4.2426	13.4164	68	4624	314432	8.2462	26.0768
19	361	6859	4.3589	13.7840	69	4761	328509	8.3066	26.2679
20	400	8000	4.4721	14.1421	70	4900	343000	8.3666	26.4575
21	441	9261	4.5826	14.4914	71	5041	357911	8.4261	26.6458
22	484	10648	4.6904	14.8324	72	5184	373248	8.4853	26.8328
23	529	12167	4.7958	15.1658	73	5329	389017	8.5440	27.0185
24	576	13824	4.8990	15.4919	74	5476	405224	8.6023	27.2029
25	625	15625	5.0000	15.8114	75	5625	421875	8.6603	27.3861
26	676	17576	5.0990	16.1245	76	5776	438976	8.7178	27.5681
27	729	19683	5.1962	16.4317	77	5929	456533	8.7750	27.7489
28	784	21952	5.2915	16.7332	78	6084	474552	8.8318	27.9285
29	841	24389	5.3852	17.0294	79	6241	493039	8.8882	28.1069
30	900	27000	5.4772	17.3205	80	6400	512000	8.9443	28.2843
31	961	29791	5.5678	17.6068	81	6561	531441	9.0000	28.4605
32	1024	32768	5.6569	17.8885	82	6724	551368	9.0554	28.6356
33	1089	35937	5.7446	18.1659	83	6889	571787	9.1104	28.8097
34	1156	39304	5.8310	18.4391	84	7056	592704	9.1652	28.9828
35	1225	42875	5.9161	18.7083	85	7225	614125	9.2195	29.1548
36	1296	46656	6.0000	18.9737	86	7396	636056	9.2736	29.3258
37	1369	50653	6.0828	19.2354	87	7569	658503	9.3274	29.4958
38	1444	54872	6.1644	19.4936	88	7744	681472	9.3808	29.6648
39	1521	59319	6.2450	19.7484	89	7921	704969	9.4340	29.8329
40	1600	64000	6.3246	20.0000	90	8100	729000	9.4868	30.0000
41	1681	68921	6.4031	20.2485	91	8281	753571	9.5394	30.1662
42	1764	74088	6.4807	20.4939	92	8464	778688	9.5917	30.3315
43	1849	79507	6.5574	20.7364	93	8649	804357	9.6437	30.4959
44	1936	85184	6.6332	20.9762	94	8836	830584	9.6954	30.6594
45	2025	91125	6.7082	21.2132	95	9025	857375	9.7468	30.8221
46	2116	97336	6.7823	21.4476	96	9216	884736	9.7980	30.9839
47	2209	103823	6.8557	21.6795	97	9409	912673	9.8489	31.1448
48	2304	110592	6.9282	21.9089	98	9604	941192	9.8995	31.3050
49	2401	117649	7.0000	22.1359	99	9801	970299	9.9499	31.4643
50	2500	125000	7.0711	22.3607	100	10000	1000000	10.0000	31.6228

第5表 三角関数表

角	sin(正弦)	cos(余弦)	tan(正接)	角	sin(正弦)	cos(余弦)	tan(正接)
0°	0.0000	1.0000	0.0000	45°	0.7071	0.7071	1.0000
1°	0.0175	0.9998	0.0175	46°	0.7193	0.6947	1.0355
2°	0.0349	0.9994	0.0349	47°	0.7314	0.6820	1.0724
3°	0.0523	0.9986	0.0524	48°	0.7431	0.6691	1.1106
4°	0.0698	0.9976	0.0699	49°	0.7547	0.6561	1.1504
5°	0.0872	0.9962	0.0875	50°	0.7660	0.6428	1.1918
6°	0.1045	0.9945	0.1051	51°	0.7771	0.6293	1.2349
7°	0.1219	0.9925	0.1228	52°	0.7880	0.6157	1.2799
8°	0.1392	0.9903	0.1405	53°	0.7986	0.6018	1.3270
9°	0.1564	0.9877	0.1584	54°	0.8090	0.5878	1.3764
10°	0.1736	0.9848	0.1763	55°	0.8192	0.5736	1.4281
11°	0.1908	0.9816	0.1944	56°	0.8290	0.5592	1.4826
12°	0.2079	0.9781	0.2126	57°	0.8387	0.5446	1.5399
13°	0.2250	0.9744	0.2309	58°	0.8480	0.5299	1.6003
14°	0.2419	0.9703	0.2493	59°	0.8572	0.5150	1.6643
15°	0.2588	0.9659	0.2679	60°	0.8660	0.5000	1.7321
16°	0.2756	0.9613	0.2867	61°	0.8746	0.4848	1.8040
17°	0.2924	0.9563	0.3057	62°	0.8829	0.4695	1.8807
18°	0.3090	0.9511	0.3249	63°	0.8910	0.4540	1.9626
19°	0.3256	0.9455	0.3443	64°	0.8988	0.4384	2.0503
20°	0.3420	0.9397	0.3640	65°	0.9063	0.4226	2.1445
21°	0.3584	0.9336	0.3839	66°	0.9135	0.4067	2.2460
22°	0.3746	0.9272	0.4040	67°	0.9205	0.3907	2.3559
23°	0.3907	0.9205	0.4245	68°	0.9272	0.3746	2.4751
24°	0.4067	0.9135	0.4452	69°	0.9336	0.3584	2.6051
25°	0.4226	0.9063	0.4663	70°	0.9397	0.3420	2.7475
26°	0.4384	0.8988	0.4877	71°	0.9455	0.3256	2.9042
27°	0.4540	0.8910	0.5095	72°	0.9511	0.3090	3.0777
28°	0.4695	0.8829	0.5317	73°	0.9563	0.2924	3.2709
29°	0.4848	0.8746	0.5543	74°	0.9613	0.2756	3.4874
30°	0.5000	0.8660	0.5774	75°	0.9659	0.2588	3.7321
31°	0.5150	0.8572	0.6009	76°	0.9703	0.2419	4.0108
32°	0.5299	0.8480	0.6249	77°	0.9744	0.2250	4.3315
33°	0.5446	0.8387	0.6494	78°	0.9781	0.2079	4.7046
34°	0.5592	0.8290	0.6745	79°	0.9816	0.1908	5.1446
35°	0.5736	0.8192	0.7002	80°	0.9848	0.1736	5.6713
36°	0.5878	0.8090	0.7265	81°	0.9877	0.1564	6.3138
37°	0.6018	0.7986	0.7536	82°	0.9903	0.1392	7.1154
38°	0.6157	0.7880	0.7813	83°	0.9925	0.1219	8.1443
39°	0.6293	0.7771	0.8098	84°	0.9945	0.1045	9.5144
40°	0.6428	0.7660	0.8391	85°	0.9962	0.0872	11.4301
41°	0.6561	0.7547	0.8693	86°	0.9976	0.0698	14.3007
42°	0.6691	0.7431	0.9004	87°	0.9986	0.0523	19.0811
43°	0.6820	0.7314	0.9325	88°	0.9994	0.0349	28.6363
44°	0.6947	0.7193	0.9657	89°	0.9998	0.0175	57.2900
45°	0.7071	0.7071	1.0000	90°	1.0000	0.0000	

第6表 常用対数表(1)

数	0	1	2	3	4	5	6	7	8	9
1.0	.0000	.0043	.0086	.0128	.0170	.0212	.0253	.0294	.0334	.0374
1.1	.0414	.0453	.0492	.0531	.0569	.0607	.0645	.0682	.0719	.0755
1.2	.0792	.0828	.0864	.0899	.0934	.0969	.1004	.1038	.1072	.1106
1.3	.1139	.1173	.1206	.1239	.1271	.1303	.1335	.1367	.1399	.1430
1.4	.1461	.1492	.1523	.1553	.1584	.1614	.1644	.1673	.1703	.1732
1.5	.1761	.1790	.1818	.1847	.1875	.1903	.1931	.1959	.1987	.2014
1.6	.2041	.2068	.2095	.2122	.2148	.2175	.2201	.2227	.2253	.2279
1.7	.2304	.2330	.2355	.2380	.2405	.2430	.2455	.2480	.2504	.2529
1.8	.2553	.2577	.2601	.2625	.2648	.2672	.2695	.2718	.2742	.2765
1.9	.2788	.2810	.2833	.2856	.2878	.2900	.2923	.2945	.2967	.2989
2.0	.3010	.3032	.3054	.3075	.3096	.3118	.3139	.3160	.3181	.3201
2.1	.3222	.3243	.3263	.3284	.3304	.3324	.3345	.3365	.3385	.3404
2.2	.3424	.3444	.3464	.3483	.3502	.3522	.3541	.3560	.3579	.3598
2.3	.3617	.3636	.3655	.3674	.3692	.3711	.3729	.3747	.3766	.3784
2.4	.3802	.3820	.3838	.3856	.3874	.3892	.3909	.3927	.3945	.3962
2.5	.3979	.3997	.4014	.4031	.4048	.4065	.4082	.4099	.4116	.4133
2.6	.4150	.4166	.4183	.4200	.4216	.4232	.4249	.4265	.4281	.4298
2.7	.4314	.4330	.4346	.4362	.4378	.4393	.4409	.4425	.4440	.4456
2.8	.4472	.4487	.4502	.4518	.4533	.4548	.4564	.4579	.4594	.4609
2.9	.4624	.4639	.4654	.4669	.4683	.4698	.4713	.4728	.4742	.4757
3.0	.4771	.4786	.4800	.4814	.4829	.4843	.4857	.4871	.4886	.4900
3.1	.4914	.4928	.4942	.4955	.4969	.4983	.4997	.5011	.5024	.5038
3.2	.5051	.5065	.5079	.5092	.5105	.5119	.5132	.5145	.5159	.5172
3.3	.5185	.5198	.5211	.5224	.5237	.5250	.5263	.5276	.5289	.5302
3.4	.5315	.5328	.5340	.5353	.5366	.5378	.5391	.5403	.5416	.5428
3.5	.5441	.5453	.5465	.5478	.5490	.5502	.5514	.5527	.5539	.5551
3.6	.5563	.5575	.5587	.5599	.5611	.5623	.5635	.5647	.5658	.5670
3.7	.5682	.5694	.5705	.5717	.5729	.5740	.5752	.5763	.5775	.5786
3.8	.5798	.5809	.5821	.5832	.5843	.5855	.5866	.5877	.5888	.5899
3.9	.5911	.5922	.5933	.5944	.5955	.5966	.5977	.5988	.5999	.6010
4.0	.6021	.6031	.6042	.6053	.6064	.6075	.6085	.6096	.6107	.6117
4.1	.6128	.6138	.6149	.6160	.6170	.6180	.6191	.6201	.6212	.6222
4.2	.6232	.6243	.6253	.6263	.6274	.6284	.6294	.6304	.6314	.6325
4.3	.6335	.6345	.6355	.6365	.6375	.6385	.6395	.6405	.6415	.6425
4.4	.6435	.6444	.6454	.6464	.6474	.6484	.6493	.6503	.6513	.6522
4.5	.6532	.6542	.6551	.6561	.6571	.6580	.6590	.6599	.6609	.6618
4.6	.6628	.6637	.6646	.6656	.6665	.6675	.6684	.6693	.6702	.6712
4.7	.6721	.6730	.6739	.6749	.6758	.6767	.6776	.6785	.6794	.6803
4.8	.6812	.6821	.6830	.6839	.6848	.6857	.6866	.6875	.6884	.6893
4.9	.6902	.6911	.6920	.6928	.6937	.6946	.6955	.6964	.6972	.6981
5.0	.6990	.6998	.7007	.7016	.7024	.7033	.7042	.7050	.7059	.7067
5.1	.7076	.7084	.7093	.7101	.7110	.7118	.7126	.7135	.7143	.7152
5.2	.7160	.7168	.7177	.7185	.7193	.7202	.7210	.7218	.7226	.7235
5.3	.7243	.7251	.7259	.7267	.7275	.7284	.7292	.7300	.7308	.7316
5.4	.7324	.7332	.7340	.7348	.7356	.7364	.7372	.7380	.7388	.7396

常用対数表(2)

数	0	1	2	3	4	5	6	7	8	9
5.5	.7404	.7412	.7419	.7427	.7435	.7443	.7451	.7459	.7466	.7474
5.6	.7482	.7490	.7497	.7505	.7513	.7520	.7528	.7536	.7543	.7551
5.7	.7559	.7566	.7574	.7582	.7589	.7597	.7604	.7612	.7619	.7627
5.8	.7634	.7642	.7649	.7657	.7664	.7672	.7679	.7686	.7694	.7701
5.9	.7709	.7716	.7723	.7731	.7738	.7745	.7752	.7760	.7767	.7774
6.0	.7782	.7789	.7796	.7803	.7810	.7818	.7825	.7832	.7839	.7846
6.1	.7853	.7860	.7868	.7875	.7882	.7889	.7896	.7903	.7910	.7917
6.2	.7924	.7931	.7938	.7945	.7952	.7959	.7966	.7973	.7980	.7987
6.3	.7993	.8000	.8007	.8014	.8021	.8028	.8035	.8041	.8048	.8055
6.4	.8062	.8069	.8075	.8082	.8089	.8096	.8102	.8109	.8116	.8122
6.5	.8129	.8136	.8142	.8149	.8156	.8162	.8169	.8176	.8182	.8189
6.6	.8195	.8202	.8209	.8215	.8222	.8228	.8235	.8241	.8248	.8254
6.7	.8261	.8267	.8274	.8280	.8287	.8293	.8299	.8306	.8312	.8319
6.8	.8325	.8331	.8338	.8344	.8351	.8357	.8363	.8370	.8376	.8382
6.9	.8388	.8395	.8401	.8407	.8414	.8420	.8426	.8432	.8439	.8445
7.0	.8451	.8457	.8463	.8470	.8476	.8482	.8488	.8494	.8500	.8506
7.1	.8513	.8519	.8525	.8531	.8537	.8543	.8549	.8555	.8561	.8567
7.2	.8573	.8579	.8585	.8591	.8597	.8603	.8609	.8615	.8621	.8627
7.3	.8633	.8639	.8645	.8651	.8657	.8663	.8669	.8675	.8681	.8686
7.4	.8692	.8698	.8704	.8710	.8716	.8722	.8727	.8733	.8739	.8745
7.5	.8751	.8756	.8762	.8768	.8774	.8779	.8785	.8791	.8797	.8802
7.6	.8808	.8814	.8820	.8825	.8831	.8837	.8842	.8848	.8854	.8859
7.7	.8865	.8871	.8876	.8882	.8887	.8893	.8899	.8904	.8910	.8915
7.8	.8921	.8927	.8932	.8938	.8943	.8949	.8954	.8960	.8965	.8971
7.9	.8976	.8982	.8987	.8993	.8998	.9004	.9009	.9015	.9020	.9025
8.0	.9031	.9036	.9042	.9047	.9053	.9058	.9063	.9069	.9074	.9079
8.1	.9085	.9090	.9096	.9101	.9106	.9112	.9117	.9122	.9128	.9133
8.2	.9138	.9143	.9149	.9154	.9159	.9165	.9170	.9175	.9180	.9186
8.3	.9191	.9196	.9201	.9206	.9212	.9217	.9222	.9227	.9232	.9238
8.4	.9243	.9248	.9253	.9258	.9263	.9269	.9274	.9279	.9284	.9289
8.5	.9294	.9299	.9304	.9309	.9315	.9320	.9325	.9330	.9335	.9340
8.6	.9345	.9350	.9355	.9360	.9365	.9370	.9375	.9380	.9385	.9390
8.7	.9395	.9400	.9405	.9410	.9415	.9420	.9425	.9430	.9435	.9440
8.8	.9445	.9450	.9455	.9460	.9465	.9469	.9474	.9479	.9484	.9489
8.9	.9494	.9499	.9504	.9509	.9513	.9518	.9523	.9528	.9533	.9538
9.0	.9542	.9547	.9552	.9557	.9562	.9566	.9571	.9576	.9581	.9586
9.1	.9590	.9595	.9600	.9605	.9609	.9614	.9619	.9624	.9628	.9633
9.2	.9638	.9643	.9647	.9652	.9657	.9661	.9666	.9671	.9675	.9680
9.3	.9685	.9689	.9694	.9699	.9703	.9708	.9713	.9717	.9722	.9727
9.4	.9731	.9736	.9741	.9745	.9750	.9754	.9759	.9763	.9768	.9773
9.5	.9777	.9782	.9786	.9791	.9795	.9800	.9805	.9809	.9814	.9818
9.6	.9823	.9827	.9832	.9836	.9841	.9845	.9850	.9854	.9859	.9863
9.7	.9868	.9872	.9877	.9881	.9886	.9890	.9894	.9899	.9903	.9908
9.8	.9912	.9917	.9921	.9926	.9930	.9934	.9939	.9943	.9948	.9952
9.9	.9956	.9961	.9965	.9969	.9974	.9978	.9983	.9987	.9991	.9996

指導資料

まえがき

　教科書の良し悪しは，それで学んだ生徒たちが最終的に決めるものであろうし，その前に使用する先生方の判断があるにちがいない．

　本当はとても気はずかしいことなのであるが，あえて教科書の著者が自分たちでつくった三省堂版『高等学校の微分・積分』の評価をさせてもらうと，かなりうまくできたというのが実感である．自分たちでつくったものを自分で誉めたところであまり意味はないのだが，それにしても，ひとまえに出して胸が張れるかどうかという点で，自信作だと思う．

　極限から入って微分の計算，微分の応用，積分の計算，積分の応用，そして微分方程式で終わるというのが伝統的な扱いかたであった．この流れの場合，結局何を学んだかといえば，それぞれの章に出てくるいろいろな関数のいろいろな問題を解いたという印象しか残らないのではないかと私たちは考えた．そこで，この伝統的な，いわば横割り方式を，思い切って縦割りにしてみた．すなわち，成長と衰退の解析として指数関数の微積分を展開し，また別の章で円運動と振動の解析として三角関数の微分積分を展開するという形である．すでに『基礎解析』や『代数・幾何』を学んだのであるから，それは十分可能なことであると考えた．そしてさらに，そうすることによって，微分と積分と微分方程式の相互の有機的な関係が生きてくる．もともと微積分は運動や諸変化の解析として力学をはじめとする物理学と重なり合って生まれたのであるから，そのことをぬきにすると

生徒たちの心にひろがるような内容とならない.

　こうして,著者としては微分・積分のひとつの定形を提示できたのではないかと思ったのである.

　本指導書は,教科書の内容をさらに豊かに,あるいはさらに教えやすくするひとつの材料として編修した.

　1984 年 3 月

著　　者

総 説

1 微分・積分の展開

「微分・積分」というのは,「基礎解析」に続く科目で, ほぼ, 旧課程での「数学Ⅲ」の解析部分に対応している.「基礎解析」が, 旧課程の「数学ⅡB」よりも, いくらか簡単になっている分の影響があるが, それはたいして問題であるまい. 全体としては,「数学Ⅰ」が簡単になったしわよせで, いくらか窮屈になっているが, それは高校3年間の全体としての, やりくりに属することで, この科目自体としては, 旧課程の「数学Ⅲ」と同じような扱われかたをするだろう.

それで, 当然のことに高校3年で扱われることになろうが, 旧「数学Ⅲ」と同様, 理科系の大学に進学する生徒を中心に教えられることが多いだろう. それはそれで仕方のないことだが, 大学に進学しない生徒や, 文科系に進学する生徒にも, 選択することは十分に意味のあることだ. 本当のところ, 当節は大学へ入ってからも,「理科系」だの「文科系」だのというのが古い考えかたであるし, いままでにあまり数学を使わなかった分野でも, 数理経済学や数理生物学は花形分野であって, たとえば理論物理学を学ぶ場合と, さして違うわけではない. ただ, 大学教師のほうに, まだ数学が不得手な人が多かったのだが, 若い教師には数学がたっしゃな人が増えてきている.

大学の理工系の学生に聞いてみると, とくに理学部の学生の

場合,「数学Ⅲ」は計算ばかりでつまらなかった,と言う学生がよくいる.工学部のほうは計算技術の好きなタイプが理学部より多くて,そうでもないのだけれど,じつのところは,こうした「理学部型」と「工学部型」というのも古い考えで,いまでは,理学部学生に「工学部的センス」がほしいし,工学部学生に「理学部的センス」がほしい.これも,大学教師の場合,若い層を中心に,だんだんそうなりつつある.

それにしても,「数学Ⅲ」がつまらない,と言われがちなのも,いくらかもっともなところがあって,大学入試の問題をつくる立場からすると,「おもしろい問題」がつくりにくい.大学によっては,「つまらない問題」で計算だけ面倒なのを出すところもあって,「数学Ⅲ」が計算技術中心に思われがちなのも,そうした理由によるのだろう.

しかしながら,旧「数学Ⅲ」もそうだが,「微分・積分」には,重要な内容がある.指数関数と三角関数の解析である.指数関数や三角関数の本質を理解するには,微積分との関連で理解しなければならない.それは,単に,微積分計算のできる範囲が,指数関数や三角関数にひろがった,というだけの問題ではない.

そして,現実の問題を扱うのに,指数関数的な変化や,三角関数的な変化はきわめて多い.物理学はもちろん,経済学でも生物学でも,変化の基本的な範型である.3次関数や4次関数は,計算は扱いやすくて問題をつくりやすくとも,現実の変化の範型として,指数関数や三角関数にはるかに及ばない.べつに大学に進学したりしなくとも,世間で関数的変化を考えるとき,ネズミ算的な指数関数と,波を表す三角関数について,変化のイメージを持てることが重要だろう.高校数学で,一般的に役にたつということでは,これが一番かもしれない.

だから，高校数学として，できることならば，指数関数と三角関数の解析を中心教材としたいくらいだ．しかしながら，そのためには，ある程度は，指数関数や三角関数になれていねばならないし，3次関数や4次関数を材料にして，微積分になれていてもらわねばならない．これが，まさに「基礎解析」の内容であって，「基礎解析」はそれ自体として，微積分の基礎を学ぶという独立した意味があるけれども，「微分・積分」へ来て，指数関数や三角関数の解析を学ぶための「基礎」にもなっている．

　それで，「微分・積分」では指数関数と三角関数の解析に中心的な位置を与えたい．それは，計算技術がややこしくなっただけ，といった「つまらない」ものではない．そして，理科系に進学しなくとも，あるいは大学に進学しなくとも，真の意味で「役にたつ」ものである．選択のカリキュラムの編成によって，このあたりを柔軟に考えれば，いろんなクラスでの扱いかたができるだろう．

　ただし，「基礎解析」の微積分というのは，微積分の基礎的な考えを与えるものだから，いくらか不十分なところがある．微分方程式という考えは，少なくとも考えだけは，微積分を認識するために不可欠である．そして，実際に高校数学で扱う，「微分・積分」の微分方程式というのは，「微分方程式の考え」程度である．また，微積分計算の運用として，「基礎解析」の範囲は多項式の項別微分や項別積分であったから，積の微分と部分積分や，合成関数の微分と置換積分は扱われていない．なお，これらは，微分と積分の表と裏の関係として，とらえておいたほうがよい．指数関数や三角関数を解析するためにも，「基礎解析」の「微積分の考え」だけでなく，ここまでほしい．ただし，さしあたりは，その程度でよい．

いきなり，指数関数や三角関数の解析に入って，そのなかで適宜，これらを補っていく方法もないわけではない．うまい授業に自信のある先生は，そうした組みかえを考えてもらってよい．しかし平均的には，ある程度，微積分の基礎をやっておくほうがよいだろう．それに，こうしたほうが，「基礎解析」をいくらか復習することにもなる．なんといっても，「基礎解析」は「微積分の考え」だったので，十分に微積分をこなしているとは言えないからだ．しかし，その一方で，ここのところをやり過ぎると，「めんどうなだけ」と，「微分・積分」をやる気をなくしてしまう．「基礎解析」をどの程度やったかに関連して，生徒の調子をはかりながら，なるべく重くならないほうがよいと思う．

　旧課程との違いは，積の微分が「微分・積分」にまわっていることだが，このことに関しては，指数関数の微積分をやると，対数微分が使えることがある．微分や積分は線型な演算なので，加法と相性がよく，なるべくなら対数をとって，和の微分に直したほうがよいのである．これは，実戦的にも，積の微分計算のややこしいのを練習したりするより，ずっと能率的である．理工系の大学生でも，積の微分計算になれすぎたせいか，なかなか対数微分をしたがらず，損をしているのが多い．積の微分は部分積分とつながるように軽くすまして，微分計算は対数微分に習熟するほうが，実戦向きと思う．

　理工系に進学する場合は，やはり計算のウデもほしい．本当は，数学としてだけでなく，物理学などの計算をしてウデをみがくのが本筋だが，高校の物理では微積分をほとんど使わないので，この「微分・積分」で，ある程度やるよりない．そして，微積分がよくわかるというのは，一面では，そうした計算のウデに支えられた自信によるところもあるのだ．しかし，そのた

めに「微積分の計算練習」をやって、それから「微積分の応用」をするというのでは、いかにも鍛練主義的だ。ウデというものは、応用の中でこそついてくるものである。そしてまた、大学受験ということを考えても、そのほうが効率的だろう。畳の上の水練のような、計算練習だけできる「高校の優等生」が大学入試に失敗するのは、実戦以前でくたびれてしまうからだ。

よく、最初のあたりで、「極限」だけをやるカリキュラムがあるが、あれは一種の「極限信仰」があるだけで、実際に極限の感覚をつかむわけでもなく、また極限の論理にプラスするわけでもなく、19世紀ごろの教科書の惰性でしかあるまい。大学で数学に拒否反応を起こしはじめる学生は、極限の論理感覚のギャップによることが多く、これには大学側の「ε-δ信仰」による古さもあるが、一面では、高校での極限の位置づけにかかわっていよう。

19世紀では、極限は「純粋数学」、近似は「応用数学」と考えられていたが、これも古い考えである。コンピュータの発展もあって、数値解析が市民権を得たいまとなっては、極限と近似は、銅貨の表と裏のようなものである。そしてまた、極限と近似という発想にたったほうが、その論理感覚にふさわしいし、大学の解析学が古い考えにとらわれず展開されていれば、うまくつながる。かりに、大学の数学がかなり古いタイプであっても、いまほどギャップは感じないですむだろう。

もちろん、これは大学数学の準備として、極限や近似をやるというのではない。大学へ進学しなくとも、高校生として、極限や近似について、適切なイメージを持つのが目的である。それからあと、大学へ進学して、そのイメージを確実にし、ふくらますことは、大学へ入ってからの問題である。べつに、高校だ

けで終わってもかまわない．なお，大学入試との関連については，どうせ入試問題をつくる側は大学だから，こうした発想のほうが有利にきまっている．

いずれにしても，クラスの性格によって，柔軟に重点のおきかたを変えたほうが，「微分・積分」という科目をうまく扱えそうに思う．

（森　毅）

2　構成と授業時数配当例

微分積分の伝統的な構成は，始めに極限と連続の概念を扱い，続いて微分法，それを終わってから積分法というやりかたであった．この教科書はそのような行きかたとは大分異なっている．

第1章では，運動を例にして2次関数の範囲で微分・積分の概念を復習しつつ計算法を整関数の枠外に拡げる．第2章，第3章では，指数関数，三角関数を個別にとりあげ，指数関数は，成長と衰退の現象とからめ，三角関数は，円運動や振動と一緒に扱う．第4章が，曲線の凹凸や面積，体積など従来の微分積分で中心になっていた部分，第5章が，極限と連続になっている．

このような従来と異なった行きかたをとったのは，大雑把にいってつぎの2つの理由による．

1つは，「意味」を重視したということである．例えば，指数関数や三角関数など，従来の扱いかたは計算法に重きがおかれていて，その意味が必ずしもよくはわからなかった．

もう1つは，「教える側の立場から」でなく，「学ぶ側の立場から」教材を構成しようと努力したということである．例えば，

伝統的な方法では極限と連続の概念を準備しておいてから微分積分にうつるというのが一般的なスタイルであった．数学者が理論を整理するためにはこのような構成法もよいが，このような方法が人間の認識の発展にとっても自然であるとはいえない．最初から生徒たちに抽象概念の世界を示しても，生徒たちには，何故そのようなことを考えるのか，その必要性がよくわからないだろう．微分積分の発展の歴史をながめてみても，ニュートン，ライプニッツ，オイラーなどによって，微積分の理論がかなり発展したあとで，コーシーなどによって基礎概念への反省，見直しが行われている．人間の認識の発展法則という点でいえば，公理は論理の出発点ではなく，「終着点」という見かたの方が正しいとさえいえると思うのである．そのような意味から，極限と連続の章も，第1章でなく第5章におかれている．

授業時数は週3時間，3年生の授業日数の少ないことを考慮して年間23週，計69時間を予定した標準的授業時数配当案はつぎの通りである．

第1章　微分と積分	12時間
1.1　運動と微分・積分	4
1.2　微分・積分の計算	7
章末問題	1
第2章　指数関数	13時間
2.1　指数関数の変化	5
2.2　成長と衰退	3
2.3　指数・対数と微分積分の計算	4

章末問題	1

第3章　三角関数	12 時間
3.1　平面上の運動をとらえる	3
3.2　三角関数の微分・積分	6
3.3　円運動と振動	2
章末問題	1

第4章　微分・積分の応用	19 時間
4.1　微分の応用	7
4.2　積分の応用	6
4.3　微分方程式	4
章末問題	2

第5章　極限と連続	13 時間
5.1　数列と級数	6
5.2　連続と近似	6
章末問題	1

夏休み前までに第3章まで終えるのが，だいたいのメドとなるだろう．
(近藤年示)

3　各章の到達目標

以下に各章ごとの到達目標を示す．各章が終わったとき，チェックポイントとしていただくとよいと思う．

第1章　微分と積分

この章のねらいは，微分と積分の意味を復習し，計算法を整関数の範囲外に拡げることにある．

① 位置を与える関数がわかったとき，瞬間速度を求めることができる．
② $\sum v(t_k)\Delta t_k$ の極限としての $\int_0^t v(t)dt$ の意味を理解する．
③ 速度関数がわかったとき，$x(t)=x(0)+\int_0^t v(t)dt$ で位置が求められることを理解する．
④ 加速度の意味がわかる．
⑤ 位置を表す関数から加速度を表す関数が計算でき，また，逆に加速度を表す関数から位置を表す関数が求められる．
⑥ 合成関数の微分公式が正しく使える．
⑦ 簡単な場合について，置換積分法が正しく使える．
⑧ 逆関数の微分法が正しく使える．
⑨ 積・商の公式が正しく使える．

第2章　指数関数

この章のねらいは，指数関数・対数関数の微分積分ができるようになり，指数関数を $\dfrac{dx}{dt}=kx$ の解として理解すること，および，自然の成長法則がこの微分方程式で表されることの理解にある．

① e の意味と $(e^x)'=e^x$ を理解する．
② $(a^t)'=a^t\log a$, $\int a^t dt=\dfrac{a^t}{\log a}+c$ が正しく使える．
③ $\dfrac{d}{dx}\log_a x=\dfrac{1}{x\log a}$ および $\int_1^x \dfrac{1}{x}dx=\log x$ が正しく使える．
④ $\dfrac{dx}{dt}=kx$ という微分方程式の意味を理解し，この方程式が

解ける.
⑤ 対数微分法が使える.
⑥ 部分積分法が正しく使える.
⑦ $\int_0^1 \dfrac{x}{x^2+1}\,dx$, $\int_2^3 \dfrac{dx}{x^2-1}$ の型の分数関数の積分ができる.

第3章 三角関数

この章のねらいは，$\sin t$, $\cos t$ などの微分積分計算が正しくできるようになることと，それを用いて円運動や単振動などを表現する方法を理解することである.

① 平面運動の場合の速度ベクトル・加速度ベクトルの意味を理解する.
② $\sin t$, $\cos t$ の導関数と原始関数がどうなるかを理解し，これらを含んだ微分や積分の計算ができるようになる.
③ $y=2\cos t+\cos 2t$ の形の関数の変動を調べ，そのグラフがかける.
④ 円の面積の計算を理解する.
⑤ 等速円運動の速度ベクトルと加速度ベクトルが計算できる.
⑥ 単振動の速度・加速度が計算できる.

第4章 微分・積分の応用

この章のねらいは，関数の変動のようすを調べたり，複雑な図形や立体の面積や体積が計算できるようになることと，微分方程式の意味を図形的に理解することである.

① 簡単な有理関数・無理関数・超越関数について，微分してその変動を調べることができる.
② 第2次導関数のもつ意味を理解し，曲線の凹凸や変曲点が

調べられる．
③ 1次の近似式，2次の近似式の意味を理解する．
④ 方程式の根の近似値を求めるニュートンの方法を理解する．
⑤ 図形の面積や立体の体積を，積分を用いて計算できる．
⑥ 曲線の長さの計算法を理解する．
⑦ 重心の計算法を理解する．
⑧ 定積分の近似計算として，台形公式・シンプソンの公式を理解する．
⑨ 微分方程式とその解の意味について理解する．

第5章　極限と連続

この章では，いままで直観的に扱ってきた極限の概念についてより詳しく考えてみる．また連続関数についてのいくつかの一般的な性質を学ぶ．
① 無限大に発散することとか，0に収束するとかの意味を正しく理解する．
② $\lim_{n\to\infty} a^n$ の意味を理解する．
③ いろいろな数列の極限値の計算ができる．
④ 級数の収束の意味について理解する．
⑤ 無限等比級数とその和について正しく理解する．
⑥ 関数が連続であることの意味について理解する．
⑦ 連続関数についての中間値の定理・平均値の定理を理解する．
⑧ 関数の n 次の近似式について理解する．

(近藤年示)

第1章　微分と積分　（教科書 p.13〜51）

1　編修にあたって

この章の内容は，第1節と第2節とで大きく2つに分けられる．

まず，第1節において，斜面を落下する小球の運動，電車の速度と走行距離の関係，落下運動と加速度など，運動するものと微分・積分とのかかわりあいについてとりあげている．

また，第2節は，微分と積分の演算を扱っている．

そこで，この章のねらいや配慮したことがらについて述べておこう．

(1) 冒頭において，カーテンレールのみぞに小球をおいたときの小球の運動について述べてある．小球が斜面をころがるとき，落下距離が時間の平方に比例することを発見したのは，ガリレオ＝ガリレイ（1564〜1642）であった．このガリレオの実験については，1638年に出版した彼の著書『新科学対話』にくわしく書かれている．このガリレオの実験こそ，近世の力学への輝かしい出発点にあたっているのである．冒頭で小球の運動をとりあげているが，その背景にはこのガリレオの実験がある．

(2) 続いて，カーテンレールをころがる小球の瞬間速度について述べてある．この瞬間速度の概念は，ニュートン（1642〜1727）によって考え出されたもので，ガリレオの速さの概念をいっそう発展させたものである．このニュートンによる瞬間速

度の概念こそ，落下運動だけでなく，いろいろな運動を解析する強力な武器となっているのである．さらにこの考えは微積分発見の第一歩ともなっているのである．教科書の14ページから16ページにかけて述べられている内容には，このような近代科学の夜明けともいうべき輝かしい歴史がバックにあるのである．

(3) この章でとりあげている重要な内容の1つに，微分方程式の考えかたがある．微分方程式を立てるということは，ひらたく言うなら，微小部分の変化の法則を見つけ出すことである．そして，それを解くというのは，全体の変化のようすを知ることなのである．つまり，全体の変化のようすを知るためには，微小部分を分析することにあたる微分方程式を立てて，それを解けばよいのである．この章では，つぎのような落下運動を例にとっている．

$$\frac{d^2x}{dt^2} = g \implies x = x_0 + v_0 t + \frac{1}{2}gt^2$$

（微小部分の変化）　　（全体の変化のようす）

こうした微分方程式の考えかたは，第2章，第3章へとひき続き発展するので，この章で十分に理解させたい．

(4) この章の第2節で，微積分の計算を扱っている．計算の展開については，教科書45ページに系統的に示してある．

微積分学をしっかりと理解させるためには，微積分の技術にあたる計算力を習熟させる必要がある．これまでの微積分の演算は，微分と積分をとかく離して扱っているものが多いが，この章では微分と積分の演算について，相互に関連させ，融合させながら展開している．

1 編修にあたって

　この章の内容は,「基礎解析」の復習が中心になっているものの, しかし運動の解析を通して, 微積分の基本的な考えかたがとり扱われている. この考えかたは, ニュートン・ライプニッツが産み出した不朽の功績である. 近代科学の金字塔ともいうべきこのすばらしい発見を,「基礎解析」で扱ったとはいえ, この章でもういちど生徒に十分に伝えたいものである.

　　　　　　　　　　　　　　　　　　　　　　　　（江藤邦彦）

2 解説と展開

1.1 運動と微分・積分 (p.14〜24)

A 留意点

最初にカーテンレールの上をころがる小球の運動について述べてある.

もし,ゆとりがあったなら,カーテンレール,ストップウォッチ,パチンコ玉を用意して実際に実験してみると,生徒たちは興味を示すことだろう.

こうした教具による実演は,イメージが具体的になるので効果があがる.

教科書の 16 ページから 18 ページにかけて,電車の運動を例にとりながら,微積分と運動について述べてある.この原理はなにも電車の運動だけにあるとはかぎらない.ロケットの打ち上げや人工衛星の軌道決定という最新科学においても,基本的には微分積分の原理に負っているところが大きいのである.ここで,いろいろな運動の例を示して,微積分の有用なことを強調したい.

ところで,距離を表す関数 $x(t)$ と,速度を表す関数 $v(t)$ とにおいて

$$x(t) = x(0) + \int_0^t v(t)\,dt$$

となる関係は,「基礎解析」では,

$$F(x) = F(a) + \int_a^x f(t)\,dt$$

として扱っている.文字 t の扱いにおいて,「基礎解析」とでは

いくらか異なっているので注意を要する．$\int_0^t v(t)\,dt$ とする書きかたは，ここで初めて出てくるので，ていねいに指導する必要がある．

B 問題解説

p. 16（1.1.1）

問1　$v = \dfrac{dx}{dt} = 4t$ となる．したがって，5秒後の速度は，$4 \times 5 = 20$ m/秒となる．また，t 秒後の速度は，$4t$ m/秒である．

p. 19

問2　$x(0) = 3$ となるので，

$$x(t) = x(0) + \int_0^t v(t)\,dt$$
$$= 3 + \int_0^t (t^2 + t + 1)\,dt$$
$$= \frac{1}{3}t^3 + \frac{1}{2}t^2 + t + 3.$$

また，

$$x(3) = \frac{1}{3}\cdot 3^3 + \frac{1}{2}\cdot 3^2 + 3 + 3 = \frac{39}{2}.$$

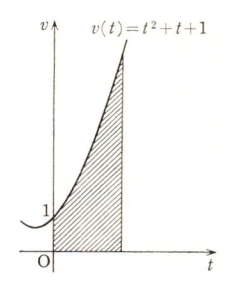

p. 22 (1.1.2)

問 $x'(t) = 4t+3$,

$x''(t) = (x'(t))' = (4t+3)' = 4$.

p. 24

練習問題

1 加速度,速度および位置を表す関数を,それぞれ $\alpha(t)$, $v(t)$, $x(t)$ とする.

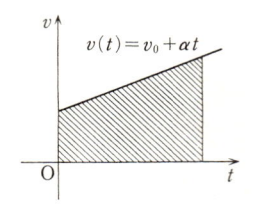

$\alpha(t) = v'(t) = \alpha$ なので
$$v(t) = v(0) + \int_0^t \alpha \, dt = v(0) + \alpha t$$
となる.いま,$v(0) = v_0$ とすると,$v(t) = x'(t)$ から
$$x(t) = x(0) + \int_0^t (v_0 + \alpha t) \, dt$$
となる.ここで $x(0) = x_0$ とすると
$$x(t) = x_0 + v_0 t + \frac{1}{2}\alpha t^2$$
となる.したがって,位置を表す関数は時刻の 2 次関数となる.

2 $\alpha(t) = v'(t) = 0$ から,
$$v(t) = v(0) + \int_0^t 0 \cdot dt = v(0)$$

となる．いま $v(0)=v_0$ とすると，$v(t)=x'(t)$ から
$$x(t) = x(0)+\int_0^t v_0\,dt = x(0)+v_0 t$$
となる．ここで，$x(0)=x_0$ とすると，
$$x(t) = x_0+v_0 t$$
となる．したがって，位置を表す関数は時刻の 1 次関数となる．

1.2 微分・積分の計算 (p. 25〜45)

A 留意点

教科書の 27 ページにおいて，関数 $y=f(x)$ のグラフと，$y'=f'(x)$ のグラフとの関係を扱っている．この関係は同ページの図 2 に示してあるが，これはグラフ用紙と糸があれば簡単にできるので，実際に生徒にやらせてみるとよいであろう．また，28 ページの問についても，実際に糸を用いて確かめさせたい．

合成関数の微分法，逆関数の微分法などでは，$\dfrac{dy}{dx}$ をあたかも
$$dy \div dx$$
という分数のように考えると，
$$\frac{dy}{dx} = \frac{dy}{du}\cdot\frac{du}{dx}, \quad \frac{dy}{dx} = 1 \div \frac{dx}{dy} = \frac{1}{\dfrac{dx}{dy}}$$
となって，とてもおぼえやすくなる．ここで，$\dfrac{dy}{dx}$ の記号の便利さについて十分に触れたい．

B 問題解説

p.28 (1.2.1)

問

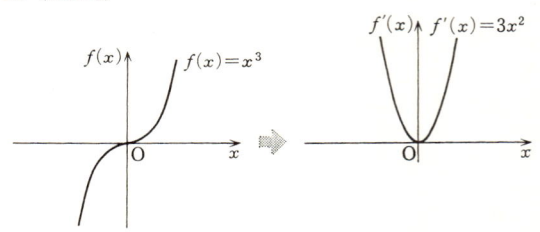

p.30 (1.2.2)

問1 ① $u=x^2+3x+1$ という関数を考えると，
$y=(x^2+3x+1)^4$ は，
$$u = x^2+3x+1, \quad y = u^4$$
という2つの関数の合成関数である．

② 上と同様にして
$$u = \frac{1}{x}, \quad y = u^3.$$

p.31

問2 ① $u=x^2+1$ とおくと，$y=u^2$ となるので，
$$\frac{dy}{dx} = \frac{dy}{du} \cdot \frac{du}{dx} = 2u \cdot 2x = 4x(x^2+1).$$

② $u=3x-2$ とおくと，$y=u^5$ となるので，
$$\frac{dy}{dx} = \frac{dy}{du} \cdot \frac{du}{dx} = 5u^4 \cdot 3 = 15(3x-2)^4.$$

③ $u=x^2-2x+5$ とおくと，$y=u^4$ となるので
$$\frac{dy}{dx} = \frac{dy}{du} \cdot \frac{du}{dx} = 4u^3 \cdot (2x-2)$$
$$= 8(x-1)(x^2-2x+5)^3.$$

④ $u=ax+b$ とおくと，$y=u^n$ となるので
$$\frac{dy}{dx} = \frac{dy}{du}\cdot\frac{du}{dx} = nu^{n-1}\cdot a = an(ax+b)^{n-1}.$$

p. 32

問3 ① $\left(\dfrac{1}{x^2}\right)' = (x^{-2})' = -2x^{-3} = -\dfrac{2}{x^3}.$

② $\left(\dfrac{1}{x^3}\right)' = (x^{-3})' = -3x^{-4} = -\dfrac{3}{x^4}.$

③ $\left(\dfrac{1}{x^4}\right)' = (x^{-4})' = -4x^{-5} = -\dfrac{4}{x^5}.$

p. 33 (1.2.3)

問 ① $(t^3+t)' = 3t^2+1$ なので，
$$\left\{\frac{1}{4}(t^3+t)^4\right\}' = (t^3+t)^3(3t^2+1).$$

したがって，
$$\int_0^2 (t^3+t)^3(3t^2+1)\,dt = \left[\frac{1}{4}(t^3+t)^4\right]_0^2$$
$$= \frac{1}{4}\cdot 10^4 = 2500.$$

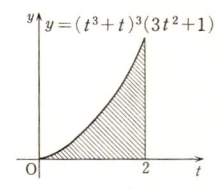

② $(t^3+1)' = 3t^2$ なので，
$$\left\{\frac{1}{15}(t^3+1)^5\right\}' = (t^3+1)^4\cdot t^2.$$

したがって，
$$\int_0^1 (t^3+1)^4 t^2\, dt = \left[\frac{1}{15}(t^3+1)^5\right]_0^1$$
$$= \frac{1}{15}\cdot 2^5 - \frac{1}{15} = \frac{31}{15}.$$

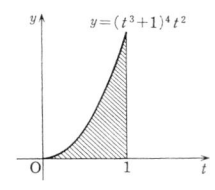

p.36 (1.2.4)

問 1 $\dfrac{dy}{dx}=2$ となる．また，$\dfrac{dx}{dy}=\dfrac{1}{\dfrac{dy}{dx}}=\dfrac{1}{2}$．

問 2 ① $(\sqrt[3]{x})'=\left(x^{\frac{1}{3}}\right)'=\dfrac{1}{3}x^{-\frac{2}{3}}=\dfrac{1}{3\cdot\sqrt[3]{x^2}}$．

② $u=x+1$ とおくと，$y=\sqrt{u}=u^{\frac{1}{2}}$ となる．一方，
$$\frac{dy}{du}=\frac{1}{2}u^{\frac{1}{2}-1}=\frac{1}{2\sqrt{u}}$$

となるので，
$$\frac{dy}{dx}=\frac{dy}{du}\cdot\frac{du}{dx}=\frac{1}{2\sqrt{u}}\cdot 1=\frac{1}{2\sqrt{x+1}}.$$

p.38 (1.2.5)

問 1 ① $\left(x^{\frac{1}{3}}\right)'=\dfrac{1}{3}x^{-\frac{2}{3}}=\dfrac{1}{3x^{\frac{2}{3}}}=\dfrac{1}{3\sqrt[3]{x^2}}$．

② $(x\sqrt{x})'=\left(x^{\frac{3}{2}}\right)'=\dfrac{3}{2}x^{\frac{1}{2}}=\dfrac{3\sqrt{x}}{2}$．

問2 ① $\int_0^4 x^{\frac{5}{2}} dx = \left[\dfrac{1}{\frac{5}{2}+1} x^{\frac{5}{2}+1} \right]_0^4$

$= \dfrac{2}{7} \cdot 4^{\frac{7}{2}} = \dfrac{2}{7} \cdot (2^2)^{\frac{7}{2}} = \dfrac{2^8}{7} = \dfrac{256}{7}.$

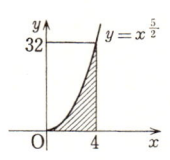

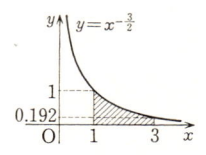

② $\int_1^3 x^{-\frac{3}{2}} dx = \left[\dfrac{1}{-\frac{3}{2}+1} x^{-\frac{3}{2}+1} \right]_1^3$

$= \left[\dfrac{-2}{\sqrt{x}} \right]_1^3 = -\dfrac{2}{\sqrt{3}} - (-2) = \dfrac{-2\sqrt{3}+6}{3}.$

p. 39

問3 ① $x-1=t$ とおくと，$x=t+1$ となる．したがって，

x	$1 \longrightarrow 3$
t	$0 \longrightarrow 2$

$\int_1^3 x\sqrt{x-1}\, dx = \int_0^2 (t+1)t^{\frac{1}{2}}\, dt = \int_0^2 \left(t^{\frac{3}{2}} + t^{\frac{1}{2}} \right) dt$

$= \left[\dfrac{2}{5} t^{\frac{5}{2}} + \dfrac{2}{3} t^{\frac{3}{2}} \right]_0^2 = \dfrac{8}{5}\sqrt{2} + \dfrac{4}{3}\sqrt{2} = \dfrac{44}{15}\sqrt{2}.$

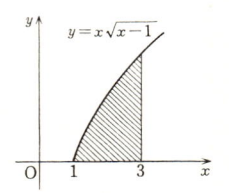

② $x-1=t$ とおくと，$x=t+1$ となる．したがって，

x	$2 \longrightarrow 3$
t	$1 \longrightarrow 2$

$$\int_2^3 \frac{x}{\sqrt{x-1}}\,dx = \int_1^2 (t+1)t^{-\frac{1}{2}}\,dt$$
$$= \int_1^2 \left(t^{\frac{1}{2}} + t^{-\frac{1}{2}}\right)dt = \left[\frac{2}{3}t^{\frac{3}{2}} + 2t^{\frac{1}{2}}\right]_1^2$$
$$= \left(\frac{4}{3}\sqrt{2} + 2\sqrt{2}\right) - \left(\frac{2}{3} + 2\right) = \frac{10\sqrt{2}-8}{3}.$$

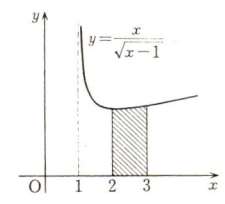

p. 43 (1.2.6)

問1 ① $\{x^2(2x^3+x^2)\}' = (x^2)'(2x^3+x^2) + x^2(2x^3+x^2)'$
$= 2x(2x^3+x^2) + x^2(6x^2+2x)$
$= 4x^4 + 2x^3 + 6x^4 + 2x^3$
$= 10x^4 + 4x^3.$

② $\{(x-1)(x+1)\}' = (x-1)'(x+1) + (x-1)(x+1)'$
$= 1 \cdot (x+1) + (x-1) \cdot 1 = 2x.$

③ $\{(x-1)(x^2+x+1)\}'$
$= (x-1)'(x^2+x+1) + (x-1)(x^2+x+1)'$
$= 1 \cdot (x^2+x+1) + (x-1)(2x+1) = 3x^2.$

問 2 ① $\left(\dfrac{x^3}{x^2-1}\right)' = \dfrac{(x^3)'(x^2-1) - x^3(x^2-1)'}{(x^2-1)^2}$

$= \dfrac{3x^2(x^2-1) - x^3 \cdot 2x}{(x^2-1)^2} = \dfrac{x^4 - 3x^2}{(x^2-1)^2}.$

② $\left(\dfrac{3x^2+x}{2x+1}\right)' = \dfrac{(3x^2+x)'(2x+1) - (3x^2+x)(2x+1)'}{(2x+1)^2}$

$= \dfrac{(6x+1)(2x+1) - (3x^2+x) \cdot 2}{(2x+1)^2}$

$= \dfrac{6x^2 + 6x + 1}{(2x+1)^2}$

p. 44

練習問題

1 (1) $u = x^2 + 2$ とおくと, $y = u^6$ となる.

$\dfrac{dy}{dx} = \dfrac{dy}{du} \cdot \dfrac{du}{dx} = 6u^5 \cdot 2x = 12x(x^2+2)^5.$

(2) $u = x^2 + 2$ とおくと, $y = \dfrac{1}{u^6} = u^{-6}$ となる.

$\dfrac{dy}{dx} = \dfrac{dy}{du} \cdot \dfrac{du}{dx} = -6u^{-7} \cdot 2x = \dfrac{-12x}{(x^2+2)^7}.$

(3) $\{(x^2+1) \cdot \sqrt{x}\}' = (x^2+1)' \cdot \sqrt{x} + (x^2+1)\left(x^{\frac{1}{2}}\right)'$

$= 2x \cdot \sqrt{x} + (x^2+1)\left(\dfrac{1}{2}x^{-\frac{1}{2}}\right)$

$= \dfrac{4x^2}{2\sqrt{x}} + \dfrac{x^2+1}{2\sqrt{x}} = \dfrac{5x^2+1}{2\sqrt{x}}.$

(4) $\left(\dfrac{\sqrt{x}}{x^2+1}\right)' = \dfrac{\left(x^{\frac{1}{2}}\right)'(x^2+1)-\sqrt{x}(x^2+1)'}{(x^2+1)^2}$

$= \dfrac{\dfrac{1}{2\sqrt{x}}\cdot(x^2+1)-\sqrt{x}\cdot 2x}{(x^2+1)^2}$

$= \dfrac{-3x^2+1}{2\sqrt{x}(x^2+1)^2}.$

2 (1) $\displaystyle\int_1^2 x^{\frac{1}{2}}\,dx = \left[\dfrac{1}{\dfrac{1}{2}+1}x^{\frac{1}{2}+1}\right]_1^2$

$= \left[\dfrac{2}{3}x\sqrt{x}\right]_1^2 = \dfrac{4\sqrt{2}}{3}-\dfrac{2}{3}=\dfrac{4\sqrt{2}-2}{3}.$

(2) $\displaystyle\int_0^1 x^{\frac{1}{3}}\,dx = \left[\dfrac{1}{\dfrac{1}{3}+1}x^{\frac{1}{3}+1}\right]_0^1 = \left[\dfrac{3}{4}x\sqrt[3]{x}\right]_0^1 = \dfrac{3}{4}.$

(3) $\displaystyle\int_1^2 \dfrac{1}{x^2}\,dx = \int_1^2 x^{-2}\,dx = \left[\dfrac{1}{-2+1}x^{-2+1}\right]_1^2$

$= \left[-\dfrac{1}{x}\right]_1^2 = -\dfrac{1}{2}-(-1)=\dfrac{1}{2}.$

(4) $\displaystyle\int_1^2 \dfrac{1}{x^3}\,dx = \int_1^2 x^{-3}\,dx = \left[\dfrac{1}{-3+1}x^{-3+1}\right]_1^2$

$= \left[-\dfrac{1}{2x^2}\right]_1^2 = -\dfrac{1}{8}-\left(-\dfrac{1}{2}\right)=\dfrac{3}{8}.$

p. 46
章末問題

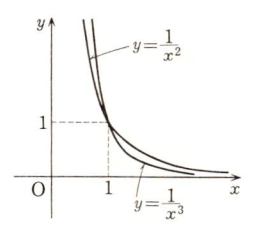

1 $x'=v$ なので、$v=(at^2+bt+c)'=2at+b$ となる。また、$v'=\alpha$ なので、$\alpha=(2at+b)'=2a$ となる。

2 (1) $v=0+\displaystyle\int_0^t \alpha\,dt=\int_0^t (3t+1)\,dt$
$\qquad =\left[\dfrac{3}{2}t^2+t\right]_0^t=\dfrac{3}{2}t^2+t.$

  (2) $x=0+\displaystyle\int_0^t v\,dt=\int_0^t \left(\dfrac{3}{2}t^2+t\right)dt$
$\qquad =\left[\dfrac{1}{2}t^3+\dfrac{1}{2}t^2\right]_0^t=\dfrac{1}{2}t^3+\dfrac{1}{2}t^2.$

3

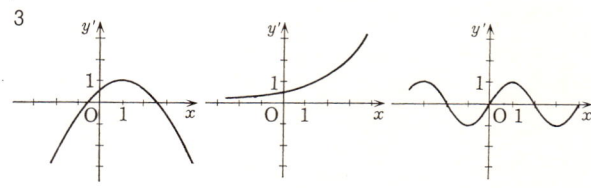

4 (1) $u=x^2-5$ とおくと、$y=u^3$ となる。
$\qquad \dfrac{dy}{dx}=\dfrac{dy}{du}\cdot\dfrac{du}{dx}=3u^2\cdot 2x=6x(x^2-5)^2.$

(2) $u=3x^2-1$ とおくと，$y=u^2$ となる．
$$\frac{dy}{dx} = \frac{dy}{du}\cdot\frac{du}{dx} = 2u\cdot 6x = 12x(3x^2-1).$$

(3) $u=x-1$ とおくと，$y=\sqrt{u}=u^{\frac{1}{2}}$．
$$\frac{dy}{dx} = \frac{dy}{du}\cdot\frac{du}{dx} = \frac{1}{2\sqrt{u}}\cdot 1 = \frac{1}{2\sqrt{x-1}}.$$

(4) $u=x^2-1$ とおくと，$y=\sqrt{u}=u^{\frac{1}{2}}$
$$\frac{dy}{dx} = \frac{dy}{du}\cdot\frac{du}{dx} = \frac{1}{2\sqrt{u}}\cdot 2x = \frac{x}{\sqrt{x^2-1}}.$$

(5) $\{(x^3+1)(x^4-4x-1)\}'$
$\quad = (x^3+1)'(x^4-4x-1)+(x^3+1)(x^4-4x+1)'$
$\quad = 3x^2(x^4-4x-1)+(x^3+1)(4x^3-4)$
$\quad = 7x^6-12x^3-3x^2-4.$

(6) $\left(\dfrac{1}{1-x^4}\right)' = \dfrac{0-(-4x^3)}{(1-x^4)^2} = \dfrac{4x^3}{(1-x^4)^2}.$

5 (1) $y''=\{(x^4-3x^2-1)'\}'=(4x^3-6x)'=12x^2-6.$

(2) $y''=\{(x^{-1})'\}'=(-x^{-2})'=\dfrac{2}{x^3}.$

(3) $y''=\left\{\left(x^{\frac{1}{2}}\right)'\right\}'=\left(\dfrac{1}{2}x^{-\frac{1}{2}}\right)'=-\dfrac{1}{4}x^{-\frac{3}{2}}=-\dfrac{1}{4x\sqrt{x}}.$

(4) $u=x^2+1$ とおくと，$y=u^4$．
$$\frac{dy}{dx} = \frac{dy}{du}\cdot\frac{du}{dx} = 4u^3\cdot 2x = 8x(x^2+1)^3.$$
したがって，
$$\begin{aligned}y'' &= \{8x(x^2+1)^3\}' \\ &= (8x)'(x^2+1)^3+8x\{(x^2+1)^3\}' \\ &= 8(x^2+1)^3+8x\cdot 3(x^2+1)^2\cdot 2x \\ &= 8(x^2+1)^2(7x^2+1).\end{aligned}$$

6 (1) $\int_0^8 \sqrt[3]{x}\,dx = \int_0^8 x^{\frac{1}{3}}\,dx = \left[\dfrac{1}{\frac{1}{3}+1}x^{\frac{1}{3}+1}\right]_0^8$

$\qquad = \left[\dfrac{3}{4}x\sqrt[3]{x}\right]_0^8 = \dfrac{3}{4}\times 8\times 2 = 12$

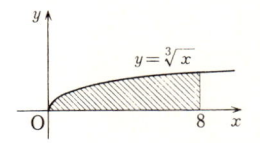

(2) $\int_1^2 \dfrac{x^4+x^2+1}{x^2}\,dx = \int_1^2 (x^2+1+x^{-2})\,dx$

$\qquad = \left[\dfrac{1}{3}x^3+x-\dfrac{1}{x}\right]_1^2$

$\qquad = \left(\dfrac{8}{3}+2-\dfrac{1}{2}\right)-\left(\dfrac{1}{3}+1-1\right)=\dfrac{23}{6}.$

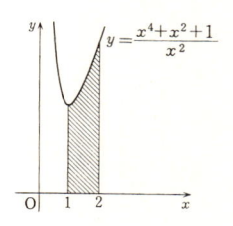

(3) $2x+1=t$ とおくと, $x=\dfrac{t-1}{2}$ となる.

したがって,

x	$0 \longrightarrow 3$
t	$1 \longrightarrow 7$

$$\int_0^3 \sqrt{2x+1}\,dx = \int_1^7 \sqrt{t}\cdot\frac{1}{2}\,dt = \int_1^7 \frac{1}{2}t^{\frac{1}{2}}\,dt$$
$$= \left[\frac{1}{3}t^{\frac{3}{2}}\right]_1^7 = \frac{7\sqrt{7}-1}{3}.$$

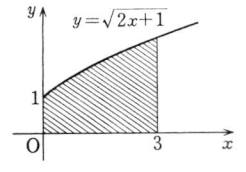

(4) $(x^2-1)' = 2x$ なので

$$\left\{\frac{1}{12}(x^2-1)^6\right\}' = x(x^2-1)^5.$$

したがって,

$$\int_0^3 x(x^2-1)^5\,dx = \left[\frac{1}{12}(x^2-1)^6\right]_0^3 = \frac{8^6}{12} - \frac{1}{12} = \frac{8^6-1}{12}.$$

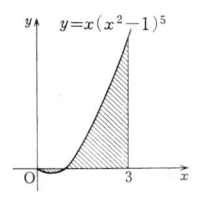

7 (1) $x-3=t$ とおくと, $x=t+3$ となる. したがって,

x	$3 \longrightarrow 7$
t	$0 \longrightarrow 4$

$$\int_3^7 (4x+1)\sqrt{x-3}\,dx = \int_0^4 t^{\frac{1}{2}}(4t+13)\,dt$$

$$= \int_0^4 \left(4t^{\frac{3}{2}} + 13t^{\frac{1}{2}}\right) dt = \left[\frac{8}{5}t^{\frac{5}{2}} + \frac{26}{3}t^{\frac{3}{2}}\right]_0^4 = \frac{1808}{15}.$$

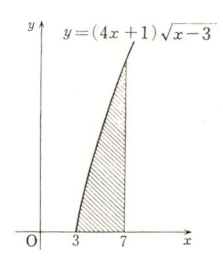

$y = (4x+1)\sqrt{x-3}$

(2) $x-2=t$ とおくと，$x=t+2$ となる．

x	$2 \longrightarrow 11$
t	$0 \longrightarrow 9$

$$\int_2^{11} (x+1)\sqrt{x-2}\, dx = \int_0^9 \sqrt{t}\,(t+3)\, dt$$
$$= \int_0^9 \left(t^{\frac{3}{2}} + 3t^{\frac{1}{2}}\right) dt = \left[\frac{2}{5}t^{\frac{5}{2}} + 2t^{\frac{3}{2}}\right]_0^9 = \frac{756}{5}.$$

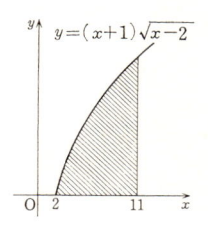

$y = (x+1)\sqrt{x-2}$

(3) $x-2=t$ とおくと，$x=t+2$．

x	$3 \longrightarrow 5$
t	$1 \longrightarrow 3$

$$\int_3^5 \frac{1}{\sqrt{x-2}}\,dx = \int_1^3 t^{-\frac{1}{2}}\,dt = \left[2t^{\frac{1}{2}}\right]_1^3 = 2\sqrt{3}-2.$$

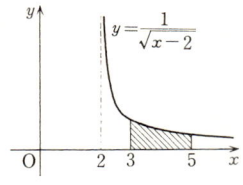

8 $g(x)h(x) = k(x)$ とおくと, (1)
$$f(x)g(x)h(x) = f(x)k(x)$$
となる．

積の微分法により
$$\{f(x)k(x)\}' = f'(x)k(x) + f(x)k'(x) \quad (2)$$
という式がなりたつ．一方，積の微分法により
$$k'(x) = \{g(x) \cdot h(x)\}'$$
$$= g'(x)h(x) + g(x)h'(x). \quad (3)$$

ここで，(2)の式に(1)および(3)の式を代入すると，
$$\{f(x)g(x)h(x)\}'$$
$$= f'(x)g(x)h(x) + f(x)g'(x)h(x) + f(x)g(x)h'(x)$$
がなりたつ．

3 授業の実際

● パチンコ玉の実験

1 カーテンレールとパチンコ玉の実験

第1節の最初には、カーテンレールをころがる小球の運動について述べてある。小球がころがりはじめてから t 秒後までの距離を x m とすると、x は t^2 に比例するわけだが、このことを確かめるのはわりあい簡単である。

まず、カーテンレール・ストップウォッチ・パチンコ玉1個を準備する。

つぎに、カーテンレールを用いて下図のような坂道をつくる。

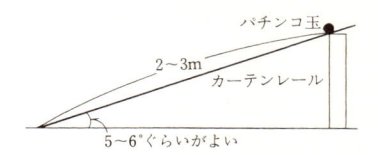

坂道ができたら、カーテンレールのみぞに、AB を1単位として AC=4AB, AD=9AB となるような点 B, C, D をとり、その位置に印をつける。

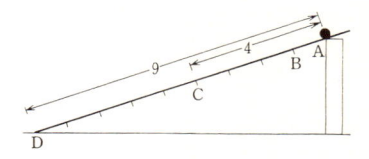

さて、準備ができたらいよいよ実験開始である。実験には、少なくとも3人の生徒に手伝ってもらう必要がある。3人の生徒の分担は、ストップウォッチを持つ係、パチンコ玉を持つ係、

合図をする係である.

それぞれの分担がきまったら，合図の係の生徒が
「いち，にー」
といって，「さん」で手をパーンと打つ.

合図と同時に，パチンコ玉を持った生徒が手を離し，そのときストップウォッチを押す．そして，パチンコ玉がころがりはじめてから，Bを通過する時間を測定する．同様にして，C，Dを通過する時間を測定するのである．何回もくり返してストップウォッチを押す練習をする．そして，何回か時間を測定して，その平均値をとるのである．

こうして，B，C，Dの通過する時間を測定すると，Bを通過する時間の2倍がCを通過する時間となる．また，Dを通過する時間はBを通過する時間の3倍となる．つまり，xはt^2に比例することがわかるのである．

2 瞬間速度の説明

ところで，教科書14ページから15ページにかけて，小球のt秒後の瞬間速度について述べてある．瞬間速度というのは，測定する時間の間隔をどんどん短くしていったときの平均の速度の近づく値である．

瞬間の速度をとらえやすくするために，カーテンレールにつぎのような工夫をほどこしてみるとよい．

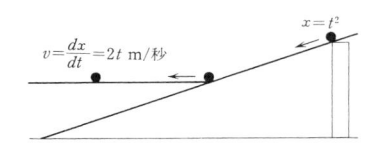

$$v=\frac{dx}{dt}=2t \text{ m/秒}$$

$$x=t^2$$

小球がころがりはじめてt秒後のところへ，上の図のように

水平にカーテンレールを設置するのである．すると，坂道をころがってきた小球は，t 秒後に水平のカーテンレールに移って，そのまま等速の運動をする．この水平のレール上での速度が t 秒後の瞬間の速度といえる．もちろん，空気の抵抗や摩擦は無視しての話である．

つまり，$x=t^2$ で表される運動の場合，時刻 t 秒における瞬間の速度は $2t$ m/秒であり，これは水平のカーテンレール上での小球の速度なのである．

このように，教室に教具を持ち込んで，実際に実験してみると，イメージが具体的になって，効果があがるのではないだろうか．

（江藤邦彦）

● 微積分の歴史を生かした授業
1　微分と積分のクイズ

最近は，高校生のあいだでもクイズが大はやりなので，授業の最初の段階で「微分と積分」に関するつぎのようなクイズを出してみたらどうだろうか．

問　微分と積分の考えかたについて，適当と思われるものはどれか．
① 微分と積分は同時に発見された．
② 微分法のほうが古い．
③ 積分法のほうが古い．

微分法の考えかたは，「曲線に接線を引くにはどうしたらよいか」という問題が出発点になっている．一方，積分法の方は，「曲線で囲まれた図形の面積を求めるにはどうしたらよいか」というのが出発点になっている．

いろいろな図形の面積を求めることと，接線を引く方法を求

めることとは，数学の歴史のうえでは，前者の方がはるかに古い．したがって，クイズの正解は③である．なお，このクイズの解説は教科書 50 ページの「数学の歴史」でも触れられている．

こうしたクイズからはじめて，『基礎解析』で学んだ微分と積分との関係を復習していったらどうだろうか．そして，さらにすすめて，微分と積分の歴史についても簡単に触れておいたら，生徒たちも興味を示すのではないかと思う．

2 微積分のパイオニア

さて，微積分の歴史であるが，クイズのところでも述べたように，積分の方が古い．つまり，微積分の歴史は，曲線で囲まれた図形の面積を求めることがスタートとなっているのである．

この問題のパイオニアとなったのは，古代ギリシアの数学者アルキメデス（紀元前 287 ? ～212）である．したがって，最初に積分法の扉を開くカギを握ったのはアルキメデスであったといえる．なお，アルキメデスについては『基礎解析』の 166 ページ，「数学の歴史」で触れられている．

ここで，アルキメデスの求積法——つまり，微積分の出発点の話について触れたらどうだろうか．

いま，図 1 のような，$y=x^2$ のグラフが与えられていたとする．

このグラフを，直線 $y=1$ で切ったとして，切り取られた部分の面積を求めるのに，アルキメデスはつぎのように考えたのである．

まず，△POQ の面積を求める．これは
$$\frac{1}{2}\cdot PQ\cdot RO = \frac{1}{2}\cdot 2\cdot 1 = 1$$

図1

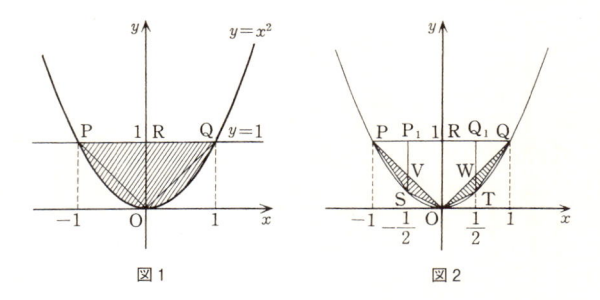

図2

となる．

　だが，問題の図形の面積を求めるには，内接している三角形とグラフとの間にある弓形の面積を求めなければならない．

　そこで，PR と RQ の中点 P_1, Q_1 を通り，y 軸に平行な線を引き，グラフとの交点を S, T として，P_1S, Q_1T を引く．

　また，P_1S と PO の交点を V とする．

　すると，

$$SV = P_1S - P_1V = \left\{1-\left(\frac{1}{2}\right)^2\right\} - \frac{1}{2} = \frac{1}{4}$$

となるので，△POS の面積は

$$\triangle POS = \frac{1}{2} \cdot SV \cdot PR = \frac{1}{2} \cdot \frac{1}{4} \cdot 1 = \frac{1}{8}$$

となる．同様にして，△OTQ も $\frac{1}{8}$ となるので，図2の斜線の部分の面積は $\frac{1}{4}$ となる．

　さらに，残った部分に三角形を内接させると，それらの三角形の面積は $\left(\frac{1}{4}\right)^2$ となるのである．

　こうして，アルキメデスは，問題の面積を求めるのに

$$1+\left(\frac{1}{4}\right)+\left(\frac{1}{4}\right)^2+\left(\frac{1}{4}\right)^3+\left(\frac{1}{4}\right)^4+\cdots$$

としたのであった.

この値を求める.

初項 1, 公比が $\frac{1}{4}$ となる等比数列として, n 番目の項までの和を求めると,

$$\frac{1-\left(\frac{1}{4}\right)^n}{1-\frac{1}{4}} = \frac{4}{3}\left\{1-\left(\frac{1}{4}\right)^n\right\}$$

となる. ここで, n の値をどんどん大きくしていくと, $\left(\frac{1}{4}\right)^n$ の値はだんだんと 0 に近づいていくので, 結局, 求める面積は $\frac{4}{3}$ となる.

面積を求めるのに, 図形をどんどん細かく分けていき, そしてそれらを加える——このアルキメデスの方法こそ, 積分の芽ばえであった.

だが, このすばらしい発想は, 中世という長い歴史の底に眠り続けなければならなかったのである.

3 ニュートンとライプニッツの登場

前述したアルキメデスのやりかたは, みごとな方法ではあるものの, グラフが特別な式で表されている場合にしか通用しない. グラフが一般的な形になると, いき詰まってしまうのである.

それで, どんな場合にも通用する面積の求めかたが考え出されるまでに, 数学者たちは苦難の道を歩まねばならなかった.

この問題の解決に明るい光を投げかけるまでには, アルキメデスからさらに 1500 年以上もの歳月を必要としたのである.

難産の末に，ようやくこの問題をあざやかに解決したのは，ニュートン (1642〜1727) とライプニッツ (1646〜1716) であった．

ここで，微分積分学の重い扉を開き，後世に多大な影響を与えたこの2人の科学者について，『基礎解析』でも扱ってはいるものの，微分・積分の出発にあたって再度とりあげたいものである．

さて，ニュートンとライプニッツの産み出した微積分の基本的な考えかたは，「面積を求めることは，接線を求めるやりかたの逆の演算である」という形でまとめられる．

この考えかたの背景には，「曲線で囲まれた面積を求めるのに，細長い長方形に区切って，それを寄せ集める」というユニークな発想がある．つまり，1500年もの長いあいだ眠りについていたアルキメデスの考えかたが，再びここでよみがえったのである．

この考えかたこそ，教科書16ページから18ページにかけて述べてある方法なのである．

例えば，$y=x^2$ のグラフと，点 $(x, 0)$ 上に立てた垂線，そして x 軸とで囲まれた図形の面積を求めるのに，まず，図3のようにこの図形を細長い長方形で分割する．そして，長方形の幅を図4のようにどんどん小さくしていき，この長方形の面積の和を求め，曲線図形の面積に少しずつ近づけていくという方法をとるのである．

いま，一般に，長方形の幅を $\dfrac{1}{n}$ にとる．すると，x 軸上の分点は

$$\frac{1}{n}, \frac{2}{n}, \frac{3}{n}, \ldots, \frac{nx}{n}$$

図3　　　　　　　　　図4

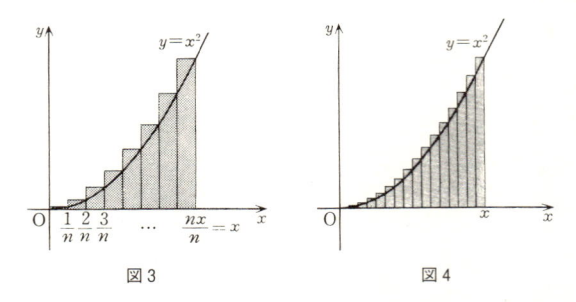

となる．この各点から x 軸に垂直な直線を引き，グラフと交わった点までの長さは

$$\left(\frac{1}{n}\right)^2, \left(\frac{2}{n}\right)^2, \left(\frac{3}{n}\right)^2, \cdots, \left(\frac{nx}{n}\right)^2$$

となる．この階段型の面積を求めるには，

$$1^2+2^2+3^2+\cdots+n^2 = \frac{n(n+1)(2n+1)}{6}$$

の公式を用いる．すると，階段型の面積は

$$\frac{1}{n}\left(\frac{1}{n}\right)^2+\frac{1}{n}\left(\frac{2}{n}\right)^2+\frac{1}{n}\left(\frac{3}{n}\right)^2+\cdots+\frac{1}{n}\left(\frac{nx}{n}\right)^2$$

$$= \frac{1}{n^3}(1^2+2^2+3^2+\cdots+n^2x^2)$$

$$= \frac{1}{n^3}\frac{1}{6}nx(nx+1)(2nx+1) = \frac{1}{6}x\left(x+\frac{1}{n}\right)\left(2x+\frac{1}{n}\right)$$

となる．

ここで，n の値をどんどん大きくしていくと，$\frac{1}{n}$ の値はだんだん 0 に近づいていく．ようするに，n をかぎりなく大きくすると，求める図形の面積は $\frac{1}{3}x^3$ となるのである．このことを定積分とよんで

$$\int_0^x x^2\,dx = \frac{1}{3}x^3$$

で表したのであった.

この式において,$\frac{1}{3}x^3$ を微分すると,

$$\left(\frac{1}{3}x^3\right)' = x^2$$

となって,積分の演算は,微分の逆の演算になっていることがわかる.

4 近代科学の金字塔

上のことは,$f(x) \geqq 0$ の場合の一般の関数 $y = f(x)$ のグラフについても適用される.すなわち,図5のように,x 軸上で,O から x までの部分に対応する面積は x の関数となり,

$$\int_0^x f(x)\,dx = F(x)$$

とすると,$F(x)$ を微分すれば

$$(F(x))' = f(x)$$

がなりたっているのである.

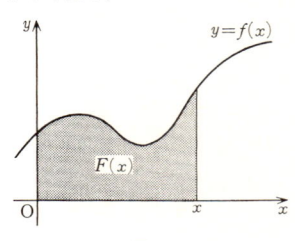

図5

この発見こそ,ニュートンとライプニッツの不朽の功績であり,近代科学にとって,革命的な発見であったのである.

このすばらしい金字塔については,『基礎解析』で扱ったとはいえ,くりかえし生徒たちに伝えたいものである.

5　科学と微積分

ところで,現代の科学はめざましい進歩をとげている.この急速な科学の発展に,微分積分はおおいに貢献している.このことは,授業で強調したいところである.

いまや人類は,地球上だけにとどまらず,宇宙空間にまで手をのばし,宇宙さえも征服しようという意気込みである.

この宇宙へ飛び出すためのロケットの打ち上げや人工衛星の軌道についても,基本的には微分積分の原理に負っているところが大きいのである.

そこで,教科書16ページの電車の運動を例にとりあげながら,あわせてロケットの打ち上げを例に盛りこんで,その原理を授業で扱ったらどうだろうか.

ロケットの打ち上げにおいて,発射後10秒間では時間 t 秒と速度 v m/秒とのあいだに

$$v = 100t$$

となる関係がわかっているとき,その高度は

$$x = \int_0^t v(t)\,dt = \int_0^t 100t\,dt = 50t^2$$

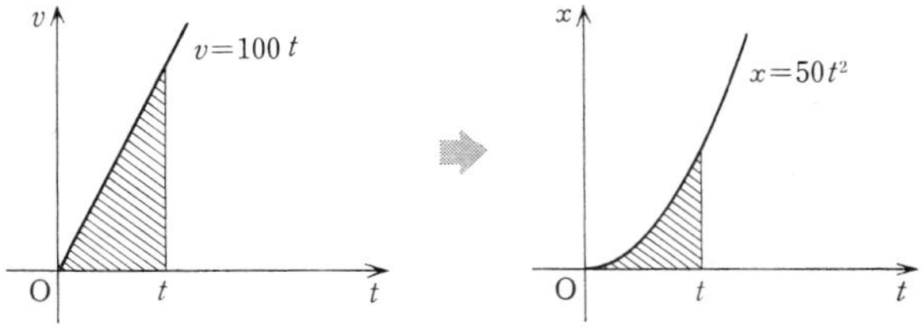

図6

となるのである.

ロケットの速度と高度との関係をグラフで表すなら，教科書 16 ページから 18 ページにかけての電車の例と同じく，前ページの図 6 のようになる.

つまり，ロケットの高度 x m は，$v = 100t$ のグラフと t 軸とのあいだの 0 から t までの部分の面積にあたっているのである．すなわち「v-t グラフの下側の面積が距離を表す」のである．

したがって，面積を求めることと運動している物体の距離とが結びつくので，速度とロケットの高度の関係が，ニュートン・ライプニッツの発見した微積分とかかわるのである．ロケットの打ち上げや人工衛星の軌道決定にも微積分がおおいに関係してくるというわけである．

6 ガリレオの実験

運動と微分・積分との関係について，ニュートン・ライプニッツとならんで，ぜひガリレオ＝ガリレイ (1564〜1642) の業績についても触れたい．

ガリレオは，自然科学のさまざまな分野を研究し，その発展に貢献したわけだが，彼の研究のひとつに等加速度運動がある．周知のように，物体の落下する速度は，アリストテレス以来，物体の重さに比例すると考えられていた．しかし，ガリレオはアリストテレスの考えに徹底的に批判を加え，落下する速度は重さには関係なく，さらに，落下距離は落下時間の平方に比例することを主張したのであった．

ガリレオは，落下運動の法則を調べるのに，ちょうど教科書の 14 ページで述べてあるように，斜面に金属の小球をころがして観察した．ガリレオの時代，もちろんカーテンレールなどないので，そのかわりに長さ約 6 m，幅約 30 cm，厚さ 4 cm の角

材を使っている．その角材に幅約1cmほどの溝を掘り，これを斜面とした．この溝に小球をころがしたのだが，溝をできるだけなめらかにするために，溝の内側につるつるした羊皮紙をはったりなどしていろいろと工夫をこらしている．また，時間を測定するのに，彼は自分の脈はくを利用した．

このようにして，ガリレオはできるだけ精密な道具を準備して実験に臨んだわけだが，彼は，この実験をなんと100回はたっぷりとくりかえしている．

だが，このバカバカしいほどの実験こそ，近世の力学の輝かしい出発点になったのである．

教科書の14ページにある斜面の実験から，このガリレオの話もとりあげてみたらどうであろうか． 　　　　　　（江藤邦彦）

● 微分方程式
船の航路

微分方程式については，第4章の3節で詳しく扱われる．しかし，ごく小さな部分での法則を見つけ出して微分方程式を立て，それを解くことによって全体をみわたす法則を見つけるという考えかたは，この章のみならず他の章においても重要な概念である．

第1章においては，落下運動を通して微分方程式について触れているが，ゆとりがあったなら，この章でももう一歩深めてもよいのではないだろうか．そこで，つぎのような，船の航路を見つける微分方程式の例をとりあげてみたらどうだろう．

いまかりに，船に乗って，原点Oの港を出発し，曲線 $y=f(x)$ となる航路をたどる予定を立てたとする．

この船は，次の地図を参考にして，いつも曲線 $y=f(x)$ 上の

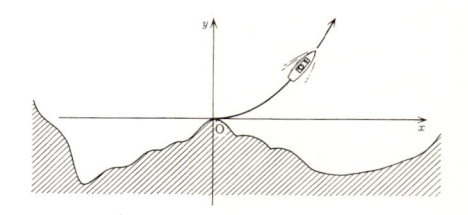

点 P(x, y) における接線の傾きを考えながら進む方向を決めているものとする．

そこで，例えば「接線の傾きがつねに点 P の x 座標に等しくなる」ように船は進行方向を定めていたとする．

ここで，生徒たちに船の航路を考えさせるのである．

曲線，$y = f(x)$ の上の点 P(x, y) における接線の傾きは，$\dfrac{dy}{dx}$ と表されるので，船の航路は

$$\frac{dy}{dx} = x$$

にあてはまるような曲線 $y = f(x)$ をえがくことになる．

船は原点を出発しているので，

$$f(0) = 0$$

となる．したがって，求める曲線は

$$y = \int_0^x x\,dx$$

となり，

$$y = \frac{1}{2}x^2$$

が船のたどる曲線の方程式となる．

こうした例を通して，第 1 章では，微分方程式の意味について十分理解させたいものである．

(江藤邦彦)

第 2 章　指数関数　（教科書 p. 53～104）

1　編修にあたって

　指数関数は，高校で扱う関数の中でもっとも大切な関数であるといえる．

　それは，指数関数が自然界にあるもっとも自然な変化法則——一様倍変化を定式化しているからである．『基礎解析』では指数関数を一定時間ごとに一定倍になる変化として捉えたが，「微分・積分」では「増殖速度が現在量に比例する」という形で理解する．そのことによって，一様倍変化がもっとも自然な変化法則であることが一層よく理解されることになるだろう．

　「増殖速度が現在量に比例する」という法則を数学的に表現すると

$$\frac{dx}{dt} = kx$$

という微分方程式になるが，この式の意味とその解について理解することがこの章の大きなねらいとなる．

　このように，指数関数の本性を理解するためには，それを自然界の「成長と衰退」の現象と切り離すことができない．しかし，従来の伝統的な方法ではこの点は十分とはいえなかった．指数関数・対数関数の微分・積分を形式的に扱ってしまって，その本来の意味が良く見えなかったといえよう．

　この教科書では，そうした旧来の扱いかたと大きく異なった

扱いをしている．

　第1節では，もっとも基本的な指数関数・対数関数の微分・積分の計算を準備し，自然対数の底 e を導入する．ここでは，天下り的に計算を先行させるのを避け，グラフの傾きを測定するなどの作業を通して生徒がその意味になじんできたあとで計算で確かめるという行きかたをとっている．一見効率は悪いようでも，初めての生徒たちにとっては，このような行きかたもなじむためには欠かせないといえよう．

　第2節では，バクテリアの増殖，放射性元素の崩壊，湯の冷却速度という3つの例を通して，指数関数が自然界の成長法則を表現していることを扱っている．$\dfrac{dx}{dt}=kx$ という微分方程式の意味とその解及び成長率などに触れる．この節を通して，生徒たちは指数関数が実際の世界でどのように活用されるかを知り，興味も覚えよう．教室の中で実際に湯の冷める速さを測定し，計算結果と比較してみるなどの作業もぜひ行っていただきたいと思う．

　第3節では，対数微分法など対数を利用した計算技術をまとめて扱っている．

　全体の構成は以上のようであるが，生徒が考えかたになじむのに時間を要するのは第1節であろう．指数関数の導関数，e の意味，$\log x$ の導関数など，急がないでじっくりと時間をかけて扱っていただきたいと思う．

（近藤年示）

2 解説と展開

2.1 指数関数の変化 (p.54〜69)

A 留意点

この節では,指数関数 $y=a^x$ の導関数が自分自身に比例すること,すなわち,$y'=ka^x$ となることをつかむ.k の値は,この関数の $x=0$ の点における微分係数になっている.そこで,この k が 1 になるように a を決めるということから e が導入される.いろいろな作業をやらせていると,生徒たちはその部分部分は理解できても,全体として何をやっているのか,現在何が一番大切なことなのかを見失なってしまうことがある.$y=a^x$ の導関数がどうなるのか,$y=e^x$ の導関数がどうなるのか,$\int_p^q a^t dt$ の計算などメリハリをつけて,ポイントを強調していただくとよいと思う.

対数関数の微分は,逆関数の微分公式を用いて導入している.対数は,生徒が大変苦手意識をもっているところなので,ゆっくりと丁寧に扱いたい.そして,その過程を理解すると同時に $(\log x)' = \dfrac{1}{x}$,$\int_1^x \dfrac{1}{x} dx = \log x$ の式によく慣れさせたい.

B 問題解説

p.56 (2.1.2)

問 1

時刻 (秒)	時間 Δt	バクテリアの変化量 Δx	平均増殖速度 (mg/時)
3〜5	2	24	12
3〜4	1	8	8
3〜3.5	0.5	3.3	6.6
3〜3.1	0.1	0.6	6

p. 57

問 2

t	-2	-1	0	1	2	3
$x'(t)$	0.2	0.4	0.7	1.4	2.8	5.6

p. 60 (2.1.3)

問 1　$x'(t)=\lim_{\Delta t\to 0}\dfrac{x(t+\Delta t)-x(t)}{\Delta t}=\lim_{\Delta t\to 0}\dfrac{a^{t+\Delta t}-a^t}{\Delta t}$

$\qquad =\lim_{\Delta t\to 0}\dfrac{a^t(a^{\Delta t}-1)}{\Delta t}=a^t\lim_{\Delta t\to 0}\dfrac{a^{\Delta t}-1}{\Delta t}.$

ここで,

$$\lim_{\Delta t\to 0}\dfrac{a^{\Delta t}-1}{\Delta t}=\lim_{\Delta t\to 0}\dfrac{a^{0+\Delta t}-a^0}{\Delta t}$$
$$=\lim_{\Delta t\to 0}\dfrac{x(0+\Delta t)-x(0)}{\Delta t}=x'(0)=k.$$

ゆえに,

$$x'(t)=ka^t=k\cdot x(t).$$

問 2

a	1.2	1.6	2.0	2.4	2.8	3.2
$x'(0)$	0.18	0.5	0.7	0.9	1.0	1.2

① $x'(t)=x'(0)\cdot x(t)=0.18\cdot 1.2^t.$

② $x'(t)=x'(0)\cdot x(t)=1.0\cdot 2.8^t.$

p. 64 (2.1.4)

問 1　$y=\log f(x)$ で, $u=f(x)$ とおくと,

$$y=\log u.$$
$$\dfrac{dy}{dx}=\dfrac{dy}{du}\cdot\dfrac{du}{dx}=\dfrac{1}{u}\cdot f'(x)=\dfrac{f'(x)}{f(x)}.$$

問 2　① $2x=u$ とおくと,

$$\begin{cases} y=\log u \\ u=2x. \end{cases}$$

ゆえに,
$$\frac{dy}{dx} = \frac{dy}{du} \cdot \frac{du}{dx} = \frac{1}{u} \cdot 2 = \frac{2}{2x} = \frac{1}{x}.$$

② $-x=u$ とおくと,
$$\begin{cases} y = \log u \\ u = -x. \end{cases}$$

ゆえに,
$$\frac{dy}{dx} = \frac{dy}{du} \cdot \frac{du}{dx} = \frac{1}{u} \cdot (-1) = \frac{-1}{-x} = \frac{1}{x}.$$

③ $x^2=u$ とおくと,
$$\begin{cases} y = \log u \\ u = x^2. \end{cases}$$

ゆえに,
$$\frac{dy}{dx} = \frac{dy}{du} \cdot \frac{du}{dx} = \frac{1}{u} \cdot 2x = \frac{2}{x}.$$

④ $x+1=u$ とおくと,
$$\begin{cases} y = \log u \\ u = x+1. \end{cases}$$

ゆえに,
$$\frac{dy}{dx} = \frac{dy}{du} \cdot \frac{du}{dx} = \frac{1}{u} \cdot 1 = \frac{1}{x+1}.$$

p. 65

問3 ① $\int_1^e \frac{1}{x}\,dx = \log e = 1.$

② $\int_1^{e^2} \frac{1}{x}\,dx = \log e^2 = 2.$

問4 $1 < x < 2$ のとき, $\frac{1}{2} < \frac{1}{x} < 1.$
ゆえに,

$$\int_1^2 \frac{1}{2}\,dx < \int_1^2 \frac{1}{x}\,dx < \int_1^2 dx.$$

すなわち,

$$\frac{1}{2} < \int_1^2 \frac{1}{x}\,dx < 1.$$

ゆえに,

$$\frac{1}{2} < \log 2 < 1.$$

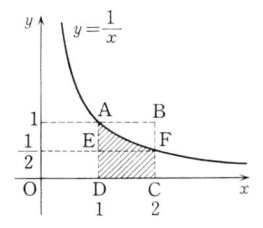

p. 66

問 5 ① $x-1=u$ とおくと,

$$\begin{cases} y = \log|u| \\ u = x-1. \end{cases}$$

ゆえに,

$$\frac{dy}{dx} = \frac{dy}{du} \cdot \frac{du}{dx} = \frac{1}{u} = \frac{1}{x-1}.$$

② $x^3 = u$ とおくと,

$$\begin{cases} y = \log|u| \\ u = x^3. \end{cases}$$

ゆえに,

$$\frac{dy}{dx} = \frac{dy}{du} \cdot \frac{du}{dx} = \frac{1}{u} \cdot 3x^2 = \frac{3}{x}.$$

p. 68 (2.1.5)

問1 ① $2^t \log 2$. ② $\left(\dfrac{1}{3}\right)^t \log \dfrac{1}{3}$.

③ $\dfrac{1}{x \log 3}$. ④ $\dfrac{1}{(x-1)\log 10}$.

問2 ① $\displaystyle\int_0^1 2^t\, dt = \left[\dfrac{2^t}{\log 2}\right]_0^1 = \dfrac{2}{\log 2} - \dfrac{1}{\log 2} = \dfrac{1}{\log 2}$.

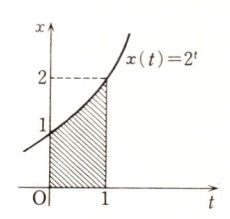

② $\displaystyle\int_0^1 \left(\dfrac{1}{2}\right)^t dt = \left[\dfrac{\left(\dfrac{1}{2}\right)^t}{\log \dfrac{1}{2}}\right]_0^1 = \dfrac{\dfrac{1}{2}}{\log \dfrac{1}{2}} - \dfrac{1}{\log \dfrac{1}{2}} = \dfrac{1}{2\log\dfrac{1}{2}}$

p. 68
練習問題

1 (1) $(e^x)' \log x + e^x (\log x)' = e^x \log x + e^x \cdot \dfrac{1}{x}$
$$= e^x\left(\log x + \dfrac{1}{x}\right).$$

(2) $u = x^2 - 1$ とおいて,
$$\begin{cases} y = \log_a u \\ u = x^2 - 1. \end{cases}$$

$$\frac{dy}{dx} = \frac{dy}{du} \cdot \frac{du}{dx} = \frac{1}{u \log a} \cdot 2x = \frac{2x}{(x^2-1)\log a}.$$

(3) $(2^t)' + (2^{-t})' = 2^t \log 2 - 2^{-t} \log 2 = (2^t - 2^{-t})\log 2.$

2 (1) $y' = a^x \log a,$
$y'' = (a^x)' \log a = a^x (\log a)^2.$

(2) $y' = \dfrac{1}{x \log a} = \dfrac{x^{-1}}{\log a},$
$y'' = \dfrac{(x^{-1})'}{\log a} = \dfrac{-x^{-2}}{\log a} = -\dfrac{1}{x^2 \log a}.$

(3) $y' = (x^2)' e^x + x^2 (e^x)' = 2x e^x + x^2 e^x = (2x + x^2) e^x,$
$y'' = (2x + x^2)' e^x + (2x + x^2)(e^x)'$
$= (2 + 2x) e^x + (2x + x^2) e^x$
$= (2 + 4x + x^2) e^x.$

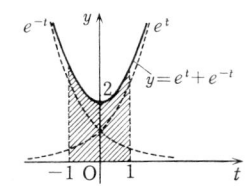

3 (1) $\displaystyle\int_{-1}^{1}(e^t + e^{-t})\,dt = \Big[e^t\Big]_{-1}^{1} + \Big[-e^{-t}\Big]_{-1}^{1}$
$= \left(e - \dfrac{1}{e}\right) - \left(\dfrac{1}{e} - e\right) = 2\left(e - \dfrac{1}{e}\right).$

(2) $\displaystyle\int_{1}^{2}\left(x + \dfrac{1}{x}\right)dx = \left[\dfrac{x^2}{2}\right]_{1}^{2} + \Big[\log x\Big]_{1}^{2} = \dfrac{4-1}{2} + \log 2$
$= \dfrac{3}{2} + \log 2.$

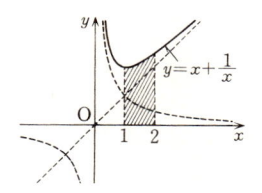

4 (1) $x'(t) = \dfrac{dx}{dt} = \dfrac{1}{3} 2^{\frac{t-1}{3}} \cdot \log 2$.

$t=1$ における増殖速度は

$$x'(1) = \dfrac{1}{3} 2^{\frac{1-1}{3}} \cdot \log 2 = \dfrac{\log 2}{3}. \quad (\text{mg}/時)$$

(2) $t=t_0$ から $t=t_0+a$ までの a 時間経過したとき 2 倍になるとすると,

$$2^{\frac{t_0+a-1}{3}} = 2 \times 2^{\frac{t_0-1}{3}} = 2^{\frac{t_0+2}{3}}.$$

ゆえに, $\dfrac{t_0+a-1}{3} = \dfrac{t_0+2}{3}$.

これより $a=3$. したがって, 3 時間かかる.

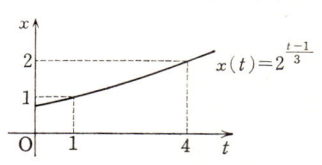

5 (1) $f(x)=e^x$ とすると,

$$\lim_{h \to 0} \dfrac{e^{2+h}-e^2}{h} = \lim_{h \to 0} \dfrac{f(2+h)-f(2)}{h} = f'(2).$$

ここで, $f'(x)=e^x$ だから, $f'(2)=e^2$.

すなわち, $\lim_{h \to 0} \dfrac{e^{2+h}-e^2}{h} = e^2$.

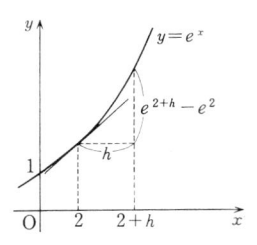

(2) $f(x)=\log x$ とすると,
$$\lim_{h\to 0}\frac{\log(a+h)-\log a}{h} = \lim_{h\to 0}\frac{f(a+h)-f(a)}{h} = f'(a).$$

ここで, $f'(x)=\dfrac{1}{x}$ だから,
$$f'(a) = \frac{1}{a}.$$

すなわち,
$$\lim_{h\to 0}\frac{\log(a+h)-\log a}{h} = \frac{1}{a}.$$

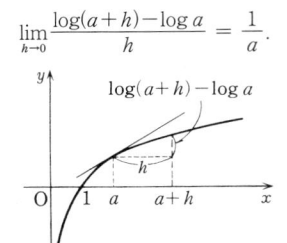

6 $x>1$ のとき, $\dfrac{1}{x}<1$.
よって, $a>1$ ならば,
$$\int_1^a \frac{1}{x}\,dx < \int_1^a dx.$$

ここで,
$$\int_1^a \frac{1}{x}\,dx = \log a, \qquad \int_1^a dx = a-1.$$
ゆえに,
$$\log a < a-1.$$

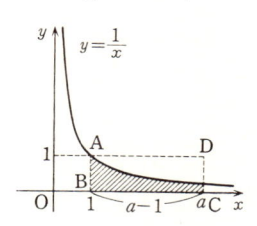

2.2 成長と衰退 (p.70～81)

A 留意点

ある量 x の増殖速度 $\dfrac{dx}{dt}$ が,そのときの量 x に比例するという変化は,自然界での典型的な変化法則である.これを微分方程式で表すと,$\dfrac{dx}{dt}=kx$ という形になり,これを解いて,指数関数 $x=Ae^{kt}$ が得られる.このことを,この節ではしっかりと理解させたい.そして,その例として放射性元素の崩壊,湯の冷却速度をとりあげている.この節で,生徒たちは,指数関数のもつその本当の意味が理解できるようになるだろう.

B 問題解説

p.79 (2.2.3)

問 $\dfrac{1}{v}=x$ とおくと,

$$\lim_{v \to 0} v \log v = \lim_{x \to \infty} \frac{1}{x} \log \frac{1}{x} = \lim_{x \to \infty} \frac{-\log x}{x} = 0.$$

p. 80
練習問題

1 (1) 与えられた微分方程式を変形して $t=t(x)$ という逆関数で考えると，
$$\begin{cases} \dfrac{dt}{dx} = \dfrac{1}{2x} \\ t(5) = 0. \end{cases}$$

ゆえに，
$$t = 0 + \int_5^x \frac{1}{2x}\,dx = \frac{1}{2}\Big[\log x\Big]_5^x = \frac{1}{2}\log\frac{x}{5}.$$

したがって，$x = 5e^{2t}$. t が1増えるごとに x は e^2 倍になる．

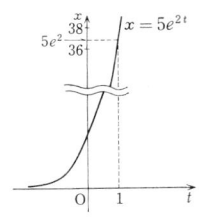

(2) $\begin{cases} \dfrac{dt}{dx} = -\dfrac{1}{3x} \\ t(4) = 1. \end{cases}$

ゆえに，
$$\begin{aligned} t &= 1 + \int_4^x \left(-\frac{1}{3x}\right) dx \\ &= 1 - \frac{1}{3}\Big[\log x\Big]_4^x = 1 - \frac{1}{3}\log\frac{x}{4}. \end{aligned}$$

したがって，

$$\frac{1}{3}\log\frac{x}{4} = 1-t.$$

すなわち,

$$x = 4e^{3(1-t)}.$$

t が1増えるごとに x は e^{-3} 倍になる.

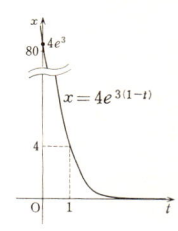

(3) $\begin{cases} \dfrac{dt}{dx} = -\dfrac{1}{x} \\ t(A) = 0. \end{cases}$

ゆえに,

$$t = 0 + \int_A^x \left(-\frac{1}{x}\right) dx = -\Big[\log x\Big]_A^x = -\log\frac{x}{A}.$$

したがって,

$$x = Ae^{-t}.$$

t が1増えるごとに x は e^{-1} 倍になる.

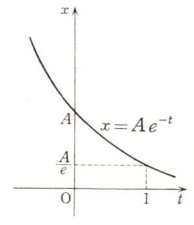

2　(1) $\begin{cases} -\dfrac{dV}{dt} = kx & \text{①} \\ V(0) = A & \text{②} \end{cases}$

という微分方程式を解けばよい．

ここで，
$$V(t) = \pi a^2 x. \qquad ③$$

③を①に代入して，
$$\begin{cases} -\dfrac{dV}{dt} = \dfrac{k}{\pi a^2} V \\ V(0) = A. \end{cases} \qquad ④$$

$V = V(t)$ の逆関数を $t = t(V)$ とおき，④を逆関数の微分方程式になおすと
$$\begin{cases} -\dfrac{dt}{dV} = \dfrac{\pi a^2}{kV} \\ t(A) = 0. \end{cases}$$

ゆえに，
$$\begin{aligned} t &= 0 + \int_A^V \left(-\dfrac{\pi a^2}{kV}\right) dV \\ &= -\dfrac{\pi a^2}{k} \Big[\log V\Big]_A^V = -\dfrac{\pi a^2}{k} \log \dfrac{V}{A}. \end{aligned}$$

よって，
$$V = A e^{-\frac{k}{\pi a^2} t}.$$

(2) $\dfrac{A}{2} = A e^{-\frac{k}{\pi a^2} t_0}. \qquad ⑤$

⑤の両辺を A でわって対数をとると，
$$-\log 2 = -\dfrac{k}{\pi a^2} t_0.$$

ゆえに，

$$k = \frac{\pi a^2 \log 2}{t_0}.$$

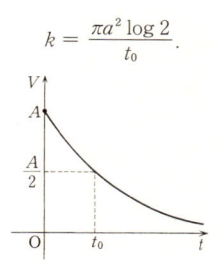

2.3 指数・対数と微分積分の計算 (p.82〜90)

A 留意点

対数微分法や部分積分法,分数関数の積分法など,指数・対数とかかわりのある計算技術がこの節にまとめてある.基本的なものが選んであるので,ここで扱ってある程度の計算には十分習熟させたい.

B 問題解説

p.83 (2.3.1)

問1 ① $y=(x-1)^2(x+1)^2$ の両辺の絶対値の対数をとると,
$$\log|y| = 2\log|x-1| + 2\log|x+1|.$$
この両辺を微分して,
$$\frac{y'}{y} = \frac{2}{x-1} + \frac{2}{x+1}.$$
ゆえに,
$$y' = y\left(\frac{2}{x-1} + \frac{2}{x+1}\right)$$
$$= (x-1)^2(x+1)^2\left(\frac{2}{x-1} + \frac{2}{x+1}\right) = 4x(x-1)(x+1).$$

② $y=(2x-1)^3(x+2)^2$ の両辺の絶対値の対数をとると,
$$\log|y| = 3\log|2x-1|+2\log|x+2|.$$
この両辺を微分して,
$$\frac{y'}{y} = \frac{3(2x-1)'}{2x-1}+\frac{2}{x+2}.$$
ゆえに,
$$y' = y\left(\frac{6}{2x-1}+\frac{2}{x+2}\right)$$
$$= (2x-1)^3(x+2)^2\left(\frac{6}{2x-1}+\frac{2}{x+2}\right)$$
$$= 10(2x-1)^2(x+2)(x+1).$$

問2 $\log|y|=\log|f(x)|-\log|g(x)|.$

この両辺を微分すると,
$$\frac{y'}{y} = \frac{f'(x)}{f(x)}-\frac{g'(x)}{g(x)}.$$
ゆえに,
$$y' = y\left\{\frac{f'(x)}{f(x)}-\frac{g'(x)}{g(x)}\right\}$$
$$= \frac{f(x)}{g(x)}\left\{\frac{f'(x)}{f(x)}-\frac{g'(x)}{g(x)}\right\} = \frac{f'(x)g(x)-f(x)g'(x)}{\{g(x)\}^2}.$$

問3 ① 両辺の絶対値の対数をとると,
$$\log|y| = 2\log|x+1|-3\log|x-1|.$$
この両辺を微分すると,
$$\frac{y'}{y} = \frac{2}{x+1}-\frac{3}{x-1}.$$
ゆえに,
$$y' = y\left(\frac{2}{x+1}-\frac{3}{x-1}\right)$$

$$= \frac{(x+1)^2}{(x-1)^3}\left\{\frac{2}{x+1}-\frac{3}{x-1}\right\} = -\frac{(x+1)(x+5)}{(x-1)^4}.$$

② 両辺の絶対値の対数をとると,
$$\log|y| = -2\log|x+1|.$$
この両辺を微分すると,
$$\frac{y'}{y} = \frac{-2}{x+1}.$$
ゆえに,
$$y' = y \cdot \frac{-2}{x+1} = \frac{-2}{(x+1)^3}.$$

③ 両辺の絶対値の対数をとると,
$$\log|y| = \log|x-1| - \frac{1}{2}\log|x+1|.$$
この両辺を微分すると,
$$\frac{y'}{y} = \frac{1}{x-1} - \frac{1}{2(x+1)}.$$
ゆえに,
$$y' = y\left\{\frac{1}{x-1} - \frac{1}{2(x+1)}\right\} = \frac{x+3}{2(x+1)\sqrt{x+1}}.$$

p. 85 (2.3.2)

問 1 ① $\displaystyle\int_1^e x\log x\,dx = \int_1^e \left(\frac{x^2}{2}\right)'\log x\,dx$

$$= \left[\frac{x^2}{2}\log x\right]_1^e - \int_1^e \frac{x^2}{2}(\log x)'\,dx$$

$$= \frac{e^2}{2} - \int_1^e \frac{x}{2}\,dx = \frac{e^2}{2} - \frac{e^2-1}{4} = \frac{e^2+1}{4}.$$

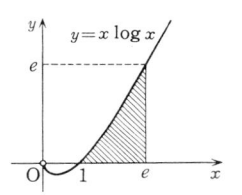

② $\int_1^e \log x \, dx = \int_1^e (x)' \log x \, dx$
$= \Big[x \log x \Big]_1^e - \int_1^e x \cdot (\log x)' \, dx$
$= e - \int_1^e dx = e - (e-1) = 1.$

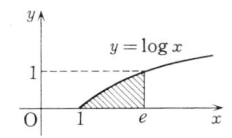

③ $\int_1^e x e^x \, dx = \int_1^e x(e^x)' \, dx$
$= \Big[x e^x \Big]_1^e - \int_1^e (x)' e^x \, dx$
$= e^{e+1} - e - \int_1^e e^x \, dx = e^e (e-1).$

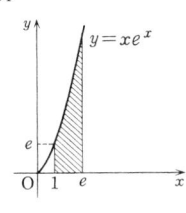

④ $\int_0^1 xe^{-x}\,dx = \int_0^1 x(-e^{-x})'\,dx$

$= \left[-xe^{-x}\right]_0^1 - \int_0^1 (x)'(-e^{-x})\,dx$

$= -e^{-1} + \int_0^1 e^{-x}\,dx = 1 - \dfrac{2}{e}.$

p. 86

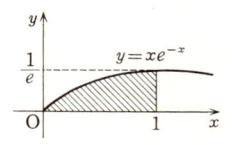

問2 ① $\int_{-1}^1 \dfrac{2x+1}{x^2+x+1}\,dx = \int_{-1}^1 \dfrac{(x^2+x+1)'}{x^2+x+1}\,dx$

$= \left[\log(x^2+x+1)\right]_{-1}^1 = \log 3.$

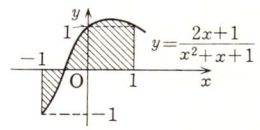

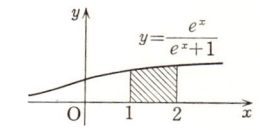

② $\int_1^2 \dfrac{e^x}{e^x+1}\,dx = \int_1^2 \dfrac{(e^x+1)'}{e^x+1}\,dx$

$= \left[\log(e^x+1)\right]_1^2 = \log \dfrac{e^2+1}{e+1}.$

346　指導資料　第2章　指数関数

p. 87

問 3 ① $\dfrac{1}{x(x+3)} = \dfrac{1}{3} \cdot \dfrac{(x+3)-x}{x(x+3)} = \dfrac{1}{3}\left(\dfrac{1}{x} - \dfrac{1}{x+3}\right)$.

ゆえに,
$$\int_{-2}^{-1} \dfrac{dx}{x(x+3)} = \dfrac{1}{3}\int_{-2}^{-1}\left\{\dfrac{1}{x} - \dfrac{1}{x+3}\right\}dx$$
$$= \dfrac{1}{3}\Big[\log|x| - \log|x+3|\Big]_{-2}^{-1} = -\dfrac{2}{3}\log 2.$$

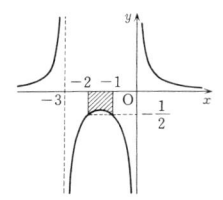

② $\dfrac{1}{x^2-1} = \dfrac{1}{(x-1)(x+1)}$

$= \dfrac{1}{2} \cdot \dfrac{(x+1)-(x-1)}{(x-1)(x+1)} = \dfrac{1}{2}\left\{\dfrac{1}{x-1} - \dfrac{1}{x+1}\right\}$.

ゆえに,
$$\int_2^3 \dfrac{1}{x^2-1}\,dx = \dfrac{1}{2}\int_2^3 \left\{\dfrac{1}{x-1} - \dfrac{1}{x+1}\right\}dx$$

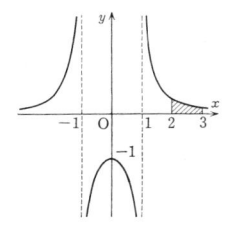

$$= \frac{1}{2}\Big[\log|x-1|-\log|x+1|\Big]_2^3$$
$$= \frac{1}{2}\Big[\log\Big|\frac{x-1}{x+1}\Big|\Big]_2^3 = \frac{1}{2}\log\frac{3}{2}.$$

p. 90
練習問題

1 (1) $y = \dfrac{x+3}{(x+1)(x+2)}$ とおき，両辺の絶対値の対数をとると

$$\log|y| = \log|x+3| - \log|x+1| - \log|x+2|.$$

この両辺を微分すると，
$$\frac{y'}{y} = \frac{1}{x+3} - \frac{1}{x+1} - \frac{1}{x+2}.$$

ゆえに，
$$y' = y\Big(\frac{1}{x+3} - \frac{1}{x+1} - \frac{1}{x+2}\Big)$$
$$= \frac{x+3}{(x+1)(x+2)}$$
$$\times \Big\{\frac{(x+1)(x+2)-(x+3)(x+2)-(x+3)(x+1)}{(x+1)(x+2)(x+3)}\Big\}$$
$$= -\frac{x^2+6x+7}{(x+1)^2(x+2)^2}.$$

(2) 両辺の絶対値の対数をとると，
$$\log|y| = \frac{1}{x}\log 2.$$

この両辺を微分すると，
$$\frac{y'}{y} = -\frac{1}{x^2}\log 2.$$

ゆえに，
$$y' = -\frac{y}{x^2}\log 2 = -\frac{2^{\frac{1}{x}}}{x^2}\log 2.$$

2 (1) $x+1=t$ とおいて置換積分法を用いると,

$$\int_1^2 x\log(x+1)\,dx = \int_2^3 (t-1)\log t\,dt$$
$$= \int_2^3 \left(\frac{t^2}{2}-t\right)' \log t\,dt$$
$$= \left[\left(\frac{t^2}{2}-t\right)\log t\right]_2^3 - \int_2^3 \left(\frac{t^2}{2}-t\right)(\log t)'\,dt$$
$$= \frac{3}{2}\log 3 - \int_2^3 \left(\frac{t}{2}-1\right)dt = \frac{3}{2}\log 3 - \frac{1}{4}.$$

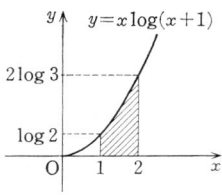

(2) $\dfrac{x}{x^2-4} = \dfrac{x}{(x-2)(x+2)} = \dfrac{1}{2}\left\{\dfrac{1}{x-2}+\dfrac{1}{x+2}\right\}.$

ゆえに,

$$\int_0^1 \frac{x}{x^2-4}\,dx = \frac{1}{2}\int_0^1 \left\{\frac{1}{x-2}+\frac{1}{x+2}\right\}dx$$
$$= \frac{1}{2}\Big[\log|(x-2)(x+2)|\Big]_0^1 = \frac{1}{2}\log\frac{3}{4}.$$

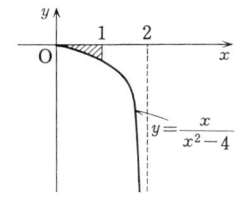

(3) $\int_1^2 \frac{x+1}{x^2}\,dx = \int_1^2 \left(\frac{1}{x}+\frac{1}{x^2}\right)dx$

$= \left[\log|x|-\frac{1}{x}\right]_1^2 = \log 2 + \frac{1}{2}.$

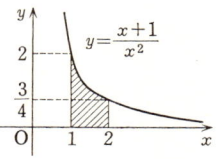

(4) $\int_0^1 \frac{e^x-e^{-x}}{e^x+e^{-x}}\,dx = \int_0^1 \frac{(e^x+e^{-x})'}{e^x+e^{-x}}\,dx$

$= \left[\log(e^x+e^{-x})\right]_0^1 = \log\frac{e+e^{-1}}{2}.$

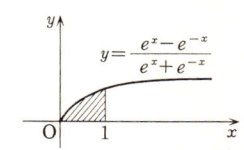

3 (1) $\lim_{h\to 0}\frac{a^h-1}{h} = \lim_{h\to 0}\frac{a^h-a^0}{h}.$

ここで，$f(x)=a^x$ とおくと，上の値は $f'(0)$ に等しい．ところが

$$f'(x) = a^x \log a.$$

ゆえに，

$$\lim_{h\to 0}\frac{a^h-1}{h} = \log a.$$

(2) $\lim_{h\to 0}\frac{\log_a(1+h)}{h} = \lim_{h\to 0}\frac{\log_a(1+h)-\log_a 1}{h}.$

ここで，$f(x) = \log_a x$ とおくと，上の値は $f'(1)$ に等しい．ところが，

$$f'(x) = \frac{1}{x \log a}.$$

ゆえに，

$$\lim_{h \to 0} \frac{\log_a(1+h)}{h} = \frac{1}{\log a}.$$

p. 101
章末問題

1 (1) 商の微分公式を用いて

$$\frac{(1-e^t)'(1+e^t) - (1-e^t)(1+e^t)'}{(1+e^t)^2} = \frac{-2e^t}{(1+e^t)^2}.$$

(2) $\begin{cases} y = e^u \\ u = -x^2 \end{cases}$ とおいて，合成関数の微分法を用いると，

$$\frac{dy}{dx} = \frac{dy}{du} \cdot \frac{du}{dx} = e^u \cdot (-2x) = -2xe^{-x^2}.$$

(3) $\begin{cases} y = \dfrac{1}{u} \\ u = \log x \end{cases}$ とおいて，合成関数の微分法を用いると，

$$\frac{dy}{dx} = \frac{dy}{du} \cdot \frac{du}{dx} = -\frac{1}{u^2} \frac{1}{x} = -\frac{1}{x(\log x)^2}.$$

2 (1) $\displaystyle\int_0^1 t e^{-\frac{t^2}{2}} dt = \int_0^1 \left\{ -\left(-\frac{t^2}{2}\right)' e^{-\frac{t^2}{2}} \right\} dt$

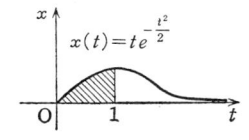

$$= -\int_0^1 \left(e^{-\frac{t^2}{2}}\right)' dt = -\left[e^{-\frac{t^2}{2}}\right]_0^1 = 1 - \frac{1}{\sqrt{e}}.$$

(2) $\displaystyle\int_1^e \frac{\log x}{x} dx = \int_1^e (\log x)' \log x \, dx$

$$= \int_1^e \left\{\frac{(\log x)^2}{2}\right\}' dx = \left[\frac{(\log x)^2}{2}\right]_1^e = \frac{1}{2}.$$

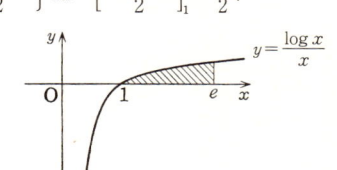

3 $\displaystyle\int_0^1 f(t)\,dt$ は，ある定数だから，これを a とおく．
すなわち，

$$\int_0^1 f(t)\,dt = a. \qquad ①$$

すると，

$$f(x) = e^x + 2a. \qquad ②$$

②を①に代入すると，

$$\int_0^1 (e^t + 2a)\,dt = a.$$

すなわち，

$$\left[e^t + 2at\right]_0^1 = a.$$

これより，

$$e + 2a - 1 = a.$$

ゆえに，

$$a = 1 - e.$$

よって，求める関数は

$$f(x) = e^x + 2 - 2e.$$

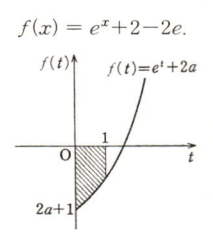

4 k が正の整数であるとき，$k < x < k+1$ ならば，

$$\frac{1}{k+1} < \frac{1}{x} < \frac{1}{k}.$$

ゆえに，

$$\int_k^{k+1} \frac{1}{k+1}\,dx < \int_k^{k+1} \frac{1}{x}\,dx < \int_k^{k+1} \frac{1}{k}\,dx.$$

すなわち，

$$\frac{1}{k+1} < \log(k+1) - \log k < \frac{1}{k}. \qquad ①$$

よって，

$k=1$ のとき $\dfrac{1}{2} < \log 2 - \log 1 < \dfrac{1}{1}$， ②

$k=2$ のとき $\dfrac{1}{3} < \log 3 - \log 2 < \dfrac{1}{2}$， ③

$k=3$ のとき $\dfrac{1}{4} < \log 4 - \log 3 < \dfrac{1}{3}$， ④

　　　……

$k=n-1$ のとき $\dfrac{1}{n}<\log n-\log(n-1)<\dfrac{1}{n-1}$. ⓝ

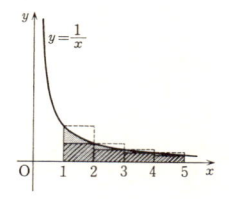

②〜ⓝの不等式を辺々加えると,

$$\dfrac{1}{2}+\dfrac{1}{3}+\dfrac{1}{4}+\cdots+\dfrac{1}{n} < \log n-\log 1 < 1+\dfrac{1}{2}+\cdots+\dfrac{1}{n-1}.$$

すなわち,

$$\sum_{k=2}^{n}\dfrac{1}{k} < \log n < \sum_{k=1}^{n-1}\dfrac{1}{k}.$$

5 (1) $x(t+s)=x(t)x(s)$ に $t=s=0$ を代入すると,
$$x(0) = x(0)\cdot x(0). \quad ①$$
ここで, $x(0)>0$ だから, ①の両辺を $x(0)$ でわると,
$$1 = x(0).$$
すなわち,
$$x(0) = 1.$$

(2) $x'(t)=\lim_{h\to 0}\dfrac{x(t+h)-x(t)}{h}=\lim_{h\to 0}\dfrac{x(t)x(h)-x(t)}{h}$
$\qquad =x(t)\lim_{h\to 0}\dfrac{x(h)-1}{h}=x(t)\lim_{h\to 0}\dfrac{x(h)-x(0)}{h}. \quad ②$

ここで, $x'(0)=\lim_{h\to 0}\dfrac{x(h)-x(0)}{h}$ だから, ②は, $x'(t)=x'(0)\cdot x(t)$ となる.

6 火を止めてから t 分後の湯の温度が気温より x℃ 高いとす

ると，温度の下がる速さは $-\dfrac{dx}{dt}$ で与えられる．そこでつぎの微分方程式がなりたつ．

$$\begin{cases} -\dfrac{dx}{dt} = kx, & \text{①} \\ x(0) = 40, & \text{②} \\ x(30) = 30. & \text{③} \end{cases}$$

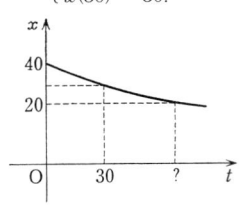

①，②より

$$\dfrac{dt}{dx} = -\dfrac{1}{kx}, \qquad t(40) = 0.$$

ゆえに，

$$\begin{aligned} t &= 0 + \int_{40}^{x} -\dfrac{1}{kx}\,dx \\ &= -\dfrac{1}{k}\Big[\log x\Big]_{40}^{x} = -\dfrac{1}{k}\log \dfrac{x}{40}. \end{aligned}$$

これより，

$$x = 40e^{-kt}. \tag{④}$$

③の条件を考慮すると，

$$30 = 40e^{-30k}.$$

ゆえに，

$$e^{-30k} = \dfrac{3}{4}.$$

よって，

$$k = -\frac{1}{30}\log\frac{3}{4} = \frac{1}{30}\log\frac{4}{3}. \qquad \text{⑤}$$

湯の温度が $40\,\text{℃}$, すなわち $x=20°$ となるのは, ④より $e^{-kt}=\frac{1}{2}$ となる t を求めればよい.

$$t = \frac{1}{k}\log 2 = 30\frac{\log 2}{\log\frac{4}{3}}$$

$$= 30 \cdot \frac{\log 2}{2\log 2 - \log 3}$$

$$\fallingdotseq \frac{30 \times 0.7}{1.4 - 1.1} = 70.$$

3 授業の実際

● 指数関数の導関数

指数関数の導関数の概念は，説明だけではわかりにくい．グラフから各点の接線の傾きを測定するというような作業を実際にやらせることによってなじませたい．教科書の57ページ問2で，そのような作業があるが，ここはつぎのようにやるとよい．

まず，生徒たちに方眼紙を1枚ずつ配る．（上質紙に方眼紙を印刷しておいてもよい．それには茶色のコピー用の方眼紙を用いてコピーを1枚とり，それをファックス等で印刷すればよい．）

つぎに，2cmを1として，$y=2^x$のグラフを，$x=-4$から$x=4$までプロットする．（$x=4$のところは，はみ出してしまう．）

その間を適当につなげて，$y=2^x$のグラフにすればよいが，やや粗くて書きにくいから，それには，xが0.5刻みごとの値を知らせて，それもプロットさせるとよいだろう．0.5刻みごとの値は，下表のようになる．

x	-4	-3.5	-3	-2.5	-2	-1.5	-1	-0.5
2^x	0.06	0.09	0.13	0.17	0.25	0.35	0.5	0.7
0	0.5	1	1.5	2	2.5	3	3.5	4
1	1.41	2	2.83	4	5.66	8	11.3	16

xが負の部分はこれで十分グラフがかけるだろうが，xが正の部分はさらに精密にしたければ，xを$\frac{1}{4}$刻みにして，つぎの値をつけ加えてもよい．

x	0.25	0.75	1.25	1.75	2.25	2.75	3.25
2^x	1.19	1.68	2.38	3.36	4.76	6.73	9.51

このグラフから各点での接線の傾きを測定するとき，教科書では糸を用いてかいてあるが，定規などを用いてもよい．

また，$y=2^x$ のグラフを直観的につくるには，縦の線は等間隔に折り目を入れ，横の線は半分半分に折り目を入れて，折りながら作ってもよい．

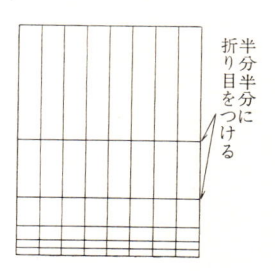

（折り目を半分半分につける）

（近藤年示）

● **対数関数の微分法**

模造紙を適当な大きさに切り，マジックで $x=e^t$ のグラフをかき，赤マジックでその上の1点における接線をかき込んでおく．

このグラフを裏返しにして，x 軸を横軸に，t 軸を縦軸にして透かしてみると，$x=e^t$ の逆関数
$$t = \log x$$
のグラフになっている．

そこで，$t=\log x$ の接線の傾きを読むと $\dfrac{1}{x}$ になることで，導関数が説明できる．この作業を生徒たちに実際にやらせてみる

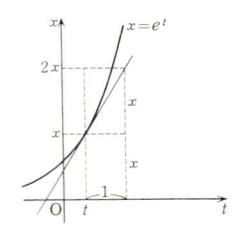

とおもしろい．それには，$x=e^t$ のグラフを印刷したものを配布して，生徒たちにその上の 1 点に接線を書き込ませる．（傾きが $e^t(=x)$ になっていることを確認する．）そして，裏返しにして透かしてみて，$\dfrac{dt}{dx}=\dfrac{1}{x}$ となっていることを確認させる．

（近藤年示）

● 湯の冷却速度

教室へヤカンに沸かした湯と温度計，それに目覚まし時計と関数電卓とを持ち込んで，「今日はお湯の温度の冷えかたを研究しよう」と授業に入る．最初に湯の温度を測っておき，10 分後に再び測定する．（湯は，最初の温度が高いときほど低下速度が大きいが，できるだけ最初の温度を高くなるようにしたい．）そこで，生徒たちに 20 分後，30 分後，40 分後の温度をそれぞれ勝手に予想させ，何人かの予想を黒板に書いておく．つぎに目覚まし時計をかけておいて，10 分ごとの温度を測定してゆく．時間を待つ間，冷却法則がどうなっているのかを説明し，その微分方程式を解いてみる．こうして計算で出した結果と生徒たちのそれぞれの予想とを実際の結果と比べてみよう．生徒たちからどんな感想が出てくるだろうか？（10 分後，20 分後，30 分後，…というように 10 分を単位にして等間隔でとると，湯の温

度と室温との温度差は等比数列をなしているから,関数電卓でなくとも普通の電卓でも簡単に計算できる.) 　　　　（近藤年示）

● 大きさの尺度

1 mm を 1 として $x=e^t$ のグラフをかくと,t の値が 1 m もいかないうちに x の方は宇宙の果てにまでいってしまうが,これだけではあまりにも漠然としていて大きさの尺度が理解しにくい.もう少し中間項の大きさを考えてみよう.km 単位で表すと,およそつぎのようになる.

地球の半径	6×10^3 km
太陽の半径	7×10^5 km
地球と太陽との距離	1.5×10^8 km
太陽系の直径	60×10^8 km
1 光年の長さ	1×10^{13} km
銀河系の直径	1×10^{18} km
宇宙の果てまでの距離	1×10^{23} km

そこで,わかりやすくたとえればつぎのようになろうか.

地球と太陽との距離を 1 m とすると,太陽の直径は 1 cm で,地球の直径は 0.1 mm,太陽系の大きさは直径 40 m で,1 光年というのは 100 km(東京都の直径),銀河系の大きさは 1000 万 km で地球の直径の 1000 倍,…これでもやはりわかりにくい?!

　　　　　　　　　　　　　　　　　　　　（近藤年示）

4 参考

● 空気中での物体の落下

真空中で物体を落下させた場合は等加速度運動をするが,空気の抵抗があるとどうなるかを調べてみよう.

運動速度がそれほど大きくないか,物体の大きさがそれほど大きくないときは,抵抗力はスピードに比例することが知られている.

$$\uparrow kv$$
$$\bullet$$
$$\downarrow mg$$

そこで,質量 m の物体を自由落下させ,時刻 t における速度を下向きに v としよう.この物体に働く力は,下向きの重力 mg と,上向きの抵抗力 kv (k は比例定数)である.よって,ニュートンの運動方程式

$$力 = 質量 \times 加速度$$

により,

$$mg - kv = m\frac{dv}{dt} \tag{1}$$

という微分方程式がなりたつ.

(1)を解いてみよう.変形して,

$$-k\left(v - \frac{m}{k}g\right) = m\frac{dv}{dt}.$$

そこで,$v - \frac{m}{k}g = u$ とおくと,

$$m\frac{du}{dt} = -ku.$$

これより,$u = Ae^{-\frac{k}{m}t}$.

v の式に直すと,

$$v = \frac{m}{k}g + Ae^{-\frac{k}{m}t}.$$

初期条件として,$t=0$ のとき $v=v_0$ とすると $A = -\left(\frac{mg}{k} - v_0\right)$.
よって,(1)の解として,

$$v = \frac{m}{k}g - \left(\frac{m}{k}g - v_0\right)e^{-\frac{k}{m}t}$$

が得られる.

この解をグラフにしてみると,下図のようになり,$t \to \infty$ のとき $v \to \frac{m}{k}g$ となって,物体は一定のスピードに近づく.この速度のことを終端速度という.

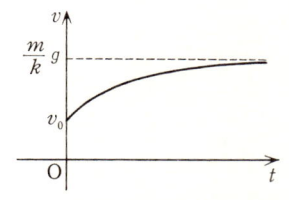

このように,空気中での物体の落下は等加速度運動ではなく,あるところまでゆくと等速運動になってしまう.雨粒などもどんな高空から落ちても,このように等速になっているから,あたっても痛くない.終端速度を小さくするには,k の値を大きくしてやればよい.パラシュートも終端速度が適切になるように k が調整されている.

運動物体の速度が大きいか,物体も大きい場合は,抵抗力は

速度の2乗に比例する．

そこで，このときの運動方程式は

$$mg - kv^2 = m\frac{dv}{dt} \tag{2}$$

と書ける．（k は比例定数で，物体の運動方向の断面積と媒質の密度の積に比例することが知られている．）

(2)を解いてみよう．変形して，

$$m\frac{dv}{dt} = -k(v^2 - \alpha^2). \qquad \left(\alpha^2 = \frac{mg}{k}\right)$$

これより，

$$\frac{1}{v^2 - \alpha^2}\frac{dv}{dt} = -\frac{k}{m}.$$

$$\frac{1}{2\alpha}\left\{\frac{1}{v-\alpha} - \frac{1}{v+\alpha}\right\}\frac{dv}{dt} = -\frac{k}{m}.$$

この両辺を t で積分して，

$$\log\frac{v-\alpha}{v+\alpha} = -\frac{2\alpha k}{m}t + c.$$

すなわち，

$$\frac{v-\alpha}{v+\alpha} = Ae^{-\frac{2\alpha k}{m}t}. \qquad (A = e^c)$$

ゆえに，

$$v = \frac{1 + Ae^{-\frac{2\alpha k}{m}t}}{1 - Ae^{-\frac{2\alpha k}{m}t}}\alpha.$$

$t=0$ のとき $v=v_0$ とすれば，$A = \dfrac{v_0 - \alpha}{v_0 + \alpha}$ だから，

$$v = \frac{(v_0 + \alpha) + (v_0 - \alpha)e^{-\frac{2\alpha k}{m}t}}{(v_0 + \alpha) - (v_0 - \alpha)e^{-\frac{2\alpha k}{m}t}}\alpha$$

が得られる．

(近藤年示)

● 指数関数の３つの定義

指数関数を定義するのに，高校の程度として，３つの方法がある．

本文で扱ったのは，微分方程式による定義

$$\left. \begin{aligned} \frac{dx}{dt} &= x \\ x(0) &= 1 \end{aligned} \right\} \longleftrightarrow x = e^t$$

である．

これは

$$\frac{dx}{x} = dt$$

であるから，積分すると，

$$\int_1^x \frac{dx}{x} = \int_0^t dt = t,$$

すなわち，逆関数の $\log x$ の方を

$$\log x = \int_1^x \frac{dx}{x}$$

でやる．これが，第２の定義の方法である．

これは，

$$(\log x)' = \frac{1}{x}$$

と同じになる．それは，$x=1$ の場合に

$$(\log x)'_{x=1} = 1$$

すなわち

$$\lim_{h \to 0} \frac{\log(1+h)}{h} = 1$$

になる．$\log$ というのは，1 が単位になっていて，一般の場合も

$$\frac{\log(x+h)-\log x}{h} = \frac{\log\left(1+\dfrac{h}{x}\right)}{\dfrac{h}{x}} \cdot \frac{1}{x}$$

から得られる. この lim の式は

$$\lim_{h\to 0}(1+h)^{\frac{1}{h}} = e$$

の対数をとったもので, これとも同値になる. この e から始める第 3 の方法が一番よく用いられた方法である.

もちろん, 3 つの定義は同値で, それが微分と積分との関係で, 裏表になっているところを鑑賞してほしい.

それぞれの長短をあげれば,

$$\frac{dx}{dt} = x$$

が, 量の指数的変化を直接表現しているかわり, 微分方程式の考えにたっている. これにたいして,

$$\lim_{h\to 0}(1+h)^{\frac{1}{h}} = e$$

が直接に e という数を与えるが, それだけに天下りで, それよりはむしろ,

$$\lim_{h\to 0}\frac{\log(1+h)}{h} = 1$$

の形の方が, 微分とのつながりが見えやすい. しかし, せっかくならその中間で積分にして,

$$\log x = \int_1^x \frac{dx}{x}$$

の方が量的に把握しやすいが, これは分数関数 $\dfrac{1}{x}$ を積分するという, 積分計算の完成のほうが表面に出る.

この教科書では，指数的変化を強調する立場から，微分方程式による定義にしているが，3つとも，それぞれに長所があるわけで，どこから導入しても，この3つを強調したい．もしもできれば，この3つの同値を通じて，微分と積分の裏表の関係を鑑賞したい．
（森　毅）

第 3 章　三角関数　（教科書 p. 105〜151）

1　編修にあたって

　本章を構成するにあたって基本とした考えかたを以下いくつかとりあげることにより，授業の参考にしていただきたい．

1　三角関数の微積分をまとめて完結

　これは，本章に限らず教科書全体を貫いた方針である．とくに 1 章は代数関数，2 章は指数関数，3 章は三角関数をとりあげ，これらの関数が現実世界の現象をどのようにとらえ，どのように数学的に処理し，さらにどのような数学的形式として定式化されるかに視点を置いた．

　この方針をとることによって，従来，微分・積分・微分方程式という 3 つの分野に分けられたために，その本質が見えにくくなっていた各関数の特徴が浮きぼりにされるものと考えた．実際に，本教科書では一応それを成功させ得たと思う．これにより心配されることは，微分・積分・微分方程式というそれぞれの（いわば横割りにした数学の分野の）理解が不十分にならないか

	本書の構成		
代数関数	指数関数	三角関数	微分
			積分
			微分方程式

従来の構成

ということであろうが、じつは、その点についてもかえって相互の意味づけが明確になったのではないかと思う.

2 円運動と振動の解析

三角関数とは何か？ この本質は円運動と振動の解析にある. 本章ではこの目的を柱に据えて展開した.

(1) まず、円運動は2次元平面上の運動であるというごく基本的なことを出発点としなければならない. これは、第1章、第2章と異なる点である. したがって、平面上の運動はどのように式表現するか、平面上の運動の速度・加速度をどうとらえて表現するかを学ぶところから出発する.

(2) すると、$\sin t$ と $\cos t$ の微分は、円運動の速度を求めることに還元される. ただし、この基本公式は重要であるので、多面的な見かたをしておくことが大切であると考え、グラフの傾きおよび極限の公式から導く方法も添えた. つまり3通りの方法で $(\sin t)' = \cos t, (\cos t)' = -\sin t$ をとらえる形をとってある.

(3) そして最後に、円運動の加速度および単振動を扱った. とくに三角関数 $(\sin, \cos)$ を特徴づける微分方程式 $\dfrac{d^2x}{dt^2} = -\omega^2 x$ を、指数関数の微分方程式 $\dfrac{d^2x}{dt^2} = p^2 x$ と対比し、その物理的な意味をとらえることにした. 指導要領と教科書の制約から、中心力と引力、単振動とエネルギー、減衰振動についての話題は補足扱いとしたが、これらは、高校生に数学の意義をわからせるためにはかなり有効な話題であろう.

3 微分・積分の計算

本書では、上記1で述べたように、微分と積分を別の時期に

やるという方法はとらず,ほとんど同時に出てくる.とくに積分については不定積分より定積分を重視し,いわば定積分主義をとっている.本章でもその方針をとったが,計算に慣れることも大切であるので若干の不定積分の計算もある.

また,置換積分で高校の一応の到達点となっている $x=a\sin t$ と置換する例については,円の面積という項を設けてその中で扱った.$x=a\tan t$ の置換については,「第4章 微分・積分の応用」の章末問題にまわした.

すなわち,高校生にとって単なる計算のための計算に終わりがちな微分・積分の扱いかたは,彼等を数学好き,科学好きにするものではなく,数学という科学を問題解きにせばめてしまう.それを克服したいと考えた. (小沢健一)

2 解説と展開

3.1 平面上の運動をとらえる (p.106～114)

A 留意点
つぎのことを強く印象づけるように配慮する．
(1) 直線上の運動と平面上の運動の区別．
(2) 平面上の運動の表しかた．つまり，x軸とy軸に正射影した点の運動（それぞれ直線運動）に分解して記述せざるを得ないこと．
(3) 速度と速さの区別．本章では，速さは丁寧に速度ベクトルの大きさといっている．
(4) 加速度と加速度の大きさの区別．
(5) いわゆるパラメータ表示された関数の微分の公式 $\dfrac{dy}{dx}=\dfrac{dy}{dt}\Big/\dfrac{dx}{dt}$ の運動としての理解．すなわち，左辺は軌道の接線の傾き，右辺は速度ベクトルの傾き．これらが等しいということは，速度ベクトルの方向は軌道の接線方向と一致するということである．これがハンマーはどちらの方向に飛ぶかという導入部のはじめの問いの答えになり，かつ3.2節の基礎となる．

B 問題解説

p.107 (3.1.1)
問 いろいろな意見を出させてみるのもおもしろい．

p.109 (3.1.2)
問1 $\begin{cases} x=2\cos\dfrac{\pi}{6}t \\ y=2\sin\dfrac{\pi}{6}t. \end{cases}$

問2　$t=\frac{x}{3}$ を代入する.

$$y = 1 + \frac{x}{3} - \frac{x^2}{9} = -\frac{1}{9}(x^2 - 3x) + 1$$
$$= -\frac{1}{9}\left(x - \frac{3}{2}\right)^2 + \frac{5}{4}.$$

だから，下のような放物線になる.

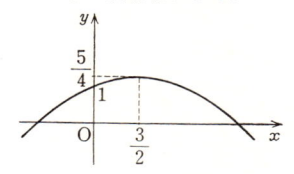

p. 111 (3.1.3)

問1　① $t=\frac{x}{2}$ を代入する.

$$y = -\frac{x^2}{4} + 3x = -\frac{1}{4}(x^2 - 12x)$$
$$= -\frac{1}{4}(x-6)^2 + 9.$$

$0 \leq t \leq 6$ より, $0 \leq x \leq 12$.

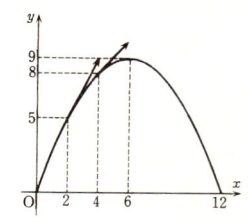

② $\begin{cases} x' = 2 \\ y' = -2t + 6 \end{cases}$ より,

$t=1$ のときは $\begin{pmatrix} 2 \\ 4 \end{pmatrix}$, $t=2$ のときは $\begin{pmatrix} 2 \\ 2 \end{pmatrix}$.

③ それぞれ $\sqrt{4+16}=2\sqrt{5}$, $\sqrt{4+4}=2\sqrt{2}$.

p. 113
問2 $\begin{cases} x'=2 \\ y'=-2t+6, \end{cases}$ $\begin{cases} x''=0 \\ y''=-2 \end{cases}$

となるので,どんな t の場合も $\begin{pmatrix} 0 \\ -2 \end{pmatrix}$ となる.

p. 113
練習問題

1 $\begin{cases} x'=2 \\ y'=3-10t, \end{cases}$ $\begin{cases} x''=0 \\ y''=-10 \end{cases}$ より,

速度ベクトル $\begin{pmatrix} 2 \\ -17 \end{pmatrix}$, 加速度ベクトル $\begin{pmatrix} 0 \\ -10 \end{pmatrix}$.

また,大きさはそれぞれ

$$\sqrt{2^2+(-17)^2} = \sqrt{293}, \qquad \sqrt{0^2+(-10)^2} = 10.$$

2 $\dfrac{dy}{dx} = \dfrac{\dfrac{dy}{dt}}{\dfrac{dx}{dt}} = \dfrac{3}{6t} = \dfrac{1}{2t}$.

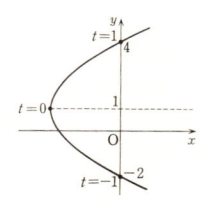

3.2 三角関数の微分・積分　(p.115〜132)

A　留意点

この節でいよいよ $(\sin t)' = \cos t$, $(\cos t)' = -\sin t$ という公式が登場する．はじめに円運動 $x = \cos t$, $y = \sin t$ の速度ベクトル $\begin{pmatrix} (\cos t)' \\ (\sin t)' \end{pmatrix}$ を求めるという考えかたからすぐにこの公式が導ける．（教科書 p.115, 116）

ところが，「この円運動は1単位時間に1の長さの弧を動くから，各点における速度ベクトルの大きさも1と考えることができる」という論拠を生徒たちが認めるかどうかが問題となる．「ハンマー投げにたとえれば，手を離したとき，鉄球は接線方向に速さ1で飛んでいく」というところで納得する生徒が多い．伏線として3.1節で速度と速度の大きさを扱うとき，その考えかたを入れておくとよい．もともと微分係数とはそういうものなのである．（資料「暴走の死角」参照）

ただし，納得しない生徒はそのままにしておいてよい．

なぜなら，グラフを使ったおおまかな理解（教科書 p.117）と，極限を使った説明（教科書 p.119）により，逆に上記のことは定理として位置づけることも可能だからである．

したがって，この導入部は，十分柔軟でなければならない．

また，$\lim_{h \to 0} \dfrac{\sin h}{h} = 1$ の説明で，よく行われている円の面積を使う方法はとらなかった．あとで円の面積を求めるのであるからうるさくいえば循環論法になるからである．また，弧の長さを折れ線で近似して定義していく方法で証明することもできるが，これは，$\sin h$ と h とはほとんど等しいという本書の直観的に認めておく方法を厳密化するだけのことである．したがって，現時点で直観的に認めておくことは，理論的証明を避けたとして消極的に理解すべきでなく，むしろ理論的証明の対象を明らかにするために必要な段階を踏んだことであると積極的に位置づけた方がよい．

実際，たとえば黒板のはしからはしまで届くようなヒモを使って半径の大きい円弧を描いてみれば，$\sin h$ と h は区別がつかなくなることを生徒は納得する．

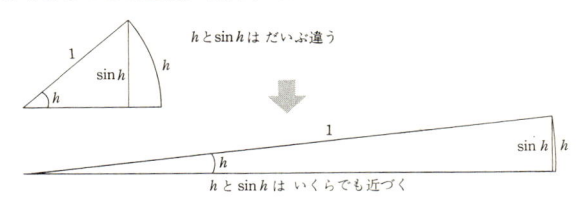

h と $\sin h$ は だいぶ違う

h と $\sin h$ は いくらでも近づく

「3.2.4 円の面積」の〈その1〉，多角形で近似していく方法は，ほとんどの生徒が小学校時代に学んだ下の方法でやってい

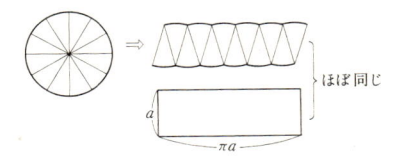

るのでそれを土台としてここに位置づけることが大切である.

少数ではあるが，つぎの方法で学んだ生徒もいる．これを土台としたのが，〈その3〉環状に分割する方法である.

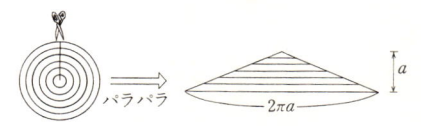

B 問題解説

p. 120（3.2.2）

問 $(\sin t)' = \lim_{h \to 0} \dfrac{\sin(t+h) - \sin t}{h}$

$= \lim_{h \to 0} \dfrac{\sin t \cos h + \cos t \sin h - \sin t}{h}$

$= \lim_{h \to 0} \left(\dfrac{\cos h - 1}{h} \cdot \sin t + \dfrac{\sin h}{h} \cdot \cos t \right)$

$= 0 \cdot \sin t + 1 \cdot \cos t = \cos t.$

p. 122（3.2.3）

問1　① $-2\sin(2t+3).$　② $-2\cos(-2t+3).$
　　　③ $-a\omega \sin(\omega t + \alpha).$

問2　① $3\sin^2 t \cos t.$　② $-2\cos t \sin t.$
　　　③ $-3\cos^2 t \sin t.$　④ $-\dfrac{\cos t}{\sin^2 t}.$

p. 123

問3　① $\displaystyle\int_0^{\frac{\pi}{2}} \cos^2 t\, dt = \int_0^{\frac{\pi}{2}} \dfrac{1+\cos 2t}{2} dt = \left[\dfrac{t}{2} + \dfrac{\sin 2t}{4} \right]_0^{\frac{\pi}{2}} = \dfrac{\pi}{4}.$

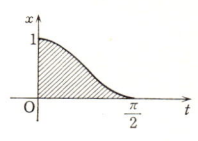

② $\displaystyle\int_0^{\frac{\pi}{2}} \cos^3 t\, dt = \int_0^{\frac{\pi}{2}} (1-\sin^2 t)\cos t\, dt$

$\displaystyle = \left[\sin t - \frac{\sin^3 t}{3}\right]_0^{\frac{\pi}{2}} = \left(1-\frac{1}{3}\right) - 0 = \frac{2}{3}.$

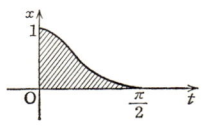

③ $\displaystyle\int_0^{\frac{\pi}{2}} \sin^5 t\, dt = \int_0^{\frac{\pi}{2}} (1-\cos^2 t)^2 \sin t\, dt$

$\displaystyle = \int_0^{\frac{\pi}{2}} (\sin t - 2\cos^2 t \sin t + \cos^4 t \sin t)\, dt$

$\displaystyle = \left[-\cos t + \frac{2\cos^3 t}{3} - \frac{\cos^5 t}{5}\right]_0^{\frac{\pi}{2}}$

$\displaystyle = 0 - \left(-1 + \frac{2}{3} - \frac{1}{5}\right) = \frac{8}{15}.$

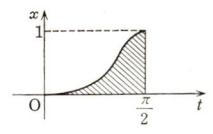

④ $\displaystyle\int_0^{\frac{\pi}{2}} \cos^5 t\, dt = \int_0^{\frac{\pi}{2}} (1-\sin^2 t)^2 \cos t\, dt$

$\displaystyle = \int_0^{\frac{\pi}{2}} (\cos t - 2\sin^2 t \cos t + \sin^4 t \cos t)\, dt$

$\displaystyle = \left[\sin t - \frac{2\sin^3 t}{3} + \frac{\sin^5 t}{5}\right]_0^{\frac{\pi}{2}} = 1 - \frac{2}{3} + \frac{1}{5} = \frac{8}{15}.$

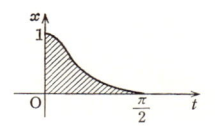

p. 124

問 4 $\sin 2t \cos t = \dfrac{1}{2}(\sin 3t + \sin t)$

だから,

$$\int \sin 2t \cos t\, dt = \dfrac{1}{2}\int(\sin 3t + \sin t)dt$$

$$= \dfrac{1}{2}\left\{\dfrac{1}{3}(-\cos 3t)-\cos t\right\}+c$$

$$= -\dfrac{1}{6}\cos 3t - \dfrac{1}{2}\cos t + c.$$

問 5 ① $\left(\dfrac{1}{\sin t}\right)' = -\dfrac{\cos t}{\sin^2 t}.$

② $\left(\dfrac{1}{\cos t}\right)' = \dfrac{\sin t}{\cos^2 t}.$

③ $\left(\dfrac{1}{\tan t}\right)' = -\dfrac{1}{\tan^2 t \cos^2 t} = -\dfrac{1}{\sin^2 t}.$

問 6 右辺を微分すると, それぞれ $\tan t$, $\dfrac{1}{\tan t}$ となる.

p. 125

問 7 ① $y' = \cos t - \sin t = \sqrt{2}\sin\left(t+\dfrac{3}{4}\pi\right).$

t	0	$\cdots$	$\dfrac{\pi}{4}$	$\cdots$	$\dfrac{5}{4}\pi$	$\cdots$	2π
y'	1	+	0	−	0	+	1
y	1	↗	$\sqrt{2}$	↘	$-\sqrt{2}$	↗	1

② $y' = 2\cos t - 2\sin 2t$
$= 2\cos t - 4\sin t\cos t = -4\cos t\left(\sin t - \dfrac{1}{2}\right).$

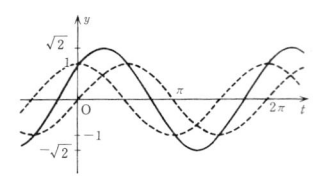

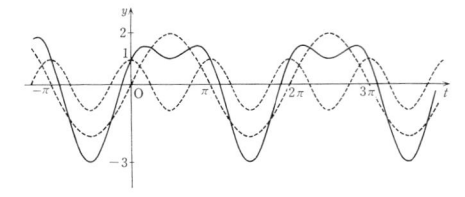

t	0	$\cdots$	$\dfrac{\pi}{6}$	$\cdots$	$\dfrac{\pi}{2}$	$\cdots$	$\dfrac{5}{6}\pi$	$\cdots$	$\dfrac{3}{2}\pi$	$\cdots$	2π
y'	2	$+$	0	$-$	0	$+$	0	$-$	0	$+$	2
y	1	↗	$\dfrac{3}{2}$	↘	1	↗	$\dfrac{3}{2}$	↘	-3	↗	1

③ $y' = 2\cos t + 2\cos 2t = 2\cos t + 2(2\cos^2 t - 1)$
$= 2(2\cos^2 t + \cos t - 1) = 2(2\cos t - 1)(\cos t + 1).$

t	0	$\cdots$	$\dfrac{\pi}{3}$	$\cdots$	π	$\cdots$	$\dfrac{5}{3}\pi$	$\cdots$	2π
y'	4	$+$	0	$-$	0	$-$	0	$+$	4
y	0	↗	$\dfrac{3\sqrt{3}}{2}$	↘	0	↘	$-\dfrac{3\sqrt{3}}{2}$	↗	0

2 解説と展開

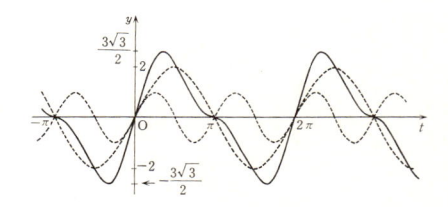

p. 126

問 8 ① $y' = -\dfrac{\cos x}{\sin^2 x}$.

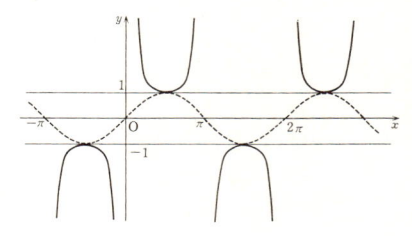

x	0	$\cdots$	$\dfrac{\pi}{2}$	$\cdots$	π	$\cdots$	$\dfrac{3}{2}\pi$	$\cdots$	2π
y'	/	$-$	0	$+$	/	$+$	0	$-$	/
y	/	↘	1	↗	/	↗	-1	↘	/

② $y' = \dfrac{-1}{\tan^2 x \cos^2 x}$.

x	0	$\cdots$	$\dfrac{\pi}{2}$	$\cdots$	π	$\cdots$	$\dfrac{3}{2}\pi$	$\cdots$	2π
y'	/	$-$	/	$-$	/	$-$	/	$-$	/
y	/	↘	/	↘	/	↘	/	↘	/

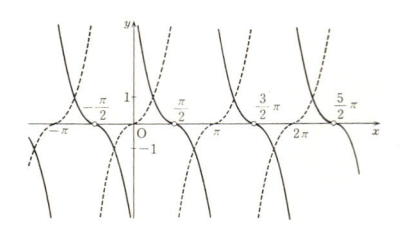

p. 126 (3.2.4)
問 1　略

p. 127
問 2　下の図で，$AB = a\tan\dfrac{\pi}{n}$ だから，
$$\triangle OAB = \dfrac{a^2}{2}\tan\dfrac{\pi}{n}.$$

よって，外接 n 角形の面積 S_n は

$$S_n = n \times 2 \times \dfrac{a^2}{2}\tan\dfrac{\pi}{n} = \pi a^2 \dfrac{\sin\dfrac{\pi}{n}}{\dfrac{\pi}{n}} \cdot \dfrac{1}{\cos\dfrac{\pi}{n}}.$$

ここで，$n \to \infty$ のとき，$S_n \to \pi a^2$ となる．

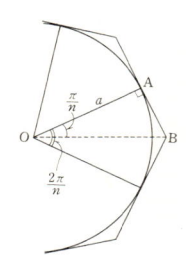

p. 129

問 3 $x = a\sin t$ とおくと,
$$\sqrt{a^2-x^2} = \sqrt{a^2(1-\sin^2 t)} = \sqrt{a^2\cos^2 t} = a\cos t.$$

また,$\dfrac{dx}{dt} = a\cos t$ だから,

x	$0 \longrightarrow a$
t	$0 \longrightarrow \dfrac{\pi}{2}$

$$S = 4\int_0^{\frac{\pi}{2}} a\cos t \times a\cos t\, dt = 4a^2\int_0^{\frac{\pi}{2}}\cos^2 t\, dt$$
$$= 4a^2\int_0^{\frac{\pi}{2}}\frac{1+\cos 2t}{2}dt = 4a^2\left[\frac{1}{2}t + \frac{\sin 2t}{4}\right]_0^{\frac{\pi}{2}}$$
$$= 4a^2 \times \frac{\pi}{4} = \pi a^2.$$

p. 130

問 4 略

練習問題

1 (1) $y' = -2\sin(2t-4) \times 2 = -4\sin(2t-4)$,
    $y'' = -4\cos(2t-4) \times 2 = -8\cos(2t-4)$.

  (2) $y' = 2\sin t \cdot \cos t$,
    $y'' = 2(\cos t \cdot \cos t + \sin t \cdot (-\sin t))$
    $= 2(\cos^2 t - \sin^2 t) = 2\cos 2t$.

2 $\displaystyle\int \sin^4 t\, dt = \int\left(\sin^2 t - \frac{1}{4}\sin^2 2t\right)dt$
    $\displaystyle = \int\left(\frac{1-\cos 2t}{2} - \frac{1}{4}\cdot\frac{1-\cos 4t}{2}\right)dt$
    $\displaystyle = \frac{1}{2}t - \frac{1}{4}\sin 2t - \frac{1}{8}t + \frac{1}{32}\sin 4t + c$

$$= \frac{3}{8}t - \frac{1}{4}\sin 2t + \frac{1}{32}\sin 4t + c.$$

3.3 円運動と振動 (p. 133〜146)

A 留意点

この節では，つぎのような点に配慮がほしい．

(1) 物理や地学で微積分なしに学んだことを，あらためて明確にしてやるという観点で授業すると，生徒たちがよろこぶ．

(2) 補足の中心力と引力，単振動とエネルギー，減衰振動にも触れる．生徒たちに読む時間を与えてやるだけでもよい．それにより，数学が単なる問題解きの計算ではないことが理解してもらえるよいチャンスとなる．

(3) 教科書 p. 137〜138 の指数関数との対比，つまり加速度の向きのちがいという観点を重視し，2つの関数の本質をとらえる．場合によってはオイラーの公式（教科書 p. 252）にも触れる．

B 問題解説

p. 133 (3.3.1)

問 $\sqrt{(x')^2 + (y')^2}$
$= \sqrt{(-a\omega\sin(\omega t + \alpha))^2 + (a\omega\cos(\omega t + \alpha))^2}$
$= \sqrt{(a\omega)^2} = a\omega.$

（注） $\sqrt{(x')^2 + (y')^2} = \sqrt{(-\omega y)^2 + (\omega x)^2} = \sqrt{\omega^2(x^2 + y^2)}$
$= \sqrt{\omega^2 a^2} = a\omega$

としてもよい．

p. 141 (3.3.2)

練習問題

1　周期は $2\pi\sqrt{\dfrac{m}{p}}$ だったからつぎのようになる.

(1) m のところを $2m$ とすると,
$$2\sqrt{2}\pi\sqrt{\dfrac{m}{p}}$$
となるので $\sqrt{2}$ 倍になる.

(2) 4 倍にすればよい.

p. 147

章末問題

1　(1) $y'=2\sin(3x+1)\cdot\cos(3x+1)\cdot 3$
$=6\sin(3x+1)\cos(3x+1)$.
または, $3\sin(6x+2)$.

(2) $y'=\dfrac{-\sin x(1+\sin x)-\cos x\cdot\cos x}{(1+\sin x)^2}$
$=\dfrac{-\sin x-(\sin^2 x+\cos^2 x)}{(1+\sin x)^2}$
$=\dfrac{-(1+\sin x)}{(1+\sin x)^2}=-\dfrac{1}{1+\sin x}$.

(3) $y'=-\sin(x^2+1)\cdot 2x=-2x\sin(x^2+1)$.

(4) $y'=\dfrac{\cos x}{\sin x}$, または $\dfrac{1}{\tan x}$.

2　(1) $2\cos 2x=2\cos^2 x-2\sin^2 x$.

(2) $3\cos 3x=3\cos x-12\sin^2 x\cos x$.

3　(1) $\dfrac{1}{4}\sin^4 x+c$.

(2) $-\dfrac{1}{6}\cos^6 x+c$.

4 (1) $\int_0^{\frac{\pi}{2}} x\cos x\,dx = \left[x\sin x\right]_0^{\frac{\pi}{2}} - \int_0^{\frac{\pi}{2}} \sin x\,dx$

$= \left[x\sin x\right]_0^{\frac{\pi}{2}} - \left[-\cos x\right]_0^{\frac{\pi}{2}} = \left(\frac{\pi}{2} - 0\right) - (0-(-1))$

$= \frac{\pi}{2} - 1.$

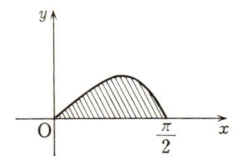

(2) $\int_0^{\frac{\pi}{2}} x\sin x\,dx$

$= \left[x(-\cos x)\right]_0^{\frac{\pi}{2}} - \int_0^{\frac{\pi}{2}}(-\cos x)\,dx$

$= \left[-x\cos x\right]_0^{\frac{\pi}{2}} + \left[\sin x\right]_0^{\frac{\pi}{2}} = 0 + (1-0) = 1.$

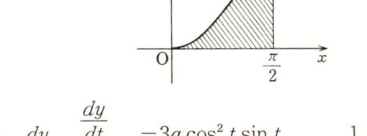

5 (1) $\dfrac{dy}{dx} = \dfrac{\dfrac{dy}{dt}}{\dfrac{dx}{dt}} = \dfrac{-3a\cos^2 t\sin t}{3a\sin^2 t\cos t} = -\dfrac{1}{\tan t}.$

(2) $\dfrac{dx}{dt} = \dfrac{3a(1+t^3) - 3at \times 3t^2}{(1+t^3)^2} = \dfrac{3a(1-2t^3)}{(1+t^3)^2}.$

$$\frac{dy}{dt} = \frac{6at(1+t^3) - 3at^2 \times 3t^2}{(1+t^3)^2} = \frac{3at(2-t^3)}{(1+t^3)^2}.$$

よって,

$$\frac{dy}{dx} = \frac{\dfrac{dy}{dt}}{\dfrac{dx}{dt}} = \frac{t(2-t^3)}{1-2t^3}.$$

6 $\dfrac{S}{2} = \int_{\frac{1}{2}}^{1} \sqrt{1-x^2}\,dx$ を求める.

$x = \cos t$ とおくと,

$$\sqrt{1-x^2} = \sqrt{1-\cos^2 t} = \sin t,$$

$$\frac{dx}{dt} = -\sin t.$$

x	$\dfrac{1}{2}$ $\longrightarrow$ 1
t	$\dfrac{\pi}{3}$ $\longrightarrow$ 0

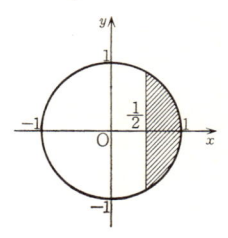

よって,

$$\frac{S}{2} = \int_{\frac{\pi}{3}}^{0} \sin t(-\sin t)\,dt$$

$$= -\int_{\frac{\pi}{3}}^{0} \frac{1-\cos 2t}{2}dt = -\left[\frac{1}{2}t - \frac{\sin 2t}{4}\right]_{\frac{\pi}{3}}^{0}$$

$$= -\left\{0-\left(\frac{\pi}{6}-\frac{\sqrt{3}}{8}\right)\right\} = \frac{\pi}{6}-\frac{\sqrt{3}}{8}.$$

ゆえに,
$$S = \frac{\pi}{3}-\frac{\sqrt{3}}{4}.$$

7 $\int_0^\pi \sin mt \cdot \sin nt\, dt = \frac{1}{2}\int_0^\pi (\cos(m-n)t - \cos(m+n)t)dt.$

$m \neq n$ のときは,
$$\frac{1}{2}\left[\frac{1}{m-n}\sin(m-n)t - \frac{1}{m+n}\sin(m+n)t\right]_0^\pi$$
$$= \frac{1}{2}(0-0) = 0.$$

$m = n$ のときは,
$$\frac{1}{2}\int_0^\pi (1-\cos 2mt)dt = \frac{1}{2}\left[t - \frac{1}{2m}\sin 2mt\right]_0^\pi$$
$$= \frac{1}{2}(\pi - 0) = \frac{\pi}{2}.$$

3 授業の実際

● 等速円運動

第3章に入ったはじめの時間に,50 cm ほどのヒモにおもり(たとえば5円玉)をつけてもっていく.

「円運動というのはこういうものです」

といって,ぐるぐる回す.

「速くまわすと外に引っぱられる力が大きくなります.引っぱられる力を一定にしたまま速くまわって欲しいと思っても無理です」

「一定の時間に一定の角度だけ回転するので等速円運動といいます」

ぐるぐる回しながら話す.

「では,等速でない円運動をやってみます」

といってガタガタゆする.当然うまくいかない.

「等速でない円運動というのはむずかしいですね.なぜでしょう」

「引っぱる力が場所によってちがう必要があるからですね」

「つまり,この世の中にある円運動というのは,おそらく例外なしに等速円運動だと思っていいのです」

生徒はただぐるぐるまわる5円玉をみている.

しかし，これは大切なことである．

なぜ等速円運動を考えるのかについて，ひとつには現実に円運動はたくさんあること，もうひとつは不等速円運動は現実的でないことをこの段階で納得させておく必要がある．

さらにぐるぐる回しながら，いろいろな問いかけをするとよい．

「しかし月にはヒモがついていないね」

「いまの位置のまま月にもっと速く回ってもらうことができるかな」

そして，パッと手離して教科書 p.107 の問いの答えを出す．

「ではこういう円運動を数式でどう処理したらよいだろうか」ということで平面上の運動のとらえかたに入っていく．

(小沢健一)

● 単振動の合成

地球 (Earth) は太陽 (Sun) のまわりを廻り，月 (Moon) は地球のまわりを廻っている．

このように，3つの天体 S, E, M があって，E は S のまわりを廻り，M は E のまわりを廻っている運動を考えよう．ただしここでは軌道は完全な円だとしよう．

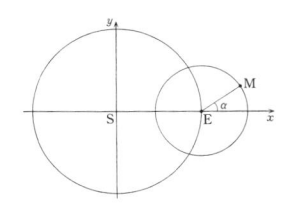

さて, ある基準の時刻 ($t=0$ とする) における天体の位置が前ページの図のようであったとしよう.

そして,

　EはSのまわりを角速度 ω_1 で,

　MはEのまわりを角速度 ω_2 で

廻っているものとする. また,

　Eの軌道半径を r_1,

　Mの軌道半径を r_2

とする.

時刻 t のときのMの位置を座標で表すと, どうなっているだろうか.

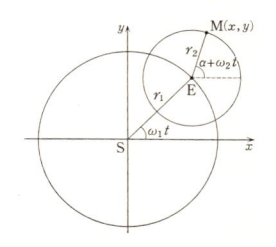

$$\begin{cases} x = r_1 \cos \omega_1 t + r_2 \cos(\alpha + \omega_2 t) \\ y = r_1 \sin \omega_1 t + r_2 \sin(\alpha + \omega_2 t) \end{cases}$$

と表されるだろう.

さて, いま $r_1=1$, $r_2=1$, $\omega_1=1$, $\omega_2=1$, $\alpha=\dfrac{\pi}{2}$ のときを考えてみよう.

このとき,

$$\begin{cases} x = \cos t - \sin t \\ y = \sin t + \cos t \end{cases}$$

となる.
また,

$$r_1=2,\ r_2=1,\ \omega_1=1,\ \omega_2=2,\ \alpha=\frac{\pi}{2}, \qquad ①$$

$$r_1=2,\ r_2=1,\ \omega_1=1,\ \omega_2=2,\ \alpha=0 \qquad ②$$

となる運動を図示すると,つぎの図のようになる.

① $\begin{cases} x=2\cos t-\sin 2t \\ y=2\sin t+\cos 2t \end{cases}$ ② $\begin{cases} x=2\cos t+\cos 2t \\ y=2\sin t+\sin 2t \end{cases}$

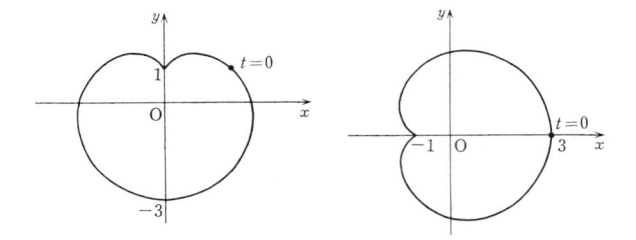

なお,実際の地球と月の場合には,大体,(時刻の単位を1年として)

$$r_1=1.5\times 10^8\,\mathrm{km},\qquad r_2=3.8\times 10^5\,\mathrm{km},$$

$$\omega_1=2\pi,\qquad \omega_2=2\pi\times 13.36827$$

である.なお,時刻は $\alpha=0$ となるとき(満月のとき)を $t=0$ とすると簡単である.

(黒田俊郎)

● 円運動の速度・加速度

(用意するもの)ザラ紙に3つの円をたてに並べて描いたものを1枚ずつ配る.円の右側には十分な余白をとっておく.

(授業のねらい)円運動の速度・加速度について,教科書にある

ように式を変形して求めるだけでは生徒に納得させられないことが多い．形式的にわかってもすぐ忘れてしまい身につかないものである．

そこで，一見バカバカしいようだが，実際に速度ベクトル，加速度ベクトルなどを求め，矢印で書いてみる．このような作業をするうちに，少しずつ本質も理解されていく．

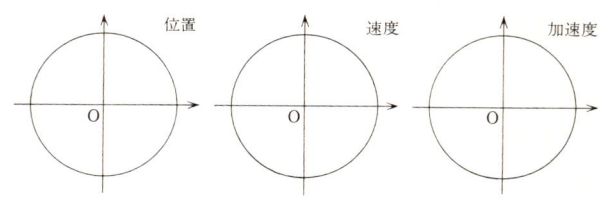

　　　　位置　　　　　　　速度　　　　　　　加速度

（展開のしかた）

T「この章で習んだことを本当に理解するために，具体的な例で円運動を解析してみましょう」
ということで印刷した紙を配る．たとえば，円運動として

$$\begin{cases} x = 2\cos\dfrac{\pi}{6}t \\ y = 2\sin\dfrac{\pi}{6}t \end{cases}$$

を扱う．半径と角加速度はこの程度が適当であろう．初期位相も0としておいた方がよい．（無理に一般化する必要はない．）

T「まず時刻 t がつぎのときの位置を求め，実際に目盛ってみよう」

配布した紙の一番上の円の右側の空白につぎのような表をつくり，一つひとつ計算し，つぎに目盛りを入れる．

これは単なる三角関数の値の計算にすぎない．ところが，こ

t	0	1	2	3	4	5	6	7	8	9	10	11	12
x													
y													

ういう作業が三角関数そのものの理解にとっておろそかにできないものである．

円上に目盛った点のところに，それぞれ $t=0$, $t=1$, … と書く．

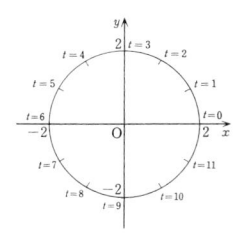

T「つぎに，各時刻における速度ベクトルと速度ベクトルの大きさ（速さ）を求めなさい．そして，上から2番目の円に矢印を入れましょう」

上と同様に，配布した紙の空白の中程につぎの表をつくらせる．

t	0	1	2	3	4	5	6	7	8	9	10	11	12
速度ベクトル		$\begin{pmatrix} -\dfrac{\pi}{6} \\ \dfrac{\sqrt{3}}{6}\pi \end{pmatrix}$											
速さ		$\dfrac{\pi}{3}$											

$$\begin{cases} x'=-\dfrac{\pi}{3}\sin\dfrac{\pi}{6}t \\ y'=\dfrac{\pi}{3}\cos\dfrac{\pi}{6}t \end{cases} \text{だから，たとえば } t=1 \text{ のときは}$$

$$\vec{v}=\begin{pmatrix} -\dfrac{\pi}{3}\times\dfrac{1}{2} \\ \dfrac{\pi}{3}\times\dfrac{\sqrt{3}}{2} \end{pmatrix}$$

となり，速さは

$$|\vec{v}|=\sqrt{\left(-\dfrac{\pi}{3}\times\dfrac{1}{2}\right)^2+\left(\dfrac{\pi}{3}\times\dfrac{\sqrt{3}}{2}\right)^2}=\dfrac{\pi}{3}$$

となる．

理論的に導入した $|\vec{v}|=a\omega$（$\omega>0$ のとき）の意味がはじめてここでわかる生徒もいる．

そして，下の図のように矢印でベクトルを表してみる．

案外計算に時間がかかるがあせらずやらせた方がよい．

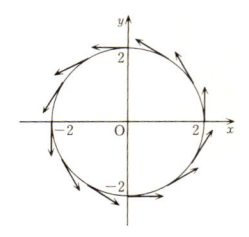

T「では最後に加速度です」

上と同じような表をつくらせる．

t	0	1	2	3	4	5	6	7	8	9	10	11	12
加 速 度													
その大きさ													

$$\begin{cases} x'' = -\dfrac{\pi^2}{18}\cos\dfrac{\pi}{6}t \\ y'' = -\dfrac{\pi^2}{18}\sin\dfrac{\pi}{6}t \end{cases} \text{だから, } t=1 \text{ のときは}$$

$$\vec{\alpha} = \begin{pmatrix} -\dfrac{\pi^2}{18} \times \dfrac{\sqrt{3}}{2} \\ -\dfrac{\pi^2}{18} \times \dfrac{1}{2} \end{pmatrix}$$

となり,大きさは $|\vec{\alpha}| = \dfrac{\pi^2}{18}$ となる.

そして,矢線で表すと下のようになる.

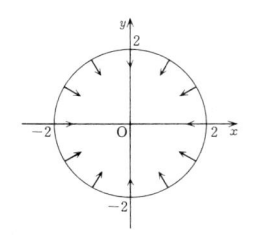

位置,速度,加速度の3つの円ができ上がるわけだが,3つセットにすると迫力が出てくる. (小沢健一)

4 参考

● 共振

> **クイズ1** バネ（ゴムひも）に小さなおもりをつけてつり合わせ，バネを少し下に引っぱって手を離すと，おもりは上下に振動します．つぎにおもりの重さを2倍にして同じことを行うと振動の周期は長くなるでしょうか，短くなるでしょうか．それとも同じでしょうか？
>
> **クイズ2** 今度はおもりの重さはそのままにしてバネ（ゴムひも）を2本にし，引っぱる力を強くしたときは周期はどうでしょうか？

この問題は，微分方程式を立てて解くことができる．バネ（ゴムひも）の弾性定数を k，おもりの質量を m，つりあいの位置からのバネの伸びの長さを x とすると，おもりに働く力は $-kx$ だから，ニュートンの運動方程式

$$\text{質量} \times \text{加速度} = \text{力}$$

より，

$$m\frac{d^2x}{dt^2} = -kx \qquad (1)$$

がなりたつ.

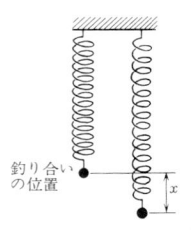

$x = A\sin\omega t$ とおいて(1)に代入してみると,
$$-mA\omega^2 \sin\omega t = -kA\sin\omega t.$$
よって,
$$m\omega^2 = k.$$
すなわち, $\omega = \sqrt{\dfrac{k}{m}}$ として, $x = A\sin\omega t$ が(1)の解になる.
ω はこの振動の角速度だから, 周期は $\dfrac{2\pi}{\omega} = 2\pi\sqrt{\dfrac{m}{k}}$ となる.

つまり, 周期はおもりの質量の平方根に比例し, バネの弾性定数の平方根に反比例する. ゆえに, おもりを重くすると周期は長くなり, バネを強くすると周期は短くなる.

このように, おもりをつるしたバネは, バネの強さとおもりの重さとによって決まった固有の周期を, したがってまた, 固有の振動数 (単位時間あたりの振動数) を持つことがわかる. この, 系に固有の振動数のことを, その系の固有振動数という.

つぎにこのような系に, 外部から周期的に変動する外力を加えたときの行動を調べてみよう.

弾性定数が k のバネに質量 m の重さをつるした系に,

$F \sin \omega' t$ という周期的に変動する力が加わったとする.ニュートンの運動方程式を立てると,

$$m\frac{d^2x}{dt^2} = -kx + F\sin\omega' t. \qquad (2)$$

この系は外力の振動数と同じ振動数でゆさぶられるだろうと予想できるから,解の形を $x = A \sin \omega' t$ とおいて(2)に代入してみよう.

$$-m\omega'^2 A \sin \omega' t = -kA \sin \omega' t + F \sin \omega' t.$$

これより,

$$A = \frac{F}{k - m\omega'^2}.$$

ここで,この系の固有振動の角速度を ω とすると,$\omega^2 = \dfrac{k}{m}$ だから,

$$A = \frac{\dfrac{F}{m}}{\omega^2 - \omega'^2} \qquad (3)$$

と書ける.

このことから,系は(3)の振幅の振動をすることがわかる.ここで外力の角速度 ω' を,系の固有振動の角速度 ω に近づけてみよう.すると,A の値は無限大に近づいてゆく.すなわち,

$$\omega \to \omega' \text{ のとき } A \to \infty.$$

このことは,外力の角速度(振動数)が系の固有振動の角速度(振動数)と一致すると,系は非常に大きな振動をおこすことを意味している.この現象を共振とか同調という.

自動車の設計など機械工学の上では,エンジンの振動が車の固有振動と一致しないように工夫することが大事になる.そうでないと車が共振をおこしてバックミラーが見えなくなった

り，乗っている人が不快感をおこしたりする．洗濯機の脱水モーターを回していると，ある振動数のところで洗濯機が突然大きくゆれることがあるが，これも共振である．設計者は系の固有振動が外力の振動数に合わないように設計したり，それが難かしいときは減衰が強く働く装置を準備する．吊り橋などでは減衰が小さいので，外力の振動数が吊り橋の固有振動と一致すると大きく揺れ，橋が破壊されることもある．

1831年，マンチェスターのブロートン吊り橋は，歩調をそろえて行進した60名の兵士によって破壊された．兵士たちの行進のリズムが橋の固有振動数と一致したのである．また，1850年にはフランスの歩兵大隊が同様の事故をおこし，アンガー吊り橋を破壊して226名の兵士が死亡した．

共振はしかし，マイナスの作用をするばかりではない．ラジオやテレビなど電波通信では家庭のラジオやテレビの回路の固有振動数を放送局から送られる電波の振動数に合わせることによって，特定の放送を選び出すことができる．

こうして共振という現象は，生活の中でも大きな意味をもっている．

参考文献『振動とは何か』R. ビショップ著　講談社ブルーバックス．

（近藤年示）

● $\lim_{h \to 0} \dfrac{\sin h}{h} = 1$ について

この証明として，面積の比較

$$\triangle \text{OAB} < \triangleleft \text{OAC} < \triangle \text{OAD}$$

で，

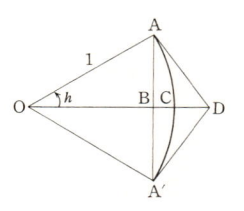

$$\cos h \cdot \sin h < h < \frac{\sin h}{\cos h}$$

から

$$\cos h < \frac{\sin h}{h} < \frac{1}{\cos h}$$

を出す流儀がある．しかし，ここでは円の面積の公式を使っていて，そのなかには，この極限の式が含まれている（127ページ）．

それで，面積をさけて，長さでやる方法もある．これは

$$\overline{AA'} < \overparen{AA'} < \overline{AD} + \overline{DA'}$$

から，

$$\sin h < h < \frac{\sin h}{\cos h}$$

を使って，

$$\cos h < \frac{\sin h}{h} < 1$$

を利用するのである．

円周率 π というのは，円の面積と正方形との比ではなく，円周と直径の比であるので，円周の公式は使ってよい．しかし，弧長というのは，その概念そのものに，ある種の極限操作が入っている．円にヒモを巻きつけて，それをノバシて測るという

とき，ノバスと長さもノビルはずだし，ノビナイようなヒモなら，そもそもマッスグにならぬではないか．そこで，折れ線で近似するわけで，たとえば内接折れ線 AQ_1Q_2A' と，外接折れ線 $AP_1P_2P_3A'$ とで近似するよりない．

ここで，

$$\overset{\frown}{AA'} < \overline{AQ_1} + \overline{Q_1Q_2} + \overline{Q_2A'}$$
$$< \overline{AP_1} + \overline{P_1P_2} + \overline{P_2P_3} + \overline{P_3A'}$$
$$< \overline{AD} + \overline{DA'}$$

のまん中のところで $\overset{\frown}{AA'}$ が極限されている．

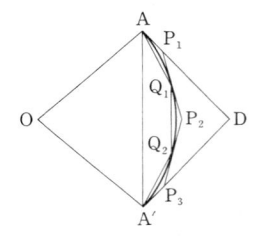

しかし，こうして，弧長を折れ線で近似するということは，局所的に

$$\lim \frac{\overline{AA'}}{\overset{\frown}{AA'}} = 1$$

を考えるのと，ほとんど同じことになる．だから，この極限の式そのものを弧長の概念の等価物と考えることにした．

(森 毅)

● tan と sec

sin と cos とは,
$$\sin^2 x + \cos^2 x = 1,$$
$$(\sin x)' = \cos x, \qquad (\cos x)' = -\sin x$$
のように,両方でまとまって,ひとつの世界を作っている.

これにたいして,「数学Ⅰ」以来,伝統にしたがって $\tan x$ も扱ってきたが,本当のところは,tan はこれと少し異質の世界に属する.

$$\tan x = \frac{\sin x}{\cos x}, \qquad \sec x = \frac{1}{\cos x}$$

については
$$\sec^2 x - \tan^2 x = 1,$$
$$(\sec x)' = \sec x \cdot \tan x, \qquad (\tan x)' = \sec^2 x$$
のように,tan と sec とで,両方でまとまって,ひとつの世界を作っているのである.本当は,ここまでやらなければ,tan の解析はあまり必要ない.

それでも,tan と sec の世界の計算にもなれておくと,微積分で,とくに置換積分の計算に便利なこともある.たとえば,

$$\int_0^{\frac{\pi}{2}} \sin^n x \, dx = \int_0^{\frac{\pi}{2}} (\tan^n x \sec^2 x) \cdot \cos^{n+2} x \, dx$$

$$= \left[\frac{\tan^{n+1} x}{n+1} \cos^{n+2} x \right]_0^{\frac{\pi}{2}}$$

$$+ \frac{n+2}{n+1} \int_0^{\frac{\pi}{2}} \tan^{n+1} x \cdot (\cos^{n+1} x \sin x) \, dx$$

$$= \left[\frac{\sin^{n+1} x \cos x}{n+1} \right]_0^{\frac{\pi}{2}} + \frac{n+2}{n+1} \int_0^{\frac{\pi}{2}} \sin^{n+2} x \, dx$$

としたほうが,公式

$$\int_0^{\frac{\pi}{2}} \sin^{n+2} x\, dx = \frac{n+1}{n+2} \int_0^{\frac{\pi}{2}} \sin^n x\, dx$$

を出すのに，sin と cos だけで部分積分するより早い．

なお，この公式は

$$\int_0^{\frac{\pi}{2}} dx = \frac{\pi}{2}, \qquad \int_0^{\frac{\pi}{2}} \sin x\, dx = 1$$

だから，

$$\int_0^{\frac{\pi}{2}} \sin^2 x\, dx = \frac{1}{2} \cdot \frac{\pi}{2}, \qquad \int_0^{\frac{\pi}{2}} \sin^3 x\, dx = \frac{2}{3},$$

$$\int_0^{\frac{\pi}{2}} \sin^4 x\, dx = \frac{3}{4} \cdot \frac{1}{2} \cdot \frac{\pi}{2}, \qquad \int_0^{\frac{\pi}{2}} \sin^5 x\, dx = \frac{4}{5} \cdot \frac{2}{3}$$

などとなって，便利である．

（森　毅）

第4章 微分・積分の応用 （教科書 p.153〜206）

1 編修にあたって

　第4章「微分・積分の応用」は、いままでの数Ⅲの教科書の微積分を扱う部分の、ほとんどすべてであったといってもあながち言いすぎではないだろう．

　しかし、本書の場合には，
① 微積分を並行して扱い
② 計算法について第1章にまとめ
③ 指数関数・三角関数のそれぞれに独立した1章をあてる
というように構成されているので、いくつかの特徴が生まれた．

　まず、微分の応用についても積分の応用についても『基礎解析』で学んだことを復習しつつ、とり扱う関数や計算手段をひろげているという側面がある．

　たとえば、「4.1.1 関数値の変化」は、基本的には『基礎解析』で学んだことであるが、ここでは、分数関数や指数関数などを例に用いるとともに155〜156ページにあるような注意——まず大局的な変化に注目し、大まかな全体像をつかんでから、微分することによって細かい変動を調べる——をした．

　『基礎解析』にはなかった、こうした「新しさ」にも十分注目してほしい．

　まったく新しいことがらとしては、第2次導関数に関することがあげられる．曲線の凹凸、2次の近似式、極値の判定がとり

あげられているが、中心になるのは「2次の近似式を用いていろいろなことを判断する」ということである。それで、164ページから165ページにかけてのように、数Iで学んだ2次関数の変化とむすびつけた記述になっている。もちろん、「下に凸で極値ならば極小値」といった直観的な理解も大事にしたい。

また、ニュートン法の紹介も大事な話題であるが、ここでは収束の急速さを意識させたい。

「4.2.1 面積と体積」は、回転体までふくめて「基礎解析」で学んでいるが、ここでは置換積分をすることになれてほしい。

曲線の長さは新しいことがらであるが、これも $y=f(x)$ 型で考えるよりも、パラメータ表示された $x=f(t)$, $y=g(t)$ 型の方が考えやすい。また、$y=x^2$ といった簡単な曲線でも長さは容易には求められないことに注意しよう。

「4.2.3 重心」は興味深い話題であり、重心の求めかたももっと多様であるから、種々の展開のしかたを工夫してほしいところである。

重心を求める筋道を強調する意味で、「公式」風の一般的な結果は出してない。

「4.2.4 定積分の近似計算」は、シンプソンの公式を中心にしたが、台形公式も、また、階段図形による近似（いわゆる区求積）もある。ここでは、シンプソンの公式の精度の高さ（187ページの例をみよ）に注意しておきたい。

全体として、第3章までに学んだことを総動員すれば、この章のテーマである「微分・積分の応用」については、相当なことができる。そのうえ、初等的な微積分の演習問題は数多く知られており、演習書もたくさんある。それだけに、生徒にとって、とり組んだことに"甲斐"があるような、中身の濃い問題を精選

1 編修にあたって

して扱うように注意しないと，ただ負担のみ大きい重い章になるおそれがあるから，心したいものである．

本文に入っている問題数はそれにしても多くはない．練習問題を補うために，あるいはもっといろいろやってみたい生徒の自学自習のために，「微分・積分傍用問題集」も活用してほしい．

「4.3 微分方程式」については，

$\dfrac{d^2x}{dt^2} = g$ については，第 1 章（p.23～p.24），

$\dfrac{dx}{dt} = kx$ については，第 2 章（p.70～p.76），

$\dfrac{d^2x}{dt^2} = -\omega^2 x$ については，第 3 章（p.137～p.139）

というように，すでにそれぞれの内容にそくしてとりあげてきているので，ここでは方向の場，各点に速度ベクトルを指定するといった意味を中心に扱っている．あれこれの求積法に深入りするよりも，微分方程式によって何事かが記述され表現されていることや，微分方程式によってある関数が特徴づけられていることなど，「意味」の方を重視したいものである．

つぎに，授業の実際にあたっての留意点をのべよう．

ゆとりのもてる十分な授業時間があれば話は簡単だが，実際はなかなかそうはいかないのが現実である．そこで，どうしても一定の価値判断をして内容の取捨選択をせざるを得ないことになるわけであるが，教科書のうちでこの 4 章は，いちばん自由なとり扱いができる章だと思われる．

この指導資料はじめの「総説」でものべているように，「……中心内容は，まず何よりも指数関数―成長と衰退の法則と，三角関数―振動と周期現象の法則をそれ自体としてしっかりつか

むことであり，またそれを微分方程式を通じて学ぶ」（「求積して解を求める」という意味ではなしに）というところにある．

このへんについての考えかたによって，第4章の展開のしかたは大きくわかれてくる訳である．

ひとつの考えとしては，2,3章に十分に時間をかけた場合には，第4章のうちの『基礎解析』で既習のテーマ（関数値の変化と極大・極小，面積，体積など）は思いきって軽くし（あるいは，生徒の自学自習にまかせ），近似式，ニュートン法，シンプソンの公式といった新しい事項を中心に扱うというやりかたがあり得る．

反対に，2,3章では混在している計算技術的な部分——たとえば2.3や3.2.3など——を思いきって軽くし，その本来の意味の理解を重点にして，4章では計算力の訓練，「腕力」の強化をねらうという考えかたもあり得よう．その場合にも，4章においては前述のように，関数値の変化の追求の中では，大局的変動の大づかみな把握から細部へといった方向づけとともに超越関数の場合をもとり上げること，面積・体積の計算ではパラメータ表示と置換積分になれることといったぐあいに，ねらいをはっきりさせながらやることがよいだろう． 　　（増島高敬）

2 解説と展開

4.1 微分の応用 (p.154〜172)

A 留意点

とり扱える関数の範囲がひろがった．計算手段も豊富になった．新しいことがらもいくつか出てくる．このさまざまな「新しさ」にふりまわされないよう「たくさん問題をやる」「いろいろやる」ことはむしろ生徒に（依拠して）まかせ，教える側はねらいを絞ろう．

B 問題解説

p. 157 (4.1.1)

問1 ① $\dfrac{x^3}{x+1} = x^2 - x + 1 - \dfrac{1}{x+1}$

であるから，$|x|$ が大きいときは，y は $x^2 - x + 1$ と同じふるまいをし，x が -1 に近いときは，$\dfrac{-1}{x+1}$ に近いふるまいをする．

$$y' = 2x - 1 + \dfrac{1}{(x+1)^2} = \dfrac{x^2(2x+3)}{(x+1)^2}$$

であるから，つぎの増減表を得る．

これをもとにしてグラフをかくと，次ページのようになる．

x	$\cdots$	$-\dfrac{3}{2}$	$\cdots$	-1	$\cdots$	0	$\cdots$
y'	$-$	0	$+$	$／$	$+$	0	$+$
y	$\searrow$	$\dfrac{27}{4}$	$\nearrow$	$／$	$\nearrow$	0	$\nearrow$

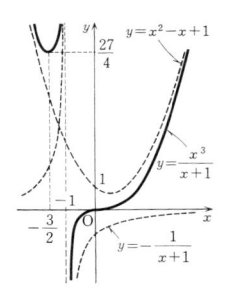

② $y' = \dfrac{1 \cdot (x-1)^2 - x \cdot 2(x-1)}{(x-1)^4} = \dfrac{-(x+1)}{(x-1)^3}$.

x	$\cdots$	-1	$\cdots$	1	$\cdots$
y'	$-$	0	$+$	╱	$-$
y	↘	$-\dfrac{1}{4}$	↗	╱	↘

$$\lim_{x \to -\infty} y = -0, \quad \lim_{x \to 1-0} y = +\infty,$$
$$\lim_{x \to 1+0} y = +\infty, \quad \lim_{x \to +\infty} y = +0.$$

以上から，グラフは下のようになる．

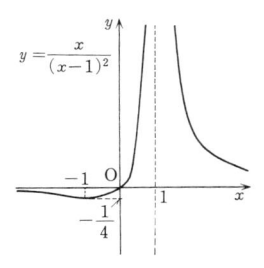

③ $y' = \dfrac{1}{2} + \cos x$.

増減表をつくると,

x	0	$\cdots$	$\dfrac{2}{3}\pi$	$\cdots$	$\dfrac{4}{3}\pi$	$\cdots$	2π
y'		+	0	−	0	+	
y	0	↗	$\dfrac{\pi}{3}+\dfrac{\sqrt{3}}{2}$	↘	$\dfrac{2}{3}\pi-\dfrac{\sqrt{3}}{2}$	↗	$\pi+0$

あとは, 2π 幅毎に同じ増減の状態がくりかえされるから, グラフは下のようになる.

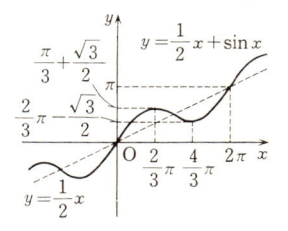

④ $y' = (-e^{-x}) \cdot \sin x + e^{-x} \cdot \cos x = e^{-x}(\cos x - \sin x)$.

$y' = 0$ とおくと,

$$x = n\pi + \dfrac{\pi}{4} \quad (n = 0, 1, 2, \cdots)$$

となる.

x	0	$\cdots$	$\dfrac{\pi}{4}$	$\cdots$	$\dfrac{5}{4}\pi$	$\cdots$
y'		+	0	−	0	+
y	0	↗	$\dfrac{1}{\sqrt{2}e^{\frac{\pi}{4}}}$	↘	$\dfrac{-1}{\sqrt{2}e^{\frac{5}{4}\pi}}$	↗

グラフは下の図.

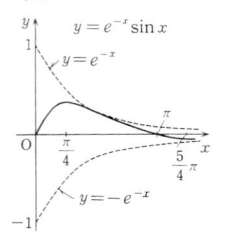

問2 $y'=2x\cdot e^{-x}+x^2\cdot(-e^{-x})=e^{-x}(2x-x^2)=e^{-x}x(2-x)$
であるから，つぎの表とあわせて，下のようなグラフを得る．

x	$\cdots$	0	$\cdots$	2	$\cdots$
y'	$-$	0	$+$	0	$-$
y	$\searrow$	0	$\nearrow$	$\dfrac{4}{e^2}$	$\searrow$

$$\lim_{x\to\infty} x^2 e^{-x}=0, \quad \lim_{x\to-\infty} x^2 e^{-x}=+\infty$$

に注意．

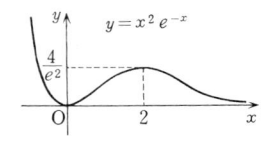

そこで，方程式 $x^2 e^{-x}=a$ の実根の数は，

$a>\dfrac{4}{e^2}$ のとき 1個，

$a=\dfrac{4}{e^2}$ のとき 2個，

$0 < a < \dfrac{4}{e^2}$ のとき 3個,

$a = 0$ のとき 1個,

$a < 0$ のとき 0個,

となる.

問3 $y' = 1 - \dfrac{1}{x+1} = \dfrac{x}{x+1}$.

x	(-1)	$\cdots$	0	$\cdots$
y'		$-$	0	$+$
y		↘	0	↗

$x = 0$ のとき y は最小で,

$$\text{最小値 } 0.$$

そこで,$x > -1$ においては $y \geqq 0$ となるから,$x \geqq \log(x+1)$ がなりたつ.

問4 ① $AD = a + 2a\cos\theta$ であり,高さは $a\sin\theta$ であるから,

$$y = \dfrac{1}{2}\{a + (a + 2a\cos\theta)\} \cdot a\sin\theta = a^2 \sin\theta(1 + \cos\theta)$$

となる.

② $y' = a^2 \cos\theta \cdot (1 + \cos\theta) + a^2 \sin\theta \cdot (-\sin\theta)$
$= a^2 \cos\theta + a^2 \cos^2\theta - a^2 \sin^2\theta$
$= a^2(\cos\theta + \cos^2\theta + \cos^2\theta - 1)$
$= a^2(2\cos^2\theta + \cos\theta - 1)$
$= a^2(2\cos\theta - 1)(\cos\theta + 1)$.

ここで,$0 < \theta < \dfrac{2}{3}\pi$ であるから,$\cos\theta + 1 > 0$ となる.

θ	(0)	$\cdots$	$\dfrac{\pi}{3}$	$\cdots$	$\left(\dfrac{2}{3}\pi\right)$
y'		+	0	−	
y		↗	$\dfrac{3\sqrt{3}}{4}a^2$	↘	

$\theta = \dfrac{\pi}{3}$ のとき y は最大で,

$$\text{最大値} = a^2 \sin\frac{\pi}{3}\left(1+\cos\frac{\pi}{3}\right)$$
$$= a^2 \times \frac{\sqrt{3}}{2} \times \left(1+\frac{1}{2}\right) = \frac{3\sqrt{3}}{4}a^2.$$

p.171 (4.1.4)

問 $\left(\dfrac{3}{2}\right)^3 = 3.375 > 2$ だから,$x_0 = \dfrac{3}{2}$ としてみよう.

$f(x) = x^3 - 2$ とすると,$f'(x) = 3x^2$.

よって,$(x_0, f(x_0))$ における接線の式は,
$$y = 3x_0^2(x - x_0) + (x_0^3 - 2).$$

$x = x_1$ とすると,$y = 0$ だから,
$$0 = 3x_0^2(x_1 - x_0) + x_0^3 - 2,$$
$$x_1 = \frac{2}{3}\left(x_0 + \frac{1}{x_0^2}\right).$$

$x_0 = \dfrac{3}{2}$ を代入して,
$$x_1 = \frac{2}{3}\left(\frac{3}{2} + \frac{4}{9}\right) = \frac{35}{27} = 1.296\cdots.$$

ところで,
$$\left(\frac{35}{27}\right)^3 = 2.178$$

であるから,もう1回くりかえしてより正確な値を求めてみ

よう．前と同様にして，

$$x_2 = \frac{2}{3}\Big(x_1 + \frac{1}{x_1{}^2}\Big)$$
$$= \frac{2}{3}\Big(\frac{35}{27} + \frac{27^2}{35^2}\Big) = \frac{125116}{99225} = 1.2609\cdots.$$

また，

$$\Big(\frac{125116}{99225}\Big)^3 = 2.0048\cdots$$

である．

p. 171
練習問題

1 (1) $\log\sqrt{\dfrac{1-x}{1+x}} = \dfrac{1}{2}\{\log(1-x) - \log(1+x)\}$

であるから，

$$\Big(\log\sqrt{\frac{1-x}{1+x}}\Big)' = \frac{1}{2}\Big(\frac{-1}{1-x} - \frac{1}{1+x}\Big) = \frac{1}{x^2-1}.$$

(2) $(\log(x+\sqrt{x^2+a}))' = \dfrac{1}{x+\sqrt{x^2+a}}\Big(1 + \dfrac{2x}{2\sqrt{x^2+a}}\Big)$

$$= \frac{1}{x+\sqrt{x^2+a}} \times \frac{\sqrt{x^2+a}+x}{\sqrt{x^2+a}} = \frac{1}{\sqrt{x^2+a}}.$$

(3) $\Big(\dfrac{1}{2}e^x(\sin x - \cos x)\Big)'$

$$= \frac{1}{2}e^x(\sin x - \cos x) + \frac{1}{2}e^x(\cos x + \sin x) = e^x \sin x.$$

2 (1) $f'(x) = \dfrac{-2x^2+2}{(x^2+1)^2} = \dfrac{-2(x+1)(x-1)}{(x^2+1)^2}.$

x	$\cdots$	-1	$\cdots$	1	$\cdots$
$f'(x)$	$-$	0	$+$	0	$-$
$f(x)$	$\searrow$	-1	$\nearrow$	1	$\searrow$

また,
$$\lim_{x\to-\infty} f(x) = -0, \qquad \lim_{x\to+\infty} f(x) = +0.$$
よって，グラフは下の図の通り．

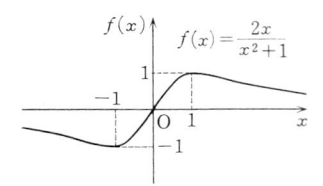

[グラフ: $f(x) = \dfrac{2x}{x^2+1}$]

(2) $f'(x) = \dfrac{-2(x^2+1)}{(x^2-1)^2} < 0.$

$$\lim_{x\to-\infty} f(x) = -0, \qquad \lim_{x\to-1-0} f(x) = -\infty,$$
$$\lim_{x\to-1+0} f(x) = +\infty, \qquad \lim_{x\to 1-0} f(x) = -\infty,$$
$$\lim_{x\to 1+0} f(x) = +\infty, \qquad \lim_{x\to+\infty} f(x) = 0.$$

よって，グラフは下の図の通り．

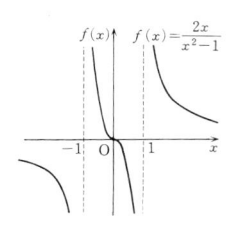

[グラフ: $f(x) = \dfrac{2x}{x^2-1}$]

3 (1) $f'(x)=4x^3-12x^2=4x^2(x-3)$,
$f''(x)=12x^2-24x=12x(x-2)$.
よって，下の表を得る．

x	$\cdots$	0	$\cdots$	2	$\cdots$	3	$\cdots$
$f'(x)$	$-$	0	$-$	$-$	$-$	0	$+$
$f''(x)$	$+$	0	$-$	0	$+$	$+$	$+$
$f(x)$	↘	0	↘	-16	↘	-27	↗

グラフは下の通り．

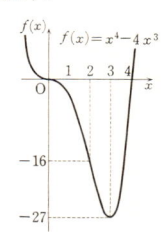

$f(x)=x^4-4x^3$

(2) $f'(x)=-xe^{-\frac{x^2}{2}}$,
$f''(x)=-1\cdot e^{-\frac{x^2}{2}}+x^2e^{-\frac{x^2}{2}}=e^{-\frac{x^2}{2}}(x+1)(x-1)$.
よって下の表を得る．

x	$\cdots$	-1	$\cdots$	0	$\cdots$	1	$\cdots$
$f'(x)$	$+$	$+$	$+$	0	$-$	$-$	$-$
$f''(x)$	$+$	0	$-$	$-$	$-$	0	$+$
$f(x)$	↗	$e^{-\frac{1}{2}}$	↗	1	↘	$e^{-\frac{1}{2}}$	↘

グラフはつぎの通り．

$f(x)$ $f(x)=e^{-\frac{x^2}{2}}$

1

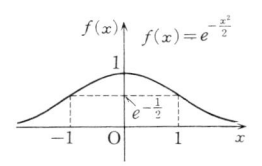

$e^{-\frac{1}{2}}$

-1 O 1 x

4 点 $(1, 2)$ を通る直線を $\dfrac{x}{a}+\dfrac{y}{b}=1$ とすると，A$(a, 0)$，B$(0, b)$ となる．

$\dfrac{1}{a}+\dfrac{2}{b}=1$ であるから，

$$b=\frac{2a}{a-1}.$$

そこで $\triangle \mathrm{OAB}=f(a)$ とすると，

$$f(a)=\frac{1}{2}ab=\frac{a^2}{a-1}.$$

$$f'(a)=\frac{a^2-2a}{(a-1)^2}=\frac{a(a-2)}{(a-1)^2}.$$

$a, b>0$ であるから，$a>1$ となる．

a	(1)	$\cdots$	2	$\cdots$
$f'(a)$		$-$	0	$+$
$f(a)$		↘		↗

よって，$\triangle \mathrm{OAB}$ の面積の最小値は

$$f(2)=\frac{2^2}{2-1}=4.$$

5 直円錐の高さを x，底面半径を y とすると，体積 V は，

$$V=\frac{1}{3}\pi xy^2$$

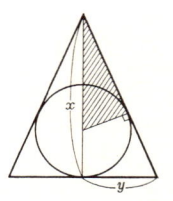

となる．ところで，上の図から

$$\frac{y}{\sqrt{x^2+y^2}} = \frac{a}{x-a}.$$

したがって，

$$y^2 = \frac{a^2x}{x-2a}$$

となる．そこで，

$$V = \frac{1}{3}\pi x \cdot \frac{a^2x}{x-2a} = \frac{1}{3}\pi \times \frac{a^2x^2}{x-2a}.$$

ここで，$f(x) = \dfrac{a^2x^2}{x-2a}$ とおくと，

$$V = \frac{1}{3}\pi f(x).$$

また，

$$f'(x) = \frac{a^2x^2 - 4a^3x}{(x-2a)^2} = \frac{a^2x(x-4a)}{(x-2a)^2}.$$

ここで，明らかに $x > 2a$ である．

x	$(2a)$	$\cdots$	$4a$	$\cdots$
$f'(x)$		$-$		$+$
$f(x)$		↘		↗

そこで，求める体積の最小値は，

$$\frac{1}{3}\pi f(4a) = \frac{1}{3}\pi \cdot \frac{a^2 \times (4a)^2}{4a-2a} = \frac{8}{3}\pi a^3$$

となる.

6 $f'(x) = \frac{1}{2}(1+x)^{-\frac{1}{2}} = \frac{1}{2\sqrt{1+x}}$,

$f''(x) = \frac{1}{2}\cdot\left(-\frac{1}{2}\right)(1+x)^{-\frac{3}{2}} = -\frac{1}{4}\frac{1}{(1+x)\sqrt{1+x}}$

であるから,

$$f'(0) = \frac{1}{2}, \qquad f''(0) = -\frac{1}{4}.$$

そこで,

$$1\text{ 次の近似式}: \quad 1+\frac{1}{2}x,$$

$$2\text{ 次の近似式}: \quad 1+\frac{1}{2}x-\frac{1}{8}x^2$$

となる.

(1) $x \geqq -1$ のとき, $f(x) = 1+\frac{1}{2}x-\sqrt{1+x}$ とおくと,

$$f'(x) = \frac{1}{2} - \frac{1}{2}\frac{1}{\sqrt{1+x}}.$$

x	-1	$\cdots$	0	$\cdots$
$f'(x)$	/	$-$	0	$+$
$f(x)$		↘		↗

そこで, $f(x) \geqq f(0) = 0$ となり, 題意が示された.

(2) つぎの表のようになる.

x	0.1	0.01
$1+\dfrac{1}{2}x$	1.05	1.005
$1+\dfrac{1}{2}x-\dfrac{1}{8}x^2$	1.04875	1.0049875

4.2 積分の応用 (p.173〜190)

A 留意点

おもしろいこともいろいろやれるが,微分の応用にくらべてみてもここは計算地獄におちいりやすい.長い面倒な計算をやってひとつの問題が自力でできた,よかった！という気持ちを生徒がもてるように,まず教える側が気持ちにゆとりをもたねばなるまい.

B 問題解説

p.177 (4.2.1)

問1 求める体積を V とすると,

$$\begin{aligned}
V &= \int_{-1}^{1} \pi \left\{ \frac{1}{2}(e^z + e^{-z}) \right\}^2 dz \\
&= 2 \int_0^1 \frac{\pi}{4}(e^{2z} + 2 + e^{-2z})\, dz \\
&= \frac{\pi}{2}\left[\frac{1}{2}e^{2z} + 2z - \frac{1}{2}e^{-2z} \right]_0^1 \\
&= \frac{\pi}{2}\left(\frac{1}{2}e^2 + 2 - \frac{1}{2}e^{-2} - \frac{1}{2} + \frac{1}{2} \right) \\
&= \frac{\pi}{2}\left(\frac{1}{2}e^2 - \frac{1}{2}e^{-2} + 2 \right).
\end{aligned}$$

p. 178

問 2 $\sin^2 2t \cos t = 4\sin^2 t \cos^3 t$
$\qquad\qquad\quad = 4\sin^2 t \cos^2 t \cdot \cos t$
$\qquad\qquad\quad = 4\sin^2 t (1-\sin^2 t)\cdot \cos t$

であるから,

$$V = \int_0^{\frac{\pi}{2}} \pi \cdot 4\sin^2 t(1-\sin^2 t)\cdot \cos t\, dt$$
$$= 4\pi \int_0^1 x^2(1-x^2)\, dx$$
$$= 4\pi \left[\frac{1}{3}x^3 - \frac{1}{5}x^5\right]_0^1 = \frac{8}{15}\pi.$$

p. 182 (4.2.2)

問 $y' = \dfrac{1}{2}(e^x - e^{-x})$

であり,

$$1+(y')^2 = 1 + \frac{1}{4}(e^{2x} - 2 + e^{-2x})$$
$$= \frac{1}{4}(e^{2x} + 2 + e^{-2x})$$
$$= \left\{\frac{1}{2}(e^x + e^{-x})\right\}^2$$

であるから, 求める長さは,

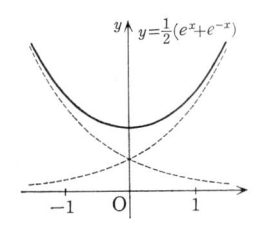

$$\int_{-1}^{1}\sqrt{1+(y')^2}\,dx = \int_{-1}^{1}\sqrt{\left\{\frac{1}{2}(e^x+e^{-x})\right\}^2}\,dx$$
$$= \int_{-1}^{1}\frac{1}{2}(e^x+e^{-x})\,dx$$
$$= 2\int_{0}^{1}\frac{1}{2}(e^x+e^{-x})\,dx$$
$$= \left[e^x-e^{-x}\right]_0^1 = e-e^{-1}.$$

p. 184 (4.2.3)

問 重心の座標を $(r,\ 0)$ とするとき,
$$\int_0^a x \times 2\sqrt{a^2-x^2}\,dx = \int_0^{a^2}\sqrt{u}\,du$$
$$= \left[\frac{2}{3}u\sqrt{u}\right]_0^{a^2} = \frac{2}{3}a^3.$$
$$\frac{1}{2}\pi a^2 \cdot r = \frac{2}{3}a^3.$$

よって,
$$r = \frac{4}{3\pi}a.$$

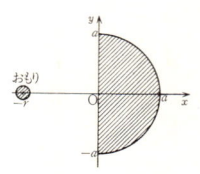

p. 187 (4.2.4)

問 1 $x_0=0,\ x_1=0.25,\ x_2=0.50,\ x_3=0.75,\ x_4=1$ とすると, つぎのようになる.

x	$1+x^2$	$\dfrac{1}{1+x^2}$
0	1.0000	1.0000
0.25	1.0625	0.9411
0.50	1.250	0.8000
0.75	1.5625	0.6400
1.00	2.000	0.5000

そこで,
$$\int_0^1 \frac{dx}{1+x^2} \fallingdotseq \frac{1}{3} \times 0.25 \times \{(1.0000+0.5000)$$
$$+4\times(0.9411+0.6400)+2\times 0.8000\}$$
$$= 0.7854.$$

問2 シンプソンの公式を用いれば, $f(x)$ の式がわからなくても定積分が求められる.

$$\int_0^{10} f(x)\,dx \fallingdotseq \frac{1}{3}\times 1\times\{(4.00+5.20)$$
$$+4\times(4.21+4.05+3.50+3.78+5.02)$$
$$+2\times(4.32+3.82+3.22+4.32)\} = 40.93.$$

p. 188

問3 台形の面積は
$$\frac{1}{2}\times(\text{高さ})\times\{(\text{上底})+(\text{下底})\}$$

であるから,

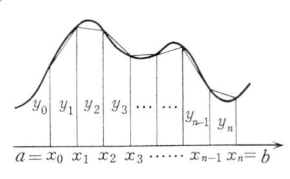

$$\int_a^b f(x)\,dx \doteqdot \frac{1}{2}h \times (y_0+y_1)$$
$$+ \frac{1}{2}h \times (y_1+y_2) + \frac{1}{2}h \times (y_2+y_3)$$
$$+ \cdots + \frac{1}{2}h \times (y_{n-1}+y_n)$$
$$= \frac{1}{2}h\{(y_0+y_n)+2(y_1+y_2+\cdots+y_{n-1})\}.$$

p. 189
練習問題

1 $\displaystyle\int_{-\pi}^{\pi} \pi(1+\cos x)^2 \, dx = 2\pi \int_0^{\pi} (1+2\cos x + \cos^2 x)\,dx$
$$= 2\pi \int_0^{\pi}\left(1 + 2\cos x + \frac{1+\cos 2x}{2}\right)dx$$
$$= 2\pi\left[\frac{3}{2}x + 2\sin x + \frac{1}{4}\sin 2x\right]_0^{\pi} = 3\pi^2.$$

2 図のように点をとって，$\overset{\frown}{\mathrm{AP}} = t$ とする．

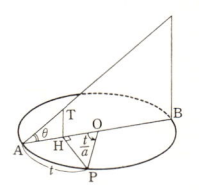

$0 \leq t \leq 2\pi a$ で考えればよい．すると，

$$\angle \mathrm{AOP} = \frac{t}{a}, \qquad \mathrm{OH} = a\cos\frac{t}{a},$$
$$\mathrm{AH} = a - a\cos\frac{t}{a} = a\left(1-\cos\frac{t}{a}\right),$$
$$\mathrm{HT} = \mathrm{AH}\tan\theta = a\tan\theta\left(1-\cos\frac{t}{a}\right)$$

となる.

問題の側面の部分を展開すると図のようになり，Pでの高さはHTに等しいので，

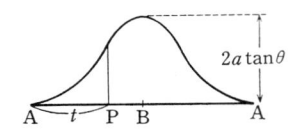

$$側面積 = \int_0^{2\pi a} a\tan\theta\left(1-\cos\frac{t}{a}\right)dt$$
$$= a\tan\theta\left[t+a\sin\frac{t}{a}\right]_0^{2\pi a}$$
$$= a\tan\theta \times 2\pi a = 2\pi a^2 \tan\theta.$$

3 (1) まず $\dfrac{dx}{dt}$, $\dfrac{dy}{dt}$ を求める.

$$\frac{dx}{dt} = a-a\cos t, \qquad \frac{dy}{dt} = a\sin t.$$
$$\left(\frac{dx}{dt}\right)^2+\left(\frac{dy}{dt}\right)^2 = (a-a\cos t)^2+a^2\sin^2 t$$
$$= a^2(1-2\cos t+\cos^2 t+\sin^2 t)$$
$$= 2a^2(1-\cos t)=2a^2\cdot 2\sin^2\frac{t}{2}=4a^2\sin^2\frac{t}{2}.$$

$0\leqq t\leqq 2\pi$ であるから $0\leqq \dfrac{t}{2}\leqq \pi$ で，この範囲では $\sin\dfrac{t}{2}\geqq 0$ であるから

$$\sqrt{\left(\frac{dx}{dt}\right)^2+\left(\frac{dy}{dt}\right)^2} = 2a\sin\frac{t}{2}.$$

そこで，求める長さは，

$$\int_0^{2\pi} 2a \sin\frac{t}{2}\, dt = 2a\Big[-2\cos\frac{t}{2}\Big]_0^{2\pi} = 8a.$$

(2) $\displaystyle\int_0^{2\pi a} y\, dx = \int_0^{2\pi} y\cdot\frac{dx}{dt}\, dt = \int_0^{2\pi}(a - a\cos t)^2\, dt$

$\displaystyle\qquad = a^2\int_0^{2\pi}(1 - 2\cos t + \cos^2 t)\, dt$

$\displaystyle\qquad = a^2\int_0^{2\pi}\Big(1 - 2\cos t + \frac{1+\cos 2t}{2}\Big)\, dt$

$\displaystyle\qquad = a^2\Big[\frac{3}{2}t - 2\sin t + \frac{1}{4}\sin 2t\Big]_0^{2\pi}$

$\displaystyle\qquad = 3\pi a^2.$

4 $y = \log(1-x)(1+x) = \log(1-x) + \log(1+x)$

に注意して,

$$y' = -\frac{1}{1-x} + \frac{1}{1+x} = \frac{2x}{x^2-1}.$$

したがって,

$$1 + (y')^2 = 1 + \Big(\frac{2x}{x^2-1}\Big)^2 = \frac{(x^2+1)^2}{(x^2-1)^2}.$$

$0 \leq x \leq a < 1$ に注意すると,

$$\sqrt{1+(y')^2} = \frac{1+x^2}{1-x^2} = -1 + \frac{2}{1-x^2} = -1 + \frac{1}{1-x} + \frac{1}{1+x}.$$

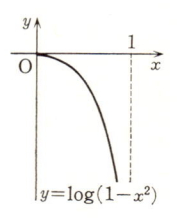

$y = \log(1-x^2)$

求める長さは，

$$\int_0^a \left(-1+\frac{1}{1-x}+\frac{1}{1+x}\right) dx$$
$$= \Big[-x-\log(1-x)+\log(1+x)\Big]_0^a$$
$$= -a-\log(1-a)+\log(1+a) = -a+\log\frac{1+a}{1-a}.$$

5　まずシンプソンの公式によると，

$$\frac{1}{3}\times 10 \times \{(0+8.00)$$
$$+4\times(8.18+16.50+16.94+16.75+11.58)$$
$$+2\times(13.53+16.97+16.90+14.89)\}$$
$$= 1374.6\,(\mathrm{m}^2).$$

台形公式によると，

$$\frac{1}{2}\times 10 \times \{(0+8.00)$$
$$+2\times(8.18+13.53+16.50+16.97+16.94$$
$$+16.90+16.75+14.89+11.58)\} = 1357.4\,(\mathrm{m}^2).$$

4.3　微分方程式　(p.191〜200)

A　留意点

微分方程式＝「求積して解くこと，まず変数分離形，同次形，……」といった固定観念を捨てて，意味をわからせることにした指導にしたい．

B　問題解説

p. 191 (4.3.1)

問1　略

p. 193

問2 指数関数だろうという見当はつく.

また, $t \to -\infty$ のとき, $x \to -1$ となるようだ. すると……? などと予想を立てさせたい.

$Ae^t - 1$ ということになるのだが, ここは, 予想させればいいのだからはずれたってかまわない.

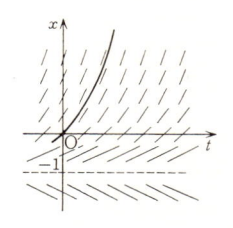

p. 200

練習問題

1　(1) 下の図.

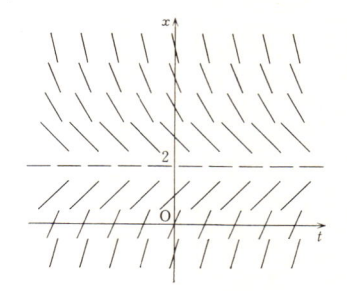

(2) $\dfrac{dt}{dx} = \dfrac{1}{2-x}$.

$$t = 0+\int_0^x \frac{dx}{2-x} = -\log(2-x)+\log 2 = \log\frac{2}{2-x}.$$

したがって，

$$e^t = \frac{2}{2-x}.$$

変形して，

$$e^{-t} = \frac{2-x}{2},$$
$$x = 2(1-e^{-t}).$$

2 (1) 下の図.

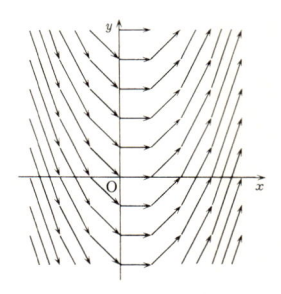

(2) $x=0+\int_0^t 1\cdot dt = t.$

(3) $y=0+\int_0^t t\,dt = \frac{1}{2}t^2.$

3 $\dfrac{dt}{dv} = -\dfrac{m}{k}\cdot\dfrac{1}{v}.$

$-\dfrac{k}{m}\cdot\dfrac{dt}{dv} = \dfrac{1}{v}$ だから，

$$-\frac{k}{m}t = 0+\int_{v_0}^v \frac{dv}{v} = \log\frac{v}{v_0}.$$

よって,
$$v = v_0 e^{-\frac{k}{m}t} \text{ となる}.$$

p. 201
章末問題

1　(1)　$y' = A\alpha e^{\alpha x} + B\beta e^{\beta x}$,
$y'' = A\alpha^2 e^{\alpha x} + B\beta^2 e^{\beta x}$
であるから,
$$\begin{aligned}
&y'' - (\alpha+\beta)y' + \alpha\beta y \\
&= (A\alpha^2 e^{\alpha x} + B\beta^2 e^{\beta x}) - (\alpha+\beta)(A\alpha e^{\alpha x} + B\beta e^{\beta x}) \\
&\quad + \alpha\beta(Ae^{\alpha x} + Be^{\beta x}) \\
&= Ae^{\alpha x}(\alpha^2 - (\alpha+\beta)\alpha + \alpha\beta) + Be^{\beta x}(\beta^2 - (\alpha+\beta)\beta + \alpha\beta) \\
&= Ae^{\alpha x} \cdot 0 + Be^{\beta x} \cdot 0 = 0.
\end{aligned}$$

(2)　$y' = A(-k)e^{-kx}\sin(\omega x + B) + A\omega e^{-kx}\cos(\omega x + B)$,
$y'' = Ak^2 e^{-kx}\sin(\omega x + B) - 2A\omega k e^{-kx}\cos(\omega x + B)$
$\quad - A\omega^2 e^{-kx}\sin(\omega x + B).$

$$\begin{aligned}
&y'' + 2ky' + (k^2+\omega^2)y \\
&= A(k^2-\omega^2)e^{-kx}\sin(\omega x + B) - 2A\omega k e^{-kx}\cos(\omega x + B) \\
&\quad + 2k\{A(-k) \cdot e^{-kx}\sin(\omega x + B) \\
&\quad + A\omega e^{-kx}\cos(\omega x + B)\} \\
&\quad + (k^2+\omega^2)\{Ae^{-kx}\sin(\omega x + B)\} \\
&= Ae^{-kx}\sin(\omega x + B)\{(k^2-\omega^2) - 2k^2 + (k^2+\omega^2)\} \\
&\quad + Ae^{-kx}\cos(\omega x + B)(-2\omega k + 2\omega k) = 0.
\end{aligned}$$

2　$\tan t = \dfrac{\sin t}{\cos t}$ であるから,
$$\frac{dx}{dt} = a \cdot \frac{\cos t \cdot \cos t - \sin t(-\sin t)}{\cos^2 t} = \frac{a}{\cos^2 t}.$$

また，$1+\tan^2 t = \dfrac{1}{\cos^2 t}$ に注意すると，

$$\int_0^a \frac{dx}{a^2+x^2} = \int_0^{\frac{\pi}{4}} \frac{1}{a^2+a^2\tan^2 t} \cdot \frac{a}{\cos^2 t}\, dt$$
$$= \frac{1}{a}\Bigl[t\Bigr]_0^{\frac{\pi}{4}} = \frac{\pi}{4a}.$$

3　$\dfrac{dx}{dt} = a\cos t,\ \sqrt{a^2-x^2} = a\cos t.$

また，$t=\dfrac{\pi}{6}$ のとき $x=\dfrac{1}{2}a$ に注意すると，

$$\int_0^{\frac{1}{2}a} \frac{dx}{\sqrt{a^2-x^2}} = \int_0^{\frac{\pi}{6}} \frac{a\cos t\, dt}{a\cos t} = \int_0^{\frac{\pi}{6}} dt = \frac{\pi}{6}.$$

4　$y' = \dfrac{2x}{1+x^2},$

$y'' = \dfrac{2(1-x^2)}{(1+x^2)^2} = \dfrac{2(1-x)(1+x)}{(1+x^2)^2}$

であるから，

x	$\cdots$	-1	$\cdots$	0	$\cdots$	1	$\cdots$
y'	$-$	$-$	$-$	0	$+$	$+$	$+$
y''	$-$	0	$+$	$+$	$+$	0	$-$
y	↘	$\log 2$	↘	0	↗	$\log 2$	↗

グラフは下のようになる．

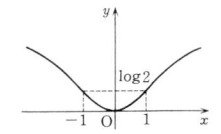

5 (1) $OH = a\cos\theta$, $HP = a\sin\theta$ であるから，台形の面積を S とすると，
$$S = (a + a\cos\theta)\cdot a\sin\theta = a^2(1+\cos\theta)\cdot\sin\theta = a^2 f(\theta)$$
とおく．$0 < \theta < \dfrac{\pi}{2}$ で考えればよい．

$$\begin{aligned}
f'(\theta) &= -\sin\theta\cdot\sin\theta + (1+\cos\theta)\cdot\cos\theta \\
&= -\sin^2\theta + \cos\theta + \cos^2\theta \\
&= 2\cos^2\theta + \cos\theta - 1 \\
&= (2\cos\theta - 1)(\cos\theta + 1).
\end{aligned}$$

θ	(0)	$\cdots$	$\dfrac{\pi}{3}$	$\cdots$	$\left(\dfrac{\pi}{2}\right)$
$f'(\theta)$		$+$	0	$-$	
$f(\theta)$		↗		↘	

よって，台形の面積の最大値は
$$a^2 f\left(\dfrac{\pi}{3}\right) = a^2\left(1 + \dfrac{1}{2}\right)\cdot\dfrac{\sqrt{3}}{2} = \dfrac{3\sqrt{3}}{4}a^2.$$

(2) $OH = x$ とすると，$HP = \sqrt{a^2 - x^2}$ だから，
$$S = (a+x)\sqrt{a^2 - x^2} = f(x)$$
とする．$0 < x < a$ で考えればよい．

$$\begin{aligned}
f'(x) &= 1\cdot\sqrt{a^2 - x^2} + (a+x)\cdot\dfrac{-x}{\sqrt{a^2-x^2}} \\
&= \dfrac{a^2 - x^2 - ax - x^2}{\sqrt{a^2-x^2}} = \dfrac{(a-2x)(a+x)}{\sqrt{a^2-x^2}}.
\end{aligned}$$

x	(0)	$\cdots$	$\dfrac{a}{2}$	$\cdots$	(a)
$f'(x)$		$+$	0	$-$	
$f(x)$		↗		↘	

台形の面積の最大値は,
$$f\left(\frac{a}{2}\right) = \left(a + \frac{a}{2}\right)\sqrt{a^2 - \frac{1}{4}a^2} = \frac{3\sqrt{3}}{4}a^2.$$

6 (1) $\{2\sqrt{a^2-z^2}\}^2 = 4(a^2-z^2).$

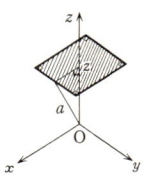

(2) $\displaystyle\int_{-a}^{a} 4(a^2-z^2)\,dz = 8\int_0^a (a^2-z^2)\,dz$
$$= 8\left[a^2 z - \frac{1}{3}z^3\right]_0^a = \frac{16}{3}a^3.$$

7 $\displaystyle 4\int_0^a y\,dx$ を求めればよい.

$$4\int_0^a y\,dx = 4\int_{\frac{\pi}{2}}^0 y \cdot \frac{dx}{dt}\,dt = 4\int_{\frac{\pi}{2}}^0 a\sin^3 t \cdot 3a\cos^2 t(-\sin t)\,dt$$

$$= 12a^2\int_0^{\frac{\pi}{2}} \sin^4 t \cos^2 t\,dt = 12a^2\int_0^{\frac{\pi}{2}} \left(\frac{1-\cos 2t}{2}\right)^2 \cdot \frac{1+\cos 2t}{2}\,dt$$

$$= \frac{3}{2}a^2\int_0^{\frac{\pi}{2}} (1-\cos 2t - \cos^2 2t + \cos^3 2t)\,dt$$

$$= \frac{3}{2}a^2\int_0^{\frac{\pi}{2}} \left\{(1-\cos 2t) - \frac{1+\cos 4t}{2} + (1-\sin^2 2t)\cdot \cos 2t\right\}dt$$

$$= \frac{3}{2}a^2\left[t - \frac{1}{2}\sin 2t - \frac{1}{2}t - \frac{1}{8}\sin 4t + \frac{\sin 2t}{2} - \frac{1}{6}\sin^3 2t\right]_0^{\frac{\pi}{2}}$$

$$= \frac{3}{2}a^2 \times \frac{\pi}{4} = \frac{3}{8}\pi a^2.$$

3 参考

● 簡単な微分方程式と方向の場

一階の微分方程式 $\dfrac{dx}{dt}=f(t,x)$ を解くとき,方向の場をつくって解曲線を予想してみるとよい. t-x 平面上の点 (t,x) のところに傾き $f(t,x)$ の小直線をかき,それらの小直線に接する曲線を求めればそれが解曲線となる.

例1 $\dfrac{dx}{dt}=t$ (初期条件:$t=1$ のとき, $x=5$.)

t 座標が同じ点での傾きは一定だから,方向の場は下の図のようになり,グラフは放物線になることが予想できる.一方 $\dfrac{dx}{dt}=t$ を解くと,

$$x = 5+\int_1^t t\,dt = \frac{9}{2}+\frac{t^2}{2}.$$

例2 $\dfrac{dx}{dt}=x$ (初期条件:$t=3$ のとき, $x=10$.)

x 座標が同じ点での傾きは一定だから,方向の場はつぎの図のようになる.解は指数関数になることがこの方向の場の図からも推定できるが,実際に解くと,

$$\int_{10}^x \frac{dx}{x} = \int_3^t dt \text{ より, } x = 10e^{t-3}.$$

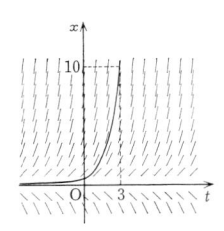

例3 $\dfrac{dx}{dt} = \dfrac{x}{t}$ （初期条件：$t=1$ のとき，$x=3$.）

t-x 平面での直線 $x=at$ 上の点では $\dfrac{x}{t}$ の値は一定で a である．それゆえ，方向の場は下の図のように原点を中心とした放射線となる．これより，解の形は $x=at$ となることが予想できる．

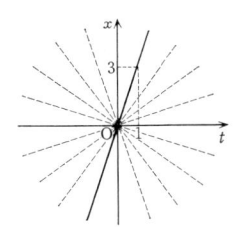

実際に解くと，

$$\int_3^x \dfrac{dx}{x} = \int_1^t \dfrac{dt}{t} \text{ より，} \log\dfrac{x}{3} = \log t.$$

すなわち，

$$x = 3t.$$

例4 $\dfrac{dx}{dt} = -\dfrac{x}{t}$ （初期条件；$t=5$ のとき，$x=2$.）

3 参考

直線 $x=at$ 上の点での方向の場の傾きが $-a$ になるから，下の図が得られる．解曲線は直角双曲線になることが予想できる．

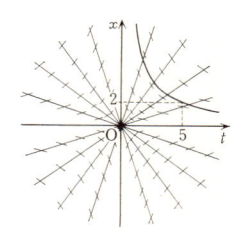

実際，

$$\int_2^x \frac{dx}{x} = -\int_5^t \frac{dt}{t} \quad \text{より}, \quad x = \frac{10}{t}.$$

例5 $\dfrac{dx}{dt} = -\dfrac{t}{x}$ （初期条件；$t=3$ のとき，$x=4$.）

直線 $x=at$ 上の点 (t, x) において $-\dfrac{t}{x} = -\dfrac{1}{a}$ となるから，方向の場は $x=at$ と直交している．これより，解曲線が原点を中心とする円になることが予想できる．

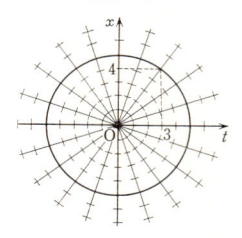

実際に解いてみると，

$$\int_4^x x\,dx = -\int_3^t t\,dt \text{ より, } t^2+x^2=25.$$

例6 $\dfrac{dx}{dt}=\dfrac{t}{x}$ （初期条件；$t=5$ のとき，$x=4$.）

直線 $x=at$ 上の点では，方向の場の傾きは $\dfrac{1}{a}$ となる．

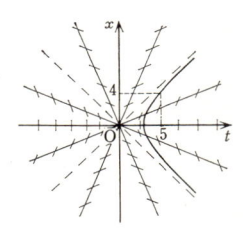

解いてみると，

$$\int_4^x x\,dx = \int_5^t t\,dt, \quad t^2-x^2=9$$

となって，双曲線になることがわかる．

例7 $\dfrac{dx}{dt}=-xt$ （初期条件；$t=0$ のとき，$x=1$.）

t-x 平面の格子点（t も x も整数の点）において $-xt$ の値を求め，方向の場の図に書き込んでみると下の図が得られる．

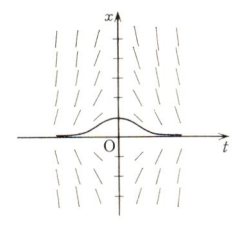

解いてみると,

$$\int_1^x \frac{dx}{x} = -\int_0^t t\,dt \text{ より, } x = e^{-\frac{t^2}{2}}.$$

このように, $f(t, x)$ として t と x をかけたり, わったり, 符号をかえたりするだけでずいぶんと多様なグラフが出てきておもしろい.

(近藤年示)

● 「関数値の変化」の練習問題のために

関数値の変化について, それを調べる練習問題は際限なくつくれるが, そのときの目安になりそうなことを順不同でいくつかあげてみよう.

① 分数関数の場合, $x \to \pm\infty$ における動向は分母・分子それぞれの最高次の項によって支配される. そこで,

$$f(x) = \frac{a_n x^n + \cdots}{b_m x^m + \cdots}$$

とするとき, $n-m = +2, +1, 0, -1, -2$ くらいをとりあげるとかなりいろいろな場合が出てくる. これに, 分母のゼロ点の有無や分布をからませれば, さまざまな変化のパターンが生まれる. たとえば,

$$f(x) = \frac{ax^2 + bx + c}{px^2 + qx + r}$$

について調べてみても, じつにいろいろな場合があるだろう.

② 無理関数 $f(x) = \sqrt[n]{a_m x^m + \cdots}$ の場合, $\frac{m}{n}$ の 1 との大小が 1 つの目安になろう.

③ 指数関数がからむ場合, $ae^{\alpha x} + be^{\beta x}$ 型と, $e^{kx}f(x)$ 型で, $x \to \infty$ のときの, e^x の発散・e^{-x} の収束の急速さと関連していろいろな場合が出てくる.

④ 三角関数については，2つの単振動を合成するのに，周期が違う場合を考えると複雑な振動が得られる．（周期が同じならまた単振動になることは，『基礎解析』で学んだ．）　　（増島高敬）

● 微分をくりかえして近似式をつくる

近似式のつくりかたについて，162～163 ページには，積分によって求める方法をのべたが，係数を仮定して微分によって求めることもできる．

すなわち，関数 $f(x)$ に対して，2次関数
$$g(x) = a_0 + a_1(x-\alpha) + a_2(x-\alpha)^2$$
を，
$$f(\alpha) = g(\alpha), \quad f'(\alpha) = g'(\alpha), \quad f''(\alpha) = g''(\alpha)$$
となるようにきめたいとする．
$$g(\alpha) = a_0$$
から，$a_0 = f(\alpha)$ となる．
$$g'(x) = a_1 + 2a_2(x-\alpha),$$
$$g'(\alpha) = a_1$$
となることから，$a_1 = f'(\alpha)$．
$$g''(x) = 2a_2,$$
$$g''(\alpha) = 2a_2$$
となることから，$2a_2 = f''(\alpha)$ となり，$a_2 = \dfrac{1}{2} f''(\alpha)$．

よって，$x = \alpha$ における $f(x)$ の2次の近似式として
$$g(x) = f(\alpha) + f'(\alpha)(x-\alpha) + \frac{1}{2} f''(\alpha)(x-\alpha)^2$$
が得られる．

同様にすれば（もちろん教科書本文の方法によっても同じだが），$f(x)$ の $x = \alpha$ における n 次の近似式は，

$$f(\alpha)+f'(\alpha)(x-\alpha)+\frac{1}{2}f''(\alpha)(x-\alpha)^2+\cdots$$
$$+\frac{1}{n!}f^{(n)}(\alpha)(x-\alpha)^n$$

となる.

249ページには, この関数ともとの関数の値の誤差が, $x=\alpha$ の近くでは, だいたい,

$$\frac{1}{(n+1)!}f^{(n+1)}(\alpha)(x-\alpha)^{n+1}$$

であることがのべられている.

（増島高敬）

● 地球のまわりの大気の全質量を求める

4.2節で, 教科書には入れられなかったが, こんな問題はどうだろう.

地球のまわりの大気の密度は地表からの高度とともに指数関数的に減少するものとし, また, 地球の大気圏は無限にひろがっているものとして, 地球のまわりの大気の全質量を求めよ.

地球を半径 R の球とし, 地表における大気の密度を ρ_0 とすれば, 地表から高度 x のところでの大気の密度 $\rho(x)$ は, 適当な正の定数 k によって,

$$\rho(x)=\rho_0 e^{-kx}$$

と表せるから, 求める大気の全質量 M は,

$$M=\lim_{x\to\infty}\int_0^x \rho_0 e^{-kx}\cdot 4\pi(x+R)^2\,dx$$
$$=\int_0^\infty 4\pi\rho_0(x+R)^2 e^{-kx}\,dx$$

となる.

この積分を計算することは, 部分積分法によってできる.

その結果に, R, ρ_0 の数値を代入し, また, 実際の大気の密度の高度による分布から k を定めて代入すれば, M を求めることができる.

実際の大気の密度の高度による変化は「理科年表」などに出ているが, 非常に複雑である. これを単純に指数関数的に変化するとした場合, 海面上 7.7 km で密度が地表の $\dfrac{1}{e}$ になるという数値がある (ゼリドーウィチ著, 今野・鎮目訳『科学者・技術者のための数学入門』(岩波書店) の 323 ページ, なお, 同一書の別訳が東京図書"数学新書"の中にある).

(増島高敬)

● $\sqrt{(2 次式)}$ の積分

$\sqrt{(2 次式)}$ の積分について, つぎのように置換すると根号をとりさることができる.

① $\sqrt{A^2-X^2}$ 型のとき,

$\qquad X = A\sin t$ または, $X = A\cos t$ とおく.

② $\sqrt{X^2+A^2}$ 型のとき,

$$X = \frac{A}{2}(e^t - e^{-t}) \text{ とおく.}$$

$\sqrt{X^2-A^2}$ 型のとき,

$$X = \frac{A}{2}(e^t + e^{-t}) \text{ とおく.}$$

②については, $\dfrac{1}{2}(e^t+e^{-t})=\cosh t$, $\dfrac{1}{2}(e^t-e^{-t})=\sinh t$ とおくとき, $\cosh^2 t - \sinh^2 t = 1$ となることによっている.

(増島高敬)

● 「練習問題 3」(200 ページ) について

「練習問題 3」について, さらに, 時刻 t における位置を $x=$

$x(t)$, $x(0)=0$ として, x および $\lim\limits_{t\to\infty} x$ を求めてみるとよい.

$$\begin{cases} \dfrac{dv}{dt} = -\dfrac{k}{m}v, \\ v(0) = v_0. \end{cases}$$

より,

$$v = v_0 e^{-\frac{k}{m}t}$$

となるから,

$$\begin{aligned} x &= 0+\int_0^t v_0 e^{-\frac{k}{m}t}dt \\ &= \left[-\frac{mv_0}{k}e^{-\frac{k}{m}t}\right]_0^t = \frac{mv_0}{k}\left(1-e^{-\frac{k}{m}t}\right), \\ \lim_{t\to\infty} x &= \lim_{t\to\infty}\frac{mv_0}{k}\left(1-e^{-\frac{k}{m}t}\right) = \frac{mv_0}{k}. \end{aligned}$$

つまり, この質点は, $x=\dfrac{mv_0}{k}$ となる点をこえてすすむことはできない. (この点に達することもできない！)　　　(増島高敬)

第5章 極限と連続 (教科書 p.207〜257)

1 編修にあたって

この第5章では,解析学の基礎となる極限概念をとりあげる.2つの節からなり,5.1では数列・級数の形で極限概念を解説する.後半の5.2は,5.2.1と5.2.2が関数の連続性について扱い,5.2.3と5.2.4は微分積分の発展として,いわゆる平均値の定理や関数の多項式近似などを扱う.

この章の特徴と思われるものを列挙しよう.

(1) まず,このような題材のとりあわせの章の存在そのものがあまり例のないものであるし,さらに,その置かれる場所が独自のものである.

これまでの「数学Ⅲ」の教科書は,数列・級数を最初に置くのが普通であった.また,連続性についての議論を微分法の前に置くことになっていた.しかし,「基礎解析」からの流れを中断してまで,そのような配列にしなくてはならないとも思えない.私たちは,微積分の一応の運用ができるようになった後で,基礎をふりかえるという道をえらんだ.どれが正しい学習の順序かということでなく,数学の順序についての硬直した感覚をこわすことこそ,さしあたり重要なことだと私たちは考えている.生きた数学は,決して,一定の直線的順序で並んでいるわけではない.

(2) 数列と級数の扱いは従来のものとかなり異なっている.

単に収束するか，極限値が何であるかでなく，極限値への近づきかた（あるいは無限大になりかた）の速さ，つまりオーダーがここでの問題である．数を "10 進小数で表現されたもの" として具体的にみることが，オーダーの感覚とつながる．

上に有界な増加列が収束するという性質，それは実数というものの本質の表現の1つであるが，この教科書ではその事実を読者に伝えることを避けなかった．わざわざかくすのは不自然である．その結果，正項級数についての比較定理が使えるようになった（教科書 225 ページ）．

(3) 連続関数については，一点における連続性でなく，区間ごとの連続性を重視し，それから出発した．これは従来のやりかたにくらべて大きな変更である．ただし，一様連続性を明示的に述べているわけではなく，多少の問題点が残っている．

(4) 平均値の定理の扱いもこれまでの形にとらわれていない．それは「基礎解析」から続く定積分重視の姿勢の延長上にある．もともと平均値とは積分の概念である．平均値についての不等式

$$L \leq \frac{1}{b-a}\int_a^b f(x)\,dx \leq M$$

と等式

$$\frac{1}{b-a}\int_a^b f(x)\,dx = f(c)$$

が本来の "平均値の定理" である．これを導関数に適用することで，普通に平均値の定理と呼ばれているものが導かれる．

(5) 関数の多項式近似は，平均値の定理と同じく，"不等式の積分" という原理にもとづいている．本文中では一点の近くでの多項式による "局所近似" を，補足では区間での整級数による

"大域的近似"を扱った．この2つの異質なものの対比に注意していただきたい．

（小島　順）

2　解説と展開

5.1　数列と級数 (p. 208〜233)

A　留意点

　この節では正数 a に対する ca^n の形の数列から出発する．指数関数 ca^x の変数 x を離散化し $n=0, 1, 2, \cdots$ におきかえたものという立場をとっている．ここでは極限値の"定義"などを事新しくすることを避けている．いわば一種の実験科学として，生き生きと収束・発散のようすをみるように指導していただきたい．具体的に収束・発散のようすをみるということは，自然に，いわゆる $\varepsilon\text{-}\delta$ 論法（数列の場合は $\varepsilon\text{-}N$ 論法だが）に近づく．私たちは10進法の文化の中に生きているので，基準として 10^{-n}（あるいは 10^n）の形の数をえらんだ．これは小数第何位までという具体性をもっていて，生徒にも受け入れやすいと思う．

　$a \leqq 0$ に対する等比数列 ca^n は指数関数とのつながりを失うが，教科書は，この場合の扱いを経て，より一般の数列に移る．n の分数式の極限値というのは，実際には分子と分母の多項式の局所的状況（無限大に向かうようす）を比較するのが目的なのである．

　正項級数について，その和は無限大（$=+\infty$）であるか，有限の値（$<+\infty$）であるか，いずれにしても和が確定しているというのが重要なポイントである．従来の教科書をみると

$$1+\frac{1}{\sqrt{2}}+\frac{1}{\sqrt{3}}+\cdots+\frac{1}{\sqrt{n}}+\cdots = +\infty$$

はあっても，

$$1+\frac{1}{2^2}+\frac{1}{3^2}+\cdots+\frac{1}{n^2}+\cdots$$

が有限の和をもつことにはふれない，というのが多かったが，このような態度は不自然である．

B 問題解説

p. 213 (5.1.3)

問1 $2^{10}=1024>10^3$ だから，

$$\left(\frac{1}{2}\right)^{10} = \frac{1}{2^{10}} < \frac{1}{10^3} = 10^{-3}$$

である．したがって，

$$\left(\frac{1}{2}\right)^{30} < (10^{-3})^3 = 10^{-9}$$

となる．さらに，$n \geq 30$ ならば

$$\left(\frac{1}{2}\right)^n < \left(\frac{1}{2}\right)^{30} < 10^{-9}$$

である．同様に，

$$\left(\frac{1}{2}\right)^{40} < (10^{-3})^4 = 10^{-12}$$

だから，$n \geq 40$ ならば

$$\left(\frac{1}{2}\right)^n < 10^{-12}$$

である．

問2 $(0.99)^n < 10^{-9}$ の両辺の対数（10 を底とする対数としよう）をとると，不等号が保存されて

$$n \log_{10} 0.99 < -9 \log_{10} 10 = -9$$

である．$0.99<1$ だから，$\log_{10} 0.99 < 0$ で

$$n > \frac{-9}{\log_{10} 0.99} = \frac{-9}{-0.0044}$$

$$= 2045.45$$

がでる．

$$\log_{10} 0.99 = -0.0044$$

という近似値を用いて計算したから，この値ははじめの 2 桁ぐらいしか信用できない．しかし，たとえば，

$$n \geqq 3000$$

ととれば，

$$(0.99)^n < 10^{-9} \tag{$*$}$$

となるのは，確信をもって言える．あるいは

$$n \geqq 2100$$

としてもよいだろう．

実際は，電卓を使って計算すると

$$\frac{-9}{\log_{10} 0.99} = 2061.95$$

だから，

$$n \geqq 2062$$

で，($*$)が言える．

同様に電卓で計算すると

$$(0.99)^n < 10^{-12} \tag{$**$}$$

から，

$$n > \frac{-12}{\log_{10} 0.99} = 2749.26$$

がでる．やはり，

$$n \geqq 3000$$

ならば($**$)が言える．

$$n \geqq 2800$$

ならばよい，と答えてもよいだろう．

なお，$\log_{10} 0.99 = -0.0044$ を使うと
$$n > \frac{-12}{\log_{10} 0.99} = 2727.27$$
となる．

p. 219 (5.1.5)

問 1 $\displaystyle\lim_{n\to\infty}\frac{2n^2-6n-3}{3n^2+4n-2}=\lim_{n\to\infty}\frac{2-\dfrac{6}{n}-\dfrac{3}{n^2}}{3+\dfrac{4}{n}-\dfrac{2}{n^2}}=\frac{2}{3}.$

p. 221

問 2 ① $\displaystyle\lim_{n\to\infty}\frac{4n}{5n^2+3}=\lim_{n\to\infty}\frac{\dfrac{4}{n}}{5+\dfrac{3}{n^2}}=\frac{0}{5}=0.$

② $\displaystyle\lim_{n\to\infty}\frac{2n^2}{n+1}=\lim_{n\to\infty}\frac{2n}{1+\dfrac{1}{n}}=\frac{\infty}{1}=\infty.$

③ $\displaystyle\lim_{n\to\infty}\frac{n(n+1)(2n+1)}{n^3}=\lim_{n\to\infty}1\cdot\left(1+\frac{1}{n}\right)\left(2+\frac{1}{n}\right)$
$=1\cdot 1\cdot 2=2.$

④ $\displaystyle\lim_{n\to\infty}\frac{3^n-9}{5^n+2}=\lim_{n\to\infty}\frac{3^n\left(1-\dfrac{9}{3^n}\right)}{5^n\left(1+\dfrac{2}{5^n}\right)}=\lim_{n\to\infty}\frac{3^n}{5^n}\cdot\lim_{n\to\infty}\frac{1-\dfrac{9}{3^n}}{1+\dfrac{2}{5^n}}$
$=\displaystyle\lim_{n\to\infty}\left(\frac{3}{5}\right)^n\cdot 1=0\cdot 1=0.$

⑤ $\displaystyle\lim_{n\to\infty}\frac{10^n-2^n}{10^n+2^n}=\lim_{n\to\infty}\frac{10^n\left(1-\left(\dfrac{2}{10}\right)^n\right)}{10^n\left(1+\left(\dfrac{2}{10}\right)^n\right)}$

$$=\lim_{n\to\infty}\frac{10^n}{10^n}\cdot\lim_{n\to\infty}\frac{1-\left(\frac{2}{10}\right)^n}{1+\left(\frac{2}{10}\right)^n}=1\cdot 1=1.$$

問3 ① $(n+1)^2-n^2=(n^2+2n+1)-n^2=2n+1$
だから
$$\lim_{n\to\infty}\{(n+1)^2-n^2\}=\lim_{n\to\infty}(2n+1)=\infty.$$
$$\lim_{n\to\infty}\{(n+1)-n\}=\lim_{n\to\infty}1=1.$$

② $\displaystyle\lim_{n\to\infty}n^2\sin\frac{1}{n}=\lim_{n\to\infty}n\frac{\sin\dfrac{1}{n}}{\dfrac{1}{n}}$

$$=\lim_{n\to\infty}n\lim_{n\to\infty}\frac{\sin\dfrac{1}{n}}{\dfrac{1}{n}}=\infty\cdot 1=\infty.$$

$$\lim_{n\to\infty}n\sin\frac{1}{n^2}=\lim_{n\to\infty}\frac{1}{n}\frac{\sin\dfrac{1}{n^2}}{\dfrac{1}{n^2}}$$

$$=\lim_{n\to\infty}\frac{1}{n}\lim_{n\to\infty}\frac{\sin\dfrac{1}{n^2}}{\dfrac{1}{n^2}}=0\cdot 1=0.$$

p. 223 (5.1.6)

問1 簡単のため $c>0$ としておこう.
$$s_n=c+ca+\cdots+ca^n$$
とおく. $a\neq 1$ ならば
$$s_n=\frac{c(1-a^{n+1})}{1-a}$$

である．

（ⅰ）$a>1$ のとき
$$\lim_{n\to\infty} a^{n+1} = \infty$$
であるから，
$$\lim_{n\to\infty} s_n = \lim_{n\to\infty}\frac{c(a^{n+1}-1)}{a-1} = \frac{c\cdot\infty}{a-1} = \infty$$
である．（$a-1>0$ であり，また $c>0$ としている）

（ⅱ）$a<-1$ のとき
$$s_{2m} = \frac{c(1-a^{2m+1})}{1-a}$$
であり，$\lim_{m\to\infty} a^{2m+1} = -\infty$ だから
$$\lim_{m\to\infty} s_{2m} = \frac{c(1-(-\infty))}{1-a} = \frac{c\cdot\infty}{1-a} = \infty$$
である．（$1-a>0$ に注意）
$$s_{2m+1} = \frac{c(1-a^{2m+2})}{1-a}$$
であり，$\lim_{m\to\infty} a^{2m+2} = \infty$ だから，
$$\lim_{m\to\infty} s_{2m+1} = \frac{c(1-\infty)}{1-a} = \frac{c\cdot(-\infty)}{1-a} = -\infty$$
となる．

部分和 s_n は交互に符号を変え，n が偶数で ∞ にむかうと，s_n は ∞ に，n が奇数で $-\infty$ にむかうと，s_n は $-\infty$ に発散する．

（ⅲ）$a=-1$ のとき，
$$s_n = \frac{c(1-(-1)^n)}{2}$$
は，

という数列になり，収束しない．（$c>0$ としている）

(iv) $a=1$ のとき，
$$s_n = (n+1)c \quad \text{だから，}$$
$$\lim_{n\to\infty} s_n = \infty$$

である．

p. 224

問2 $0.1\dot{3}\dot{4} = 0.134 + 0.000134 + \cdots = \dfrac{0.134}{1-\dfrac{1}{1000}} = \dfrac{134}{999}$.

問3 $0.12\dot{3}4\dot{5} = 0.12 + 0.00345 + 0.00000345 + \cdots$
$$= 0.12 + \dfrac{0.00345}{1-\dfrac{1}{1000}} = \dfrac{12}{100} + \dfrac{345}{99900}.$$

p. 225

問4 このあと，$P_n P_{n+1}$ の中点を P_{n+2} として続けていく．

$$AP_1 = \dfrac{l}{2},$$

$$AP_2 = AP_1 - P_1 P_2 = \dfrac{l}{2} - \dfrac{l}{2^2},$$

$$AP_3 = AP_2 + P_2 P_3 = \dfrac{l}{2} - \dfrac{l}{2^2} + \dfrac{l}{2^3},$$

……

$$AP_n = \dfrac{l}{2} - \dfrac{l}{2^2} + \dfrac{l}{2^3} - \cdots + (-1)^{n-1} \dfrac{l}{2^n}$$
$$= l\left(\dfrac{1}{2} - \dfrac{1}{2^2} + \dfrac{1}{2^3} + \cdots + (-1)^{n-1} \dfrac{1}{2^n}\right),$$

$$\lim_{n\to\infty} AP_n = l\left(\dfrac{1}{2} - \dfrac{1}{2^2} + \dfrac{1}{2^3} + \cdots + (-1)^{n-1} \dfrac{1}{2^n} + \cdots\right)$$

$$= l\frac{\frac{1}{2}}{1-\left(-\frac{1}{2}\right)} = \frac{l}{3}$$

となる.

p. 228 (5.1.7)

問 $\sqrt{n} \leq n$ だから,$\frac{1}{\sqrt{n}} \geq \frac{1}{n}$ である.

したがって,

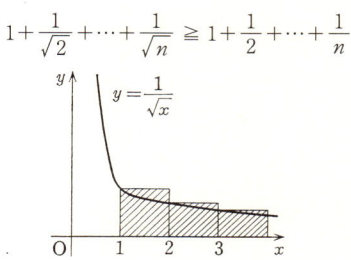

$$1+\frac{1}{\sqrt{2}}+\cdots+\frac{1}{\sqrt{n}} \geq 1+\frac{1}{2}+\cdots+\frac{1}{n}$$

である.

$$1+\frac{1}{2}+\cdots+\frac{1}{n}+\cdots = \infty$$

だから

$$s_n = 1+\frac{1}{2}+\cdots+\frac{1}{n}$$

について $\lim_{n\to\infty} s_n = \infty$ である.

$$t_n = 1+\frac{1}{\sqrt{2}}+\cdots+\frac{1}{\sqrt{n}}$$

とおくとき,$t_n \geq s_n$ と $\lim_{n\to\infty} s_n = \infty$ とから

$$\lim_{n\to\infty} t_n = \infty$$

がでる．これは
$$1+\frac{1}{\sqrt{2}}+\cdots+\frac{1}{\sqrt{n}}+\cdots = \infty$$
を意味する．

p. 233
練習問題

1 (1) $P_0P_1 = OP_0 \sin 30° = \frac{1}{2}l$,

$P_1P_2 = P_0P_1 \cos 30° = \frac{\sqrt{3}}{2}\cdot\frac{1}{2}l$,

$P_2P_3 = P_1P_2 \cos 30° = \left(\frac{\sqrt{3}}{2}\right)^2 \frac{1}{2}l$,

……

$P_nP_{n+1} = \left(\frac{\sqrt{3}}{2}\right)^n \frac{1}{2}l$

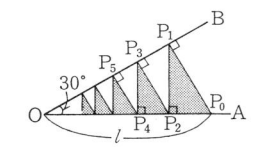

となる．ゆえに，

$$\begin{aligned}P_0P_1+P_1P_2+P_2P_3+\cdots &= \frac{1}{2}l+\frac{\sqrt{3}}{2}\frac{1}{2}l+\left(\frac{\sqrt{3}}{2}\right)^2\frac{1}{2}l+\cdots \\ &= \frac{\frac{1}{2}l}{1-\frac{\sqrt{3}}{2}} = \frac{l}{2-\sqrt{3}} \\ &= (2+\sqrt{3})l.\end{aligned}$$

(2) $\triangle P_0P_1P_2 = \dfrac{1}{2} P_0P_2 \cdot P_1P_2$

$= \dfrac{1}{2} \cdot \dfrac{1}{2} P_0P_1 \cdot \dfrac{\sqrt{3}}{2} P_0P_1$

$= \dfrac{\sqrt{3}}{8}(P_0P_1)^2 = \dfrac{\sqrt{3}}{8} \cdot \left(\dfrac{1}{2}l\right)^2 = \dfrac{\sqrt{3}}{32}l^2$

である.

$$P_2P_3 = \left(\dfrac{\sqrt{3}}{2}\right)^2 P_0P_1$$

だから, $\triangle P_2P_3P_4 = \left(\dfrac{\sqrt{3}}{2}\right)^4 \triangle P_0P_1P_2$ で

$\triangle P_0P_1P_2 + \triangle P_2P_3P_4 + \cdots$

$= \dfrac{\sqrt{3}}{32}l^2 \left(1 + \left(\dfrac{\sqrt{3}}{2}\right)^4 + \left(\dfrac{\sqrt{3}}{2}\right)^8 + \cdots\right)$

$= \dfrac{\sqrt{3}}{32}l^2 \dfrac{1}{1 - \left(\dfrac{\sqrt{3}}{2}\right)^4} = \dfrac{\sqrt{3}}{14}l^2.$

2   $0 < a < 1$ だから,

$$a + a^2 + a^3 + \cdots + a^n + \cdots$$

は収束し, 一方で,

$$0 < \dfrac{a^n}{1+a^n} < a^n$$

だから,

$$\dfrac{a}{1+a} + \dfrac{a^2}{1+a^2} + \cdots + \dfrac{a^n}{1+a^n} + \cdots$$

も収束する.

5.2 連続と近似 (p.234〜253)

A 留意点

内容的に前半の 5.2.1, 5.2.2 と後半の 5.2.3, 5.2.4 は違う主題を扱っているので，2 つに分けて留意点を述べよう．

「5.2.1 連続関数」「5.2.2 中間値の定理」について

連続関数について，従来の扱いかたは，点 x で連続という概念を述べ，区間 $[a, b]$ の各点 x で連続のとき，その区間で連続と定義している．これに対して，私たちの教科書は直接に区間 $[a, b]$ での連続性を定義する．

$[a, b]$ の 2 点 x_1, x_2 が近いとき $f(x_1)$ と $f(x_2)$ も近い，という性質で f の $[a, b]$ における連続性を定義する．式で書けば，
$$\lim_{x_1-x_2\to 0} |f(x_1)-f(x_2)| = 0$$
である．これは実質的には一様連続性をさしている．

周知のように有界閉区間 $[a, b]$ の各点で連続な関数 f は $[a, b]$ で一様連続である．したがって，$[a, b]$ での連続性をどちらで（各点連続か一様連続か）定義するかは結果に影響しない．しかし理念としてはかなり違う．問題はどちらが自然か，である．私たちは区間での一様連続性の方が理念としては自然であると考える．

$\boldsymbol{R}=(-\infty, +\infty)$ 全体での関数 $f(x)=x^2$ や，区間 $(0, +\infty)$ での関数 $f(x)=\dfrac{1}{x}$ のようなものは，定義域の任意の点 c に対して，c を内点にもつ区間 $[a, b]$ が存在し，$[a, b]$ で f は一様連続である．このような "局所一様連続性" こそが，一般の関数についての連続性の自然な定義なのである．

中間値の定理の証明は，$f(c)=0$ となる c を 10 進小数として

具体的に求める過程とかさなっている. この証明をたとえば BASIC のプログラムに書き直して, パソコンで方程式 $f(x)=0$ の根を求めることができる.

関数 f を区間 $[a, b]$ から実数直線 $\boldsymbol{R}$ への写像とみたとき, 中間値の定理は連結集合 $[a, b]$ の連続写像 f による像がやはり連結であることの表現である. 最大値・最小値の定理はコンパクトという概念にからむ. $\boldsymbol{R}$ 上ではコンパクトと有界閉という条件が一致する. コンパクト集合 $[a, b]$ の連続写像 f による像はコンパクト, したがって有界閉であり, 像の上限は像に属する. これが最大値存在の意味である.

「5.2.3 平均値の性質」「5.2.4 関数の近似」について

「編集にあたって」の中でも述べたように, 私たちは言葉通り"平均値"についての話からはじめる.

積分の概念は平均値とのつながりが深い. 区間 $[a, b]$ 上の連続関数 $f(x)$ が質量分布の密度 (線密度) を表しているとき, 積分 $\int_a^b f(x)\,dx$ は総質量を表し, 区間の幅 $b-a$ で割った

$$\frac{1}{b-a}\int_a^b f(x)\,dx$$

は平均密度を表す. f が温度の分布であったとすると, 積分 $\int_a^b f(x)\,dx$ は何を表すのだろうか? これには意味を与えにくい. しかし, $b-a$ で割った平均値の方は, はっきりとした意味をもつ. このように平均値というのは極めて普遍的な概念なのである.

ここでは,「平均値についての不等式」と「平均値についての等式」を並べている. 実際には,「等式」は「不等式」にくらべて情報が豊かになっているわけではない. $f(c)$ に等しいといっても c がわかっていないのだから, この等式を利用するときは,

L と M の間にあるという「不等式」にもどってしまう. それにもかかわらず「等式」の方を使い良く感じることが多いのは, 私たちが不等式よりも等式の運用に慣れているからであろう.「不等式に慣れる」ということは解析学の学習の1つの柱といってよい.

f が C^1 級とは, 導関数 f' が連続のことをいうが, C^1 級の f に対しては, f' に平均値の定理を適用し, さらに"微積分の基本定理"

$$\int_a^b f'(x)\,dx = f(b) - f(a)$$

を組合せると, 増分についての不等式と等式が得られる. これは平均変化率についての不等式と等式と呼んでもよい. 等式の方が普通に平均値の定理と呼ばれている.

近似式については 4.1.3 で, 2 次関数による局所的近似の話がでたが, この章では"不等式の積分"という立場から同じ主題を扱っている. 2 次を 3 次, 4 次というふうに次数をあげていくことができるが, いずれにしても固定した n に対する n 次式による近似を, ある点 a の近くで, いいかえると $x \to a$ のときの近似として考えているわけである.

これに対して, 補足で扱った「関数の級数展開」はまったく性格を異にする.

指数関数の級数展開

$$e^x = 1 + x + \frac{x^2}{2} + \frac{x^3}{6} + \cdots + \frac{x^n}{n!} + \cdots \tag{1}$$

は, $x \to 0$ のときでなく, どんな大きな x であっても, それを固定して, 有限和

$$s_n(x) = 1 + x + \frac{x^2}{2} + \cdots + \frac{x^n}{n!}$$

を計算すると，$n \to \infty$ のとき $s_n(x)$ が e^x に収束するのである．

この教科書のような方法によると，e^x の級数展開（これをテイラー展開というのだが）はやさしく，高校の数学として無理なく扱えるものと私たちは考えている．

関数の近似とは結局のところ，実際の数値の問題である．電卓あるいはパソコンを必要に応じて利用しながら，たえず実際の数値の「感覚」で裏付けながら学習を進めることが望まれる．

B 問題解説

p. 236 （5.2.1）

問 1 $x_1^3 - x_2^3 = (x_1 - x_2)(x_1^2 + x_1 x_2 + x_2^2)$ であるが，$0 \leq x_1 \leq 1$，$0 \leq x_2 \leq 1$ のとき，

$$0 \leq x_1^2 + x_1 x_2 + x_2^2 \leq 3$$

だから，

$$|x_1^3 - x_2^3| \leq 3|x_1 - x_2|$$

となる．

よって，$x_1 - x_2 \to 0$ のとき $|x_1^3 - x_2^3| \to 0$ である．

したがって，関数 $f(x) = x^3$ は $[0, 1]$ で連続である．

問 2 x_1 と x_2 を $[0.01, 1]$ からとる．

$$\frac{1}{x_1} - \frac{1}{x_2} = \frac{x_2 - x_1}{x_1 x_2}$$

であるが，$x_1 \geq 0.01$，$x_2 \geq 0.01$ より

$$\frac{1}{x_1 x_2} \leq \frac{1}{0.01^2} = 10^4$$

となり，

$$\left| \frac{1}{x_1} - \frac{1}{x_2} \right| = \frac{|x_2 - x_1|}{x_1 x_2} \leq 10^4 |x_2 - x_1|$$

である.

したがって, $|x_2-x_1| \to 0$ のとき, $|f(x_1)-f(x_2)| \to 0$ である.

p. 241 (5.2.2)

問

区間	最大値	最小値
$[-1, 2]$	4	0
$(-1, 2)$	なし	0
$[1, 3]$	9	1
$(1, 3]$	9	なし
$[1, \infty)$	なし	1

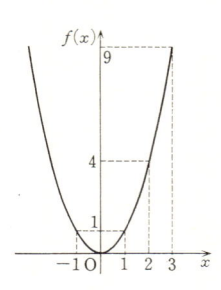

p. 246 (5.2.4)

問1 教科書245ページ,下から4行目の式

$$\frac{t^2}{2} \leq e^t-1-t \leq e^x \frac{t^2}{2}$$

を 0 から x まで積分して,

$$\int_0^x \frac{t^2}{2} dt \leq \int_0^x (e^t-1-t) dt \leq e^x \int_0^x \frac{t^2}{2} dt.$$

すなわち,

$$\frac{x^3}{6} \leq e^x-1-x-\frac{x^2}{2} \leq e^x \frac{x^3}{6}$$

がでる. $\dfrac{x^3}{6}$ で割って

$$1 \leq \frac{e^x-\left(1+x+\dfrac{x^2}{2}\right)}{\dfrac{x^3}{6}} \leq e^x$$

である．$x \to 0$ のとき $e^x \to 1$ だから

$$\lim_{x \to 0} \frac{e^x - \left(1 + x + \dfrac{x^2}{2}\right)}{\dfrac{x^3}{6}} = 1$$

である．

p. 247

問 2　電卓を使って計算する．

n	$\dfrac{1}{n!}$	$1 + \cdots + \dfrac{1}{n!}$
0	1	1
1	1	2
2	0.5	2.5
3	0.166666667	2.666666667
4	0.041666667	2.708333334
5	0.008333333	2.716666667
6	0.001388889	2.718055556
7	0.000198413	2.718253969
8	0.000024802	2.718278771
9	0.000002756	2.718281527
10	0.000000276	2.718281803

p. 249

練習問題・

1　$0 < x < \dfrac{\pi}{2}$ である x を1つとって固定する．$0 < t < x$ で

$$0 < \sin t < \sin x$$

だから，t について 0 から x まで積分して

$$0 < \int_0^x \sin t \, dt < \int_0^x \sin x \, dt$$

である．$\int_0^x \sin x \, dt = \sin x \cdot x$ だから，x でわると求める式と

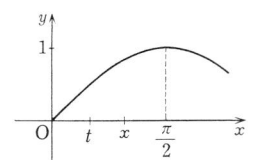

なる.

2

x	0.1	0.01
$1+x$	1.1	1.01
$\dfrac{x^2}{2}$	0.005	0.00005
$1+x+\dfrac{x^2}{2}$	1.105	1.010050
$\dfrac{x^3}{6}$	0.000166…	0.000000167
e^x	1.105170…	1.010050167

$e^{0.1}$ の1次近似式による値は 1.10 で小数第2位まで正しい.
$e^{0.01}$ の1次近似式による値は 1.0100 で小数第4位まで正しい.

$e^{0.1}$ の2次近似式による値は 1.105 で小数第3位まで正しい. $e^{0.01}$ の2次近似式による値は 1.010050 で小数第6位まで正しい.

p. 254
章末問題

1 …の部分を書くと,
$$\frac{1}{9}+\frac{1}{10}+\cdots+\frac{1}{16} > \frac{1}{16}+\frac{1}{16}+\cdots+\frac{1}{16} = \frac{8}{16} = \frac{1}{2}.$$

一般に，
$$\frac{1}{2^{m-1}+1}+\frac{1}{2^{m-1}+2}+\cdots+\frac{1}{2^m} > \frac{2^{m-1}}{2^m} = \frac{1}{2}$$
である．ゆえに，たとえば

$$1+\frac{1}{2}+\frac{1}{3}+\cdots+\frac{1}{16}$$
$$= 1+\frac{1}{2}+\left(\frac{1}{3}+\frac{1}{4}\right)+\left(\frac{1}{5}+\cdots+\frac{1}{8}\right)+\left(\frac{1}{9}+\cdots+\frac{1}{16}\right)$$
$$> 1+\frac{1}{2}+\frac{1}{2}+\frac{1}{2}+\frac{1}{2}$$
$$= 1+\frac{4}{2}.$$

一般に，
$$1+\frac{1}{2}+\frac{1}{3}+\cdots+\frac{1}{2^m} > 1+\frac{m}{2}$$

である．どんな大きな m に対しても，$n \geqq 2^m$ ならば

$$1+\frac{1}{2}+\cdots+\frac{1}{n} \geqq 1+\frac{1}{2}+\cdots+\frac{1}{2^m} > 1+\frac{m}{2}$$

となるから，級数

$$1+\frac{1}{2}+\cdots+\frac{1}{n}+\cdots$$

は ∞ に発散する．

2 (1) $f(x)$ は公比が $\dfrac{1}{1+x^2}$ の等比数列で，$x \neq 0$ より $\dfrac{1}{1+x^2} < 1$ だから収束する．

$x \neq 0$ のとき，
$$f(x) = \frac{x^2}{1-\dfrac{1}{1+x^2}} = 1+x^2$$

である．

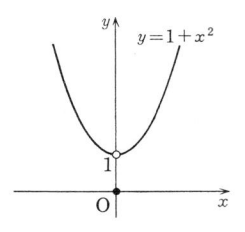

(2) $f(0)=0$. $\lim_{x\to 0}f(x)=1$
(3) 不連続

3 (1) $f(x)=\sin x$ とするとき,
$f'(x)=\cos x$,
$f''(x)=-\sin x$,
$f^{(3)}(x)=-\cos x$,
$f^{(4)}(x)=\sin x$,
$f^{(5)}(x)=\cos x$

だから,
$f(0)=f''(0)=f^{(4)}(0)=0$,
$f'(0)=1$,
$f^{(3)}(0)=-1$,
$f^{(5)}(0)=1$

である．したがって，$x=0$ の近くでの $\sin x$ の近似式は,

1次 x,

3次 $x-\dfrac{x^3}{6}$,

5次 $x-\dfrac{x^3}{6}+\dfrac{x^5}{120}$

となる．たとえば，5次近似式については，

$$f(0)+f'(0)x+\frac{f''(0)}{2!}x^2+\frac{f^{(3)}(0)}{3!}x^3+\frac{f^{(4)}(0)}{4!}x^4$$
$$+\frac{f^{(5)}(0)}{5!}x^5$$

を計算すればよい.

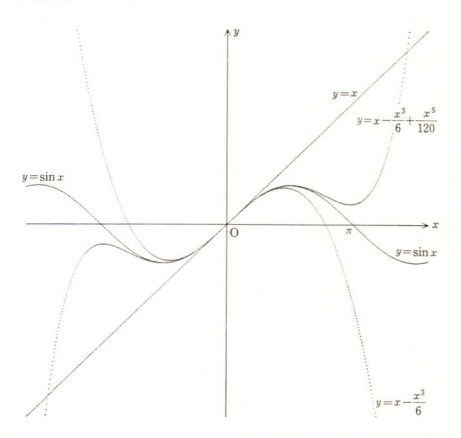

(2) 同様に, $f(x)=\cos x$ のとき,

$f'(0) = f^{(3)}(0) = 0, \ f(0) = 1, \ f''(0) = -1,$
$f^{(4)}(0) = 1$

で, $x=0$ の近くでの $\cos x$ の近似式は,

0 次 1,

2 次 $1-\dfrac{x^2}{2}$,

4 次 $1-\dfrac{x^2}{2}+\dfrac{x^4}{24}$

となる.

$y = 1 - \dfrac{x^2}{2} + \dfrac{x^4}{24}$

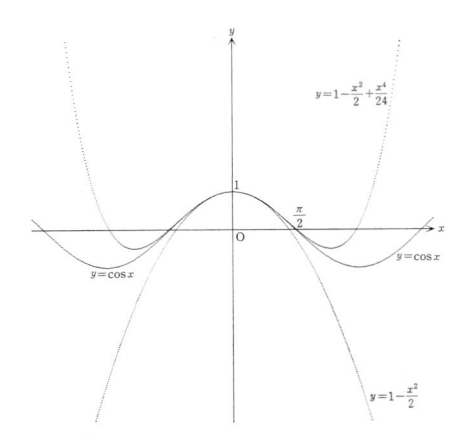

$\dfrac{\pi}{2}$

$y = \cos x$

$y = \cos x$

$y = 1 - \dfrac{x^2}{2}$

3 授業の実際

● 等比数列について

指数関数を $f(x)=ca^x$ と書き，等比数列を $a_n=ca^{n-1}$ と書くのはずいぶん奇妙なことである．後者は"はじめ"を 1 として番号をつけるという「規則」からきているのだが，"はじめ"が 0，n 期後を n と番号をつける方がどうみても自然でスジが通っている．$a_n=ca^{n-1}$ というふうな記法は指数関数 $f(x)=ca^x$ で $x=n$ とおいたものが $f(n)=ca^n$ であるという，指数関数と等比数列のつながりを見えなくするという意味でも有害である．そのため，この教科書では $a_n=ca^{n-1}$ という書きかたを避けている．

$a>1$ のとき $\lim_{n\to\infty} a^n = \infty$ であることを「証明」するために，これまでの教科書はつぎのようなことをしている：$a=1+h$ とおくと，$h>0$ である．

$(1+h)^n > 1+nh$ で，$\lim_{n\to\infty}(1+nh)=\infty$ だから，$\lim_{n\to\infty}(1+h)^n=\infty$ である．

これは正しいのだが，たとえば，$a=2$ などに適用すると，いかにも非現実的である．2^n と $1+n$ では，大きくなるようすがまったく違う．2^n の大きくなるようすを $1+n$ のようすと対比させることの方がずっと大事である．$a=10$ のときは，10^n ($n=0, 1, 2, \cdots$) の系列は，大きな数を評価するときの基準として日常的に使われているのだから，いまさら，$1+9n$ と比較して 10^n の極限値が ∞ であることを「証明」してもはじまらない．

$a=1.01$ のような，$a>1$ でも 1 に近いケースは，多少 $\lim_{n\to\infty} a^n = \infty$ であるかどうか疑わしいかもしれない．しかし，年利 1% で預金しても，年数さえかければ，望むだけ財産をふやせること

は自明といってよい．教科書211ページにあるように，1円だけ預金してそれを 10^9 つまり10億円に増やすには，2083年かければよい．（単利の計算にあたる $1+0.01\times n$ が 10^9 を超えるには1000億年近くかかる．それまで地球が残っているかどうか疑わしい．）

$\lim_{n\to\infty} a^n = \infty$ ということの意味を，一度このような形でじっくり考えておくことは無駄にはならない．　　　　　　　　　　（小島　順）

● **数列の極限**

普通に，数列 a_n があり，$\lim_{n\to\infty} a_n = b$ であることは，つぎのように表現される：任意の正数 ε（エプシロン）に対し，自然数 n_0 を適当に選ぶと，$n \geq n_0$ であるような任意の自然数 n に対して $|a_n - b| < \varepsilon$ となる．ε のかわりに，p を自然数として 10^{-p} の形の数を使ってもよく，その方が，10進小数としての数の表現と密着していることから，教科書213ページのような表現を採用した．「n を十分大きく」とは，「ある番号 n_0 から先のすべての n に対して」を簡単に述べたものである．a_n をいくらでも，あるいは望むだけ b に近づけるとは，差の絶対値 $|a_n - b|$ を指定した p に対して 10^{-p} 以下にすることにあたる．

収束の定義にこだわるよりは，213ページ問1，問2のような例で，収束のようすを生き生きと，感覚的につかむことに重点をおいていただきたい．

$n \geq 2100$ で，$(0.99)^n < 10^{-9}$ となることは，1時間に1％ずつ消滅する物質は2100時間後には最初の量の10億分の1以下になることを意味する．

10^{-9} とか 10^{-12} が，どのくらい小さいものかをつかむためには，長さを例にとって，原子の半径が 10^{-10} m，原子核の半径が

10^{-15} m 程度であることなどにふれるのがよいと思う．たとえば，『ファインマン物理学Ⅰ』（岩波書店）72ページに「いろいろの距離」の表がある．

 等比数列以外の数列の例として，5.1.5では n の1次式 $cn+d$ の形の数列や，n の2次式 bn^2+cn+d の形の数列を考慮する．前者は等差数列なのだが，$c(n-1)+d$ でなければ等差数列でないというような感じかたから生徒が解放されることが望まれる．

 219ページの「近似的に等しい」と書いた概念は重要である．2つの数列 a_n と b_n があり，$\lim_{n\to\infty}\dfrac{a_n}{b_n}=1$ がなりたつとき，a_n と b_n は $n\to\infty$ において同値であるとか，漸近的同値であるとかいう．教科書では「近似的に等しい」と呼ぶことにした．これは，2つの数列を比較するのに差でなく比をとって考えているわけである．近似的に等しいことを，記号としては

$$a_n \sim b_n \quad (n\to\infty)$$

と書くことがある．

 たとえば，$3n^2+2n+1$ と $3n^2$ は近似的に等しい．$3n^2$ が $3n^2+2n+1$ の「主要な部分」とは，このことを指している．

 $3n^2+2n+1\sim 3n^2$，$4n^2+3n+5\sim 4n^2$ であることから，

$$\dfrac{4n^2+3n+5}{3n^2+2n+1} \sim \dfrac{4n^2}{3n^2}$$

となり，$\dfrac{4n^2}{3n^2}=\dfrac{4}{3}$ の極限値が $\dfrac{4}{3}$ であることから，$\dfrac{4n^2+3n+5}{3n^2+2n+1}$ の極限値も $\dfrac{4}{3}$ となるのである．

 同様に，$2n^2+7n+4\sim 2n^2$ で，$6n+3\sim 6n$ だから

$$\dfrac{6n+3}{2n^2+7n+4} \sim \dfrac{6n}{2n^2}=\dfrac{3}{n}$$

となり，$\lim_{n\to\infty}\dfrac{3}{n}=0$ だから，

$$\lim_{n\to\infty}\frac{6n+3}{2n^2+7n+4}=0$$

である．このように同値な（近似的に等しい）もので置きかえていく計算は，見通しをよくする．

上の例のように，$\lim_{n\to\infty}\dfrac{a_n}{b_n}=0$ のとき，a_n は b_n に対して無視できるという．記号では

$$a_n=o(b_n) \quad (n\to\infty)$$

と書く．o は Landau（ランダウ）の o（オー）と呼ばれている．

「同値」の関係 $a_n \sim b_n$ や，「無視できる」の $a_n=o(b_n)$ を活用すると，極限の計算がある意味で"代数化"できる．上に例を示したが，$a_n \sim b_n$ で，b_n が極限値を持てば（それが 0 のときと $+\infty$ のときを含めて）a_n も同じ極限値をもつ．逆は部分的に成立する．a_n と b_n の極限値がともに 0 のとき $a_n \sim b_n$ というのはウソである．a_n と b_n の極限値がともに $+\infty$ のとき $a_n \sim b_n$ というのもウソである．しかし，a_n と b_n が 0 でない有限の極限値を共有するならば，$a_n \sim b_n$ となる．

(小島　順)

● 級数について

$|a|<1$ のときの等比級数の和の公式

$$c+ca+ca^2+\cdots+ca^n+\cdots=\frac{c}{1-a}$$

が自然なものとして納得できるよう，いろいろな角度から眺めておきたい．

$0<a<1$ とすると，c を初期量として 1 期間後の残存量が ca，消滅量が $c(1-a)$ である．いわば消滅率が $1-a$ であり，各期の消滅量は

$$c(1-a), \quad ca(1-a), \quad ca^2(1-a), \quad \cdots$$

となる．時間の経過とともに，結局は c だけの初期量は全部消滅するから，各期の消滅量の和

$$c(1-a)+ca(1-a)+ca^2(1-a)+\cdots$$

は c に等しい．$a=0.1$, $1-a=0.9$ などの例で考えてみるとよい．

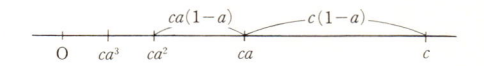

```
         ca(1-a)    c(1-a)
  ├───┼─┼────┼────────┼──────────────┤
  O  ca³ ca² ca                      c
```

形式的な割り算

$$\begin{array}{r} 1+a+a^2+a^3+\cdots \\ 1-a \,\overline{\smash{)}\, 1 } \\ \underline{1-a} \\ a \\ \underline{a-a^2} \\ a^2 \\ \underline{a^2-a^3} \\ a^3 \end{array}$$

から，

$$\frac{1}{1-a} = 1+a+a^2+a^3+\cdots$$

を出すのも1つの方法である．

一般の（等比級数以外の）級数の中で，とりわけ扱いやすいのは正項級数である．この場合，部分和の列は増加だから，$+\infty$ を極限値としないかぎり有限の値に収束する．

針とカベの説明（226～227ページ）の他に，10進小数としての表現に直接依存する説明も考えられる．473ページ左の表は，

$$s_n = 1+1+\frac{1}{2!}+\frac{1}{3!}+\cdots+\frac{1}{n!}$$

を，$1 \leqq n \leqq 30$ で計算したものである．上に有界だから，整数部分は最大値があり，それは2である．小数第1位は，もともと0，1，2，…，9の10個のどれかだが，増加だから，最大値7に達すると安定する．第1位が7（$n \geqq 4$）の範囲で第2位は増加し，最大値1に達すると安定する．こうして，順番に各位の数字が最大値に達し，安定する．こうしてできる無限小数

$$2.7182818284\cdots$$

が求める極限値である．

無限小数の形に表されたものをすべて"数"だと思ってしまうのが実数を考えることであった．次ページ左の表はパソコンによるもので，たかだか小数第15位までしか示せないが，原理的には，任意の k に対し（どんなに大きくても）小数 k 位までの数字を決定できる．我々人間が実数を構成したり認識したりするのはこれが限度である．どこまで決めてもその後はわからない．一挙にすべての数字を決めることは神でない人間には不可能である．

「補足 数列と無限小数」（229ページ）の数列

$$x_0 = 1,$$
$$x_{n+1} = 1 + \frac{1}{1+x_n} \quad (n \geqq 0)$$

は増加列でない．しかし，パソコンで計算してみると，次ページの右の表のように，やはり，n とともに各位の数字がそろってくる．$n \geqq 20$ で小数第15位までが共通になる．こうして，一定の"共通小数"が望む桁数で求まり，これは，上に述べたように，1つの無限小数（つまり実数）を定めたことになる．ある実数に収束するというより，数列それ自体が1つの実数を作り出

しているという感覚を育てていただきたい．ここでは極限値が $\sqrt{2}$ になるというより，$\sqrt{2}$ が作られているのである．

n	s_n
1	2
2	2.5
3	2.666666666666667
4	2.708333333333333
5	2.716666666666667
6	2.718055555555556
7	2.718253968253968
8	2.718278769841127
9	2.718281525573192
10	2.718281801146385
11	2.718281826198493
12	2.718281828286169
13	2.718281828446759
14	2.71828182845823
15	2.718281828458995
16	2.718281828459042
17	2.718281828459045
18	2.718281828459045
19	2.718281828459045
20	2.718281828459045
21	2.718281828459045
22	2.718281828459045
23	2.718281828459045
24	2.718281828459045
25	2.718281828459045
26	2.718281828459045
27	2.718281828459045
28	2.718281828459045
29	2.718281828459045
30	2.718281828459045

n	x_n
0	1
1	1.5
2	1.4
3	1.416666666666667
4	1.413793103448276
5	1.414285714285714
6	1.414201183431953
7	1.414213568627451
8	1.414213197969543
9	1.414213562489487
10	1.414213551646055
11	1.414213564213564
12	1.414213562055732
13	1.414213562427273
14	1.4142135623638
15	1.41421356237469
16	1.414213562372821
17	1.414213562373142
18	1.414213562373087
19	1.414213562373096
20	1.414213562373095
21	1.414213562373095
22	1.414213562373095
23	1.414213562373095
24	1.414213562373095
25	1.414213562373095
26	1.414213562373095
27	1.414213562373095
28	1.414213562373095
29	1.414213562373095
30	1.414213562373095

（小島　順）

● 連続関数

x が無理数ならば $f(x)=0$ とし，x が有理数で，既約分数 $\dfrac{p}{q}$ (ただし $q>0$) の形に書けるときは $f(x)=\dfrac{1}{q}$ とする．このように定義された関数 f は無理数 x で連続，有理数 x で非連続である．その証明はやさしい．x が無理数とし，ε を任意の正数とする．$\dfrac{1}{q} \geq \varepsilon$ すなわち $q \leq \dfrac{1}{\varepsilon}$ となる正整数 q は有限個しかない

から，$\delta > 0$ を十分小さくえらぶと，開区間 $(x-\delta, x+\delta)$ には，上の条件をみたす q に対する既約分数 $\dfrac{p}{q}$ は存在しない．したがって，任意の $y \in (x-\delta, x+\delta)$ に対して

$$|f(y)-f(x)| = \frac{1}{q} < \varepsilon$$

となる．f は x で連続である．一方，有理点のどんな近傍にも無理点が存在し，そこで f の値は 0 だから，有理点では連続ではない．

ところで，1 つの実数 c が与えられたとき，c においてこの関数 f が連続かどうか人間は判断できるだろうか？ そのためには c が無理数かどうかをみなければならない．しかし，無限小数の形で c が与えられたとしても，それが無理数かどうかを判断するには，そのすべての位の数字を読まなければならない．このような無限の操作は人間にとって原理的に不可能である．

私たちが実際に扱えるのは，近似する有限小数だけである．1つの実数，あるいは直線上の 1 つの点というのは数学の上のフィクションに過ぎない．したがって，1 つの点 x で f が連続というような概念は，それほど自然でないし，私たちの日常感覚からもかけはなれている．感覚的な了解の容易さ，有用性などから，高等学校で扱う連続性としては，局所一様連続性から入るのがよいと私たちは考えた．

関数のグラフをかくときに一様連続性は問題となる．区間 $[a, b]$ に分点

$$a = x_0 < x_1 < x_2 < \cdots < x_{n-1} < x_n = b$$

をとって，点 $(x_i, f(x_i))$ $(i=0, 1, \cdots, n)$ を平面上にとる．この際，隣接する 2 点の y 座標の差 $|f(x_i)-f(x_{i-1})|$ $(i=1, 2, \cdots, n)$ をある範囲，たとえば 0.1 以下に抑えるにはどうすればよい

か？

 $f(x)=x^3$ とし，$[a, b]=[0, 4]$ とすれば，2点 x, x' に対して
$$|x^3-x'^3| = |x-x'|(x^2+xx'+x'^2) \leq 3\cdot 4^2|x-x'|$$
となるから，
$$3\cdot 4^2|x-x'| \leq 10^{-1}$$
より，
$$|x-x'| \leq \frac{10^{-1}}{3\cdot 4^2} \quad (\fallingdotseq 2.1\times 10^{-3})$$
とすれば，
$$|f(x)-f(x')| \leq 10^{-1}$$
となることがわかる．したがって，区間 $[0, 4]$ を，たとえば 2×10^{-3} の間隔で等分すると，要求がみたされる．

 与えられた正整数 p に対し，x と x' が $[0, 4]$ にある限り，
$$|x-x'| \leq 2\times 10^{-p-2} \text{ ならば，} |f(x)-f(x')| \leq 10^{-p}$$
がいえる．p は任意だから，$|f(x)-f(x')|\leq 10^{-p}$ は，$f(x)$ と $f(x')$ を望むだけ近づけられるということである．そのためにどうすればよいかを具体的に示したのが $|x-x'|\leq 2\times 10^{-p-2}$ という条件であって，要求に応じて，x と x' の距離を $2\times 10^{-p-2}$ 以下にすればよいのである．

 教科書 235 ページで，$f(x)=x^2$ で定まる f が任意の有界閉区間 $[a, b]$ で連続と書いたのは，一様連続の意味である．$\boldsymbol{R}$ 全体の上では一様連続でない．たとえば，$x_n=n, x_n'=n+\dfrac{1}{n}$ とおくと，$|x_n-x_n'|=\dfrac{1}{n}$ で，$|x_n^2-x_n'^2|=2+\dfrac{1}{n^2}$ だから，
$$|x_n-x_n'| \longrightarrow 0 \quad (n\to\infty)$$
でありながら，
$$|x_n^2-x_n'^2| \not\longrightarrow 0.$$

x_n と x_n' はいくらでも近くなるのに $x_n{}^2$ と $x_n'{}^2$ の距離は 2 以下にならない．これは，$f(x)=x^2$ が，たとえば $[0, +\infty)$ では一様連続でないことを示している．

しかし，このことは何ら不都合なことではない．人間は区間 $[0, +\infty)$ で $f(x)=x^2$ のグラフをかいたりはしない．必ず，ある有界区間の中で仕事をする．大事なことは，どの点 c をとっても，c を内部にもつ区間 $[a, b]$ で f が一様連続だということである．

236 ページの問 2 にある関数 $f(x)=\dfrac{1}{x}$ は，区間 $(0, +\infty)$ や区間 $(0, 1]$ で考えると一様連続とはならない．

$x_n=\dfrac{1}{n}$, $x_n'=\dfrac{2}{n}$ とおくと，$n \to \infty$ のとき

$$|x_n - x_n'| = \frac{1}{n} \to 0$$

だが，

$$\left|\frac{1}{x_n} - \frac{1}{x_n'}\right| = \frac{n}{2} \to +\infty$$

となり，一様連続でない．ここでも，区間 $(0, 1]$ でのグラフを本当にかいた人は世界に 1 人もいないということに注意しよう．しかし，任意の $c>0$ に対し，それがどんなに小さくても，c を内部にもつ区間 $[a, b]$ があって，そこで f は一様連続である．

以上の例からもわかるように，

$$\lim_{x_1-x_2 \to 0} |f(x_1)-f(x_2)| = 0$$

と書いたときの x_1 と x_2 は対等な変数で，ともに自由に動く．決して，x_1 が x_2 に近づくという意味ではない．

教科書 236 ページでは，固定した点 a で連続という概念も説

明している.こうして,例えば $f(x)=\dfrac{1}{x}$ が区間 $(0, +\infty)$ で連続という場合,それは,その区間に含まれる任意の有界閉区間で一様連続という意味にとってもよいし,区間内の任意の点において連続という意味にとってもよい.その点を教科書ではわざとはっきりさせていない.いずれにしても,この2種類の連続性は矛盾しない.

なお,教科書 238 ページの,$g(x)=\sin\dfrac{1}{x}$ で定まる g については,区間 $(0, +\infty)$ で連続であり,しかも関数値が有界でありながら,やはり一様連続ではない.この場合も,たとえば $(0, 1]$ でのグラフはかけない.$0<a<1$ として $[a, 1]$ のような区間でしかかけない.

(小島 順)

● **連続関数の性質**

教科書の 5.2.2 は中間値の定理と題されているが,内容は中間値の定理と最大値・最小値の定理の2つである.後者は前者と同等あるいはそれ以上に重要である.どちらも"存在定理"と呼ばれるタイプの定理である.

これらは"連続"という概念から導かれる定理ではない.それらは,むしろ,区間というもの,あるいは有界閉区間というものの性質を述べた定理という性格が強い.そして区間がどういう性質をもっているかは,結局は実数体 $\boldsymbol{R}$ のもつ性質といってよい.

位相(トポロジー)の概念の1つに連結性がある.それは粗雑に言って一続きのものという性質である.実数体 $\boldsymbol{R}$ の部分集合が連結であるのは,それが区間であるときに限る.区間とは教科書 234 ページで9個のタイプが列挙してあるが,そのどれでもよい.それ以外のものは連結ではない.たとえば,区間

[0, 1] に属する有理数の全体などは連結でない．

　一般に，連結集合の連続写像による像は連結である．このことの系として中間値の定理は位置づけられる．

　実際，f が $[a, b]$ で連続ならば，像 $f([a, b])$ は連結，したがって区間である．$f(a)$ と $f(b)$ はこの区間の点だから，その間にある点 γ はどれもこの区間，すなわち f の像の点である．いいかえると，$\gamma = f(c)$ となる c が $[a, b]$ に存在する．

　有理数の範囲で理論を作るとうまく行かない．関数 $f(x) = x^2$ について，$f(0) = 0$，$f(2) = 4$ で，$f(0) < 2 < f(4)$ だが，$2 = f(c)$ となる c は区間 $[0, 2]$（有理数体 $\boldsymbol{Q}$ で考えた区間）の中に存在しない．

　位相の概念としてもっとも重要なものは，コンパクト性である．そして，$\boldsymbol{R}$ においては，コンパクト集合と有界閉集合は結果として一致する．

　連続写像はコンパクト集合をコンパクト集合にうつし，したがって，有界閉区間 $[a, b]$ の像 $f([a, b])$ は有界閉区間である．それを $[L, M]$ と書くならば，L は f の最小値，M は f の最大値となる．

　関数のイメージとして，いつも平面上にグラフをかくのでなく，$[a, b]$ から $\boldsymbol{R}$ への写像として直接とらえることもあってよい，と思う．

　たとえば，走っている自動車の速度メーターの針は，時刻 a から時刻 b の間に，最低速度の位置 L と最高速度の位置 M の間のすべての位置を少なくとも 1 度は通る． 　　　　　（小島　順）

● 解の構成

　中間値の定理は，言葉を替えると，方程式の根の存在を主張

する定理である．$f(a)$ と $f(b)$ が異符号のとき，方程式 $f(x)=0$ の根が a と b の間に少なくとも1つ存在する．

中間値の定理は，単に理論的な興味の対象でなくて，方程式の根という実際的な問題と結びついている．

そればかりでなく，教科書で述べたその「証明」は，実際に $f(c)=0$ となる c を構成する方法をとっている．その構成法は，そのまま根を求める実用的なプログラムに翻訳できる．次ページに，BASIC によるプログラムの1例をかかげる．

a と b が整数で，$b=a+1$ の場合に適用すると，根 x の無限小数としての表示の各位の数字を順次求めていく過程をそのまま実行する．どこまで求めるか，その桁数は0から15の範囲で指定するようになっている（行番号 250）．得られる結果は有限小数による近似で実数 x そのものではない．しかし，実数というのも，結局は有限小数による近似の系列として存在するものである以上，本質的には実数としての根の存在証明と同じことをしているのである．

このプログラムは，130行からわかるように $\sqrt[3]{100}$ を求めるためのものである．走らせる前に130行を変更することで，他の方程式を解くことができる．次ページの枠内に示した例では，$y=x^2-10$ に変えることで $\sqrt{10}$ を求め，$y=x^2-2$ に変えることで $\sqrt{2}$ を求めている．答は根が存在する幅が 10^{-15} の区間の左端の点を求めているので，正の根については第15位までの，切り捨ての近似値となっている．

最大値・最小値の定理については，教科書よりはもう少し細かく説明した方がよいかもしれない．

有界閉区間 $[a, b]$ 上で連続な関数 f は，まず有界である．つまり，像 $f([a, b])$ は区間なのだが，これが有界な区間である．

指導資料 第5章 極限と連続

```
0      ' ----- 中間値 ノ 定理 -----
10     ' 区間 [a,b] デ゛ y(x)=0 トナル 点 x ヲ 小数位 n ケタ マデ゛ モトメル
20     ' a,b カ゛ 整数 デ゛ b=a+1 ノトキ 以外 ハ n位 マデ゛ 正確 トハ カキ゛ラナイ
100    GOTO 170
110    '
120    '----- function -----
130    Y=X*X*X-100
140    RETURN
150    '
160    '----- main -----
170    DEFDBL A-Z
180    GOSUB 230  '---> input data
190    GOSUB 360  '---> calculation
200    END
210    '
220    '----- input data -----
230    INPUT "ヒダ゛リハシ ノ テン a=";A
240    INPUT "ミキ゛ハシ ノ テン b=";B
250    INPUT "ショウスウイ ノ ケタスウ n=";N
260    X=A: GOSUB 130: YA=Y
270    X=B: GOSUB 130: YB=Y
280    IF YA*YB>0 THEN PRINT A;"ダ゛メデ゛ス": END
290    IF YA=0 THEN PRINT A: END
300    IF YB=0 THEN PRINT B: END
310    S=1
320    IF YA>0 THEN S=-1
330    RETURN
340    '
350    '----- calculation -----
360    X=A
370    DX=(B-A)/10
380    K=1
385    WHILE K=<N
390    GOSUB 470  '---> find out
400    K=K+1
410    DX=DX/10
420    WEND
430    PRINT "コタエ=";X
440    RETURN
450    '
460    '----- find out -----
470    X=X+DX
480    GOSUB 130  '---> function
490    IF Y*S<0 GOTO 470 ELS IF Y*S>0 THEN X=X-DX
500    IF Y*S>0 THEN X=X-DX
510    RETURN
```

```
RUN
ヒダ゛リハシ ノ テン a=? 4
ミキ゛ハシ ノ テン b=? 5
ショウスウイ ノ ケタスウ n=? 15
コタエ= 4.641588833612779
Ok
130 y=x*x-10
RUN
ヒダ゛リハシ ノ テン a=? 3
ミキ゛ハシ ノ テン b=? 4
ショウスウイ ノ ケタスウ n=? 15
コタエ= 3.162277660168379
Ok
130 y=x*x-2
RUN
ヒダ゛リハシ ノ テン a=? 1
ミキ゛ハシ ノ テン b=? 2
ショウスウイ ノ ケタスウ n=? 15
コタエ= 1.414213562373095
Ok
```

したがって，$f([a, b])$ に上限 M と下限 L が存在するが，$f([a, b])$ は閉区間であり，$[L, M]$ の形をしている．いいかえると，$f(x)=L$ となる x，$f(x')=M$ となる x' が $[a, b]$ に存在する．

$(0, 1]$ で $f(x)=\dfrac{1}{x}$ を考えると有界でない．この場合，$(0, 1]$ が閉区間でない．もし $f(0)=0$ とおいて，f を $[0, 1]$ に延長すると，定義域が有界閉区間となるかわりに，f が連続でなくなる．

f が有界な場合の上限・下限についてふれないのは，かえって不自然であろう．区間 $(-1, 2)$ 上の $f(x)=x^2$ については，$f(2)=4$ は最大値ではないが上限という意味をもつ．

実際に最大値・最小値を求めるにはどうすればよいか？

微分できる関数については導関数を計算し，$f'(x)=0$ を解いて，……という周知の方法がある．この場合には，方程式 $f'(x)=0$ をどうやって解くかが問題となり，一般的には何らかの数値解法（たとえば上に例示したもの）を使うことになる．

つぎに挙げるのは，連続関数に対して，最大値・最小値を直接に数値的に求めるプログラムである．ただし，増加し，最大となり，減少するという単一の山をもつ関数か，減少し，最小となり，増加するという単一の谷をもつ関数かのいずれかに適用される．

たとえば，区間 $[x_1, x_2]$ で単一の山をもつ関数の場合，
$$x_1 < x_n < x_m < x_p < x_2$$
となる3個の等分点 x_n, x_m, x_p をとる．$[x_1, x_2]$ の幅が $2h$ として，幅が h の3個の区間を，$[x_1, x_m]$，$[x_n, x_p]$，$[x_m, x_2]$ のようにとる．f を最大とする点は，この3個の区間の少なくともど

指導資料 第5章 極限と連続

```
0   '----- 最大値・最小値を求める  -----
10 GOTO 1020
1000 Y=X*(X*(X-3)+2
1010 RETURN
1020 DEFDBL A-Z
1030 GOSUB 1270
1040 EP=.000000000000001#
1050 XM=(X1+X2)/2
1060 H=(X2-X1)/2
1070 X=XM: GOSUB 1000: YM=Y
1080 H=H/2
1090 XP=XM+H
1100 XN=XM-H
1110 X=XP: GOSUB 1000: YP=Y
1120 X=XN: GOSUB 1000: YN=Y
1130 IF K*YN>K*YM GOTO 1140 ELSE GOTO 1170
1140 XM=XN
1150 YM=YN
1160 GOTO 1200
1170 IF K*YP>K*YM GOTO 1180 ELSE GOTO 1200
1180 XM=XP
1190 YM=YP
1200 IF H<EP GOTO 1220
1210 GOTO 1080
1220 MA=YM
1230 X=XM
1240 IF K=1 THEN PRINT "max ヲ トル テン x=";X ELSE PRINT "min ヲ トル テン x=";X
1250 PRINT B$;"=y(x)=";MA
1260 END
1270 PRINT "サイダイチ デスカ ソレトモ サイショウチ デスカ"
1280 PRINT "max カ min ヲ ニュウリョク シテ クダサイ"
1300 INPUT B$
1310 IF B$="max" THEN K=1
1320 IF B$="min" THEN K=-1: GOTO 1340
1340 INPUT "クカン ノ ヒダリハシ ノ テン x1 ヲ キメテ クダサイ ";X1
1350 INPUT "クカン ノ ミギハシ ノ テン x2 ヲ キメテ クダサイ ";X2
1360 RETURN
RUN
サイダイチ デスカ ソレトモ サイショウチ デスカ
max カ min ヲ ニュウリョク シテ クダサイ
? max
クカン ノ ヒダリハシ ノ テン x1 ヲ キメテ クダサイ ? -2
クカン ノ ミギハシ ノ テン x2 ヲ キメテ クダサイ ? 0
max ヲ トル テン x=-1
max=y(x)= 4
Ok
1000 y=x*(x-3)*(x-4)
RUN
サイダイチ デスカ ソレトモ サイショウチ デスカ
max カ min ヲ ニュウリョク シテ クダサイ
? min
クカン ノ ヒダリハシ ノ テン x1 ヲ キメテ クダサイ ? 3
クカン ノ ミギハシ ノ テン x2 ヲ キメテ クダサイ ? 4
min ヲ トル テン x= 3.535183758474886
min=y(x)=-.8794197467431008
Ok
```

れか1つの内部にある．その1つをえらび，幅 h の区間で f が単一の山をもつようにする．これを反復する．区間の幅が指定した数（1040行のEP）の2倍より狭くなったとき，その中心の点で f が最大とみなす．

1000行に考察の対象とする関数を入れた後で走らせる．はじめは
$$y = x^3 - 3x + 2$$
で，つぎが
$$y = x(x-3)(x-4)$$
となっている．後者は，区間 [3, 4] で単一の谷をもち，その内部で最小値をとることがわかった上で，計算する．

$$f \text{ を最小とする } x = 3.53518\cdots$$

は，EP$=10^{-15}$ としたにもかかわらず，おそらく小数第9位ぐらいまでしか正しくない．その理由の1つは，最小点の近くでは f がほとんど変化しないからである．しかし，普通の目的には小数第2位ぐらいまで求めれば十分なのである．　　（小島　順）

● 平均値とは何か

平均値に関係することが教科書5.2.3に簡単に述べられている．ここでは，まず平均値そのものについて，その意味や，さまざまな現われかたを調べよう．

いくつかの典型的な例を挙げる．

$f(x)$ が，区間 $[a, b]$ の連続関数として，これが1つの（現実の）直線上の質量分布の密度関数であるとしよう．その意味については，別稿（資料「現実の中の積分」）で詳しく述べておいた．x が直線上の位置を（ある点を基点として）メートルで測った座標として，$f(x)$ は，点 x における密度が $f(x)$ g/m である

ような状況を表している．このとき，積分

$$I = \int_a^b f(x)\,dx \tag{1}$$

は，区間 $[a, b]$ 上の総質量を（グラムで測った数値を）表し，区間の幅 $b-a$ で割った

$$A = \frac{1}{b-a}\int_a^b f(x)\,dx \tag{2}$$

は，平均密度が A g/m であることを示している．密度の平均値は「全質量÷区間の幅」という意味での平均密度である．

座標の取り替えの影響がどう現れるかを見ることは，考察の対象とする量の性格を知るのに役立つ．上と同じ分布について，第2の観測者は，直線上の原点を変え，単位を cm に変え，直線の向きは変えないことにして，直線上の点 X を表す座標を x から t に変えたとする．このとき

$$x = \varphi(t) = \frac{t}{100} + c$$

となる．積分と平均は第2の観測者にとってどうなるだろうか．

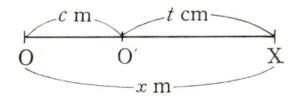

まず密度関数は，$f(x)$ から

$$g(t) = f\Bigl(\frac{t}{100}+c\Bigr)\cdot\frac{1}{100} = f(\varphi(t))\varphi'(t) \tag{3}$$

に変わり，区間は，$[a, b]$ から $[100(a-c),\ 100(b-c)]$ に変わる．

そして，積分は

$$\int_{100(a-c)}^{100(b-c)} f\left(\frac{t}{100}+c\right)\cdot\frac{1}{100}\,dt \tag{4}$$

に変わる．しかし総質量が変わるはずもないから，この積分はもとの I と一致する．その裏付けが「積分の変数変換の定理」である．

平均値の方は

$$\frac{1}{100(b-a)}I = \frac{1}{100}A$$

で，もとの 100 分の 1 となる．区間の幅が 100 倍となっているので，平均密度の表現が 100 分の 1 となるのは当然で，これは密度を表す数値としての変換規則に従っているわけである．

$$A\text{ g/m} = \frac{1}{100}A\text{ g/cm}$$

だから，直線上の平均密度そのものは不変である．

つぎに，$f(x)$ が直線上の点 x の温度であるとしよう．つまり，点 x での温度が $f(x)$℃とする．このような，直線上の本来の「関数」については，上述の密度関数の場合とまったくようすが異なる．質量分布の密度の場合，$x=\dfrac{t}{100}+c$ という変数の取り替えで，密度関数は，$f(x)$ から

$$g(t) = f\left(\frac{t}{100}+c\right)\cdot\frac{1}{100}$$

という別の関数に変わる．これに対して，$f(x)$ が温度の関数ならば

$$g(t) = f\left(\frac{t}{100}+c\right)$$

に変わる．変わるというよりは，この $g(t)$ は $f(x)$ に対応する関数である．

したがって，積分は，$I=\int_a^b f(x)\,dx$ から

$$\int_{100(a-c)}^{100(b-c)} f\left(\frac{t}{100}+c\right) dt = 100I \tag{5}$$

に変わる.（第2の観測者はこういう計算をするはずである）

　温度の関数の積分は，何のことか意味がはっきりしないが，座標系の取り替えについて不変量でないという点で，密度の積分とはまったく違うものである.

　しかし，区間の幅で割った平均値は

$$\frac{1}{b-a}\int_a^b f(x)\,dx = \frac{1}{100(b-a)}\int_{100(a-c)}^{100(b-c)} f\left(\frac{t}{100}+c\right) dt$$

のように，温度関数だけできまる不変量である.

　しかし，まだ問題は残っている．この平均値は直線上の座標変換については不変だが，温度測定上の座標変換について正しくふるまうだろうか.

　アメリカでは，現在も一般にファーレンハイト（カ氏）目盛りが使われている.

$$y\text{℃} = (1.8y+32)\text{°F}$$

である．C, F はそれぞれ Cesius, Fahrenheit の略であり，後者をカ氏というのは，Fahrenheit を中国語で華倫海と訳し，その最初の文字の華をとって華氏としたからである.

　点 x での温度が F 目盛りで $h(x)$ であるとすれば，

$$h(x) = 1.8f(x)+32 \tag{6}$$

という関係がある．平均値に温度としての意味を持たせるためには，$f(x)$ で計算した平均値 $A(f)$ と，$h(x)$ で計算した平均値 $A(h)$ が温度として同一でなければならない．すなわち

$$A(h) = 1.8A(f)+32 \tag{7}$$

でなければならない．これを確かめよう.

$$A(h) = \frac{1}{b-a}\int_a^b h(x)\,dx$$

$$= \frac{1}{b-a}\left(1.8\int_a^b f(x)\,dx + 32(b-a)\right)$$
$$= 1.8 \cdot \frac{1}{b-a}\int_a^b f(x)\,dx + 32$$
$$= 1.8A(f) + 32$$

で, (7)がなりたっている. 区間の幅 $b-a$ で割ることが, (7)がなりたつためのカギになっていることが, 上の計算過程からわかる.

関数の平均についてのより一般的な概念として, ある分布のもとの平均がある. 分布の密度関数が $p(x)$ のとき,

$$S = \int_a^b p(x)\,dx$$

とおいて, 関数 $f(x)$ の, 密度関数 $p(x)$ に関する平均を

$$\frac{1}{S}\int_a^b f(x)p(x)\,dx \tag{8}$$

で定義する. 密度関数 $p(x)$ で表現される分布に関する平均といった方が適切で, この分布は $p(x)\,dx$ と書くことができる(資料「現実の中の積分」参照). これまでの, 関数 $f(x)$ に対する

$$\frac{1}{b-a}\int_a^b f(x)\,dx \tag{9}$$

の形の平均は, (8)において $p(x)\equiv 1$ とおいたケースである. すなわち, $p(x)\,dx = dx$ のときの平均値である.

(8)において, $x = kt+c$ $(k>0)$ と変数を取り替えると,
$$f(x) \sim f(kt+c)$$
$$p(x)\,dx \sim p(kt+c)k\,dt$$
$$[a,\,b] \sim [(a-c)/k,\,(b-c)/k]$$

のように対応し

$$\int_a^b f(x)p(x)\,dx = \int_{(a-c)/k}^{(b-c)/k} f(kt+c)p(kt+c)k\,dt$$

となっている．分布に関する積分は座標系によらない．

S の方も座標系によらず，S で両辺を割って平均値が座標によらないことがわかる．

密度 $p(x)$ のかわりに $\dfrac{p(x)}{S}$ を採用して，これを改めて $p(x)$ と書くと，$\int_a^b p(x)\,dx=1$ となり，この場合は

$$\int_a^b f(x)p(x)\,dx$$

が関数 $f(x)$ の平均である．(9)の形の平均は一様な分布 $\dfrac{dx}{b-a}$ のもとの平均である．

「微分・積分」の中でとくに重要なのは，点の位置 x そのものの，分布 $p(x)\,dx$ に関する平均

$$m = \int_a^b xp(x)\,dx \tag{10}$$

である．これは $p(x)$ が表す分布の重心と呼ばれている．

$x=kt+c$ で座標 t にうつるとき，t を用いる観測者は重心を

$$m' = \int_{(a-c)/k}^{(b-c)/k} tp(kt+c)k\,dt \tag{11}$$

と計算するだろう．関数 $x \longmapsto x$ は，変数 t を用いるときは，関数

$$t \longmapsto kt+c = x$$

で表される．しかし，(11)の計算では，位置を表すのに，別の関数 $t \longmapsto t$ を使っているのである．

ところが，

$$m = km'+c \tag{11}'$$

がなりたつ．実際

$$\int_a^b xp(x)\,dx$$
$$=\int_{(a-c)/k}^{(b-c)/k}(kt+c)p(kt+c)k\,dt$$
$$=k\int_{(a-c)/k}^{(b-c)/k}tp(kt+c)k\,dt+c\int_{(a-c)/k}^{(b-c)/k}p(kt+c)k\,dt$$
$$=km'+c$$
である.右辺の第2項で
$$\int_{(a-c)/k}^{(b-c)/k}p(kt+c)k\,dt=\int_a^b p(x)\,dx=1$$
であることを使った.

このように,重心というものは,点の"位置"として,座標系のとりかたと無関係に確定する.

例として,$p(x)=lx$ で与えられる分布が $[0,1]$ で定める重心 m を求めよう.
$$m=\frac{\int_0^1 x\cdot lx\,dx}{\int_0^1 lx\,dx}=\frac{\dfrac{l}{3}}{\dfrac{l}{2}}=\frac{2}{3}$$
である.密度関数を標準化しておくと,
$$p(x)=\frac{lx}{\dfrac{l}{2}}=2x$$
となり,$m=\int_0^1 x\cdot 2x\,dx=\dfrac{2}{3}$ と計算できる.$x=\dfrac{t}{100}+1$ という変換で,重心は
$$m'=\int_{-100}^0 t\cdot 2\left(\frac{t}{100}+1\right)\frac{1}{100}\,dt=-\frac{100}{3}$$
に変わるが,

$$\frac{2}{3} = \frac{1}{100}\left(-\frac{100}{3}\right)+1$$

だから，m と m' は同じ点を表している．

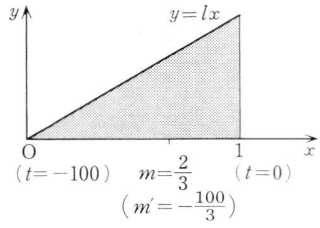

```
         y↑              y = lx
                        ／|
                       ／ |
                      ／  |
                     ／   |
                    ／    |
                   ／     |
                  ／      |
                 O────────1──→ x
             (t=−100)  m=2/3  (t=0)
                   (m'=−100/3)
```

確率密度 $p(x)$ で与えられる確率分布の平均 $\int_{-\infty}^{+\infty} x p(x)\, dx$ は，分布のもとでの変数 x の位置の平均のことであり，いいかえれば分布の重心のことである．期待値ともよばれている．確率密度の特性ではじめから

$$\int_{-\infty}^{+\infty} p(x)\, dx = 1$$

と規格化されている．

積分と確率は深くむすびついている．高校で「微分・積分」と「確率・統計」が切り離されているのは不幸なことだ．実際の授業の中では，両者の結びつきにふれることが可能だし，望ましいことでもある．積分を確率で利用するという面があると同時に，積分そのものの理解に確率のイメージが大変役に立つ．

もっとも重要な分布は正規分布と呼ばれるもので，これは

$$p(x) = \frac{1}{\sqrt{2\pi}} e^{-\frac{x^2}{2}} \tag{12}$$

を密度関数としてもつ．

$$\int_{-\infty}^{\infty} e^{-\frac{x^2}{2}}\, dx = \sqrt{2\pi} \tag{13}$$

なので，積分が1になるよう規格化したのが(12)である．対称性から，平均値（xの平均値）は0である．すなわち

$$\frac{1}{\sqrt{2\pi}}\int_{-\infty}^{+\infty} xe^{-\frac{x^2}{2}}dx = 0$$

である．

$$x = \frac{t-m}{\sigma} \tag{14}$$

という座標変換がよく使われる．tに関する密度関数は，密度関数としての変換規則にしたがって

$$p\left(\frac{t-m}{\sigma}\right)\cdot\frac{1}{\sigma} = \frac{1}{\sigma\sqrt{2n}}e^{-\left(\frac{t-m}{\sigma}\right)^2/2} \tag{15}$$

である．変数tの分布(15)に関する平均はmである．なぜなら，変数xの平均と変数tの平均は，xとtを結ぶ(14)によって結ばれている（(11)$'$を導くときと同じ議論）．したがって，(14)で$x=0$とおいて$t=m$と求めた値が変数tの平均である．

関数x^2の分布$p(x)$に関する平均

$$\int_{-\infty}^{+\infty} x^2 p(x)\,dx = 1 \tag{16}$$

は，部分積分

$$\frac{1}{\sqrt{2\pi}}\int_{-\infty}^{+\infty} x^2 e^{-\frac{x^2}{2}}dx = \frac{1}{\sqrt{2\pi}}\left\{\left[-xe^{-\frac{x^2}{2}}\right]_{-\infty}^{+\infty} + \int_{-\infty}^{+\infty} e^{-\frac{x^2}{2}}dx\right\} = 1$$

からわかる．(16)は変数変換(14)で不変である．それを書くと

$$\int_{-\infty}^{+\infty}\left(\frac{t-m}{\sigma}\right)^2 p\left(\frac{t-m}{\sigma}\right)\frac{1}{\sigma}\,dt = 1,$$

すなわち

$$\int_{-\infty}^{+\infty}(t-m)^2 p\left(\frac{t-m}{\sigma}\right)\frac{1}{\sigma}\,dt = \sigma^2$$

である．これは分布(15)の分散がσ^2である，と表現される．

(小島　順)

● 平均値定理の周辺

関数 $f(t)$ が区間 $[a, b]$ で C^1 級のとき（すなわち，導関数 $f'(t)$ が連続のとき），

$$\frac{f(b)-f(a)}{b-a} = \frac{1}{b-a}\int_a^b f'(t)\,dt \tag{1}$$

がなりたつ．これは「微積分の基本定理」そのものといってよい．t は時間を示す変数としよう．左辺は微分法における平均変化率（平均速度）であり，右辺はいま考えている意味での瞬間変化率の平均である．それぞれを平均速度，速度の平均と呼ぶことにしよう．平均速度は両端 a, b における値だけできまり，速度の平均は，区間内のすべての点（時刻）での速度を積分によって平均したものだから，概念としてはまったく別のものである．その一致を主張するのが「微積分の基本定理」なのである．これによって，平均速度と速度の平均を区別する必要がなくなる．

このあたりでの基本事項をまとめておく．

命題A（Rolle の定理） 区間 $[a, b]$ で $f(t)$ が C^1 級で，$f(a)=f(b)$ ならば，導関数 $f'(t)$ の平均値（速度の平均）は 0 である．したがって，$f'(c)=0$ となる c が $[a, b]$ の内部に存在する．

実際，$f(b)-f(a)=0$ だから，(1)の右辺の速度の平均は 0 である．

命題B（カー・レースの定理） $[a, b]$ 上の 2 つの関数 f と g について，$f(a)=g(a)$，$f(b)=g(b)$ ならば，$f'(c)=g'(c)$ となる c が $[a, b]$ の内部に存在する．

実際，$h(t)=f(t)-g(t)$ とおくとき，$h(a)=h(b)=0$ だから，命題 A により，$h'(c)=0$ となる c がある．ところが，この式は $f'(c)-g'(c)=0$ に等しい．

同時にスタートし，同時にゴールに達した 2 台の自動車は，途中で速度が一致する瞬間を体験する．

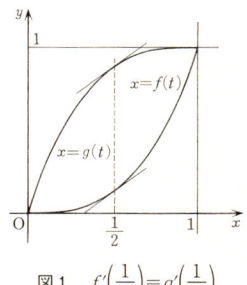

図 1 $\quad f'\left(\dfrac{1}{2}\right)=g'\left(\dfrac{1}{2}\right)$

たとえば，図 1 のように $[a,\ b]=[0,\ 1]$ で，
$$f(t)=t^3,\ g(t)=1+(t-1)^3$$
ならば，$f'\left(\dfrac{1}{2}\right)=g'\left(\dfrac{1}{2}\right)=\dfrac{3}{4}$ である．

平均速度である 1 を実現する時刻は，$f'\left(\dfrac{1}{\sqrt{3}}\right)=1$，$g'\left(\dfrac{\sqrt{3}-1}{\sqrt{3}}\right)=1$ のように一致しない．ここでは全然別の問題を考えている．

2 台の自動車からなるシステムを考えるときは，図 2 のように平面上の点 $(f(t),\ g(t))$ として図示するのが標準的な方法である．

平面上の運動
$$t \longmapsto (f(t),\ g(t))$$

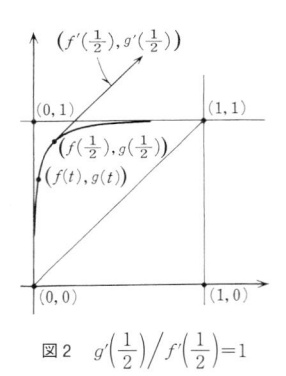

図2 $g'\left(\dfrac{1}{2}\right) \Big/ f'\left(\dfrac{1}{2}\right) = 1$

の速度ベクトル $(f'(t), g'(t))$ が，ベクトル $(f(b)-f(a), g(b)-g(a))$ に平行に（すなわちベクトル $(1, 1)$ に平行に）なる時刻 c が必ず存在するというのが，命題Bの意味である．

簡単のため，$f(a)=g(a)=0$ とし，今度は $g(b)=kf(b)$ とする．つまり，$[a, b]$ における自動車 g の平均速度が自動車 f の平均速度の k 倍であるとする．このときは，やはり，$g'(c)=kf'(c)$ となる c が存在する．

実際，$h(t)=kf(t)-g(t)$ に対して，命題Bと同様に考えればよい．以上を命題Cとする．説明の便宜上，さらに条件を加える．

命題C（コーシーの平均値定理） f, g が $[a, b]$ で C^1 級とし，$f(a)=g(a)=0$ とする．また，$a<t\leqq b$ において，$f'(t)>0$ とする．このとき，$f(t)$ は増加で，$a<t\leqq b$ において $f(t)>0$ であるが，

$$\frac{g(b)}{f(b)}f'(c)-g'(c)=0$$

となる c が $[a, c]$ の内部に存在する.

図形的意味は，ベクトル $(f'(t), g'(t))$ がベクトル $(f(b), g(b))$ に平行になる時刻 c が存在するということだ.

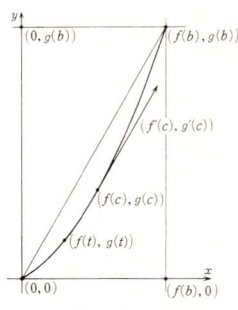

図3 $g'(c)/f'(c)=g(b)/f(b)$

図3は，
$$f(t) = t^2,\ g(t) = e^t-1-t,\ b = 3$$
の場合について，ベクトル
$$(f'(t), g'(t)) = (2t, e^t-1)$$
の傾きが
$$\frac{g(3)}{f(3)} \fallingdotseq 1.79$$
に一致する $t=c$ の存在を示したものである.

解析学においては，2つの関数の比較ということが常に行われる．ここでは，2つの関数 $f(t)$ と $g(t)$ について，$f(a)=g(a)$

=0 として，$t \to a$ のときの f と g の無限小のオーダーを比較する問題を考える．この方向では，ロピタルの定理と呼ばれるつぎの命題があり，多くの人に，場合によっては乱用されている．

命題D（L' Hospital の原理）

$f(a)=g(a)=0$ で
$$\lim_{t \to a} \frac{g'(t)}{f'(t)}$$
が存在するならば，
$$\lim_{t \to a} \frac{g(t)}{f(t)} = \lim_{t \to a} \frac{g'(t)}{f'(t)}$$
である．

実際，$t>a$ のとき，命題Cによれば，a と t の間の c に対し，
$$\frac{g(t)}{f(t)} = \frac{g'(c)}{f'(c)} \tag{2}$$
である．$t \to a$ のとき $c \to a$ だから，もし
$$\lim_{t \to a} \frac{g'(t)}{f'(t)} = l$$
が存在するならば，
$$\lim_{t \to a} \frac{g(t)}{f(t)} = \lim_{c \to a} \frac{g'(c)}{f'(c)} = l$$
である．

条件 $f(a)=g(a)=0$ のもとで
$$\frac{g(t)}{f(t)} = \frac{(g(t)-g(a))/(t-a)}{(f(t)-f(a))/(t-a)} \tag{3}$$
であり，$[a,\ t]$ における平均速度の比が，ある時刻 c における瞬間速度の比として実現されていると考えると，(2)は理解しやすい．

(3)の右辺はさらに積分の比 $\int_a^t g'(s)\,ds \Big/ \int_a^t f'(s)\,ds$ に等しい．命題Dは，関数の比の極限値が積分によって（同じことだが平均をとることで）保存されることを主張している．f', g' をあらためて f, g と書き，つぎの形で述べておく．

命題D′ 連続関数 $f(x)$, $g(x)$ の比の，$x=a$ における極限値

$$\lim_{x \to a} \frac{g(x)}{f(x)}$$

が存在するならば，

$$\lim_{x \to a} \frac{\int_a^x g(t)\,dt}{\int_a^x f(t)\,dt} = \lim_{x \to a} \frac{g(x)}{f(x)} \tag{4}$$

である．

1つの比の極限値から，積分によってつぎつぎに新しい比の極限値が生みだされる．たとえば

$$\lim_{x \to 0} \frac{\sin x}{x} = 1 \tag{5}$$

より，

$$\lim_{x \to 0} \frac{1 - \cos x}{\dfrac{x^2}{2}} = 1, \tag{6}$$

$$\lim_{x \to 0} \frac{x - \sin x}{\dfrac{x^3}{6}} = 1 \tag{7}$$

が生み出される．(5)は基本的だが，それも

$$\lim_{x \to 0} \frac{\cos x}{1} = 1 \tag{8}$$

から積分で導かれる．

同様に,
$$\lim_{x\to 0}\frac{e^x-1}{x}=1 \tag{9}$$
からは
$$\lim\frac{e^x-1-x}{\frac{x^2}{2}}=1, \tag{10}$$

$$\lim\frac{e^x-1-x-\frac{x^2}{2}}{\frac{x^3}{6}}=1 \tag{11}$$
が導かれる.
(小島　順)

● 関数の近似

教科書244ページの「5.2.4 関数の近似」では,明示的にではないが,2つの重要な概念が扱われている.どちらも,2つの関数 $f(x)$ と $g(x)$ を1点 $x=a$ で比較するものである.

$\lim_{x\to a}\frac{g(x)}{f(x)}=1$ のとき,$f(x)$ と $g(x)$ は $x=a$ で(あるいは $x\to a$ のとき)同値であるといい,
$$f(x)\sim g(x) \quad (x\to a) \tag{1}$$
と書く.

$\lim_{x\to a}\frac{g(x)}{f(x)}=0$ のとき,$g(x)$ は $f(x)$ に対して,$x=a$ で(あるいは $x\to a$ のとき)無視可能であるといい,
$$g(x)=o(f(x)) \quad (x\to a) \tag{2}$$
と書く.o は小文字のオー,イタリックである.

$f(x)\sim g(x)$ は,差が $f(x)$ に対して無視できること,すなわち

$$g(x)-f(x) = o(f(x))$$

にほかならない．定値関数1に対して無視できることは0に収束すること，すなわち無限小であることに等しい．

$$\lim_{x \to a} g(x) = 0 \iff g(x) = o(1)$$

である．$g(x)=o(f(x))$ は，$g(x)=o(1)f(x)$ と書くこともできる（無限小 $o(1)$ と $f(x)$ の積）．

$$\lim_{x \to a} \frac{f(x)-f(a)}{x-a} = f'(a)$$

は，

$$\frac{f(x)-f(a)}{x-a} = f'(a)+o(1)$$

すなわち

$$f(x) = f(a)+f'(a)(x-a)+o(1)(x-a) \tag{3}$$

と表現される．$f(x)$ を，1次式 $f(a)+f'(a)(x-a)$ で近似したときの誤差が $x-a$ に対して無視できるわけである．もし，$f'(a) \neq 0$ ならば

$$f(x)-f(a) \sim f'(a)(x-a) \tag{4}$$

が出る．同様に，

$$\lim_{x \to a} \frac{f(x)-f(a)-f'(a)(x-a)}{(x-a)^2} = \frac{f''(a)}{2}$$

は，

$$f(x) = f(a)+f'(a)(x-a)+\frac{f''(a)}{2}(x-a)^2$$
$$+o(1)(x-a)^2 \tag{5}$$

と表現され，今度は，2次式

$$f(a)+f'(a)(x-a)+\frac{f''(a)}{2}(x-a)^2$$

で $f(x)$ を近似したときの誤差が，$(x-a)^2$ に対して無視できることがわかる．教科書では，このあたりが明確に述べられていない．

もし，$f''(a) \neq 0$ ならば，
$$f(x) - f(a) - f'(a)(x-a) \sim \frac{f''(a)}{2}(x-a)^2 \qquad (6)$$
である．

前項「平均値定理の周辺」の(5)以下の式は，$x \to 0$ のときの

$\cos x \sim 1 \qquad (7)$

$\sin x \sim x \qquad (8)$

$1 - \cos x \sim \dfrac{x^2}{2} \qquad (9)$

$x - \sin x \sim \dfrac{x^3}{6} \qquad (10)$

$e^x - 1 \sim x \qquad (11)$

$e^x - 1 - x \sim \dfrac{x^2}{2} \qquad (12)$

$e^x - 1 - x - \dfrac{x^2}{2} \sim \dfrac{x^3}{6} \qquad (13)$

と書きなおされる．

(8)と(11)は(4)の実例であり，(9)と(12)は(6)の実例である．そのほか，

$\log(1+x) \sim x \qquad (x \to 0) \qquad (14)$

$\sqrt{1+x} \sim \dfrac{x}{2} \qquad (x \to 0) \qquad (15)$

$a^x - 1 \sim x \log a \qquad (x \to 0) \qquad (16)$

なども基本的な同値の式である．

(6)は，$f''(a)=0$ のときは適用できない．$\sin x - x \sim 0$ は誤り

で，$\sin x - x \sim -\dfrac{x^3}{6}$ が正しい．しかし，(5)にあたる

$$\sin x = x + o(1)x^2 \tag{17}$$

はもちろん正しい．$\sin x$ の 1 次式 x による近似の誤差が 0 程度であるといういいかたは適切でなく，(17)からいえることは，誤差が x^2 に対して無視できるという意味で，x が $\sin x$ の 2 次近似式にもなっているということである．

同様に，$f(x) = \cos x$ に対しては(4)はなりたたず，$\cos x - 1 \sim 0$ は正しくない．$\cos x - 1 \sim \dfrac{-x^2}{2}$ である．しかし

$$\cos x = 1 + o(1)x = 1 + o(x)$$

であり，定値関数 1 は，$\cos x$ の $x = 0$ における 1 次近似式となっている．

最後に，極限値の計算への近似式の応用について一言述べる．

$$f(x) = \dfrac{1}{x^2} - \dfrac{1}{\sin^2 x}$$

に対して $\lim_{x \to 0} f(x)$ を求める問題を考えよう．

$$f(x) = \dfrac{\sin^2 x - x^2}{x^2 \sin^2 x} = \dfrac{(\sin x + x)(\sin x - x)}{x^2 \sin^2 x}$$

において，$\sin x - x \sim -\dfrac{x^3}{6}$ である．また，$\sin x = x + o(1)x$ より，$\sin x + x = 2x + o(1)x \sim 2x$ である．分母については，$\sin x \sim x$ である．これらを代入して

$$f(x) \sim \dfrac{2x\left(-\dfrac{x^3}{6}\right)}{x^2 \cdot x^2} = -\dfrac{1}{3} \tag{18}$$

となり，$\lim_{x \to 0} f(x) = -\dfrac{1}{3}$ である．実験的に非常に小さい x，た

とえば $x=10^{-5}$ を代入すると，10桁の電卓で計算して，$f(10^{-5})=0$ となった．(18)は誤りだろうか？ そうではない．$f(0.01)$ を計算すると -0.3333 が出る．上の結果は，互いに近い値の引き算で有効数字が失われる桁落ちの現象であり，ほんとうは
$$f(10^{-5})=-0.3333\cdots$$
なのである．

たとえば，小さな x の値に対して
$$g(x)=1-\frac{x^2}{\sin^2 x}$$
を計算するためには，近似式
$$g(x) \sim -\frac{x^2}{3} \qquad (x \to 0)$$
を作り，$-\dfrac{x^2}{3}$ に x の値を代入した方が，かえって正確である．

(小島　順)

4 参考

● 指数関数と等比数列

指数関数
$$x'(t) = px, \qquad x(0) = 1$$
に対応するのは,等比数列
$$y(k+1) - y(k) = ry(k), \qquad y(0) = 1$$
で,
$$x(t) = e^{pt} \qquad と \qquad y(k) = (1+r)^k$$
が対応している.

積分については,
$$\int_0^t e^{pt}\,dt = \frac{1}{p}\int_0^t x'(t)\,dt = \frac{x(t)-x(0)}{p} = \frac{e^{pt}-1}{p}$$
であるが,これと同じで等比級数の公式
$$\sum_0^{n-1}(1+r)^k = \frac{1}{r}\sum_0^{n-1}(y(k+1)-y(k))$$
$$= \frac{y(n)-y(0)}{r} = \frac{(1+r)^n-1}{r}$$
が成立している.『基礎解析』の等比級数の公式は,このことをしていたのである.

連続的複利については,もっと進んで,指数関数の微分方程式を等比数列で近似すると考えて
$$\lim_{h\to 0}\frac{x(t+h)-x(t)}{h} = px(t)$$
のところを,
$$h = \frac{1}{n}$$
の刻みで考えて,

$$t = \frac{k}{n}$$

について

$$\frac{x\left(\frac{k+1}{n}\right) - x\left(\frac{k}{n}\right)}{\frac{1}{n}} \fallingdotseq px\left(\frac{k}{n}\right)$$

となる．ここで

$$y_n(k+1) - y_n(k) = \frac{p}{n} y_n(k), \qquad y_n(0) = 1$$

は

$$y_n(k) = \left(1 + \frac{p}{n}\right)^k$$

だから，

$$e^{pt} \fallingdotseq \left(1 + \frac{p}{n}\right)^k$$

となる．

一般に

$$n \to \infty, \qquad \frac{k}{n} \to t$$

となるように，実数 t を分数 $\frac{k}{n}$ で近似することにすれば

$$\lim_{n \to \infty, \frac{k}{n} \to t} \left(1 + \frac{p}{n}\right)^k = e^{pt}$$

ということになる．極限のしかたが，ちょっと条件つきでこみいっているが，これが一般の場合の「連続複利法」である．

とくに

$$t = 1, \qquad n = k$$

の点を考えれば，普通の極限の

$$\lim_{n\to\infty}\left(1+\frac{p}{n}\right)^n = e^p$$

になっている．これが，補足（250ページ）の場合になっている．

(森　毅)

資料

高3の選択科目

森　毅

　高校数学の選択科目は，それぞれの科目によって，多少は性格が違う．

　「数学Ⅱ」は，学校教育における数学の最後になる公算がかなり大きいし，その他の科目は，大学進学者も含めて考えざるをえない．これは，必ずしも大学受験のためというだけでなく，学校教育全体における数学の流れという意味においてである．といって，いくつかの高校では，大学入試を意識せざるをえない現実があるであろうし，そのことをまったく無視することはできまい．そして，高2で扱われることの多い，「基礎解析」と「代数・幾何」についてでも，とくに理科系では，「基礎解析」の上に「微分・積分」が続くことの意味が違う．

　「微分・積分」は高3の科目であろうし，「確率・統計」にしても，高3で選択する公算が大きい．この高3というのは，進学するにせよ，しないにせよ，高校数学の最後ということが意識されざるをえない．

　「基礎解析」でも，微分と積分の基本的な考えかたはなされているべきだ．内容的には，「微分・積分」の大きな問題は，指数関数と三角関数の解析にあろう．本当はこれは，「理科系」ということにかぎらず，指数的変化と周期的変化の解析ということで，高校数学のひとつの到達点になってよい課題である．いままでの「数学Ⅲ」では，「計算と問題」のかげにかくれて，はっきりしていなかった．「微分・積分」が新しい選択科目になった機会に，この視点をはっきりさせたいものである．

微分と積分の基本的な考えが「基礎解析」にあるといっても，それを十分に運用する力は，「微分・積分」で養われる．このことは，理科系の大学進学のためばかりでなく，「基礎解析」で獲得した微分や積分の考えを身につけることでもある．「基礎解析」の上に「微分・積分」があるというばかりでなく，「微分・積分」を学習することで「基礎解析」が自分のものになる，そうした相互作用として，選択科目のカリキュラムの順次性を考えたい．これは，「数学Ⅰ」と「基礎解析」および「代数・幾何」の場合も同じことだ．極限や連続については，極限値の計算というより，極限の論理や近似の感覚を大事にしたい．理科系の大学に進学したときに，大学生が高校数学と大学数学との感覚的ギャップとして一番悩むのは，この部分にある．これは，大学への準備とか先どりとかでなく，べつに大学に進学しなくとも，高校の指導要領の範囲内で，そうしたことに目を向けることは十分に可能であるし，意義のあることと思う．

　「確率・統計」のほうは，「微分・積分」とはまた，まったく違う問題を含んでいる．受験との関係でいっても，確率や順列・組合せは受験によく扱われるし，統計は比較的に扱われることが少ない．そして，確率にせよ，統計にせよ，現実とのかかわりが大きく，ときには高2でも，また大学進学を無視しても，ソフトに扱いたい題材である．そうした点では，他の科目とは一味違った感覚があるが，そのことを利用して，高校生の数学への感覚を柔らかく豊かにしてやりたい．あとで世間に出てからも，高校数学も楽しく役にたつものだと，思い出を語れるようなものであってほしい．

　この点で，かりに高3で「微分・積分」と「確率・統計」とが扱われるとすると，少し感触の違った科目を学ぶことになるだ

ろう.「基礎解析」と「代数・幾何」の間でも,いくらかそうしたことがあったかもしれないが,こちらのほうが際だっている.しかし,そのことこそ,選択科目のよさだと思う.

(三省堂　数学資料　No.18　1983 年)

指数関数・三角関数の微積分に意味づけを！

近藤 年示

　高校で学ぶ関数のうちで，その意味，将来の発展性などを考慮して重要なものを選び出すとしたら，その筆頭にあげられるのは，おそらく指数関数だろう．

　指数関数は「現在ある量に対して一定の割合で増える」という自然界でもっとも基本的な変化のしかた――倍々変化――を定式化している．教えるときにはこのことをはっきりと出したい．

　たとえば「基礎解析」では生物の増殖，物価の上昇，放射能，光の減衰，気圧などの具体例の中から適切な例を選びながら，初期値 A，倍率 a の倍々変化は

$$y = Aa^x \qquad (1)$$

の形に定式化できることをおさえる．また「微分・積分」では，変化量が現在量に比例するという事実を

$$\frac{dx}{dt} = kx \qquad (2)$$

の形で表現して，これを解きながら指数関数の意味を理解していくことになる．当然のことに(2)の成長率の意味，それと(1)の倍率との関係

$$a = e^k$$

などにも触れることになろう．つまり指数関数は自然界の量の「成長と衰退」という現象と一体にして教えないと，その本当の意味を理解させることはできないだろう．

　ところが大変残念なことに，多くの教科書では公式を用いた

形式的な計算技術を習得することに重点がおかれていて、その意味の説明が軽んじられている。けれども高校生にもっとも必要なことは、関数の意味をしっかりと理解してもらうことだと思うのである。

このことは他の関数の扱いについてもいえる。

たとえば 1 次関数

$$y = ax + b$$

だったら、初期値が b、変化率が一定値 a の関数として捉える必要があるし、微積分を学んだら、それを

$$\frac{dy}{dx} = a, \qquad f(0) = b$$

の解として「1 次関数は一様変化の表現」として理解させたい。

また 2 次関数についても

$$\frac{d^2y}{dx^2} = a, \qquad f'(0) = b, \qquad f(0) = c$$

の解で「等加速変化を実現する関数」として理解することで初めてその意味が了解できる。

三角関数についても同じことがいえる。

三角関数の意味は「典型的な周期変化である円運動や単振動の表現」といえよう。円運動や単振動というと物理であって数学ではないという意見があるが、私はそれは間違った考えだと思う。数学上の抽象概念といえども、現実の世界に必ず土台をもち、そこから生み出されてきたのだから、意味の理解にはそのルーツも含めて扱うことが欠かせないと思うのである。ここで「抽象」という字の意味をあらためて考えてみたい。辞書をひくと「個々の物事や概念に共通する性質を抜き出して 1 つの新しい観念にまとめること」とある。まったく字の通り「象（か

指数関数・三角関数の微積分に意味づけを！

たち）を抽き出す」ということで，三角関数なども円運動から抽き出された抽象概念にほかならない．そこで $\cos x$ や $\sin x$ の微分の公式なども単に計算で求めるだけでなく，円運動と結びつけたい．

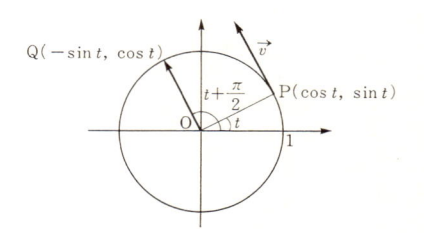

たとえば上の図のように半径 1 の円周上を角速度 1 rad/秒で回っている点 P の速度ベクトルを考えることにしよう．図からわかるように速度ベクトル $\vec{v}$ は $\overrightarrow{OQ}$ と同じになるから

$$\frac{d}{dt}\begin{pmatrix}\cos t \\ \sin t\end{pmatrix} = \begin{pmatrix}\cos\left(t+\frac{\pi}{2}\right) \\ \sin\left(t+\frac{\pi}{2}\right)\end{pmatrix} = \begin{pmatrix}-\sin t \\ \cos t\end{pmatrix}$$

となって，

$$(\cos t)' = -\sin t, \quad (\sin t)' = \cos t$$

を直観的に理解させることができる．

また，単振動の微分方程式

$$m\frac{d^2x}{dt^2} = -kx$$

の解は $x = a\sin\left(\sqrt{\frac{k}{m}}t + \alpha\right)$ の形になることを確かめて，m や k が一定のときは，周期は振幅によらないこと，また周期は $\sqrt{m}$

に比例することなどを見い出し，それを実際のバネで実験して確かめられるとよいと思う．私もぜひ実験したいと思って，いいバネを探しているが，なかなか見つからない．

かつての授業で
$$m\frac{d^2x}{dt^2} = -kx + F\sin\omega t$$
という強制振動について簡単な話をしたことがある．19 世紀に，行軍する兵士たちによって各所でつり橋が破壊され，多くの死傷者がでたことや，洗濯機の脱水機を回しているとある回転数のところで洗濯機が突然ガタガタと振動する例などをあげながら共鳴現象について話すと，生徒たちは大変興味をもって聞いてくれた．

やはり高校数学はもっと実在世界とかかわって，概念の意味の見えるものにならないといけないと思う．

(三省堂　数学資料　No. 18　1983 年)

微積分の「計算」と「応用」について

増島高敬

　最近高校を卒業した学生たちにきくと,「数Ⅲはつまらなかった」「計算ばっかり」「面倒くさくて, 見通しがない」という感想がしばしば出される.

　旧「数Ⅲ」は新課程では「微分・積分」「確率・統計」にわかれるわけであるが, 学生・生徒たちのこういった感想は無視すべきではない. そして, それは主として「微分・積分」の部分にかかわることであるだろう. そこで, 考えたことを, 思いつくままにではあるが書いてみたい.

　従来の数Ⅲでは, 極限・連続・微分可能といったことのやや「厳密」な扱いがまずあって, 微分 (ここではとりあげる関数の範囲がひろがる) → 微分の応用 → 積分 → 積分の応用 (簡単な微分方程式をふくむ), という展開のしかたが支配的であった.

　しかし, あえて極論するが, 私には高校生が, 出会う関数のことをすべて連続で微分可能と思って何が悪いか, という思いがある. この種の「厳密さ」にこだわるより, 指数関数と三角関数をもっと中心にすえ, 微分方程式をいわば「思想」として重視することのほうを, 私は主張したい (この点は多分, 近藤さんがふれると思うので, これ以上はのべない).

　微分することや積分することの定義は,「基礎解析」で学んだことで一応十分である. その上は, 微分は微分, 積分は積分, と区分けするよりも, 同時並行で駆使しながら, 計算手段も豊富にし, 扱う関数もひろげていくのがよいだろう.

この場合「基礎解析」から一段すすむところは，速度概念を自立させ，これを対象にすることによって加速度を導くこと，すなわち，第2次導関数を形式的にだけでなくつかむことであり，もう1つは，合成関数・逆関数の微分法，積の微分法などが登場することである．しかし，合成関数の微分法には置換積分法が，積の微分法には部分積分法が対応していることも並行して明らかにしていった方が，全体が見えると思う．

　いわゆる「応用」についても，いくつか考えることがある．

　第1に指数関数や三角関数で記述されるような様々な量の問題をもっととりあげるべきである．

　従来はややもすれば，曲線の追跡，面積や体積のみにかたよっていた．

　第2に，近似式をもっときちんととりあげたい．

　微分することは，そもそも1次近似であるし，1次近似を考えることで増減がわかり，2次近似で極値がわかる，といったことは，1次関数や2次関数についての理解がためされるところでもある．

　また，近似式をつくるにも，つぎのように積分を用いる方が構成的でよくわかるのではないか．

　関数 $y=f(x)$ について
$$f(\alpha) = A, \ f'(\alpha) = B, \ f''(\alpha) = C$$
とするとき
$$g(\alpha) = A, \ g'(\alpha) = B, \ g''(\alpha) = C$$
となるような2次関数 $g(x)$ は
$$g'(x) = g'(\alpha) + \int_\alpha^x g''(x)\,dx$$
$$= B + \int_\alpha^x C\,dx.$$

$$= B+C(x-\alpha),$$
$$g(x) = g(\alpha)+\int_\alpha^x g'(x)\,dx$$
$$= A+\int_\alpha^x \{B+C(x-\alpha)\}\,dx$$
$$= A+B(x-\alpha)+\frac{1}{2}C(x-\alpha)^2.$$

第3に，上でも用いたが，$F'(x)=f(x)$ のとき
$$F(x) = F(\alpha)+\int_\alpha^x f(x)\,dx$$
という式をもっと活用したい．これは，

　　　（変化した後の値）＝（初期値）＋（増分）
　　　　　　　　　　　＝（初期値）＋（変化率）×（分量）

という式自身なのだから．

　第4に，積分の計算を定積分主義でつらぬきたい，ということである．第3点を生かすためにも，ぜひそう考えたい．不定積分という用語と記号をいっさい使わないでどの位のことがやれるか，考えてみるのも一興であろう．私が考えたかぎりでは，高校の「微分・積分」の範囲では不都合はなかった．

　第5は，計算と直観的なイメージをもっとむすびつけて，柔軟に「気楽に」考えたいということである．

　たとえば
$$\int_0^{\frac{\pi}{2}}\sin t\,dt = \int_{\frac{\pi}{2}}^{\pi}\sin t\,dt = \int_0^{\frac{\pi}{2}}\cos t\,dt$$
はグラフから明らかだし，
$$\int_1^3 (x-1)^2(3-x)\,dx = \int_0^2 x^2(2-x)\,dx$$
も，変数変換するまでもない．

$$\lim_{h \to 0} \frac{\sin h}{h} = 1$$

は弦と弧の比の極限だからあたりまえでもある．

(三省堂　数学資料　No.18　1983年)

連続と近似

小島　順

　極限の概念は微積分の基礎とされる．しかし論理的に基礎であるから微分・積分の本のはじめに置くべきだ，ということにはならない．「基礎解析」のつづきとして考えると，指数関数や三角関数を含めた微積分の本体をある程度やった後で，極限のような概念にふれるのも1つの方法である．教材を並べる順序についても，教科書の固定化・画一化は望ましくなく，いろいろなやり方が共存するのがよい．

　電卓やコンピュータが日常的に身近になったこともあって，数についての我々の感覚や態度はこれまでと少し違ったものになってきた．10進小数の形で数字を並べたものとして実数をとらえる視点が今日とくに重要である．

　本来，極限の概念は，近似の精度・誤差の問題と一体のものである．いわゆる"ε-δ論法"は具体的に近似の精度の形で極限をとらえたものに他ならない．しかし，εでなく10^{-n}の形で扱うのが，少なくとも高等学校の数学にふさわしいと私は考えている．"小さいもの"の比較の基準として，$10^{-1}, 10^{-2}, 10^{-3}, \cdots$を使う．つまり，10進展開での"オーダー"を意識する．

　無限大についても同様で，比較の基準として10^n ($n \geq 0$)を用いる．これは特殊なことでなく，我々の生活はそうなっている．数学だけが離れていてよいわけがない．

　分数式の極限値のようなものも，本当は分母・分子におかれた2つの関数の"無限大のオーダー"（あるいは"無限小のオーダー"）を比較しているのである．このような関数の"比較"と

いう考えかたは解析の本質であるのに，これまで無視されすぎている．

つぎに関数の連続性の話に移ろう．関数の連続性についての自然で適切な概念は区間における一様連続性である．$y=x^2$ という関数は任意の有界閉区間 $[a, b]$ で一様連続，$y=\dfrac{1}{x}$ という関数はたとえば $a>0$ として，$[a, b]$ で一様連続である．

私たちが関数 f のグラフをかこうとするとき，定義区間内の有限個の点 x での値 $f(x)$ を計算し，平面上に点 $(x, f(x))$ をとる．このような方法でグラフの曲線がプロットできるのは，点が少し変わっても値は少ししか変わらないという f の連続性が想定されているからである．定義区間での点をとるキザミを十分細かくすると，隣接する 2 点の間の値の変化をはじめに指定した 10^{-n} の範囲内におさえることができる．これが一様連続性である．

実際は，定義域の各点で連続ならば，それに含まれる有界閉区間上で一様連続であることが知られている．一様連続という言葉を使わず，これを単に区間での連続と呼ぶことに多少の問題がある．しかし，一様連続という実質を前面に出すのは重要なことである．

有界閉という条件は，実際には制約とならない．関数 $y=\dfrac{1}{x}$ のグラフを区間 $(0, 1]$ でかくというときも，実際には $\varepsilon>0$ として $[\varepsilon, 1]$ の範囲でしか人間はかけない．同じように，$y=x^2$ のグラフをかくときでも，決してそのすべてをかくことはできない．定義域 $\boldsymbol{R}=(-\infty, \infty)$ 全体の上でグラフをかいた人は 1 人もいない．

平均値については，これまで一定の形が高校数学の教科書で固まっていた．私は，これについても全面的にあらためる余地

があると考えている.

　何よりも平均値とは積分で定義される量である. 区間 $[a, b]$ で関数 f が連続のとき, f の平均値は

$$\frac{1}{b-a}\int_a^b f(x)\,dx$$

である. f の最小値を L, 最大値を M とすると, 積分が不等式を保存するから,

$$L \leqq \frac{1}{b-a}\int_a^b f(x)\,dx \leqq M \tag{1}$$

となる. すなわち, f の平均値は f の最小値と最大値の中間の値である. 中間値の定理によれば, これは f の値 $f(c)$ として実現される:

$$\frac{1}{b-a}\int_a^b f(x)\,dx = f(c) \tag{2}$$

がなりたつ. (1)と(2)はそれぞれ平均値についての基本的な不等式と等式で, これらが平均値の定理と呼ばれるべきものである.

　C^1 級の関数 f に対しては, 連続関数 f' に(2)を適用し, 一方で"微積分の基本定理"

$$\int_a^b f(x)\,dx = f(b)-f(a) \tag{3}$$

を使うと,

$$\frac{f(b)-f(a)}{b-a} = f'(c) \tag{4}$$

がでる. つまり, 平均変化率は, ある瞬間 c での変化率として実現される. もちろん(4)はもっとゆるやかな条件下でいえるが, 高校の数学としては, この C^1 級というやさしい形で十分である.

関数のテイラー近似，あるいはテイラー展開についても，"不等式の積分"という原理だけでやさしく述べることができる．指数関数 e^x のような例について，それを実行してみるのは効果的である．

　その他，「有界増加列の上限の存在」のような基本的なことを高校生に隠しておいてよいのか，という問題がある．数学以外の科学では考えられないことである．

（三省堂　数学資料　No. 18　1983 年）

懸垂線と放物線

武 藤 　 徹

　最近では，日本でも，吊り橋がふえてきました．あの曲線美は，何ともいえないものです．それでは，橋を吊っているケーブルの曲線は，どんな式で表されるのでしょうか．

　橋の本体の重さが無視できるときは，1本の綱を張り渡した形になります．これについて，ガリレオ・ガリレイは，『新科学対話』(1638)，詳しくは『機械学及び局所的運動に関する2つの新しい科学についての対話と数学的証明』の最後のところで「多少きつく張られた綱が，放物線によく似た曲線の形をとるということです．……この合致は，放物線の曲がりが小さいほど精確で，もし（投げ上げの）仰角を45°以下にして描いた放物線を用いるなら，鎖はこれとほとんど完全に一致する程なのです」と書いています．本当にそうでしょうか．

1．1本の綱を張った形

　次ページの図のように，曲線の最低点を原点にとると，左右の張力 T は，どこでも変わりません．また，P(x, y)における下向きの力は，原点 O から P までの綱にかかる重力そのものです．$\stackrel{\frown}{\mathrm{OP}}$ の長さを s，線密度，つまり 1 m 当たりの質量を ρ，重力加速度を g と表すと，下向きの力は $\rho g s$ となります．

　そこで，

$$\frac{dy}{dx} = \frac{\rho g s}{T} \tag{1}$$

がなりたちます．ところで，

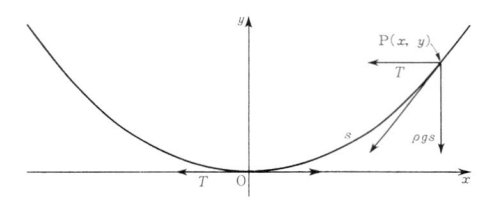

$$\frac{ds}{dx} = \sqrt{1+\left(\frac{dy}{dx}\right)^2}$$

がいえていますから，(1)を x について微分して

$$\frac{d^2y}{dx^2} = \frac{\rho g}{T}\frac{ds}{dx}.$$

そこで，

$$\frac{d^2y}{dx^2} = \frac{\rho g}{T}\sqrt{1+\left(\frac{dy}{dx}\right)^2}$$

が得られます．

$\dfrac{dy}{dx}=p$ とおきますと，$\dfrac{dp}{dx}=\dfrac{\rho g}{T}\sqrt{1+p^2}$,

$$\frac{dp}{\sqrt{1+p^2}} = \frac{\rho g}{T}\,dx. \tag{2}$$

ここで，

$$I = \int \frac{dp}{\sqrt{1+p^2}} \tag{3}$$

とおきましょう．

$\sqrt{p^2+1}=p+t$ とおくこともできますし，$\sqrt{p^2+1}=-p+t$ とおくこともできます．

下の場合は，

$$p^2+1 = p^2-2pt+t^2,$$

$$-2pt + t^2 = 1.$$

両辺を微分すると,
$$-2\,dp \cdot t - 2p\,dt + 2t\,dt = 0$$

となるから,
$$(-p+t)\,dt = t\,dp,$$
$$dp = \frac{-p+t}{t}\,dt$$

となります. これを(3)に代入しますと
$$\begin{aligned}I &= \int \frac{1}{-p+t} \cdot \frac{-p+t}{t}\,dt \\ &= \log|t| + C \\ &= \log(p + \sqrt{1+p^2}) + C.\end{aligned}$$

そこで, (3)から,
$$\log(p + \sqrt{1+p^2}) = \frac{\rho g}{T}x + C.$$

$x=0$ のとき, $p=0$ ですから, $C=0$ が導かれます. そこで,
$$p + \sqrt{1+p^2} = e^{\frac{\rho g}{T}x},$$
$$\frac{1}{p + \sqrt{1+p^2}} = e^{-\frac{\rho g}{T}x},$$
$$\sqrt{1+p^2} - p = e^{-\frac{\rho g}{T}x}.$$

そこで,
$$p = \frac{1}{2}\left(e^{\frac{\rho g}{T}x} - e^{-\frac{\rho g}{T}x}\right).$$

$p = \dfrac{dy}{dx}$ ですから,
$$y = \frac{T}{2\rho g}\left(e^{\frac{\rho g}{T}x} + e^{-\frac{\rho g}{T}x} + C\right).$$

$x=0$ のとき,$y=0$ ですから,$C=-2$.
$$y = \frac{T}{\rho g} \frac{\left(e^{\frac{\rho g}{T}x}+e^{-\frac{\rho g}{T}x}-2\right)}{2}.$$

ここで $\dfrac{e^x+e^{-x}}{2}=\cosh x$ と表す習慣があります.h は双曲線 (hyperbolic) の頭文字です.

このとき,
$$y = \frac{T}{\rho g}\left(\cosh\frac{\rho g}{T}x-1\right)$$
となります.

とくに,$\dfrac{T}{\rho g}=1$ のときは,つぎのようになります.

x	y	x	y
0.2	0.0201	1.4	1.1509
0.4	0.0811	1.6	1.5775
0.6	0.1855	1.8	2.1075
0.8	0.3374	2.0	2.7622
1.0	0.5431	2.2	3.5679
1.2	0.8107	2.4	4.5569

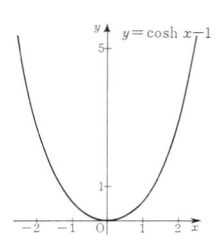

こうしてかいた曲線を懸垂線といいます.

2. ガリレオの予言

ガリレオの時代には,まだ微分積分学ができていませんでした.そこで彼はこの曲線の式を知りませんでした.しかし,実験的にこれが放物線に近いことを知っていました.$0\leqq x\leqq 1$ の範囲で,放物線
$$y = 0.5431x^2$$
とくらべますとつぎのようになります.

x	0.2	0.4	0.6	0.8
懸垂線	0.0201	0.0811	0.1855	0.3374
放物線	0.0217	0.0869	0.1955	0.3476

狂いは，0.01 程度で，よく合っています．

3. 重い吊り橋

重い吊り橋で，ワイヤーの重さが無視できるときは，重さは s にではなく x に比例すると考えられます．そこで，微分方程式は

$$\frac{dy}{dx} = \frac{\rho g}{T}x$$

となり，

$$y = \frac{\rho g}{2T}x^2 + C$$

となります．これは放物線そのものです．実際の吊り橋は，懸垂線と放物線との中間の図形になるでしょう（次ページの図）．

しかし，ガリレオがのべているように，両端の仰角が $45°$ にもならないときは，両者の違いは目立ちません．そして，実際の吊り橋では，まさにその通りになっています．

4. まっすぐに張る

高圧送電線にしても，電車の架線にしても，垂れ下がりをなくすことはできません．もし，端の点での仰角が $\alpha°$ であれば，張力 T と重力 W の比は

$$\frac{W}{T} = \tan \alpha°$$

となり，$T = W \cot \alpha°$ となります．$\alpha = 5$ のときは，$\cot 5° = 11.4$ で，T は W の 11.4 倍になります．それで，W が大きいと，T はうんと大きくなります．

洞海湾にかかる若戸大橋

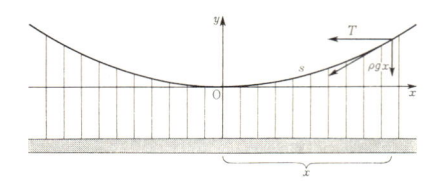

1985 年開通を目ざす鳴門大橋

いつか，ある都立高校の文化祭のとき，綱にジュースの空缶を沢山吊して，飾りつけにしようとしていました．綱を，コンクリートの柱から向かい側の2階の窓の手すりまで張り渡し，たわみをまっすぐにしようと力一杯引っ張ったところ，窓の手すりがもぎとれ，作業をしていた生徒が転落して大怪我をしたことがありました．もし，この高校生が懸垂線の勉強をしていたら，こんなことにならなかったろうにと，残念でなりません．

　新幹線の架線の場合は，支点の間隔をせまくし，Wを小さくすることによってαの値を小さくしています．

(三省堂　数学資料　No.19　1983年)

ロジスチック曲線

森　　毅

ネズミ算というのは，際限なく増えることを前提にしているが，通常は限界 a に飽和する.「生存競争」のような場合だが，これはべつにネコがネズミをとらなくとも，ネズミ同士が餌の食いあいをしてもよいし，一定数 a のネズミのなかで，特定のネズミの割合が増えていく場合でもよい．こうした場合，p は一定でなくて，有効率 $\dfrac{a-x}{a}$ がかかる．

この場合は，微分方程式としては

$$\frac{dx}{dt} = p\frac{a-x}{a} \cdot x, \qquad x(0) = c$$

となる．ここで，

$$x + (a-x) = a$$

だから

$$\frac{1}{a-x} + \frac{1}{x} = \frac{a}{(a-x)x}$$

となって

$$\frac{dx}{x} - \frac{-dx}{a-x} = p\,dt$$

だから，

$$\frac{x}{a-x} = \frac{c}{a-c}e^{pt}$$

となる．

つまり，この種の問題では，「全体にたいする割合」$\dfrac{x}{a}$ ではなく，「残りにたいする割合」$\dfrac{x}{a-x}$ が指数関数になる．実際に，a に飽和するような現象，たとえば高校進学率などは，$\dfrac{x}{a}$ より

$\dfrac{x}{a-x}$ で測るほうが適切であろう．$\dfrac{x}{a}$ をグラフにすれば，これは a に飽和する曲線になる．これは，いわば「飽和するネズミ算」の曲線であって，現実にはしばしば出てくる．

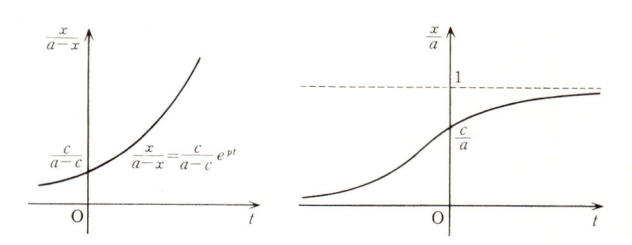

x^x, x^{x^x}, … について

森　毅

　x^x のような関数がそうあるわけではないが，$n!$ は n^n に近かったりして，それに大きな無限大として典型的でもある．それに，こうした関数を調べることは，微分の技のためによいのだが，通常はこうしたものを大学入試に出したりすると，「高校の範囲」を超えると言われる．

　まず，
$$f(x) = x^x, \qquad f'(x) = x^x(\log x + 1)$$
と型どおりにやっていたのだが，むしろポイントは
$$f(0) = 1, \qquad f'(0) = -\infty$$
であって，これは
$$\lim_{x \to 0} x \log x = 0$$
の計算が肝腎のところ．

　さらに，

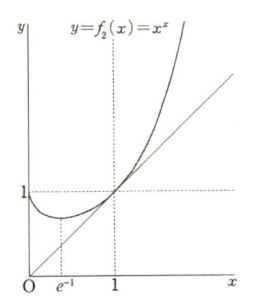

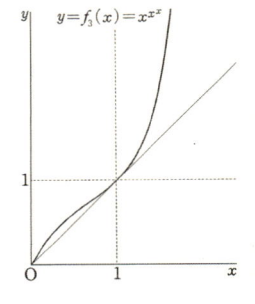

$$f(x) = x^{x^x}$$

になると,

$$f(0) = 0$$

はよいとして, $f'(0)$ の計算が問題となる. これは少しめんどうで,

$$\lim_{x \to 0} \frac{x^{x^x}}{x}$$

を計算せねばならない. それは,

$$\lim_{x \to 0} (x^x - 1) \log x$$

を計算することになる. ところで,

$$x^x = 1 + h$$

とすると,

$$x \log x = \log(1+h), \qquad \lim_{h \to 0} \frac{\log(1+h)}{h} = 1$$

から

$$\lim_{x \to 0} \frac{x^x - 1}{x \log x} = 1.$$

したがって

$$\lim_{x \to 0} (x^x - 1) \log x = 0, \qquad \lim_{x \to 0} \frac{x^{x^x}}{x} = 1.$$

もう少し一般に

$$f_0(x) = 1, \quad f_{n+1}(x) = x^{f_n(x)}$$

とすると,

$$f_0(x) < f_1(x) < f_2(x) < f_3(x) < \cdots \qquad (x > 1)$$

だが,

$$f_1(x) < f_3(x) < \cdots < f_2(x) < f_0(x) \qquad (0 < x < 1)$$

となり,

$$f_n(1) = 1, \quad f_n(+\infty) = +\infty$$

だが,
$$f_0(0) = f_2(0) = \cdots = 1, \quad f_1(0) = f_3(0) = \cdots = 0$$
となっている.

ちょっと考えると, $x > 0$ で
$$\lim_{n \to \infty} f_n(x) = +\infty$$
になりそうだが, じつはそうではない. たとえば
$$\lim_{n \to \infty} f_n(\sqrt{2}) = 2$$
になっている. その極限は
$$x^y = y$$
となる y である. これは
$$x = y^{\frac{1}{y}}$$
を調べればよく, その最大値 $e^{\frac{1}{e}}$ が境で,

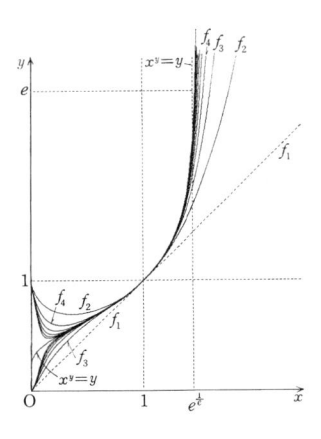

$$\lim_{n\to\infty} f_n(x) = +\infty \qquad \left(e^{\frac{1}{e}} < x\right),$$
$$\lim_{n\to\infty} f_n\left(y^{\frac{1}{y}}\right) = y \qquad \left(1 < y^{\frac{1}{y}} < e^{\frac{1}{e}}\right)$$

となる．$0<x<1$ では，さらに
$$x^{x^y} = y$$
を考えねばならなくなる．そして，点 (e^{-e}, e^{-1}) で分岐が生ずる．

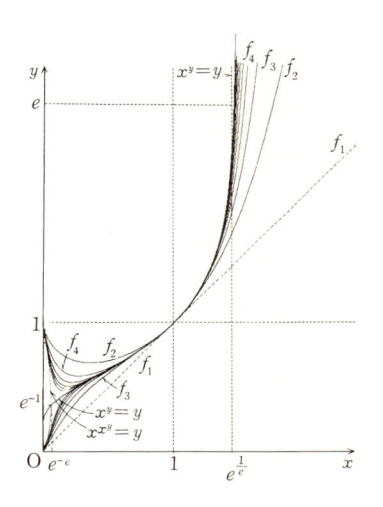

このあたり，詳しく調べるとおもしろい．マイコンでグラフをかかせてもよい．いろいろと，楽しんでください．

複素対数関数

森　毅

$$e^{ix} = \cos x + i \sin x$$

と，複素指数関数を考えるからには，複素対数関数も考えてよさそうなものである．たとえば，

$$e^{\frac{\pi}{2}i} = i, \ e^{\pi i} = -1$$

なのだから，

$$\log i = \frac{\pi}{2}i, \ \log(-1) = \pi i$$

のようにするのである．こう考えて計算すれば，対数微分のときに，ワザワザ絶対値なんか，つけなくてもよかったのだ．

しかし，問題もある．それは

$$e^{2n\pi i} = 1$$

なので，

$$\log 1 = 2n\pi i$$

となって，0だけでなく

$$\cdots, -4\pi i, -2\pi i, 0, 2\pi i, 4\pi i, \cdots$$

を考えてよいことになる．つまり，$2\pi i$ の周期の不確定性がある．だから，

$$\log e = 1 + 2n\pi i$$

としてもよいのだが，この場合は実部だとして区別できる．ところが

$$\log(-1) = (2n+1)\pi i$$

では，区別のしようがなく，多価と考えるか，周期 $2\pi i$ を許すと考えるとか，なにかせねばならない．

しかし，たとえば
$$\int \frac{dx}{x} = \log|x| + c$$
なんてのは，やはり気にくわない．実数だけなら
$$\int \frac{dx}{x} = \begin{cases} \log x + c_1 & (x>0) \\ \log(-x) + c_2 & (x<0) \end{cases}$$

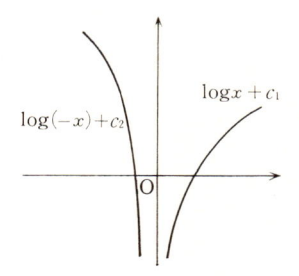

と別個に考えたほうがよいし，それより，$x<0$ では
$$\log x = \log(-|x|)$$
$$= \log|x| + \pi i$$
のほうが，気分がよい．実際に，$c_1 = c_2$ よりは，$c_1 - c_2 = \pm \pi i$ のほうが，じつは自然なのである．

3種類の比率

森　毅

1次関数
$$s = c + at$$
については，
$$\frac{ds}{dt} = a, \qquad s(0) = c$$
で，グラフは直線で見やすいし，a の値は
$$a = \frac{\Delta s}{\Delta t}$$
という比率でえられる．

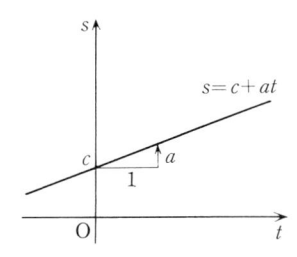

これが，指数関数
$$x = ce^{pt} \qquad (c > 0)$$
になると，
$$\log x = \log c + pt$$
となって，
$$p = \frac{\Delta(\log x)}{\Delta t} \fallingdotseq \frac{\frac{\Delta x}{x}}{\Delta t}$$

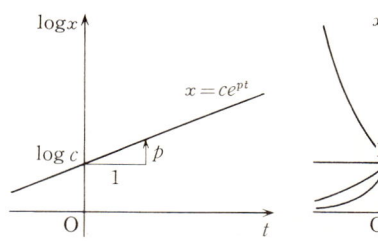

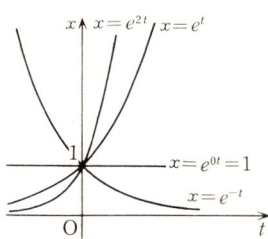

という比率が意味を持つ．つまり，時間の刻み Δt に対して，増分の Δx でなくて，その伸び率の $\dfrac{\Delta x}{x}$ を見るのである．

これにたいして，2種類の指数的変化
$$x = ae^{pt}, \quad y = be^{qt}$$
を比較したいことがある．このときは，
$$\frac{dx}{x} = p\,dt, \qquad \frac{dy}{y} = q\,dt$$
で，
$$\frac{d(\log y)}{d(\log x)} = \frac{\dfrac{dy}{y}}{\dfrac{dx}{x}} = \frac{q}{p} = \alpha$$
が意味を持って，
$$\log y = \log c + \alpha \log x$$
すなわち
$$y = cx^\alpha$$
の形になる．このときは
$$\alpha = \frac{\Delta(\log y)}{\Delta(\log x)} \doteqdot \frac{\dfrac{dy}{y}}{\dfrac{dx}{x}}$$

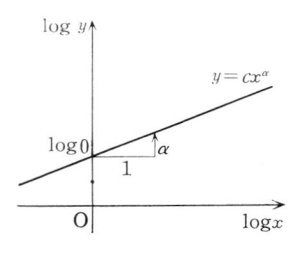

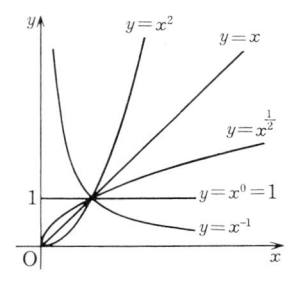

という比較が意味を持つ．物価の上昇と給料の上昇の比較のような場合である．

こうした場合，それぞれに，t と s の方眼紙，t と $\log x$ の半対数方眼紙，$\log x$ と $\log y$ との両対数方眼紙を利用するとよい．

世間で使ういろんな比率は，この3種類になっていることが多い．どんな現象と関連させて比率を考えているかが，それでわかる．

三角関数と双曲線関数

森　毅

$$e^{ix} = \cos x + i \sin x$$

というのは，実部と虚部と考えてもよいが，偶関数部分と奇関数部分とも考えられる．それで，

$$\cos x = \frac{e^{ix}+e^{-ix}}{2} = 1 - \frac{x^2}{2!} + \frac{x^4}{4!} - \frac{x^6}{6!} + \cdots$$

$$\sin x = \frac{e^{ix}-e^{-ix}}{2i} = x - \frac{x^3}{3!} + \frac{x^5}{5!} - \frac{x^7}{7!} + \cdots$$

と並行して

$$\cosh x = \frac{e^x+e^{-x}}{2} = 1 + \frac{x^2}{2!} + \frac{x^4}{4!} + \frac{x^6}{6!} + \cdots$$

$$\sinh x = \frac{e^x-e^{-x}}{2} = x + \frac{x^3}{3!} + \frac{x^5}{5!} + \frac{x^7}{7!} + \cdots$$

を考える．すなわち

$$e^x = \cosh x + \sinh x$$

と，偶関数部分 $\cosh x$ と奇関数部分 $\sinh x$ に分けるのである．ここで

$$\tanh x = \frac{\sinh x}{\cosh x}$$

がロジスチック曲線である．

変数に複素数までゆるせば，

$$\cos x = \cosh ix, \qquad i \sin x = \sinh ix$$

と考えてよい．この形では，複素数の三角関数を考えることもできて

$$\cos i = \frac{e+e^{-1}}{2} \fallingdotseq 1.5$$

なども考えることができて，その場合は 1 より大きな値が出てきたりもする．

双曲線関数は，i の影響で，符号の変化があるだけで，三角関数と類似の公式が成立する．

$\cosh^2 x - \sinh^2 x = 1$,
$(\cosh x)' = \sinh x$,
$(\sinh x)' = \cosh x$,
$\cosh(x+y) = \cosh x \cosh y + \sinh x \sinh y$,
$\cosh 2x = \cosh^2 x + \sinh^2 y$,
……

この点で，微積分の計算，とくに置換積分に利用するには，tan と sec を利用するより便利なのだが，双曲線関数の公式と三角関数の公式がゴッチャになって，符号がワケがワカランことになるのが難である．

重心について

黒田俊郎

1. 重心とは

重心については，教科書 p.183 で，
「板の重さがすべて集まったと考えられる点」
として説明されています．これはまた，
「この点をささえれば落ちないところ」，
「ここに心棒をさすとコマになるところ」，
「この点に糸を通してぶら下げると水平になるところ」

などと説明しても同じことです．

一般に，下のような図形の重心 G の座標 (g_x, g_y) を求めてみましょう．

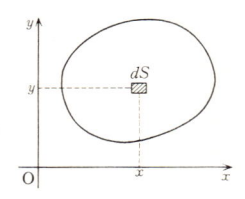

上の図形を無数のこまかい部分に分け，その1つの面積を

dS, 座標を (x, y) としたとき,

$$g_x = \frac{x\,dS\,\text{の総和}}{\text{図形の面積}}, \tag{1}$$

$$g_y = \frac{y\,dS\,\text{の総和}}{\text{図形の面積}} \tag{2}$$

となります.

したがって，とくに下のような図形の場合には，全体の面積を S とし，$dS = dy\,dx$ と考えて，

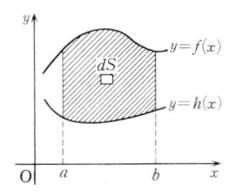

$$g_x = \frac{\int_a^b \int_{h(x)}^{f(x)} x\,dy\,dx}{S} = \frac{\int x\{f(x) - h(x)\}\,dx}{S}, \tag{3}$$

$$g_y = \frac{\int_a^b \int_{h(x)}^{f(x)} y\,dy\,dx}{S} = \frac{\dfrac{1}{2}\int_a^b [\{f(x)\}^2 - \{h(x)\}^2]\,dx}{S} \tag{4}$$

$$\left(\text{ただし，}\ S = \int_a^b \{f(x) - h(x)\}\,dx\right)$$

となります.

現在の教育課程の中では，重心の概念はあまり重視されていないようですが，重心にはいろいろおもしろいことがらがまとわりついているので，もっと積極的に授業の中でとり上げてみると，とりあげかたによっては生徒に深い感動を与えることができるのではないかと思います.

以下，そうした話題をいくつかとりあげてみます．

2. パップス・ギュルダンの定理

つぎの定理は有名です．

パップス・ギュルダンの定理[1]

1つの直線 a の一方の側に図形 F があるとき，a のまわりに F を1周して得られる回転体の体積を V とすると，
$$V = Sl.$$
ただし，S は図形 F の面積，l は図形 F の重心 G が a のまわりを1周するときの長さ（したがって，G と a との距離を d とすると，$l = 2\pi d$）である．

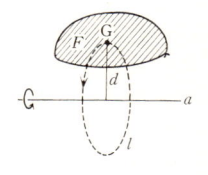

証明 たとえば次ページの左図のような場合は，A, B, C の3つの部分に分けて考えればよいから，結局次ページ右図のような場合について考えれば十分である．

---

1) パップス (Pappus. ギリシアの人，320年頃)．ギュルダン (Guldin. スイスの人，1577〜1643年)．パップスが4世紀に得た結果をギュルダンが再発見したのでパップス・ギュルダンの定理という．なお，日本でも関孝和 (1640年頃〜1708年) が独自に発見した．

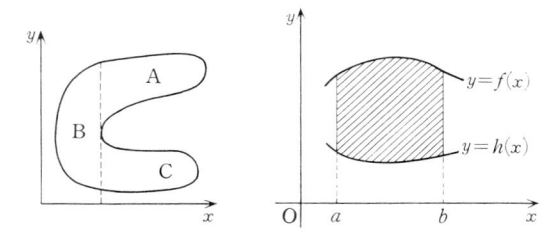

このとき
$$V = \int_a^b \pi\{f(x)\}^2\,dx - \int_a^b \pi\{h(x)\}^2\,dx$$
$$= \pi \int_a^b [\{f(x)\}^2 - \{h(x)\}^2]\,dx.$$

また,
$$l = 2\pi g_y = \frac{2\pi \times \dfrac{1}{2}\displaystyle\int_a^b [\{f(x)\}^2 - \{h(x)\}^2]\,dx}{S}$$

である (p.544 (4) 式) から,
$$lS = \pi \int_a^b [\{f(x)\}^2 - \{h(x)\}^2]\,dx = V$$

となる. (証明終わり)

この定理には, つぎの2種類の応用があります.
(1) 回転体の体積の計算が容易になる.
〔例〕 つぎの図の斜線部を, 直線 $y=x$ のまわりに1周させて得られる回転体の体積を求めよ.

重心について

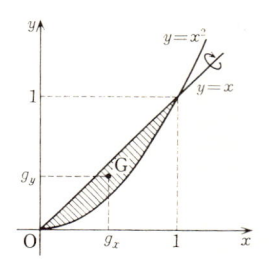

〔解〕 斜線部の重心を $G(g_x, g_y)$ とすると，

$$g_x = \frac{\int_0^1 x(x-x^2)\,dx}{S} = \frac{1}{2},$$

$$g_y = \frac{\frac{1}{2}\int_0^1 \{x^2-(x^2)^2\}\,dx}{S} = \frac{2}{5}.$$

したがって，重心 G は $\left(\dfrac{1}{2},\ \dfrac{2}{5}\right)$ である．また，斜線部の面積は，$S = \dfrac{1}{6}$．

重心 G と直線 $y=x$ との距離 d は，

$$d = \frac{\left|\dfrac{1}{2} - \dfrac{2}{5}\right|}{\sqrt{2}} = \frac{1}{10\sqrt{2}}$$

だから，パップス・ギュルダンの定理によって

$$V = 2\pi d \times S = 2\pi \times \frac{1}{10\sqrt{2}} \times \frac{1}{6} = \frac{\sqrt{2}}{60}\pi.$$

(2) 重心の座標を求めることができる．

〔例〕 半径 r の半円の重心 G の座標を求めよ．

[解] Gの座標を $(0, g_y)$ とする.

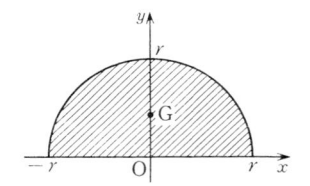

この半円を x 軸のまわりに1周させると,半径 r の球が得られ,その体積は

$$\frac{4}{3}\pi r^3$$

である.パップス・ギュルダンの定理から,これは
$$2\pi g_y \times S$$
に等しい.

$$S = \frac{1}{2}\pi r^2$$

であるから,

$$2\pi g_y \times \frac{1}{2}\pi r^2 = \frac{4}{3}\pi r^3.$$

ゆえに,$g_y = \dfrac{4r}{3\pi}$.

(1)の[例]は,パップス・ギュルダンの定理を用いないで計算しようとすると相当複雑になります.

また,(2)の[例]は,教科書 p.184 の問いと同じですが,パップス・ギュルダンの定理を使えば,簡単な計算ですみます.(もっとも,円の面積と球の体積の公式を使っているのですが……)

(1)のような例は,たくさんあると思います.パップス・ギュ

ルダンの定理によって，高校生の計算の負担はずいぶん節約できるのではないかと思われます．

3. 切頭柱体の体積

直三角柱の上部を，底面と平行でない平面で切り取ってできる立体を「切頭三角柱」といいます．

同様に，一般の柱体の上部を，底面と平行でない平面で切り取ってできる立体を「切頭柱体」と呼びます．

（ここでは柱体の母線が底面に垂直である場合のみを考えることにします．）

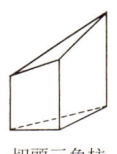

切頭三角柱 　　切頭柱体

「切頭柱体」の体積については，つぎのような定理があります．

切頭柱体の体積 V は，
$$V = Sh$$
で求められる．

ただし，S は下底面の面積，h は下底面の重心 G におけるこの立体の高さ[1] である．

---

1) G を通り，下底面に垂直な直線と上底面との交点を K とするとき，
$$\overline{GK} = h.$$
なお，K は上底面の重心にもなっている．

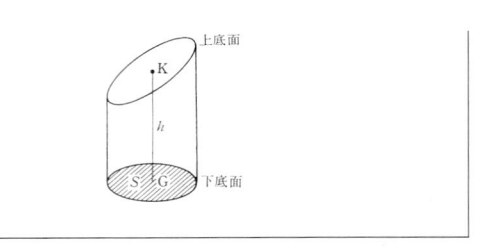

証明 下の図のように座標軸をとり，上底面の式を
$$z = ax + by + c$$
とする．

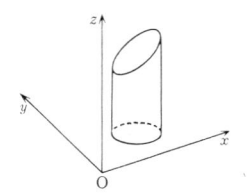

下底面を無数のこまかい部分に分け，その１つの面積を dS，座標を (x, y) としたとき，
$$V = z\,dS \text{ の総和}$$
となる．したがって，
$$\begin{aligned}
V &= (ax+by+c)\,dS \text{ の総和} \\
&= a\times(x\,dS \text{ の総和})+b\times(y\,dS \text{ の総和})+c\,dS \text{ の総和} \\
&= aSg_x + bSg_y + cS \quad (\text{p.544 の式}(1),(2)) \\
&= S(ag_x + bg_y + c) \\
&= S\times h.
\end{aligned}$$

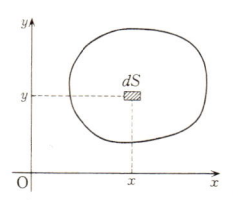

(注) この証明法は，栗田稔氏著「初等数学研究」(私家版) p.31 所載のものです．表現は少し変えました．

この事実は，広く知られているとはいえませんが，この事実を使って，いくつかの立体の体積を求めることができます．

〔例〕 直円柱の底面の直径を含み，底面と45°の角をなす平面でこの直円柱を切ったときにできる，図のような立体の体積 V を求めよ．ただし，底面の半径を r とする．

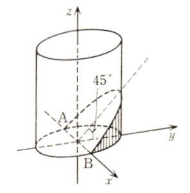

〔解〕 上の図のように座標軸をとると，斜平面の方程式は $z=y$，底面（半円）の重心 G は $\left(0, \dfrac{4r}{3\pi}\right)$，（2を参照）面積 S は $\dfrac{1}{2}\pi r^2$ となり，G における平面の高さは，$\dfrac{4r}{3\pi}$ であるから，

$$V = \frac{1}{2}\pi r^2 \times \frac{4r}{3\pi} = \frac{2r^3}{3}.$$

こうして，積分計算をまったくせずに掛け算だけで求めることができました．

4. 平均値と重心

(1) 平均値について，小学校の授業の中では，つぎのような図で説明するのがふつうでしょう．

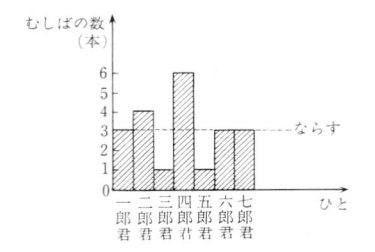

ところが，やがて度数分布の柱状グラフ（ヒストグラム）を考えると，こんどは，「重心が平均を表す」ということになります．

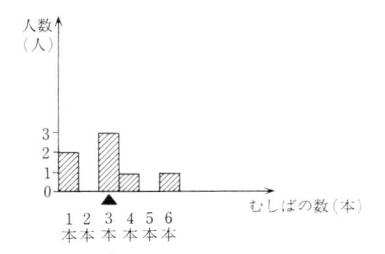

さて，「ならす」平均と，「重心」の平均とは，どういう関係にあるのでしょうか．

上のヒストグラムから，つぎの図左のようなグラフをつくってみます．これをヨコから見て「ならした」ものが平均になります（図右）．

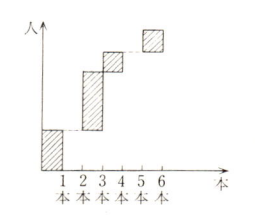

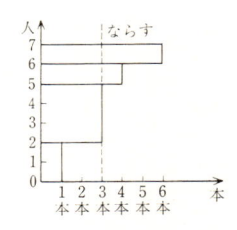

(2) 度数分布が連続型になったらどうでしょうか．つまり，

> 下のような曲線で表される分布について，斜線部の重心を $G(g_x, g_y)$ とすると，g_x はどういう意味で，何の"平均値"といえるか．

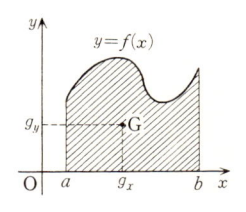

という問題を考えてみます．

この場合にも，(1)の場合と同じく，$y = f(x)$ を積分した
$$z = \int_0^x f(x)\,dx$$
のグラフをかいて，それをヨコから見て「ならした」ときの x の値を m とすると，
$$m = g_x$$
となります．

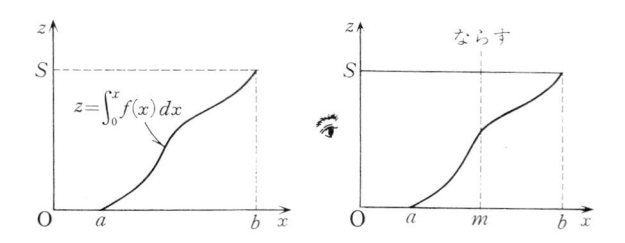

証明 斜線部の面積を S で表すことにする. g_x は,

$$\frac{\int_a^b xf(x)\,dx}{S}$$

で求められる.

$z = F(x) = \int_0^x f(x)\,dx$ とする.

ヨコからみたときの $F^{-1}(z)$ の平均値を m とすると, m は,

$$\frac{\int_0^S F^{-1}(z)\,dz}{S}$$

で求められる.

$\int_0^S F^{-1}(z)\,dz$ において, z から x への変数変換を行う.

x	$a \cdots b$
z	$0 \cdots S$

$z = F(x)$ だから $F^{-1}(z) = x$, また
$$dz = F'(x)\,dx = f(x)\,dx.$$
したがって, $\int_0^S F^{-1}(z)\,dz = \int_a^b xf(x)\,dx$.
ゆえに, $m = g_x$.

(3) 平均値と重心とが上のような意味で同じ概念であることがわかると，重心についての命題(A)を，平均値についての命題(B)に（あるいはその逆）替えることによって，見通しが明るくなることがあります．

〔例1〕

A「下図の斜線分の重心を $G(g_x, g_y)$ とすると，
$$a < g_x < b$$
である」

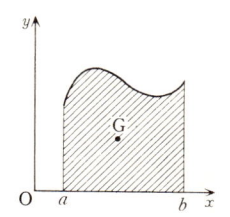

このことはほとんど自明ですが，この事実はつぎのことと同じです．

B「関数
$$z = \int_0^x f(x)\,dx$$
を考えたとき，この関数をヨコから見たときの x の平均値を m とすると，
$$a < m < b \text{」}$$

こちらの方も自明です．A，Bとも計算でも簡単に証明できます．

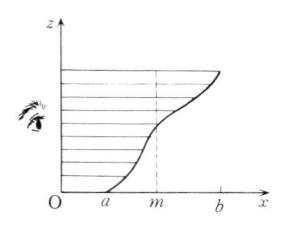

(4) 〔例2〕

A「花びんの中に水を入れていくとき,水の重心は,水を注げば注ぐほど高くなっていく」

数式で表現すると,

A'「底から x の高さにおける断面積を $S(x)$ とする.高さ x まで水を注いだときの重心 G までの高さを $g(x)$ とすると,$g(x)$ は x の増加関数である」

ということになります.

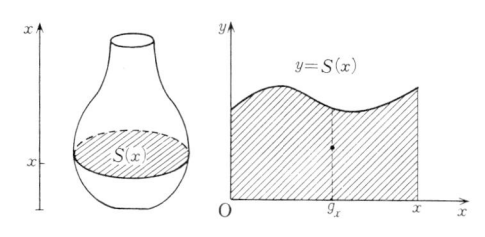

これは,$z = F(x) = \int_0^x S(x)\,dx$, $\varphi(z) = F^{-1}(z)$ とすると,つぎの命題と同じことになります.

B「単調に増加する関数 $\varphi(z)$ があるとき,0 から z までの $\varphi(z)$ の平均値は,z の増加関数である」

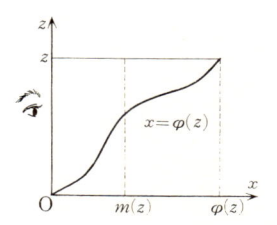

重心について

A′ も B も計算によって証明できますが，どちらかというと B の方が簡単です．

証明

〔A′〕 $g(x)=\dfrac{\int_0^x xS(x)\,dx}{F(x)}$ だから，$\left(\text{ただし，}F(x)=\int_0^x S(x)\,dx\right)$

$$g'(x) = \dfrac{xS(x)F(x)-S(x)\int_0^x xS(x)\,dx}{(F(x))^2}$$

$$= \dfrac{S(x)}{F(x)}\left\{x-\dfrac{\int_0^x xS(x)\,dx}{F(x)}\right\}$$

$$= \dfrac{S(x)}{F(x)}(x-g(x)).$$

ここで，(   ) の中を考えてみると，〔例 1・A〕によって $0<g(x)<x$ だから，(   ) の中は正．したがって，$g(x)$ は増加関数である．

〔B〕 0 から z までの $\varphi(z)$ の平均値を $m(z)$ とすると，

$$m(z) = \dfrac{\int_0^z \varphi(z)\,dz}{z}$$

である．

ゆえに, $m'(z) = \dfrac{\varphi(z)z - \int_0^z \varphi(z)\,dz}{z^2}$

$$= \dfrac{1}{z}\left\{\varphi(z) - \dfrac{\int_0^z \varphi(z)\,dz}{z}\right\}$$

$$= \dfrac{1}{z}\{\varphi(z) - m(z)\}.$$

ここで, { } の中を考えてみると, 〔例1・B〕によって $0 < m(z) < \varphi(z)$ だから, { } の中は正. したがって, $m(z)$ は増加関数である.

(5) 〔例3〕

「時刻0における位置・速度とも0であって, 時刻 s のときの加速度が $f(s)$ であるような運動を考える.

このとき, 時刻 t のときの速度 $v(t)$ は

$$\int_0^t f(s)\,ds$$

であり, 時刻 x のときの位置 $F(x)$ は,

$$\int_0^x \int_0^t f(s)\,ds\,dt$$

となるが, $F(x)$ はまたつぎの式でも表される.

$$F(x) = \int_0^x (x-t)f(t)\,dt.\text{」}$$

たとえば等加速度運動においては,

$$f(s) = \alpha$$

とすると,

$$v(t) = \alpha t,\ F(x) = \dfrac{1}{2}\alpha x^2$$

となります.

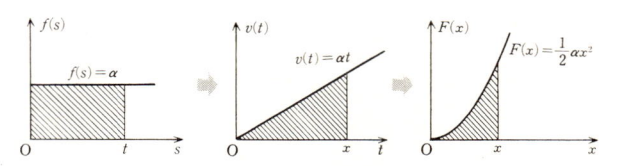

重心について

しかし，$F(x)$ は，1回の積分
$$\int_0^x (x-t)\alpha\, dt$$
だけで，この距離が求まります．

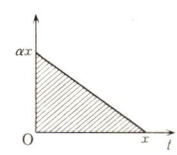

加速度関数 $f(s)$ が一般の関数の場合にも，<u>2回積分する必要はなく，1回で足りる</u>，というのがこの定理の意味です．

証明は，部分積分法を使うと，
$$\int_0^x (x-t)f(t)\, dt = \left[(x-t)\int_0^t f(s)\, ds\right]_0^x + \int_0^x \int_0^t f(s)\, ds\, dt$$
$$= \int_0^x \int_0^t f(s)\, ds\, dt$$

と簡単ですが，このことの図形上の意味を考えてみましょう．

〔A〕 まず，
$$\int_0^x (x-t)f(t)\, dt$$
は何でしょうか．

つぎの図の斜線部の面積を S，重心の座標を $G(g_x, g_y)$ としたとき，

$$\int_0^x (x-t)f(t)\,dt = S(x-g_x)$$

となります.

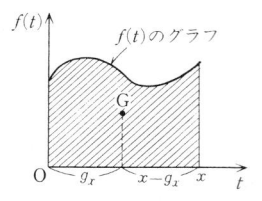

(なぜなら,

$$\int_0^x (x-t)f(t)\,dt + Sg_x$$
$$= \int_0^x (x-t)f(t)\,dt + \int_0^x tf(t)\,dt$$
$$= \int_0^x xf(t)\,dt = xS$$

となるからです.)

〔B〕 一方,

$$\int_0^x \int_0^t f(s)\,ds\,dt$$

は,下の縦線部の面積を表しています.

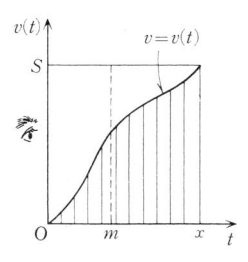

したがって，ヨコからみた平均値を m とすると，

$$\int_0^x \int_0^t f(s)\,ds\,dt = (x-m)S$$

です．

(2)で示したように，$m = g_x$ ですから，

$$\int_0^x \int_0^t f(s)\,ds\,dt = \int_0^x (x-t)f(t)\,dt$$

となります．

(注) $\int_0^x \int_0^t f(s)\,ds\,dt = \int_0^x (x-t)f(t)\,dt$ をさらに一般化すると，

$$\int_0^y \int_0^x \int_0^t f(s)\,ds\,dt\,dx = \frac{1}{2}\int_0^y (y-t)^2 f(t)\,dt,$$

$$\int_0^z \int_0^y \int_0^x \int_0^t f(s)\,ds\,dt\,dx\,dy = \frac{1}{3!}\int_0^z (z-t)^3 f(t)\,dt$$

……

などがなりたちます．このことは，著作者の一人，小島順さんに教えていただきました．（証明は部分積分法をくり返すだけでできます．）

5. 缶ビールの問題

つぎの問題は，マーチン・ガードナー氏が提示したものです．

ニュージャージー州プリンストンのロバーツが，ついさきごろピクニックに行った際，口をあけたばかりの缶ビールを手渡された．彼の手紙にはこうある：「わたしは最初それを下に置こうとしたのですが，地面が平らではなかったのです．そこで少しビールを飲んで重心を下げた方がよいと考えまし

た.缶ビールは円筒形ですから,重心は当然,中味がいっぱいつまっているときには缶の中心にあり,ビールが減るにつれて下がっていくはずです.しかし,カラッポになったときには重心は再び缶の中心に戻ります.したがって,重心が最も低いときの位置というものがあるはずです」

缶がカラのときといっぱいつまっているときのそれぞれの重さがわかっているものとしよう.重心が移行して,可能な最も低い位置に達するのは,直立している缶の中のビールの高さがどこまで下がったときであろうか.
(マーチン・ガードナー著 赤摂也・冬子訳『数学ゲームⅡ』日本経済新聞社 1980年)

この問題を少し修正してみました.

高さ13 cm,底面積20 cm²,重さ40 gのジュースのあきかんがあります.

このカンに水を注いでいくとき,重心の位置がどう変わるかを調べてみましょう.

いま,水を深さ x cm のところまで注いだとします.

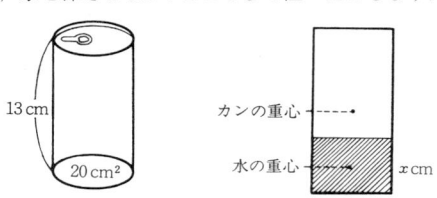

そうすると,水の重さは $20x$ g となり,また,水の重心は,下から $\frac{x}{2}$ cm のところにあります.

$$\frac{x}{2} \qquad 6.5$$

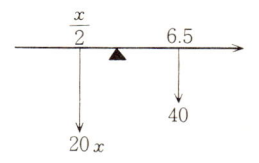

$$20x \qquad 40$$

カンの重さは 40 g，重心は下から 6.5 cm のところにあると考えられるので，全体の重心は，

$$下から \frac{10x^2+260}{20x+40} \text{ cm}$$

のところにあります．

(1) 上の問題で，高さを h (cm)，底面積を S (cm^2)，カンの重さを M (g) としたとき，重心の位置を求めてください．

　　ただし，水の密度 = 1 g/cm^3 とします．

(2) 重心が最も低くなるのは，x がいくらのときですか．

　　また，そのときの重心の位置を求めてください．

(2)の解答から，

「重心が最も低くなるとき，重心の位置はちょうど水面のところにある」ということがわかります．

じつは，このことは，缶ビールのような円筒形の場合だけでなく，どんな形状の容器でもなりたちます．

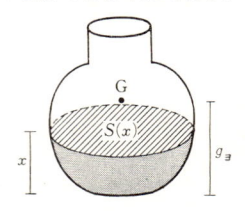

物理的な意味を考えても明らかですが，ここでは，計算で示してみます．

高さ x のところで容器の断面積が $S(x)$ であるとします．

また，容器自体の重心 G の高さを $g_ヨ$ とし，容器の重さを M とします．（水の密度＝1 とします．）

いま，水を高さ x まで注いだときの容器と水とをあわせたものの重心が高さ $g(x)$ であるとして，$g(x)$ を求めてみます．

このとき，水だけの重心の高さ $g_ミ$ は，

$$\frac{\int_0^x xS(x)\,dx}{\int_0^x S(x)\,dx}$$ となります．（4（例2））

したがって，

$$g(x) = \frac{\int_0^x xS(x)\,dx + Mg_ヨ}{\int_0^x S(x)\,dx + M}$$

となります．

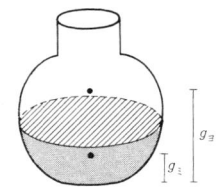

$g(x)$ の最小値を求めてみましょう．

下記（注）の事実から，$x=a$ のとき $g(x)$ が極値（この場合は最小値）をとるとすると，

$$g(a) = \frac{\int_0^a xS(x)\,dx + Mg_∃}{\int_0^a S(x)\,dx + M} = \frac{aS(a)}{S(a)} = a$$

がなりたちます. すなわち, $g(x)$ が最小のとき, 重心は水面のところにあることがいえます.

(注) 一般につぎのことがなりたちます.

$\dfrac{f(x)}{h(x)}$ が $x=a$ で極値をとるとすると,

$$\frac{f(a)}{h(a)} = \frac{f'(a)}{h'(a)}.$$

証明 $\left[\dfrac{f(x)}{h(x)}\right]' = \dfrac{f'(x)h(x)-f(x)h'(x)}{\{h(x)\}^2}$ ですから, $x=a$ で極値をとると,

$$f'(a)h(a) - f(a)h'(a) = 0.$$

ゆえに,

$$\frac{f(a)}{h(a)} = \frac{f'(a)}{h'(a)}.$$

補足 このことの図形的な意味はつぎのとおりです.

いま, $\begin{cases} u=f(x) \\ v=h(x) \end{cases}$ として, x を動かしたときの (u, v) のえがくグラフをかいてみます. そのグラフが仮に次ページの図の F のようになったとします.

このとき $\dfrac{u}{v}$ が極値をとる点は図の点 P であり, このとき, 直線 l と F とは P で接しています.

したがって, 点 P で, $\dfrac{u}{v} = \dfrac{du}{dv} = \left(-\dfrac{\dfrac{du}{dx}}{\dfrac{dv}{dx}}\right)$ がなりたちます.

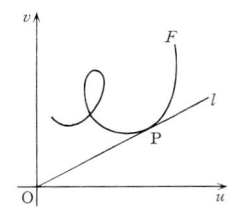

すなわち，点 P が $x=a$ のときの点だとすると，
$$\frac{f(a)}{h(a)} = \frac{f'(a)}{h'(a)}.$$

以上，4つのことがらについて，重心に関わる例をあげました．

これらのことがらは，このままの形では教材にならないかもしれませんが，うまく生徒に伝えられたら，おもしろい授業になると思います．

ある最大最小問題の解法

新 海 寛

「関数 $y=(x-2)^2-3$ のグラフと点 $(3, 1)$ を通る直線で囲む部分の面積を最小にするように,直線の方程式を求めよ」
という問題を解いてみよう.

ふつうに解くなら,
$$\begin{cases} y = (x-2)^2-3 \\ y = k(x-3)+1 \end{cases}$$
より交点を求める.すなわち,
$$(x-2)^2-3 = k(x-3)+1,$$
$$x^2-(4+k)x+3k = 0,$$
$$x = \frac{1}{2}(4+k\pm\sqrt{(4+k)^2-12k}),$$
$$= \frac{1}{2}(4+k\pm\sqrt{k^2-4k+16}).$$

そこで,面積は
$$\int_{\frac{1}{2}(4+k-\sqrt{k^2-4k+16})}^{\frac{1}{2}(4+k+\sqrt{k^2-4k+16})} [k(x-3)+1-(x-2)^2+3]\,dx.$$

これが最小になるように k を求めることになる.

まともにやっていたら大変な計算量である.それ故,この手の問題を入試に出すときは根号が開けるように工夫するなどの係数あわせに苦労することにもなる.

ところで,「その時,点 $(3, 1)$ が 2 つの交点の中点になる」のではないかと考えてみると,事情はがらりと変わる.

つぎの図の AB が点 X$(3, 1)$ を中心とする線分である.これ

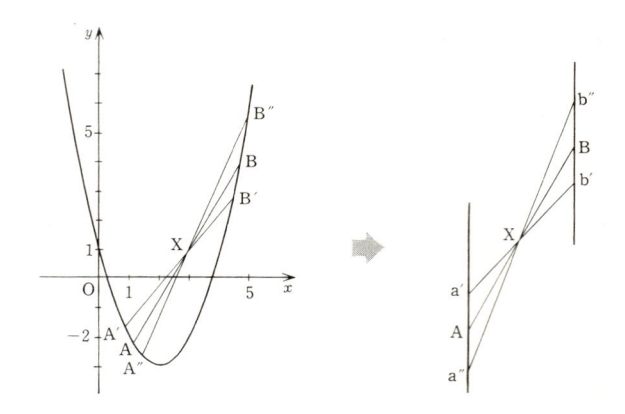

を上下に少し傾けて得られる A'B', A''B'' で面積はどう変わるだろうか.

点 A と B を通る直線を y 軸に平行に, それぞれ引く, それと, 直線 A'B', A''B'' との交点を, それぞれ, a', b', a'', b'' とする.

$$\triangle XAa' \equiv \triangle XBb', \quad \triangle XAa'' \equiv \triangle XBb''$$

である.

また, 面積の比較で,
 図形$X\widehat{AA'} > \triangle XAa'$,
 図形$X\widehat{BB'} < \triangle XBb'$,
 図形$X\widehat{AA''} < \triangle XAa''$,
 図形$X\widehat{BB''} > \triangle XBb''$,

よって,
 図形$X\widehat{AA'} > $図形$X\widehat{BB'}$,

図形X$\widehat{AA''}$＜図形X$\widehat{BB''}$．

つまり，A'B' の場合にも，A''B'' の場合にも，いずれの場合も，AB が切り取る図形から増す部分が減る部分よりも大きな面積を持つことがわかる．

すなわち，AB を動かすと切り取る面積は増加する．

したがって，AB のとき面積最小となるはずである．

このとき，

$$\frac{1}{2}\left\{\frac{1}{2}(4+k-\sqrt{k^2-4k+16})+\frac{1}{2}(4+k+\sqrt{k^2-4k+16})\right\}$$
$$=\frac{1}{2}(4+k)=3.$$

よって，

$$k=2$$

が求める直線の傾きである．したがって，直線の式は

$$y=2(x-3)+1$$

となる．

まるで比較にならない計算量で解決する．しかも，この方法は凸図形や凹図形に共通して適用できる．ときには，取り上げてみてもよいのではないか．

無論，こうした方法は平面幾何の補助線と同じように，「カン」がさえないとできない．つまり，一般性を欠いている．といっても，「中点になるとき最小」は，1つの極値（中点）が他の極値（最小値）をもたらしていることとも考えられて，法則予想の1つの典型であるから取り上げたいと考えるのである．このようなケースは，重心の位置に関する極値問題にも登場する．

微分積分の授業私論

新 海　寛

微分積分の授業は授業技術をトレーニングする好機だ

　微分積分の講座に集まる生徒たちは，まあ，数学と相性の良い生徒たちだと考えてよいだろう．それだけに，失敗を恐れず大胆な授業実践を試みるチャンスと考えられる．失敗しても，それほど生徒たちに悪影響は出まい．むしろ彼等は，教師の意欲を高く評価して好意的に受けとめてくれるであろう．そうして実力は自分の手で獲得してくれるであろう．常づね，あんなことをしてみたい，こんなこともしてみたいと考えていたことを，この機会につぎつぎと試みてみたい．その際，始めての試みであれば，教科書と「ツカズハナレズ」の形にしておくのがよい．そうすれば，「やり残した！」（私はそれで差しつかえないと思っているが）とくやまなくてもすむ．準備不足のときは教科書にもどることもできる．

　始めからパッと教科書と離れてしまうと，かえって，一種の開きなおりで思い切りの良いことができるが，案外，息切れするものだ．あとで見返してみると，別の本のヤキナオシだったりする結果にならないともかぎらない．試行はすこしずつ行って，種をたくわえてゆく方が安全である．

　ところで，「思い切った」と何度も書いてはみたが，私にそれほどの種があるわけでもない．せめて，このくらいはという程度のことを，ここで述べることにする．

(その1) 教科書をためす

我々は,「読んで,わかる」あるいは,「読み物である」教科書のつもりで,書いている(少なくとも,そう宣伝している). 本当だろうか.

これを確かめるのは,ともかく生徒に読ませてみる以外にない.「○○ページから○○ページまで読め」なんていって,その間,自分も読んでみる(準備時間のとれなかったときなどに最適ですね).そして,この辺はわからんだろうと山をかける.質問が出なかったときなどに出す問いを用意してみる.一歩,深い追求を試みる.

たとえば,「3.1.3 速度,加速度」(「これ,速度・加速度の方が良いと思うけど,どうだ」なんて質問も用意してほしいのだが…)

> 「では,Pの速度はどう表したらよいであろうか.
>   そのためには,ベクトル
> $$\begin{pmatrix} f'(t) \\ g'(t) \end{pmatrix} \begin{matrix} \Leftarrow \text{Qの速度} \\ \Leftarrow \text{Rの速度} \end{matrix}$$
> を考え,これを点Pの時刻 t における速度ベクトルまたは単に速度という…」

このくだりなど,Pの速度(これまで知っている概念としての)と速度ベクトルが結びつくかどうか,大いに疑問とするところである.

　T:わかったか
　S:わからん

ならば,「読めばわかる」看板にイツワリありと知らせてほしい.その上で,

(i) どんなことがわからなかったか
(ii) どうしたらわかってくれたか
を,レポートしてほしい.

また,

S:わかった

と返されたら,どう結びつけたのかさぐってみてほしい.生徒は,どう結びつけて「わかる」のか,それも大いに興味のあるところである.

図1

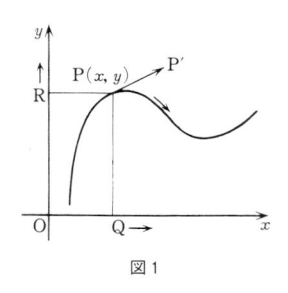

図1に点Pの速度$\overrightarrow{PP'}$をどんな大きさと方向でかいたらよいかが問題である.「それは,増分Δtに対応する点P_Δを考えて,$\overrightarrow{PP_\Delta}$を引き,$\Delta t \to 0$とすればよい」と考えてみて,$\Delta t \to 0$のとき$\overrightarrow{PP_\Delta} \to 0$に気づいてハタと困るのではないだろうか.問題は$\overrightarrow{PP_\Delta}$ではなくて$\dfrac{\overrightarrow{PP_\Delta}}{\Delta t}$なのだ.そしてこれを図示するのがむつかしい.はたして何人の生徒が図2から図3へ移ってくれるだろうか.

こんなことを考えながら,ときとして「○○ページから○○ページまで読んで,わからんところは質問せよ」という手を用

図2 P(x,y), P_4(x+Δx, y+Δy), Δx, Δy

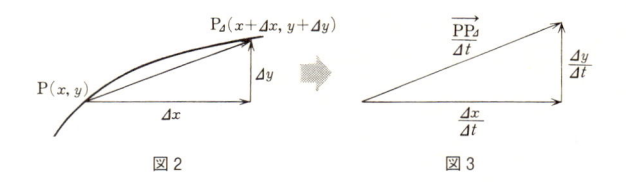

図3 $\overrightarrow{\frac{PP_4}{\Delta t}}$, $\frac{\Delta x}{\Delta t}$, $\frac{\Delta y}{\Delta t}$

いるのである．

教科書を読み物にといっても，ページ数の制限もあり，色の使用制限もある．そして，何よりも，書いている我々が，「わかったつもり」になってしまう危険がある．「読めばわかる」と思いつつ，実際には「わからん」本になっている所が多いはずである．そんな欠陥を，こうして暴露していただけるとありがたい．

(その2) 実験をしよう

カーテンレールをころがる小球の話，電車の速度変化の話，コーヒーの冷めかたの話と手軽に実験したり実測したりすることのできる話が，この本には数多く盛り込まれている．それらの全てを読み物で，お話ですませるのは，いかにも味が悪い．気軽に実験をしてみよう．失敗したらしたで，現実と理想の違いについて，そして，数学的処理の意味について一席弁ずるのも良いのではないか．

たとえば，「1.1.1 運動とその法則」ここは是非ともカーテンレールを教室に持ち込みたい．

まず坂道の下端に衝立を立てて(A)，BからAまで小球をころがす．衝立に小球が衝突してはでな音をたてれば大成功．ころがり始めてから衝突までの時間をはかろう．さて，坂道の長

さを2倍にしたら衝突までの時間はどう変わるだろうか．あるいは時間が2倍になるのはどこからころがり始めたときだろうか．

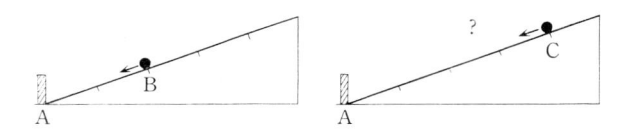

つぎに，坂道の長さと速度．速度はX点を飛び出す速度である．これはどこに落ちるかで測ることができる．では，Cからころがしたらどこに落ちるか，あるいは，ころがる時間が2倍のときどこに落ちるか．

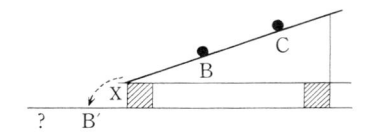

落下地点と予想される点に別の小球を置いて，小球同士を衝突させるように工夫したい．

こうした簡単な実験を通して，時間と速さは「比例」の関係に，時間と距離は「2乗に比例する」関係にあることをつかませ，式から計算に入っていきたい．

電車の場合でも実測データの有る無しでずいぶん違ったものになるだろう．

次ページの表は6年ほど前に名鉄豊橋行高速電車の一宮―国府宮間でとったデータである．（電車のスピードメーターを読みとったもの）

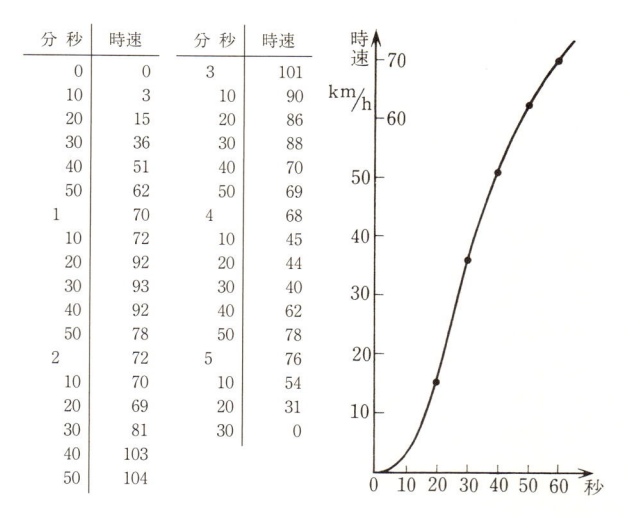

分 秒	時速	分 秒	時速
0	0	3	101
10	3	10	90
20	15	20	86
30	36	30	88
40	51	40	70
50	62	50	69
1	70	4	68
10	72	10	45
20	92	20	44
30	93	30	40
40	92	40	62
50	78	50	78
2	72	5	76
10	70	10	54
20	69	20	31
30	81	30	0
40	103		
50	104		

最初の1分間をグラフにすると右上のようになる．部分的に（18秒〜30秒），等加速で加速しているようすがわかる．

このグラフを利用して加速度を求め，走行距離を求める．（ちなみに，一宮—国府宮間 5.3 km（営業キロ））

こうした作業の後に，モデル化した状態として等加速状況を設定して，式化し計算させる．

$$\text{距離} \xrightarrow[\text{積分}]{\text{微分}} \text{速度} \xrightarrow[\text{積分}]{\text{微分}} \text{加速度}$$

上のことを，計算でもグラフからでもできるようにさせたい．

まさか，私の学校の近くには電車が走っていないからできな

いなどといわれる方はいないと思うが，念のため，つけ加えれば，「電車がダメなら自動車があるさ」である．

自動車ならば，自分の好きなように加速を変えられるし，記録も，速度計と距離計の双方を一緒に VTR にとることも可能である．さらに，加速状態を体感させることもできる．案外，電車が走っていても自動車を使う方が良い結果を得るかもしれない．たとえば，速度計が故障したとの想定のもとに距離計のみを見て速度をあてさせる（なんと，私は必要にせまられて，それをやった事があるのだ！ それも，延々 70 km にわたって）などの試みも可能で，距離 $\rightleftarrows$ 速度計算 の必要性が現実のものにできる．

ともあれ，新しい章に入るにあたって，いろいろな実験や手作業に時間をかけておくことは大切である．そうしておくことで，その章で学ぶ新しい概念に親しみを持つようになるし，状況もよくわかるようになる．

学ぶことは，既知の概念（記号）と新しい概念（記号）とを結びつけ，整理して頭の中にしまい込む作業といえるが，その際，双方の記号を結びつけるコードが多様であればあるほど，大きな全体としてまとまった知識となるであろう．それは，応用がきく知識となることをも意味している．実験はコードを多様にする行為である．そこに実験の大切さがある．

(その3) 面倒な作業をおしつけよう

たとえば「1.2.4 逆関数の微分法」では，すまして微分の定義にもとづいた $\sqrt{x}$ の微分や $\sqrt[3]{x}$ の微分を，まずは計算させたい．そして，

$$\lim_{\Delta x \to \infty} \frac{1}{\Delta x}(\sqrt[m]{x+\Delta x}-\sqrt[m]{x})$$

を計算させたい．微分・積分の講座にくる君たちならこれくらいはできなくては，と恫喝して，その上で，じつはうまい方法があるんだと逆関数の微分法を持ち出す．予習してきて，「先生！逆関数使えば！」という生徒がいても，かまうことはない．強引に計算をさせよう．その上で声を出していた生徒に，「えっ，どうやるの」と尋ねてみたらどうだろうか．

うまい方法は，それを始めから知ったのでは，さほどうまいと思えないものだ．まず，普通の方法・馬鹿正直な方法でやってみて，それから工夫を始めると，うまいなあと実感が湧く．印象が強まって一度で定着する．（この辺，なんだか暗算を先行させて困らせてから筆算に入るという，暗算先行説と似た論理だが，……）

(その4) パソコンも使いたい

教科書59ページの $x'(t)$ と $x(t)$ を比較するところなど，$x'(t)$ のグラフをパソコンのCRTに映しておいて，それに重なるグラフをかかせたらどうだろうか．パソコン操作まで生徒にまかせてもよいが，むしろ，生徒には予想関係式をいわせるだけで，操作は教師がするとよい．教師を生徒が使役している感じで，受けること必定である（578～581ページ）．

教科書61ページのグラフをかいてもみたが（582ページ），こちらはあまり有効とはいえない．x-yプロッターのお世話になるのでは，生徒の見ているところといっても，少々，状況が異なる．

X'(t) ト (X+2)^a ノ グラフ

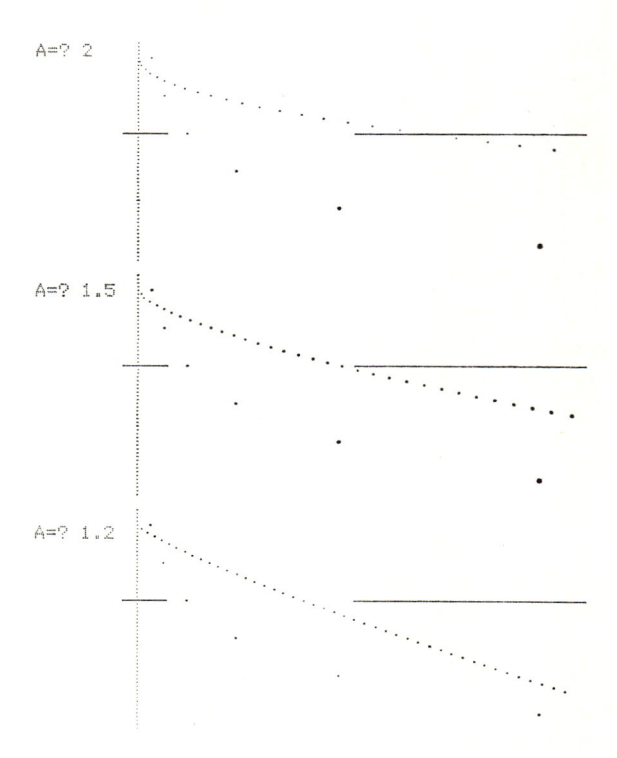

A=? 2

A=? 1.5

A=? 1.2

微分積分の授業私論

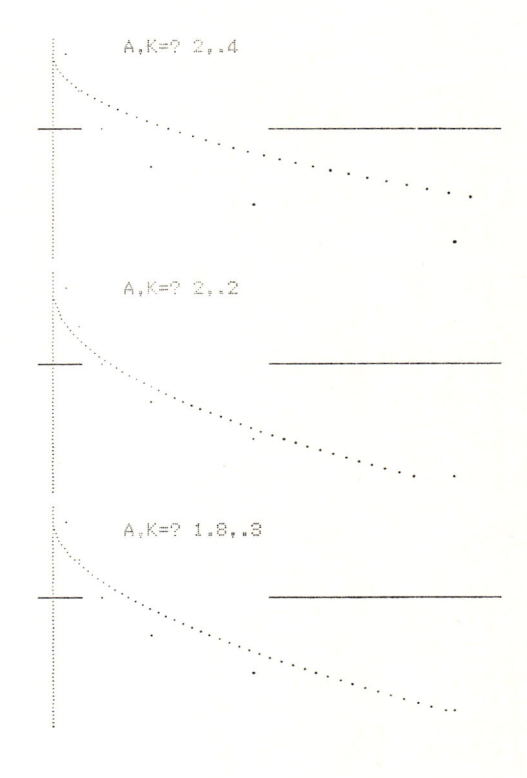

X'(t)ト k*((X+2)^a) / グラフ

A,K=? 2,.4

A,K=? 2,.2

A,K=? 1.8,.3

X'(t) ト A^x ノ グラフ

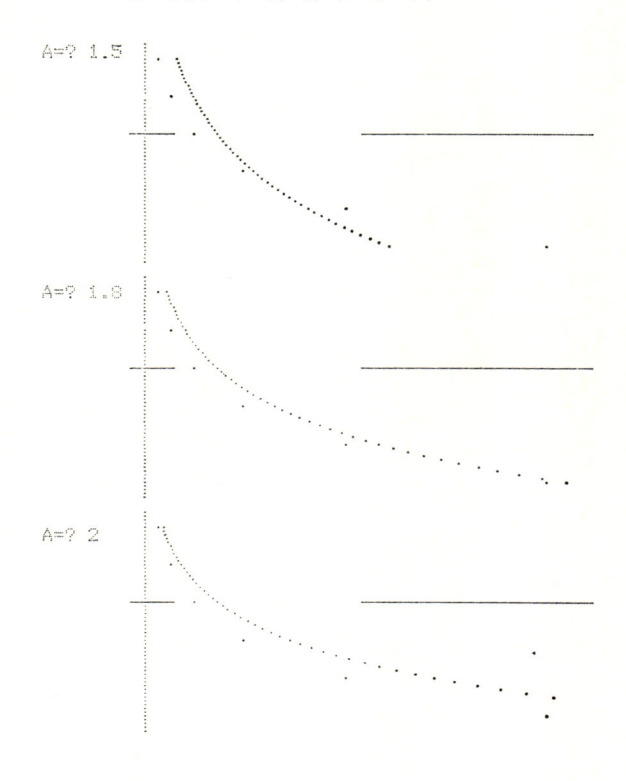

A=? 1.5

A=? 1.8

A=? 2

X´(t) ト (2^x)*a ノ グラフ

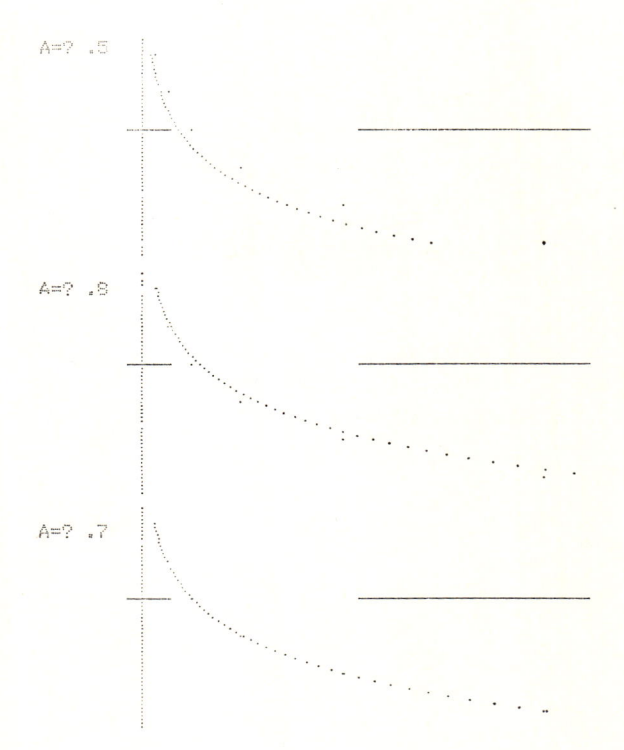

A=? .5

A=? .8

A=? .7

Y=A^x ノ グラフ

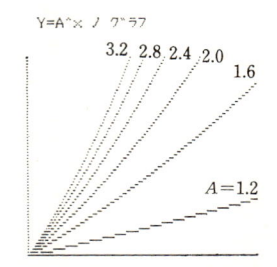

3.2 2.8 2.4 2.0
              1.6

         $A=1.2$

　それよりも，近似計算のところで活用をはかる工夫をした方がよいだろう．

　ともあれ，身近にあるものをすべて活用して，楽しい大胆な試みを行って実力をつけ，基礎解析や数学Ⅰでその力を発揮するような大戦略を立てたいものである．

仕事とエネルギー

増 島 高 敬

1.1.1 では,位置,速度,加速度について学んだ.ここでは,力と運動に関する他の量として,仕事とエネルギーについてのべよう.

x 軸上の質点の直線運動について考える.

この質点に作用する力 F の方向も x 軸にそっているとする.力 F と,質点が動いた有向距離 l との積 W を,この力がした仕事という.

質点が力 F の作用のもとに,$x=a$ から $x=b$ まで動いたとすると,$l=b-a$ だから,
$$W = Fl = F(b-a)$$
となる.

質量 m の物体を高さ h の位置から静かに手ばなして落下させる場合を考えよう.この物体が地上に落下するまでの間に重力がする仕事はどれだけだろうか.鉛直上向きに x 軸をとると,重力は下向きだから,$-mg$,この物体の高さは h から 0 にかわるから,
$$W = -mg(0-h) = mgh$$
である.

この場合,はじめは静止していた物体が,地上に落下したときには $\sqrt{2gh}$ の速さを獲得している[1].

---

1) $h=\dfrac{1}{2}gt^2$, $v=gt$ より,t を消去して v を求めると $v=\sqrt{2gh}$.

高さ h
速さ 0

h

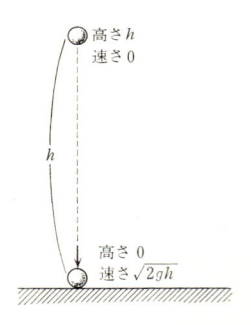

高さ 0
速さ $\sqrt{2gh}$

重力が mgh の仕事をしたということは，重力がこの質点からエネルギーとよばれるある量を mgh だけひき出し，その結果，この物体が $\sqrt{2gh}$ の速さを獲得したこととも考えられる．

量 mgh を，この質点が高さ h の位置でもっている位置エネルギーという．

一般に，質点の位置 x できまる関数 $u(x)$ があって，この質点を $x=a$ から $x=b$ まで動かすとき作用する力のする仕事を W として，

$$u(b) = u(a) - W$$

となっているとする．この $u(x)$ を，この質点の位置 x における位置エネルギーという．$u(x)$ を $u(x)+c$ におきかえても結果は変わらない．したがって，基準となる点での位置エネルギーは任意にきめることができる．上の例では，地上での位置エネルギーを 0 としたのである．

また，量 $\dfrac{1}{2}mv^2$ を，質量 m の質点が速さ v で運動しているときの運動エネルギーという．

上の落下運動の例では，地上まで落下したときの運動エネ

ギーは

$$\frac{1}{2}m(\sqrt{2gh})^2 = mgh$$

であるから，はじめにもっていた位置エネルギーがすべて運動エネルギーに変わったことになる．

この落下運動で，位置エネルギーと運動エネルギーの和は一定である．

すなわち，質点が地上まで落下する途中の点で位置エネルギーと運動エネルギーの和を求めるとそれはいつでも mgh になっている．

力 F が一定でないときは，仕事はたんなる積ではなくて定積分になる．

質点 P の位置が x のとき，P に作用する力 F が x で表されていて，$F = f(x)$ であるとしよう．

P が $x=a$ から $x=b$ まで動く間の F のする仕事 W を求めよう．

P が x から $x+\Delta x$ まで動く間に F がする仕事 ΔW は，Δx が小さければ

$$\Delta W \fallingdotseq f(x)\Delta x.$$

したがって，

$$W = \int_a^b f(x)\,dx = \int_a^b F\,dx.$$

たとえば次ページの図のように，一端を固定したバネにとりつけられた物体 P があって，P にはバネの自然の状態から伸び x に比例した力 $-kx$ が働くとする．このバネを自然の状態から r だけ伸ばす間に，この力のする仕事 W を求めると，

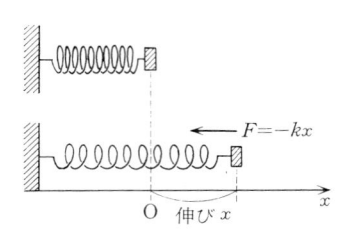

$$W = \int_0^r (-kx)\, dx = \left[-\frac{kx^2}{2} \right]_0^r = -\frac{kr^2}{2}$$

である.

したがって, 伸び x の位置での位置エネルギーを $u(x)$, $u(0)=0$ とすると,

$$u(x) = u(0) - W = 0 - \left(-\frac{kr^2}{2} \right) = \frac{kr^2}{2}.$$

また, このバネを自然の状態から r だけ伸ばして静かに手ばなしたところ, P が

$$x = r \cos \omega t$$

で表されるような振動をしたとしよう.

$t=0$ から $t=\dfrac{\pi}{2\omega}$ までの間に, このバネが P におよぼす力のした仕事 W を求めよう.

$t=0$ のとき $x=r$, $t=\dfrac{\pi}{2\omega}$ のとき $x=0$ であるから

$$W = \int_r^0 F\, dx = \int_0^{\frac{\pi}{2\omega}} F \frac{dx}{dt}\, dt.$$

ところが, P の質量を m とすると

$$\frac{dx}{dt} = -r\omega \sin \omega t,$$

$$F = m \frac{d^2 x}{dt^2} = -mr\omega^2 \cos \omega t$$

だから,

$$W = \int_0^{\frac{\pi}{2\omega}} (-mr\omega^2 \cos \omega t)(-r\omega \sin \omega t)\, dt$$

$$= \int_0^{\frac{\pi}{2\omega}} mr^2\omega^3 \sin \omega t \cos \omega t\, dt$$

$$= mr^2\omega^3 \left[\frac{1}{2\omega}\sin^2 \omega t\right]_0^{\frac{\pi}{2\omega}} = \frac{1}{2}mr^2\omega^2$$

となる[1].

このバネの, $t=t_0$ の位置での P の位置エネルギー, 運動エネルギーを求めると, その和が $\frac{1}{2}mr^2\omega^2$ となることが示される.

---

[1] $F=-m\omega^2 x$ となっているから, $m\omega^2=k$ とおけば, $F=-kx$ となる.

第1宇宙速度と第2宇宙速度

増島 高敬

物体が人工衛星になって地球のまわりをまわるためには,物体の遠心力と地球の引力がつりあうことが必要である.このときの物体の速さのことを第1宇宙速度といい,u_1 で表す.

物体が地球の中心のまわりを等速円運動するものと考えて,u_1 を求めてみよう.

一般に,質量 m の質点が半径 r,角速度 ω の等速円運動をするとき,その速さを v,中心にむかって働く力を F とすると,

$$v = r\omega, \quad F = mr\omega^2 = \frac{mv^2}{r}$$

である.

さて,地球のまわりを人工衛星になってまわる物体の質量を m,円軌道の半径を r とすると,

$$\frac{m u_1^2}{r} = mg.$$

よって,

$$u_1 = \sqrt{gr} \doteqdot 7.9 \,\mathrm{km/秒}$$

である.$g=9.8\,\mathrm{m/秒^2}$,$r=6.37\times 10^6\,\mathrm{m}$.

また,物体が地球の引力圏外に脱出するのに必要な初速を第2宇宙速度といい,u_2 で表す.

万有引力の法則によれば,地球の中心から x のところにある質量 m の物体は,地球から

$$F = -\frac{GmM}{x^2}$$

の引力をうける.ここで M は地球の質量,G は万有引力定数とよばれる定数である.$M = 5.977 \times 10^{24}$ kg,$G = 6.7 \times 10^{-11}$ m³/kg·秒².

この物体を地球の中心から R のところまで地上から動かす間に引力 F のする仕事は,
$$\int_r^R \left(-\frac{GmM}{x^2}\right) dx = GmM\left(\frac{1}{r} - \frac{1}{R}\right).$$

R が非常に大きいと考えると,これは,$\dfrac{GmM}{r}$ に等しいとみなされる.

物体が地球の引力圏から脱出するためには,物体の運動エネルギーがこの仕事より大きくなければならないから,物体の速度を v とすると,
$$\frac{1}{2}mv^2 \geqq \frac{GmM}{r},$$
$$v \geqq \sqrt{\frac{2GM}{r}}.$$

そこで,第2宇宙速度 u_2 は,
$$u_2 = \sqrt{\frac{2GM}{r}} \doteqdot 11.2 \text{ km/秒}$$
となる.

なお,物体が太陽の引力圏から脱出するために必要な初速 u_3 を第3宇宙速度というが,
$$u_3 \doteqdot 16.4 \text{ km/秒}$$
であることが知られている.

現実の中の積分

小島 順

　積分が現実の問題，たとえば1つの線分の上の質量分布から総質量を求めるような問題とつながっていることはいうまでもない．このような問題は，結局は実数直線 $\boldsymbol{R}$ の区間の上にのった関数の積分に持ち込まれるわけだが，これまでの高校の数学では，実数直線上に問題が持ち込まれた後だけが数学で，全体の過程は数学外（数学の応用）として扱う傾向が強かった．しかし，この過程自身が数学化されなければならない．数学の領域をもう少し現実世界寄りに拡げ，数学の内部にこの過程のモデルを作らなければならない．この数学内部のモデルとは，それがいかに単純なものであれ，多様体論である．積分の真の対象は，現実の世界では，関数ではなくて，測度と微分形式である．このことを中心に話を進める．測度と微分形式は概念としてまったく別のものでありながら，よく似ている．しかも深いつながりがある．

● 質量分布・密度関数

　実例からはじめよう．

　2点 A, B を両端とする線分 L を考え，その長さは6メートルとする．L 上に1つの質量分布 μ が与えられているものとしよう．L は平面上の線分で，その上に壁のようなものが立っていると考えてもよいし，あるいは，L は1つの回転体の軸であるとしてもよい．いずれの場合も，質量は正射影によって線分 L に集中しているものと考える．

```
        ←―― 6 m ――→
     ←― 3 m ―→ x cm
     ┌─────────┬─┬──────┐    線分 L
     A         O X      B
        ←――― t m ―――→
```

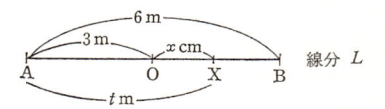

　この質量分布 μ を考察する第一歩は，L に座標を入れることである．その座標の入れかたはもちろん1通りではない．観測者 α は，A と B の中点 O を原点とし，O から B にむかう向きを正の向きとし，長さの単位として cm を使い，変数名を x とする．つまり，L の点 X が O から B の方へ x cm の位置にあれば，X の座標を x とするのである．観測者 α を座標系 α と呼んでもよい．ここでは，もっと具体的に，α は区間 $[-300, 300]$ $\subset \boldsymbol{R}$ から L への写像で，実数 x に座標が x の点 X を対応させるものと考えよう．すなわち

$$\alpha : [-300, 300] \longrightarrow L ; \quad x \longmapsto X$$

とする．この α によって，L を $\boldsymbol{R}$ の区間 $J_\alpha = [-300, 300]$ に置きかえて議論できるわけである．

　L 上の分布 μ は，点 X における密度が，座標 x を変数として，$f(x)$ g/cm であるという表現で決定される．f は区間 J_α 上の実数値関数である．f を座標系 α に関する μ の密度関数と呼ぶ．座標系と関数の対 (α, f) が μ を定める．L 上で分布 μ が定める総質量は，積分

$$I = \int_{-300}^{300} f(x)\, dx$$

で表される．本当は総質量は I g である．しかし，いまは質量の単位 g を固定することで，質量と実数を同一視する．つまり，単位 g は付けても付けなくても同じだとしておく．

　たとえば，密度関数が

で与えられたとすれば，総質量は
$$I = \int_{-300}^{300} \left(4 + \frac{x}{100}\right) dx = \left[4x + \frac{x^2}{200}\right]_{-300}^{300} = 2400$$
と計算される．

座標の取り替え

上の座標系 α は，とくにこれでなくてはという必然性はない．別の観測者 β は，つぎのように座標を定めるかも知れない：点 A を原点とし，やはり B にむかって正の向きをとり，長さの単位は m とし，変数名は t とする．
$$\beta : [0, 6] \longrightarrow L ; \quad t \longmapsto X$$
である．

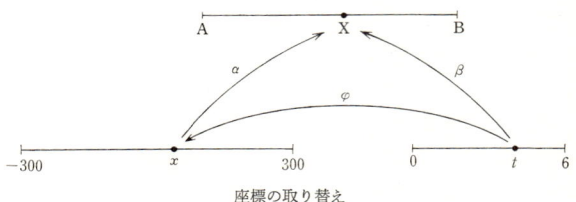

座標の取り替え

このとき，2つの変数 x, t の間には，$\varphi = \alpha^{-1} \circ \beta$ とおいて，
$$x = \varphi(t) = 100(t-3) \tag{2}$$
という関係がある．

座標系 β について，同じ分布 μ が $g(t)$ g/m と表されたとする．β に関する密度関数が g で，対 (α, f) の他に (β, g) が μ という分布を表現することになる．このときは

$$g(t) = f(\varphi(t))|\varphi'(t)|$$
$$= 100f(\varphi(t)) \qquad (3)$$

がなりたつ．$\varphi'(t)=100>0$ だから，絶対値記号はいまは必要がないが，一般性のために付けておく．逆に(3)がなりたつと (α, f) と (β, g) は同じ L 上の分布を定める．

式(1)で与えた f に対しては
$$g(t) = 100(1+t) \qquad (4)$$
である．

$x=100$ と $t=4$ は L 上の同一の点（O から B の方へ 1 m の点 X）を表しているが，$f(100)=5$, $g(4)=500$ で値が一致しない．このように，密度関数は線分 L 上の関数と考えることができない．

このことは，たとえば温度の場のようなものとはまったく違うところである．L 上の温度場が座標系 α で $f(x)$℃であり，座標系 β で $g(t)$℃であるとすれば，当然に
$$g(t) = f(\varphi(t)) \qquad (5)$$
である．つまり，L の同一点に対応する t と $x=\varphi(t)$ では，関数値が一致する．これは温度の場というものが，もともと L 上の関数である事実に対応している．分布 μ を表現する密度関数 (α, f) と (β, g) が従う変換規則は(5)でなく(3)であることにもう一度注意しよう．

測度の概念

単位をつけた $f(x)$ g/cm のような式は，単独の $f(x)$ よりは分布 μ を的確に表現している．変換規則(3)もこの表現から自動的に導くことができる．x に $\varphi(t)$ を代入し，cm には $\dfrac{\text{m}}{100}$ を代入すればよい．結果として，この式は

$$f(\varphi(t))\,\mathrm{g}\Big/\frac{\mathrm{m}}{100} = 100 f(\varphi(t))\,\mathrm{g/m}$$

に変わる.単位 g は無視してよいのだが,/cm つまり cm^{-1} は本質的である.(3)における係数 100 は,関数 f からきているのではなく,$\mathrm{cm}^{-1}=100\,\mathrm{m}^{-1}$ の 100 なのである.

ところで,$f(x)\,\mathrm{cm}^{-1}$ という表現は,普通の数学の中では $f(x)\,dx$ で置きかえられる.$x=\varphi(t)$ のとき,$dx=|\varphi'(t)|\,dt$ だから,この代入で $f(x)\,dx$ が $f(\varphi(t))|\varphi'(t)|\,dt$ に変わる.dt は m^{-1} に対応している.$f(x)\,\mathrm{cm}^{-1}$ と $f(x)\,dx$ は変数の取り替えについて同じ変換規則に従うが,これは偶然ではない.両者は本質的に同じものなのだ.

ここで小学校のレベルまで戻って,$4.5\,\mathrm{g/cm}$ のような均質な分布の密度の意味を考えよう.L 上のこの均質分布を考えたとき,$4.5\,\mathrm{g/cm}$ という密度は,L に含まれる線分に対し,その線分に乗る質量を計算する作用素とみなされる.L 上の 2 点 P, Q を両端とする線分をかりに [P, Q] と書くとき(ここでは,P, Q の順序を問わない),その幅が 50 cm として,密度 $4.5\,\mathrm{g\,cm^{-1}}$ は,1 cm あたり 4.5 g という正比例関数として機能する.それは,cm^{-1} と 4.5 g の合成とみるのがわかりやすい.すなわち

$$4.5\,\mathrm{g\,cm^{-1}}:[\mathrm{P,\ Q}] \stackrel{\mathrm{cm}^{-1}}{\longmapsto} 50 \stackrel{4.5\,\mathrm{g}}{\longmapsto} 225\,\mathrm{g}$$

と考える.cm^{-1} は,まず線分の長さを cm で測る.4.5 g は,1 に 4.5 g を対応させる正比例関数である.50 には 225 g が対応する.

同様に,$450\,\mathrm{g\,m^{-1}}$ は

$$450\,\mathrm{g\,m^{-1}}:[\mathrm{P,\ Q}] \stackrel{\mathrm{m}^{-1}}{\longmapsto} 0.5 \stackrel{450\,\mathrm{g}}{\longmapsto} 225\,\mathrm{g}$$

となっていて,$4.5\,\mathrm{g\,cm^{-1}}=450\,\mathrm{g\,m^{-1}}$ が(当然のことながら)な

りたつ.

これに対する $4.5dx$ や $450dt$ とは何だろうか？ まず，$\boldsymbol{R}$ の独立変数 x に対する dx は，$\boldsymbol{R}$ 上の Lebesgue 測度である．それは $\boldsymbol{R}$ の区間に対し，その幅を対応させる．たとえば，区間 $[50, 100]$ に対し，dx は $\int_{50}^{100} dx = 50$ を対応させる．しかし，座標系 α によって，dx はそのまま L 上の測度とみなされる．P と Q が O から B に向けて，それぞれ 50 cm, 100 cm の位置にあるとき，

$$4.5dx : [\text{P, Q}] \stackrel{\alpha^{-1}}{\longmapsto} [50, 100] \stackrel{dx}{\longmapsto} 50 \stackrel{4.5}{\longmapsto} 225$$

である．同時に，β によって $450\,dt$ は

$$450dt : [\text{P, Q}] \stackrel{\beta^{-1}}{\longmapsto} [3.5, 4] \stackrel{dt}{\longmapsto} 0.5 \stackrel{450}{\longmapsto} 225$$

となり，L 上の測度として両者は一致する．とくに $dx = 100 dt$ である.

x と t をそれぞれ $\boldsymbol{R}$ 上の独立変数とみれば，dx も dt も $\boldsymbol{R}$ の区間の幅という同一の測度である．このことと $dx = 100 dt$ との関係はどうなっているのだろうか？ 上では L 上の測度として説明したが，ともに $\boldsymbol{R}$ 上の測度としたままで考えてみよう.

α から β への座標系の取り替えの写像 $\varphi = \alpha^{-1} \circ \beta$ は，$J_\beta = [0, 6]$ から $J_\alpha = [-300, 300]$ の上への微分同型である．J_β 上の測度 dt は，φ で J_α 上に運ばれる．その像 $\varphi(dt)$ が，J_α 上で $\dfrac{dx}{100}$ と一致する．dt を φ で運ぶとはどういうことだろうか？ 2 つの説明のしかたがある.

① dt を J_β 上での密度 1 の均質分布と考える．φ は J_β を J_α へ，100 倍に分布する範囲を拡げるから，J_β に乗っていた物質は拡散の結果，密度は $\dfrac{1}{100}$ になる．したがって $\varphi(dt) = \dfrac{dx}{100}$.

② 集合関数としての dt の φ による像 $\varphi(dt)$ は，J_α に含まれる．たとえば区間 [50, 100] に作用するのだが，その逆像 $\varphi^{-1}([50, 100])$ は [3.5, 4] である．$\varphi(dt)$ の [50, 100] に対する値は [3.5, 4] に対する dt の値で定義する．こうして

$$\varphi(dt)\cdot[50,\ 100] = dt\cdot[3.5,\ 4] = 0.5$$

である．一方

$$dx\cdot[50,\ 100] = 50$$

だから，$100\varphi(dt)=dx$ である．②の説明も，J_β の密度 1 の分布から，φ で [50, 100] に運ばれてきた物質の総量をまとめているのであり，本質的には①の説明と同じである．

測度の積分と変数変換の定理

均質でない分布 μ のもとで，$f(x)\,dx$ は測度（measure）と呼ばれる数学的存在であって，これが L 上の分布 μ を表現する．測度は分布を密度の形で表現するものであり，（そのことによって）線分ごとに，その上に乗る総量を測る集合関数として機能する．

測度 $f(x)\,dx$ は，まず $\boldsymbol{R}$ の区間 $[p, q]$ に対して，積分 $\int_p^q f(x)\,dx$ として作用する．

$$[p,\ q] = [50,\ 100],\ f(x) = 4+\frac{x}{100}$$

として

$$f(x)\,dx : [50,\ 100] \longmapsto \int_{50}^{100}\left(4+\frac{x}{100}\right)dx = 237.5$$

のように作用する．

[50, 100] は β についての [3.5, 4] に対応し，$f(x)\,dx$ は

$$g(t)\,dt = f(\varphi(t))|\varphi'(t)|\,dt = 100(1+t)\,dt$$

に対応する．念のために積分を計算すると
$$\int_{3.5}^{4} 100(1+t)\,dt = 237.5$$
で，上の計算と一致する．

以上の，測度の対応，区間の対応，積分の一致という基本的事実を表現したのが，積分の変数変換の定理である．それは φ による $[a, b]$ の像を $[p, q]$ として
$$\int_{p}^{q} f(x)\,dx = \int_{a}^{b} f(\varphi(t))|\varphi'(t)|\,dt \tag{6}$$
と表現される．これを単なる計算の手段と矮小化してはならない．2つの座標系による分布（測度）の積分の一致を示すこの定理が，L 上の内在的な概念としての積分の実在を支えているのである．

なお，$\varphi'(t) > 0$ のときは $p = \varphi(a)$，$q = \varphi(b)$ となるから，(6) は
$$\int_{\varphi(a)}^{\varphi(b)} f(x)\,dx = \int_{a}^{b} f(\varphi(t))\varphi'(t)\,dt \tag{7}$$
と書くことができる．

変数変換の定理(6)は，積分の真の対象が関数 $f(x)$ でなく，測度 $f(x)\,dx$ であることを示している．

線分の向き

ここで"向き"の問題を考慮に入れるために，3番目の観測者を登場させよう．この観測者 γ は点Bを原点にとり，長さの単位は m とし，A に向かって測り，変数名は s とする．L 上の2つの向きのうち，どちらが標準的であるかなどと議論してもはじまらない．実数直線 $\boldsymbol{R}$ には明らかに正の向きがある．座標を入れることで $\boldsymbol{R}$ の正の向きがうつされ，L の向きが指定され

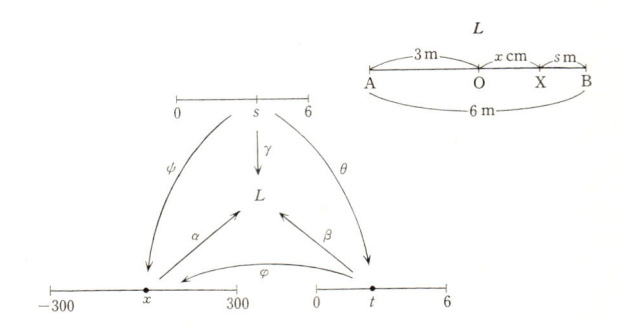

るのである.

座標系 γ に関する密度関数を $h(s)$ とし,座標の取り替えの式を

$$\theta = \beta^{-1} \circ \gamma, \qquad \psi = \alpha^{-1} \circ \gamma$$

で与える. 計算の結果は

$$h(s) = 100(7-s) \tag{8}$$
$$x = \psi(s) = 100(3-s) \tag{9}$$
$$t = \theta(s) = 6-s \tag{10}$$

となる.

α と β は同じ向きを L に与えているが,γ は反対の向きを与える. そのことは,式の上では

$$\psi'(s) = -100, \quad \theta'(s) = -1$$

にあらわれている. $|\psi'(s)|=100$ であり,密度関数 (α, f) と (γ, h) は

$$h(s) = f(\psi(s))|\psi'(s)| = 100 f(\psi(s)) \tag{11}$$

で結ばれている. また,(β, g) と (γ, h) は

$$h(s) = g(\theta(s))|\theta'(s)| = g(\theta(s)) \tag{12}$$

で結ばれている.

区間 $[0, 6]$ は ψ で区間 $[-300, 300]$ に運ばれるが,その際,$\psi(0)=300$,$\psi(6)=-300$ であり,ψ は $[0, 6]$ の向きを逆にし,100 倍に伸ばして $[-300, 300]$ に重ねる.積分の変換公式は,この場合

$$\int_{-300}^{300} f(x)\,dx = \int_{\psi(6)}^{\psi(0)} f(x)\,dx$$
$$= \int_0^6 f(\psi(s))(-\psi'(s))\,ds$$
$$= \int_0^6 100(7-s)\,ds$$

となる.教科書の説明(33〜34 ページ)に従うと,これは

$$\int_6^0 f(\psi(s))\psi'(s)\,ds = \int_6^0 (-100(7-s))\,ds$$

を計算することになりそうだが,密度関数の符号を変えて逆向きに積分するのは意味の上からは不自然だ.この問題にはまた後でふれる.

(11)や(12)からわかるように,cm から m へという,スケールを 100 倍にする変換で密度関数は "共変的" に 100 倍となるが,向きを逆にしても密度関数は不変である.

2 つの座標系のもとで,互いに対応する数学的存在を 〜 で結ぶことにしよう.α と γ について,関数として

$$f(x) \sim f(\psi(s)) = \frac{h(s)}{|\psi'(s)|} \tag{13}$$

であり,測度として

$$dx \sim |\psi'(s)|\,ds \tag{14}$$

である.両辺を掛けることで

$$f(x)\,dx \sim f(\psi(s))|\psi'(s)|\,ds = h(s)\,ds \tag{15}$$

となる.($f(x)$ が $h(s)\sim|\psi'(s)|f(x)=100f(x)$ に変わるから

100倍になるといったのである.)

● 勾配の場・微分形式

これまで質量分布を例に,線分 L 上の測度について考察したが,つぎに同じ L 上の微分形式を考察する.例として L 上の温度勾配の場 ω を考えよう.セ氏で測った温度変化の単位は deg と書く.

座標系 α でこの勾配が $f(x)\,\mathrm{deg/cm}$ と表されたとする.これは微分形式 $f(x)\,dx$ に相当する.cm^{-1} が dx に相当することなど,式の上からは測度の場合と同じである.しかし,その内容はかなり違う.

これまでどおり

$$f(x) = 4 + \frac{x}{100} \tag{1}$$

としておこう.L の点ごとに勾配は異なる.1 つの点,たとえば $x=100$ を固定すると,この点での勾配は $5\,\mathrm{deg\,cm}^{-1}$ である.点 100(座標が 100 の L の点)からの変位にこの勾配は作用する:

$$5\,\mathrm{deg\,cm}^{-1} : k\,\mathrm{cm} \xmapsto{5\,\mathrm{deg}} 5k\,\mathrm{deg}$$

と分解できるが,$k\,\mathrm{cm}$ はベクトルであり,$k<0$ の場合も当然考えている.3 cm は(α について)正の向きへの 3 cm の変位であり,$-2\,\mathrm{cm}$ は負の向きへの 2 cm の変位である.それに対する値はそれぞれ,15 deg,$-10\,\mathrm{deg}$ で,正の向きに上り坂なら負の向きに下り坂となるのは当然である.このような勾配が各点に付着している.

$J_\alpha=[-300, 300]$ 上の独立変数 x とは,恒等写像 $x \longmapsto x$ の

ことだといってよいが，その微分 dx は，各点ごとの"変数"としての変位ベクトルのことである．つまり変位ベクトル k が与えられるたびに，それを k として確認するのが dx である．これもやはり，α によって L 上にうつすことができて，

$$5dx : k\,\mathrm{cm} \longmapsto k \stackrel{dx}{\longmapsto} k \stackrel{5}{\longmapsto} 5k$$

のように作用する．単位 deg を無視することにして，5 deg cm^{-1} と $5dx$ は同じものを表している．

微分形式 $f(x)\,dx$ は，α に関して，L の点 x ごとに，その点からの変位 $k\,\mathrm{cm}$ に $f(x)k \in \boldsymbol{R}$ を対応させる．

α から γ への座標系の取り替えの関数

$$\psi : J_\gamma = [0,\,6] \longrightarrow J_\alpha = [-300,\,300]$$

によって，J_α 上の微分形式は J_γ 上に"引き戻される"．これはきわめて単純であって，$f(x)\,dx$ の ψ による引き戻しは

$$\psi^*(f(x)\,dx) = f(\psi(s))\psi'(s)\,ds \tag{16}$$

で与えられる．$f(x)$ の x に $x = \psi(s)$ を代入し，$x = \psi(s)$ の微分 $dx = \varphi'(s)\,ds$ に従って，dx を $\varphi'(s)\,ds$ に置きかえればよい．微分形式として

$$f(x)\,dx \sim f(\psi(s))\psi'(s)\,ds \tag{17}$$

であって，座標系ごとのこのような表現が，L に内在的な微分形式 ω を定めている．(17)の右辺を $\bar{h}(s)\,ds$ と書こう．$f(x)$ と $\bar{h}(s)$ は，それぞれ，α と γ に関する ω の"勾配関数"である．

関数として

$$f(x) \sim f(\psi(s)) = \frac{\bar{h}(s)}{\psi'(s)} \tag{18}$$

であり，微分形式として

$$dx \sim \psi'(s)\,ds \tag{19}$$

となっている．(18)と(19)を掛けたものが(17)である．

測度の場合の対応(13), (14), (15)と比較して，$|\psi'(s)|=100$ がここでは $\varphi'(s)=-100$ になっている．f の形が(1)の場合，
$$\tilde{h}(s) = -100(7-s) \tag{20}$$
であって，$x=100$ に対応する $s=2$ では，$\tilde{h}(2)=-500$ となる．$s=2$ に対応する L 上の点での 3 cm の変位（γ の向きの）に対して，

$$-500ds : 3\,\text{cm} \longmapsto 0.03 \overset{-500}{\longmapsto} -15$$

と作用する．座標系 α では，この変位は -3 cm と表現され，

$$5dx : -3\,\text{cm} \longmapsto -3 \overset{5}{\longmapsto} -15$$

と作用する．これが $5dx \sim -500ds$ の内容である．

微分形式の積分

微分形式の積分は，座標系に関するその表現をそのまま測度の表現とみて積分するのである．L 全体での ω 積分は，α に関しては

$$\int_{-300}^{300}\left(4+\frac{x}{100}\right)dx = 2400 \tag{21}$$

であり，γ に関しては

$$\int_0^6 (-100(7-s))\,ds = -2400 \tag{22}$$

である．測度と微分形式は変換規則がちがうので，α と γ では同じ ω に対応する測度が別のものとなっている（符号が逆になっている）．したがって(21)と(22)にみるように，積分の符号が逆になる．

測度の積分とちがって，微分形式の積分は L に指定する向き

に依存する．(21)は A から B にむけて温度差が 2400 deg であることを示し，(22)は，B から A にむけての温度差が，-2400 deg であることを示す．

微分形式そのものは向きに無関係な存在である．そして測度の積分も向きに無関係である．微分形式に対応する測度が向きに依存するから，その積分が向きに依存するのである．

γ に関する，$s=2$ から $s=2.03$ までの向きづけた線分での温度差は，積分

$$\int_2^{2.03}(-100(7-s))\,ds = -14.955$$

で与えられる．これは，上に計算した $-500\,ds(0.03)=-15$ に近いが一致はしない．

原始関数について

勾配関数は L 上の関数でないが，その原始関数は L 上の関数となる．微分形式 ω の勾配関数 (α, f) に対し，$F'=f$ とする．このとき，$\hat{H}(s)=F(\psi(s))$ で $\hat{H}$ を定めると，

$$\hat{H}'(s) = F'(\psi(s))\psi'(s) = f(\psi(s))\psi'(s) = \hat{h}(s)$$

となる．$\hat{H}$ は $(\gamma, \hat{h})$ の原始関数である．関数として

$$\hat{H}(s) \sim F(x)$$

だから，原始関数は L 上で定義されている．原始関数は

$$dF = f(x)\,dx$$

によって微分形式に対して定義されるもの，と考えるのが自然である．

測度に対しても原始関数を考えることができるが，それは微分形式におきかえた上での原始関数であるから向きに依存する．

γ に関する測度 μ の表現
$$h(s)\,ds = 100(7-s)\,ds$$
を用い，原始関数を
$$H(s) = 100\left(7s - \frac{s^2}{2}\right) = \int_0^s 100(7-\sigma)\,d\sigma$$
と定める．これは 0 から s までの"累積質量"であって，$0 \leq a < b \leq \sigma$ に対し
$$\int_a^b 100(7-s)\,ds = H(b) - H(a)$$
がなりたつ．

座標 a については，H に対応する関数
$$\begin{aligned}\widehat{F}(x) &= H(\psi^{-1}(x)) \\ &= H\left(3 - \frac{x}{100}\right) \\ &= 1650 - 4x - \frac{x^2}{200}\end{aligned}$$
でなく，
$$F(x) = -\widehat{F}(x) = -1650 + 4x + \frac{x^2}{200}$$
が，測度 $f(x)\,dx = \left(4 + \dfrac{x}{100}\right)dx$ の原始関数である．定数の差は無視してよく，
$$\begin{aligned}\widetilde{F}(x) &= F(x) + 2400 = 750 + 4x + \frac{x^2}{200} \\ &= \int_{-300}^x f(\xi)\,d\xi\end{aligned}$$
は，$-300 \leq x \leq 300$ に対して，x が定める向きの累積質量を与える．

正値測度を微分形式とみるのは，質量分布の密度を，いわば

累積質量の上り坂の勾配としてとらえなおすことである.密度を勾配とみるには,どちらに向いての上り坂かを指定しなければならず,この対応が向きに依存するのは当然といえよう.

なお,$x=0$ を始点とすれば,

$$F(x)+1650 = 4x+\frac{x^2}{200}$$
$$= \int_0^x f(\xi)\,d\xi$$

であるが,$-300 \leq x < 0$ の場合は,この積分は,$\boldsymbol{R}$ 自身を1次元多様体とし,区間 $[x, 0]$ に標準の向きと反対の(0 から x への)向きを与えたときの,微分形式 $f(\xi)\,d\xi$ の積分と解釈できる.

さきに述べた,質量分布の積分の変数変換についての

$$\int_{-300}^{300} f(x)\,dx = \int_0^6 100(7-s)\,ds = 2400 \tag{23}$$

か,あるいは

$$\int_{-300}^{300} f(x)\,dx = \int_6^0 -100(7-s)\,ds = 2400 \tag{24}$$

かという対立については,(23)は,$f(x)\,dx$ を本来の測度として,測度 $100(7-s)\,ds$ に変換し,向きを考えない $[0, 6]$ で積分したものである.これに対して(24)は,$f(x)\,dx$ を微分形式として $[0, 6]$ 上の $-100(7-s)\,ds$ に変換し,その上で $[0, 6]$ に $\boldsymbol{R}$ の標準の向きと反対の向きを与えて積分する.(24)の右辺は,座標系 γ を用いながら,γ の定める向きでなく,左辺同様 α の定める向きで積分している.その結果として両辺は一致するのである.

● まとめ

これまで述べてきたように,現実の中の積分という立場から

は，積分の対象は，関数 $f(x)$ というよりは $f(x)\,dx$ の形の表現である．いまのところ，文部省の教科書検定で禁止されていることもあって，この表現を教科書に取り入れることができない．また，説明に困難なところもある．それにもかかわらず，この形の表現がいかに現実に根ざし，自然であり，有効であるかを，ある程度は説明できたと思う．

形は同じ $f(x)\,dx$ でも，概念としては測度と微分形式に分かれる．それぞれ，質量分布や勾配（傾斜）のように，異質な現実世界の対象に対応しており，数学的形式においても異なる．たとえば，測度は $dx=|\psi'(s)|\,ds$ と変換され，微分は $ds=\psi'(s)\,ds$ と変換される．測度の積分は領域の向きに関係なく，微分形式の積分は領域の向きに関係する．

測度 dx は積分法に属し，微分 dx は微分法に属する．違うものが同じ dx で表されるのは困ったことだ．測度の方は $|dx|$ と書き，$|dx|=|\psi'(s)||ds|$ とするのが正解かもしれない．しかし，私たちはこの不正確さを最大限に利用して日常の計算をしている．実はあまり困っていない．

積分の $\int_a^b$ という記号自体は，a と b を両端とする区間 $[a,b]$ あるいは $[b,a]$ の向きを指定している．そして，$\int_a^b f(x)\,dx$ の形の表現は，向きづけた区間の上の微分形式の積分の方を表している．しかし積分については，どちらかというと測度の積分が本来のものである．領域の向きの1つを固定すると，測度は微分形式と重なり，微分形式が積分できる．一方，原始関数と積分の結びつきは重要だが，向きづけのもとの測度と微分形式の対応を通して，測度の積分に原始関数がかかわってくる．

ただし，これらの対応は1次元の特性で，空間の分布に対応する測度は，向きの指定のもとに3次の外微分形式に対応する．

一方，勾配は 1 次の微分形式である．また，ここでは連続な密度関数 $f(x)$ をもつ測度を考えていたのだが，一般の測度 (Radon 測度) は一点に質量が集中した Dirac 測度のような，$f(x)\,dx$ の形に書けないものを含む概念である．

積分の議論のかなめの位置にある変数変換の公式については

① 測度の場合
$$\int_{[a,\ b]} f(\varphi(t))|\varphi'(t)|\,dt = \int_{\varphi[a,\ b]} f(x)\,dx.$$

② 微分形式の場合
$$\int_{[a,\ b]} f(\varphi(t))\varphi'(t)\,dt = \begin{cases} \displaystyle\int_{\varphi[a,\ b]} f(x)\,dx \\ \quad (\varphi'(t)>0 \text{ のとき}) \\ -\displaystyle\int_{\varphi[a,\ b]} f(x)\,dx \\ \quad (\varphi'(t)<0 \text{ のとき}) \end{cases}$$

という形に整理される．パラメータは t も x も，$\boldsymbol{R}$ 上で正の向きに動かす．測度では $|\varphi'(t)|$，微分形式では $\varphi'(t)$ を使う．

面積・仕事への適用

高校数学の中の積分は，他にもいろいろな適用があるが，面積の計算は測度のタイプ，力の場から仕事を求める計算は微分形式のタイプである．

線分 L 上に壁が立っていて，座標系 γ のもとで，点 s での壁の高さが $(7-s)$ m とする．m=m²/m だから，面積の単位 m² を固定すると，L 上の面積分布として $(7-s)\,ds$ が得られ，積分して $\int_0^6 (7-s)\,ds = 24$ となる．24 m² が面積である．$s=5$ での $2ds$ という面積の測度は，座標系 α のもとでは，$ds = \dfrac{dx}{100}$ を代入して，$x=-200$ における $\dfrac{2}{100}\,dx$ という測度になる．これは

$\frac{2}{100}$ m/cm にあたるものとして了解できる.

γ のもとで,位置 s で質点に働く力が $(s-7)$N であるとしよう. N=J/m により,仕事の単位 J を固定して,この力の場は $(s-7)ds$ という微分形式で表現される.積分すると $\int_0^6 (s-7)ds = -24$ で,L 上を γ の向き(B から A へ)に質点が動くときに力がする仕事が -24 J である.座標系を α に変え,$s=3-\frac{x}{100}$, $ds=-\frac{dx}{100}$ を代入して,力の微分形式は $\frac{1}{100}\left(4+\frac{x}{100}\right)dx$ と変わる.$s=5$ での値 $-2ds$ が,$x=-200$ での値 $\frac{2}{100}dx$ となるのは,

$$-2\,\text{J/m}, \qquad \frac{2}{100}\,\text{J/cm}$$

と直してみると了解できる.α での積分は

$$\int_{-300}^{300} \frac{1}{100}\left(4+\frac{x}{100}\right)dx = 24$$

で,同一の力の場は,α の定める向きに 24 J の仕事をする.

```
           ―――→ x の向き
           2N = 2/100 J/cm
   -300  -200                    x = 300
   ――――●――●―――――――――――――――●――――
        6   5                    s = 0
           -2N = -2 J/m

                    s の向き ←―――
```

本当をいうと,時間を変数とする積分が高校では多いのだが,ここでは「線分 L」に話を限った.また,積分は"平均"という概念とつながりがあるが,これについては,別稿(5章 授業の実際「平均値とは何か」)で詳しく述べた.

積分の計算

小島　順

実在と積分

区間 $[a, b]$ と関数 $f(x)$ を与えたとき, 積分 $\int_a^b f(x)\,dx$ は 1 つの実数である.

普通には, それは f の原始関数 F を見つけて

$$\int_a^b f(x)\,dx = F(b) - F(a) \tag{1}$$

によって計算するものとされている.

これまで, かなり長い期間, 高校数学を支配してきたのは, (1)によって積分を定義するという方式で, これは論外である. この方式の流してきた害毒は測りしれない.

しかし, 積分は「(1)で計算するもの」を強調しすぎると, 事実上は「(1)で定義されるもの」と区別がなくなってしまう. そうならないように注意したい.

(1)で計算するのでなければ「区分求積法」か？　区分求積法では計算するのが大変だし, 実行可能な対象が限られてしまうのではないか, という意見をよくきく. しかし, 積分で重要なことは, 計算可能性の前に, それが確固たる実在だということである.

少なくとも, 有界閉区間 $[a, b]$ で, $f(x)$ が有界な正値関数の場合は, $f(x)$ を密度関数とする質量分布を考えるとき, その総質量 $\int_a^b f(x)\,dx$ の実在を受け入れにくい人は少ないと思う.

あるいは, 時刻 x における自動車の時速 $f(x)$ が確定していれば, 走行距離 $\int_a^b f(x)\,dx$ が確定するということも, 質量分布

の場合ほどでないにしても，やはり大部分の人に受け入れられるだろう．そして，$l \leq f(x) \leq m$ ならば

$$l \leq \frac{1}{b-a}\int_a^b f(x)\,dx \leq m \qquad (2)$$

という平均値の不等式についても，直観的に了解可能なはずである．

高校の積分は，このような実在についての素朴な確信を基礎にすべきだと思う．

積分の数値計算

$f(x)$ が0次から3次までの多項式関数のとき，区間 $[a, b]$ における $f(x)$ の平均は，両端 a, b と中点 $\frac{a+b}{2}$ における f の値だけできまり，

$$\frac{1}{a+b}\int_a^b f(x)\,dx = \frac{1}{6}f(a) + \frac{4}{6}f\left(\frac{a+b}{2}\right) + \frac{1}{6}f(b) \qquad (3)$$

である．3点での値に，重さ $\frac{1}{6}$, $\frac{4}{6}$, $\frac{1}{6}$ を与えた平均に一致する．これは著しい事実であって，『基礎解析』にあらわれるほとんどすべての積分は，(3)によって数値的に求まる．

一般の関数については，(3)の右辺は正確な平均値を与えないが，区間を分割し，小区間ごとに(3)の右辺で平均値を近似しようとするのがシンプソンの公式である．

近似計算だから価値が劣るとか，原始関数が見つからないときの次善の策というふうに生徒が受けることのないよう注意したい．

すべての数値計算は近似計算である．実数というものは，現実には，有限小数による近似の目標としてのみ存在する．

以下に BASIC によるシンプソンの公式のプログラム例をあ

げる．それはきわめて単純な短いものである．その実行の例を次ページに4種類そえた．

```
10  '------ Simpson Integral-----
20  '区間 [X1, X2] を N 個の区間に分け,
各区間ごとに 2 次関数で近似する．
30  'X1 ,X2, N を入力してください．
関数を変えるためには, プログラムの実行の
前に, 第 100 行を修正します．
40  DEFDBL A-Z
50  A=0
60  INPUT "x1=";X1
70  INPUT "x2=";X2
80  INPUT "n=";N
90  H=.5*(X2-X1)/N
100 DEF FNY(X)=1/(1+X*X)
110 I=0
120 X=X1+I*H*2
130 A=A+FNY(X)+4*FNY(X+H)+FNY(X+2*H)
140 I=I+1
150 IF I=N THEN 170
160 GOTO 120
170 A=A*H/3
180 PRINT "Integral=";A
```

この種類の計算はプログラム（可能な）電卓で十分に実行できる．すでに積分が組みこまれた電卓も存在する．

①
```
RUN
x1=? 0
x2=? 1
n=? 10
 Integral= .7853981632424462
Ok
RUN
x1=? 0
x2=? 1
n=? 100
 Integral= .7853981633974481
Ok
print a*4
 3.141592653589793
Ok
```

②
```
100 def fny(x)=1/x
RUN
x1=? 1
x2=? 2
n=? 100
 Integral= .6931471805794753
Ok
```

③
```
100 def fny(x)=x*(x-4)+3
RUN
x1=? 1
x2=? 3
n=? 1
 Integral=-1.333333333333333
Ok
```

④
```
100 def fny(x)=x*(x*(x-2)-2)+1
RUN
x1=? -2
x2=? 3
n=? 1
 Integral=-7.083333333333333
Ok
```

積分と原始関数

積分と原始関数の関係については，偏った一面的な見かたが多いように思われる．

原始関数が(1)によって積分計算の手段となっているという面だけでなく，積分

$$F(x) = \int_a^b f(t)\,dt$$

によって，fの原始関数が構成されるという，重要なもう1つの面を見なければならない．

たとえば，上の実行例②における，$f(x)=\dfrac{1}{x}$ についての

$$\int_1^x \frac{dt}{t} = \log x$$

は，積分 $\int_1^x \dfrac{dt}{t}$ を計算することで $\log x$ が具体的に求まるという方向で理解すべきものである．

関数 $\dfrac{1}{x}$ の原始関数として，積分 $\int_1^x \dfrac{dt}{t}$ 以上に自然でわかりやすく，実在感の確かなものはなく，$\log x$ とはこの積分のことなのである．$\log x$ という関数から出発する場合も，それを調べるには，$\log x$ がどういう積分で表されるかという「逆積分」の視点が必要となる．

実行例②では，$\log 2$ が小数第 10 位まで正確に求められている．これは教科書 270 ページの

$$\log 2 = 0.6931471\cdots$$

より精密であって，普通の実用には十分すぎる結果である．(0.69 あるいは 0.7 で間に合うことが多い．)

実行例①は π を計算している．関数

$$f(x) = \frac{1}{1+x^2}$$

の積分

$$F(x) = \int_0^x \frac{dt}{1+t^2}$$

によって，単調増加な関数 $\theta = F(x)$ が定まり，その逆関数が

$$x = \tan\theta \quad \left(-\frac{\pi}{2} < \theta < \frac{\pi}{2}\right)$$

であることは，良く知られている．π の値を求めるには

$$\frac{\pi}{4} = \int_0^1 \frac{dt}{1+t^2}$$

を計算すればよい.教科書270ページの定数表とくらべてみると,最後の小数第15位まで一致していることがわかる.ただし,このケースは例外的な事情で正確すぎるので,シンプソン公式の最初の例題としては適切でないという意見もある.

実行例③④は,2次,3次関数に対して分割数$n=1$で計算したものである.この場合は,公式自体が真の等式であるため,誤差としては計算上の誤差しか発生しない(この例では,それさえもない).

不定積分の効用

関数$f(x)$の不定積分とは,

$$\int_a^b f(x)\,dx = F(b)-F(a) \tag{4}$$

と書くことのできる関数Fのことである.(4)は(1)と同じ形だが,いまは$F'(x)=f(x)$かどうかを意識していない.不定積分は関数$f(x)$に対してというよりは測度$f(x)\,dx$に対して定まるものであり,完全に積分法の枠内の概念である.fが分布の密度(たとえば質量分布や確率分布)のとき,不定積分Fは,分布$f(x)\,dx$の分布関数と呼ばれることが多い.

密度関数

$$f(t) = \frac{1}{\sqrt{2\pi}}e^{-\frac{1}{t^2}}$$

で示される正規分布に対する不定積分(分布関数)としては,普通

$$F(x) = \int_{-\infty}^x f(t)\,dt \qquad \left(=0.5+\int_0^x f(t)\,dt\right)$$

が使われる.『確率・統計』の232~233ページにこの不定積分が正規分布表として与えられている.この不定積分は,結果と

しては $f(x)$ の原始関数に相違ないが,そのことは(4)による積分の計算とは全然関係がない.

「積分計算では原始関数を求めることが基本であって,不定積分が大切なのではない」という見解があるが,これは一般的には正しくない.分布関数 $\int_{-\infty}^{x} f(t)\,dt$ は,上に見たように,その本質は積分であって,決して原始関数(逆微分)として提出されたものではない.

そして,この分布関数表(不定積分表)でなくて,定積分 $\int_{a}^{b} f(t)\,dt$ の表をのせようとすると,2ページ分でなく,600ページ分の表が必要となる.確かに不定積分が有用だという実例がここにある.

測度 $f(x)\,dx$ の不定積分は,(4)から導かれるように,

$$F(x) = c + \int_{a}^{x} f(t)\,dt \tag{5}$$

という形をしている.定数の差は本質的でないから,要するに,不定積分は積分なのである.先に述べたことだが,(5)の形の式は $f(x)$ の原始関数を与える.多くの場合,ほとんど唯一の原始関数の構成法を与える.この点に(不定)積分の1つの役割がある.

$f(x)$ が連続の場合,その原始関数と,$f(x)\,dx$ の不定積分(5)は一致する.まったく起源の異なる2つの概念が連続関数の上で一致する.これが「微分積分の基本定理」である.『基礎解析』の121〜122ページで,$f(x)$ の原始関数が

$$G(x) = \int_{a}^{x} f(t)\,dt + c$$

の形をしていることを指摘した上で,「原始関数 $G(x)$ を,もとの数 $f(x)$ を積分して得られたものとみるとき,これを $f(x)$ の

不定積分といい，…」と書いているのは，限定された範囲内の表現としては，的確である．

けれども，積分の理論は連続な密度関数 $f(x)$ をもつ測度 $f(x)\,dx$ の場合に限定されるものでなく，もっと広いものである．高校レベルで重要なものとして，区分的に一様な分布があり，この場合 $f(x)$ は階段関数で不連続だが，もともと密度関数のない分布もある．それは，有限個の点に質量が集中した分布のようなものである．

n と p を固定し，
$$P(r) = {}_nC_r\, p^r(1-p)^{n-r} \quad (r=0,\ 1,\ 2,\ \cdots,\ n)$$
と置いたのは二項分布だが，実数直線上の $n+1$ 個の点 $0,\ 1,\ 2,\ \cdots,\ n$ にこの質量なり確率なりを置き，他の点に何も置かなければ，$\boldsymbol{R}$ 上の 1 つの測度 μ が定まる．μ は，区間 I ごとに，I に乗る総質量 $\mu(I)$ を対応させ，これが積分にあたる．$F(x)=\mu([-\infty,\ x])$，あるいは
$$F(x) = \begin{cases} 0 & (x<0) \\ \sum_{i=0}^{r} P(i) & (r \leq x < r+1;\quad r=0,\ 1,\ \cdots,\ n-1) \\ 1 & (n \leq x) \end{cases}$$
とおいた関数 F が不定積分にあたり，いくつかの n と p に対する F は『確率・統計』の巻末の「積算分布表」で知ることができる．区間 $[a,\ b]$ における総質量は
$$\mu([a,\ b]) = F(b)-F(a)$$
で求めることができる．不定積分というのは，このあたりまで自然につながる概念である．

暴走の死角

小沢健一

　　　　1
　網井巡査ははじめて交通取締りの必要に気がついた.
　A県内山村は, もともと冬のスキー場としては知られていたが, その他の季節は観光客もなく, ひなびた一寒村にすぎなかった. それがここ1,2年の間に, 道路の整備と相呼応して, 車の数がめっきりふえてきた. そして50×年8月6日の夕方, 網井巡査がこの村の駐在所にきて以来はじめての事故が起こった.
　カーブに気がつかず, そのままガケ下の畑に飛びこんだだけの事故であったため, 運転していた大学生垣内五郎が負傷したにとどまった.
　垣内は, 病院で調べにあたった網井巡査に
「霧がかかった日だったのでうっかり道を見失なっただけで, スピード違反もしていない」

と述べた．車内からシンナーの徴候が発見されたため書類送検されたが，スピード違反については，「その疑い」しか検証できなかった．

「もしもし，内山村の網井ですが，……」
　網井は思いきって本署に電話をいれてみた．交通取締りをするためには，俗に「ネズミトリ」とよばれている自動車速度測定装置がどうしても欲しい．それを配備してもらいたかった．
「網井さん，内山村にも自動車が行くのですか．いや，こりゃ失礼．すぐと言ってもとても無理ですね」
　予想どおり返事は冷たかった．しかも，大学出でエリートコースにのりかかっている部長の声がいつものように網井の頭の中央あたりで居座った．50歳近くになって，やっと上司の監督の目からぬけ出した先がこの寒村である．もちろん同僚はいない．妻と二人きりでせまい駐在所つきの六畳暮らしである．山の緑が美しいのと反比例して部長の電話の声が意地悪く聞こえた．

2
「制限速度，時速 60 キロか……」
　網井がいまいましさをふきとばすようにつぶやくと，六畳の間で洗濯ものの整理をしていた妻の圭子が話しかけてきた．
「時速 60 キロがどうしたのですか」
「いや，なんでもない」
「お父さん，時速 60 キロというのはどのくらい速いのでしょうか」
　また圭子がおかしなことを言いだした．自分の不機嫌をとっさにさとり，適当な話題で慰めてくれようとしている．それが

よくわかるだけに網井は心が痛んだ.
「それはおまえ……1時間かかって60キロメートル進むことだろう」
「ああ, そうですわね」
例によってのんびりしたことを言う圭子は, さらにこともなげにつぶやいた.
「この村は, はしからはしまで車で30分くらいしかありませんから, 時速60キロはないのですね」
「なんだって？」
「だって1時間走ったら村から出てしまうでしょう」
時速60キロがこの村にはない！
「そ, そんなばかなことが……」
網井はあわてて考えをめぐらせた. 尋常小学校の先生が頭に浮かんだ. こんなことははじめての経験である. おそらく, 無意識のうちに, 小学校時代の先生に助けを求めたのであろう.
（あわててはいけない. おちつけ. この村に時速60キロがないなんて）
「おまえ, 1時間で60キロは, 30分で30キロということだろう」
網井はほっとして答えた.

その晩, 網井は久しぶりに娘の美紀に長距離電話をいれた. 気分がよかったことと, 美紀に恋人ができたらしいのでそのことが気になったことによる.
「その男を連れてきなさい」
「その男なんていやだわ, お父さん. 逮捕するみたいじゃないの. 二宮亮太, に・の・み・や・りょうたさん」

美紀の声ははずんだ.

網井は今日小学校時代以来しばらく忘れていた「考える楽しさ」を味わった.

1時間60キロメートルが時速60キロで,これは30分に30キロといってもよい.圭子には黙っていたが,次のようなメモを作った.

1時間	60 km	速度は	60 km/1時間
2時間	120 km		120 km/2時間
3時間	180 km		180 km/3時間
30分(0.5時間)	30 km		30 km/0.5時間
1分(1/60時間)	1 km		1 km/$\frac{1}{60}$時間

時速60キロは分速1キロであることはすぐ気づいたのだが,うっかり圭子にいうと

「それではこの村には時速60キロはないけれど分速1キロはあるのですね」

といわれるにちがいないので,ここが網井にとって大問題であった.それだけに30を0.5で割り算して60が出たときのうれしさはなんともいえなかった.1キロを60分の1時間で割ったときもそうであった.「分数で割るときは分子分母をひっくりかえしてかける」という理由などは全くわからないが,40年も前のことを思い出せた.たしかに小学校の先生が「理由はともかくそうしろ」といっていた.

うっかりすると,美紀を二宮亮太に嫁にやることまで許してしまいそうになるほど気分が良かった.

3

翌朝,網井は朝飯もそこそこに,双眼鏡とストップウォッチ

をもって裏山に登った.

網井のアイデアはこうである. つまり, 1分間で1キロ以上走る車は時速60キロの制限を超えていることになる. 制限速度を超えた車のナンバーを双眼鏡でとらえる. 時間はストップウォッチで計るし, 県道添いの神社の鳥居や橋などの間の距離は知っているから距離はほぼ正確に出る. 距離を時間で割れば速度が出る.

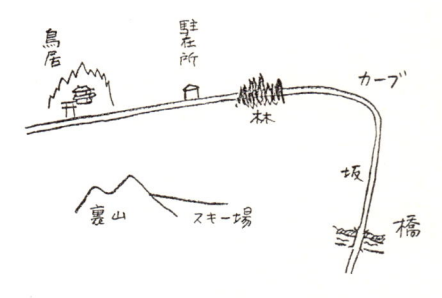

[図: 鳥居, 駐在所, 林, カーブ, 坂, 橋, 裏山, スキー場]

1時間ほど後, 網井は疲れた様子で山を下りてきた.

「失敗だ」

彼はなぜ失敗したのであろうか.

まず第一に, 山の上から双眼鏡で車のプレートを読みとることはできなかったのである.

そして第二に, これこそ彼の落胆の最大の理由であるが, 車のスピードは1分間の中で変化が多すぎるのである.

鳥居と橋はほぼ1キロ離れている. それを3等分したところに駐在所とカーブがある. 目をさえぎるのは林が少しあるだけだ. したがって条件はよい, と思ったのであったが, 車はカーブで急速な減速をする. しかも橋の手前がかなりの坂になって

いる.

　網井は考えた.

　(大体, 双眼鏡でナンバーが見えたところで現行犯逮捕ができるわけではないではないか. おれが出世と遠い道ばかり歩んできたのもすべてがこの調子だからだ)

　圭子が言った.

　「ことしは冬が早いでしょうか」

　「そうだな. 来年の春になったら, スピード注意の看板をいくつか出そう」

　圭子は, (出世と遠い道ばかり歩む) 網井が好きだった. 今朝も双眼鏡を手に山に上っていくのを見て, またお父さんの「善意の心」が燃えているな, と思った. 昨日の様子からみてスピード違反を取締ろうとしていることはたしかであり, そのために山に登る理由は圭子にはわからなかったが, 彼の姿には, 村人や運転者の安全を考える真剣さがあふれていた.

　(いつもあの人はそうなのだ)

　町の官舎に居た頃は, 若い同僚が次々と昇進していく中で, さすがに圭子もつらい思いをした. 出世のためには「善意の心」は役立たない. 山の冬のきびしさも, 当時のつらさに比べればむしろ快さに近かった.

4

　10月下旬にこの冬の初雪が舞って以来, 山の生活は急速に「冬型」に切り替えられた. やがて雪に閉ざされた長い灰色の日々がはじまる. ここ数年, スキーブームの影響で内山村も名が知れてきた. 民宿の受け入れ準備, リフトの整備等がはじまった. 都会から訪れるスキー客にとっては, 雪は「銀色」に輝く花であろうが, 冬の準備にいとまのない村民にとっては, たと

えスキー場の華やかさが加わったとしても，雪は「灰色」の季節の主人公であった．

網井はストーブに手をかざしながら，小さい事務机の上を見た．

ここ1週間ほど冬型の気圧配置が強かったため網井もすっかり駐在所のせまい空間に閉じこめられた．吹雪がガラス戸をたたきとおした．その中で作りあげた図を見ていたのである．この図は，双眼鏡をもって山に登ったあの日のメモをグラフにしたものであった．

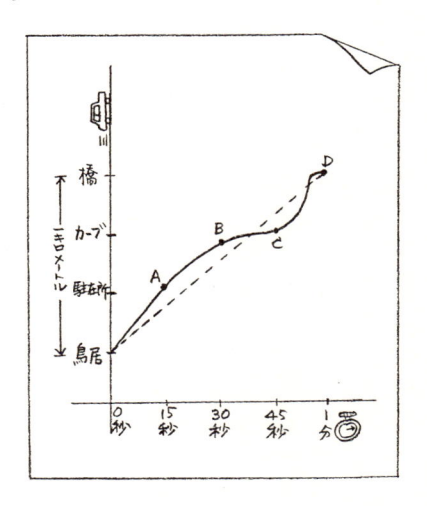

車の多くは，15秒で駐在所をはるかに超える．30秒たつころはカーブの直前まで行っている．ところが8月6日に垣内五郎が飛び出してしまったカーブがかなりのヘアピンであるため，

のろのろ運転を強いられる．

窓をたたく風と雪の中で，網井は2つの限界を感じた．

ひとつは「行為の限界」である．

すなわち，測定区間を駐在所のごく近くにしぼれば，時速60キロをオーバーしている車はかなりある．ところが，ストップウォッチの誤差が強調されて（距離÷時間）の計算が事実とずれた数値を示す．これは網井が実験済みであった．

もうひとつは「認識の限界」とでもいうべきものであった．

すなわち，等速な動きと比べたとき，速度が刻々と変わるような動きにおける「刻々の速度」とは何か．これが網井の限界を超えていた．

前者は，ネズミトリ（自動車速度測定機）さえあれば解決できる．しかし後者は，人間の納得の質にかかわるものであり，深刻である．

これが，正月の3日間ですべて解決されるとは，もちろん網井は夢にも思わなかった．

5

大みそかの日に，美紀が帰ってきた．二宮亮太と一緒であった．

網井も妻の圭子も，二宮亮太の眼元のすずしさに好感をおぼえた．M大学夜間部で美紀の先輩にあたり，クラブ活動で知り合ったという．互いに意識しはじめたのは，亮太が卒業した後のことで，亮太も美紀もお互いの「生き方」に共感し合ったらしい．昼間働きながら学ぶ夜間部ではこのようなケースが多い．

美紀が夜間部を選んだのも，町の官舎生活時代の精神面，経済面のつらさがそうさせたことを網井はよく知っていた．それだけに，美紀の明るい笑顔が何よりもうれしかった．

年があけた50×年1月1日，快晴．

スキーはまったく初経験であるという亮太の手を引くように，美紀は裏山の内山村営スキー場にでかけていった．

スキー場のパトロールに行った網井は，当然まっ先に二人の姿を追った．

丁度，亮太がリフトで下ってきた．美紀が無理に頂上へ誘い，滑れない亮太は，仕方なしに下りのリフトへ乗ったのであろう．

笑いながらそれを見ていた網井は，突然低い声をもらした．
「あっ，等速運動だ」

それはたしかに等速運動であった．リフトの下を次々に滑り下りるスキーヤー達の動きとの比較は鮮やかであった．リフトのロープをまわす歯車は常に一様に回転している．リフトで下る人はめったにないだけに，照れくさそうな亮太の顔が印象的であった．

1月2日．うすぐもり．

この日，網井はついに「認識の限界」を突破した．

雪に慣れた亮太は，ゆるい斜面で直滑降を練習していた．

それを見ていた網井は，奇妙な「重複と分離の光景」を目撃したのである．

美紀と亮太がA地点から滑りはじめ，B地点まで重複したままスピードを上げてきた．

B地点で，美紀はそのまま斜面をすべり下り，亮太は水平な面へ乗り移り，二人は分離した．

亮太の乗った水平な土地は，民宿組合と村が夏季の合宿客誘致のため整備をはじめたラグビー，サッカー練習用のグラウンドである．美紀はその手前の斜面を下って行ったのである．

(分離) (重複)

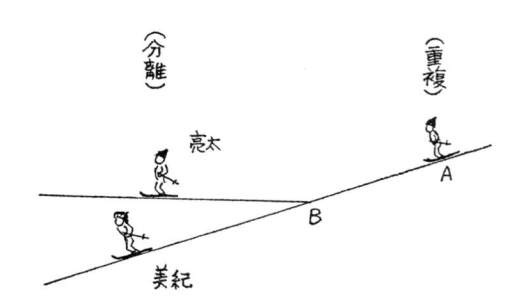

亮太

美紀

　分離後,亮太は等速運動に移る.美紀は速度を増しながら下っていく.

　網井はついに「刻々と変わる速度」を,B地点で「等速な運動」に転化させてとらえることに成功したのである.

　美紀のB地点における「瞬間の速度」を,亮太が等速運動にして見せてくれた…….

　網井は,体内に湧き立つような「知的興奮」を覚えた.

　1月3日.雪.

　圭子が止めたにもかかわらず,今日も若い二人はスキーに出かけていった.

　「亮太さんは,すごく筋がいいのよ」

　美紀はうれしそうであった.

　昼近く,顔をしかめた亮太と,心配そうにいたわる美紀が帰ってきた.

　上達を過信した亮太がガケの下へ飛び込んでしまったのだという.幸い軽い打撲で済み,昼食時にはもう元気な笑いが戻った.

「亮太さんったら，私についてこようとするのですもの．まだまだ．来年か再来年よ」

「いやー，まいった．穴熊みたいに雪の中に埋まってしまった．落体の法則を身をもって実験しちゃった．アハハハ」

「またそんな大げさなことをいう．アハハハ」

網井は聞き慣れない言葉に興味をもった．

「ラクタイのホーソクというのはなんだね」

亮太の説明によれば，物を自然に落下させたときに，時間と落下距離の間に

$$y = \frac{1}{2} \times 9.8 x^2 \quad (x : 秒, \ y : m)$$

という関係があるのだそうだ．

「しかし君はまっすぐ落ちたのではなく，ガケの上から横に飛び出したのだろう」

「ええ，ただし，真横に飛び出せば，垂直方向の落下距離はこの式に従うのです．そして水平方向は飛び出したときの速さのまま等速に進むのです」

さすがに理科系を卒業したらしく，亮太はいろいろな図解をして説明してくれた．

1月4日，二人はバスでまた都会の生活に戻るため出発していった．

二人が居なくなった部屋で，網井は圭子の眼がぬれているのを見た．網井も，さびしさと成長した娘への祝福が一緒になって，眼頭が熱くなった．

(美紀．亮太君を大切にしろ．おまえのお母さんがおれにしてくれたように……)

感傷をそそるように，静かに雪が舞っていた．

　　　　　6

　山のスキー場も幕をおろし，雪の間から緑が萌え出し始めた3月末のある日，本署の会議室で網井は一世一代の晴れがましさを味わっていた．

　「……．道から落下地点までの垂直距離は1.8メートル，水平距離は15メートルでした．このことから垣内の車の滞空時間と地面を離れるときの瞬間速度を割り出すことができます」

　会議室に集った30名ほどの幹部級の警察官が一斉に「ホーッ」というため息をもらした．もちろんしゃべっているのは網井巡査である．

　「カーブの地点は起伏のないところであり，しかもブルドーザーによる除雪作業を可能にするためガードレールもありません．したがってほぼ水平方向に飛び出したと見られます．

　この場合，$y = \frac{1}{2} \times 9.8 x^2$ の y を1.8として，x が0.61秒であることが計算されます．目撃者はいなかったのですが，まさに「天の時計」が働いていたといえます」

　ここでも会場がどよめいた．網井は続ける．

　「もし垣内の車が制限ぎりぎりの時速60キロで走っていたとします．これは秒速になおすと16.7メートルです．秒速16.7メートルで0.61秒水平に飛ぶと約10.2メートルになり，実際に測った事故車の水平距離15メートルには及びません．これで速度オーバーが証明されました．ちなみに逆算してみますと，(速度×0.61秒＝15 m)から秒速24.6メートル，時速に直すと88.5キロメートルとなります．

　したがって，垣内は制限速度を30キロ近く超えた時速88.5キロも出していた．おそらくシンナーによる幻覚も手伝って，

スピードに酔ったまま道から飛び出したものと判断されます．畑が高原レタスを栽培する柔い土であったため車は大破しなかったのです」

聴衆は水を打ったように静まりかえった．網井の話に聞きほれていたのである．

山村で起こった小さな事故であるのにかかわらず，とくに署長が特別賞を用意し，この日の幹部集会——網井巡査の表彰と，彼の報告を聞く会を持ったのは，まさに内容の「質の高さ」によるものであった．

表彰を受ける網井の丸い背中に，大きな拍手が送られた．

実は，1キロメートルを1分で走るかどうかという「平均の速度」から，次第に区間をせばめていって「瞬間の速度」をとらえようとした網井の行為，および「瞬間の速度」を等速運動に転化してとらえた網井の認識は，「微分学」といわれる高等数学の手法そのものであった．

尋常小学校出身の一巡査が，自分を納得させるために，自分の中に，自分の微分学をつくりあげた．

この事実は，署長の特別賞などとは比較にならない人間の勝利であった．

網井はそのようなことを知るよしもなかった．副賞の金一封の中から，圭子に和菓子の包みでも買っていってやろう．あとは美紀のハンドバッグでも……本署の窓から遠くにかすむ山を見やりながら考えていた．　　　　　　　　　　　　　　　（完）

（え／筆者）

（日本評論社「数学セミナー」1978年6月号　原文は縦書き）

付表 「微分・積分」事物分類表
　　　　　（数学は教科書の該当ページ．扉および「数学の歴史」を除く）

日常生活

飲食	コーヒー	54, 74
住居	風呂	101
	雨どい	158
	カーテンレール	14
貯蓄	元金	96
	利息	96
運動	ハンマー投げ	106, 116

物

生物	バクテリア	54, 68, 70
物質	ラジウム	72
	ウラン	72-74
	鉛	74
	水	80
	板	182-184
宇宙	月	106
	宇宙のはて	78
のりもの		
	電車	16-20
	船	190
	自動車	243

本書は、一九八四年三月三〇日、三省堂より刊行された高等学校用検定教科書とその指導資料を合冊にしたものである。

計算機と脳	J・フォン・ノイマン　柴田裕之訳	脳の振る舞いを数学で記述することは可能か？ 現代のコンピュータの生みの親でもあるフォン・ノイマン最晩年の考察。
フンボルト 自然の諸相	アレクサンダー・フォン・フンボルト　木村直司編訳	中南米オリノコ川で見たものとは？ 植生と気候、緯度と地磁気などの関係を初めて認識した、ゲーテ自然学を継ぐ博物・地理学者の探検紀行。（野崎昭弘）
πの歴史	ペートル・ベックマン　田尾陽一/清水韶光訳	円周率だけでなく意外なところに顔をだすπ。ユークリッドやアルキメデスによる探究の歴史に始まり、オイラーのπの発見したπの不思議にも最適。
やさしい微積分	L・S・ポントリャーギン　坂本實訳	微積分の基本概念・計算法を全盲の数学者がイメージ豊かに解説。練習問題・解答付きで独習にも最適。版を重ねて読み継がれる定番の入門教科書。
フラクタル幾何学（上）	B・マンデルブロ　広中平祐監訳	「フラクタルの父」マンデルブロの主著。膨大な資料を基に、生物などあらゆる分野から事例を収集・報告したフラクタル研究の金字塔。
フラクタル幾何学（下）	B・マンデルブロ　広中平祐監訳	「自己」相似」が織りなす複雑で美しい構造とは。その数理とフラクタル発見までの歴史を豊富な図版とともに紹介。
工学の歴史	三輪修三	オイラー、モンジュ、フーリエ、コーシーらは数学者であり、同時に工学の課題に方策を授けていた。「ものづくりの科学」の歴史をひもとく。
位相のこころ	森毅	微分積分などでおなじみの極限や連続などは、20世紀数学でどのように厳密に基礎づけられたのか。「とんとん」近づける構造のしくみを探る。
現代の古典解析	森毅	おなじみ一刀斎の秘伝公開！ 極限と連続に始まり、指数関数と三角関数を経て、偏微分方程式に至る。見晴らしのきく、読み切り22講義。

不完全性定理	野崎昭弘	事実・推論・証明……。理屈っぽいとケムたがられたっぷりにひもどいたゲーデルへの超入門書。
数学的センス	野崎昭弘	美しい数学とは詩なのです。いまさら数学者にはなれないけれどもう一度楽しめたら……。そんな期待に応えてくれる心やさしいエッセイ風数学再入門。
高等学校の確率・統計	黒田孝郎/森毅小島順/野崎昭弘ほか	成績の平均や偏差値はおなじみでも、実務の水準とは隔たりが。基礎からやり直したい人のための説の検定教科書を指導書付きで復活。
高等学校の基礎解析	黒田孝郎/森毅小島順/野崎昭弘ほか	わかってしまえば日常感覚に近いものながら、数学挫折のきっかけの微分積分。その基礎をていねいに紐解いた再入門のための検定教科書第2弾！
トポロジー	野口廣	現代数学に必須のトポロジー的な考え方とは？集合・写像・関係・位相などの基礎から、ていねいに図説した定評ある入門者向け学習書。
トポロジーの世界	野口廣	ものごとを大づかみに捉える！その極意を、数式に不慣れな読者との対話形式で、図を多用し平易・直感的に解き明かす入門書。（松本幸夫）
エキゾチックな球面	野口廣	7次元球面には相異なる28通りの微分構造が可能！フィールズ賞受賞者を輩出したトポロジー最前線を臨場感ゆたかに解説。（竹内薫）
数学の楽しみ	テオニ・パパス安原和見訳	ここにも数学があった！ 石鹸の泡、くもの巣、雪片曲線、一筆書きパズル、魔方陣、DNAらせん……。イラストも楽しい数学入門150篇。
相対性理論（上）	W・パウリ内山龍雄訳	相対論発表から5年。先行の研究論文を簡潔に引用批評しつつ、理論の全貌をバランスよく明解に解説したノーベル賞学者パウリ21歳の名論文。

書名	著者/訳者	内容
もりやはやし	四手井綱英	日本の風景「里山」を提唱した森林生態学者による滋味あふれるエッセイ。もりやはやしと共存した暮らしをさりげなく筆致で綴る。〈渡辺弘之〉
通信の数学的理論	C・E・シャノン／W・ウィーバー 植松友彦訳	IT社会の根幹をなす情報理論はここから始まった。発展いちじるしい最先端の分野に、今なお根源的な洞察をもたらす古典的論文が新訳で復刊。
数学という学問Ⅰ	志賀浩二	ひとつの学問として、広がり、深まりゆく数学。数・微積分・無限など「概念」の誕生と発展を軸にその歩みを辿る。オリジナル書き下ろし。全3巻。
数学という学問Ⅱ	志賀浩二	第2巻では19世紀の数学を展望。数概念の拡張によりもたらされた複素解析のほか、フーリエ解析、非ユークリッド幾何誕生の過程を追う。
シュヴァレー リー群論	クロード・シュヴァレー 齋藤正彦訳	「集合」「関数」「確率」などの基本概念をイメージ豊かに解説。直観で現代数学の全体を見渡せる入門書。図版多数。本邦初訳。
現代数学の考え方	イアン・スチュアート 芹沢正三訳	現代数学は怖くない！「集合」「関数」「確率」などの基本概念をイメージ豊かに解説。直観で現代数学の全体を見渡せる入門書。図版多数。
幾何物語	瀬山士郎	作図不能の証明に二千年もかかったとは！柔らかな発想で大きく飛躍してきた歴史をたどりつつ、現代幾何学の不思議な世界を探る。図版多数。
新式算術講義	高木貞治	算術は現代でいう数論。数の自明を疑わない明治の読者にその基礎を最新学説で説く。『解析概論』の著者若き日の意欲作。
数学の自由性	高木貞治	大数学者が軽妙洒脱に学生たちに数学を語り、60年ぶりに復刊された人柄のにじむ幻の同名エッセイ集を含む文庫オリジナル。〈高瀬正仁〉

和算書「算法少女」を読む	小寺 裕	娘あきが挑戦していた和算とは？ 歴史小説『算法少女』のもとになった和算書の全問をていねいに読み解く。〔エッセイ〕遠藤寛之　解説　土倉 保
解 析 序 説	小林龍一／廣瀬 健／佐藤總夫	自然や社会を解析するための、センスを磨く！ 差分、微分から微分方程式までを丁寧にカバーした入門者向け学習書。〔活きた微積分〕笠原晧司
大 数 学 者	小堀 憲	決闘の凶弾に斃れたガロア、革命の動乱で失脚したコーシー……激動の十九世紀に活躍した数学者たちの、あまりに劇的な生涯。加藤文元
確率論の基礎概念	A・N・コルモゴロフ 坂本實訳	確率論の現代化に決定的な影響を与えた『確率論の基礎概念』に加え、有名な論文「確率論における解析的方法について」を併録。全篇新訳。
数 学 史 入 門	佐々木 力	古代ギリシャやアラビアに発する微分積分学のダイナミックな形成過程を丹念に跡づけ、数学史の醍醐味をわかりやすく伝える書き下ろし入門書。
ガ ロ ワ 正 伝	佐藤文隆	最大の謎、決闘の理由がついに明かされる！ 難解なガロワの数学思想をひもといた後世の数学者たちにも迫った、文庫版オリジナル書き下ろし。
ブラックホール	R・ルフィーニ	相対性理論から浮かび上がる宇宙の「穴」。星と時空の謎に挑んだ物理学者たちの奮闘の歴史と今日的課題に迫る。写真・図版多数。
数学をいかに使うか	志村五郎	「何でも厳密に」などとは考えてはいけない――。世界的数学者が教える「使える」数学とは。文庫版オリジナル書き下ろし。
数学の好きな人のために	志村五郎	世界的数学者が教える「使える」数学第二弾！ 非ユークリッド幾何学、リー群、微分方程式論、ド・ラームの定理など多彩な話題。

コンピュータ・パースペクティブ

チャールズ&レイ・イームズ
和田英一 監訳
山本敦子 訳

バベッジの解析機関から戦後の巨大電子計算機へと辿る、コンピュータの黎明を飾る約五〇〇点の豊富な資料とともに、イームズ工房制作の写真集。

地震予知と噴火予知

井田喜明

巨大地震のメカニズムはそれまで想定とどう違っていたのか。地震理論のいまと最前線を明快に整理し、その問題点を鋭く指摘した提言の書。

ゆかいな理科年表

スレンドラ・ヴァーマ
安原和見 訳

えっ、そうだったの！ 数学や科学技術の大発見大発明大流行の瞬間をリプレイ、ときにニヤリ、ときになるほどとうならせる、愉快な読みきりコラム。

初学者のための整数論

アンドレ・ヴェイユ
片山孝次／田中茂／丹羽敏雄／長岡一昭 訳

古くて新しい整数論の世界。フェルマー、オイラー、ガウスら大数学者が発見・証明した整数論の基本事項を現代的アプローチで解説。

シュタイナー学校の数学読本

ベングト・ウリーン
丹羽敏雄／森章吾 訳

中学・高校の数学がこうだったなら！ フィボナッチ数列、球面幾何など興味深い教材で展開する授業十二例。新しい角度からの数学再入門でもある。

算法少女

遠藤寛子

父から和算を学ぶ町娘あきは、若宮八幡の算額に誤りを見つけ声を上げた、と――。若侍まじえ和算へのいざないとして定評の少年少女向け歴史小説。箕田源二郎・絵

原論文で学ぶ アインシュタインの相対性理論

唐木田健一

ベクトルや微分など数学の予備知識も解説しつつ、一九〇五年発表のアインシュタインの原論文を丁寧に読み解く。初学者のための相対性理論入門。

医学概論

川喜田愛郎

医学の歴史、ヒトの体と病気のしくみを概説。現代医療で見過ごされがちな「病人の存在」を見据えつつ、「医学とは何か」を考える。

ガウス 数論論文集

ガウス
高瀬正仁 訳

成熟した果実のみを提示したと評されるガウス。しかし原典からは考察の息づかいが読み取れる。4次剰余理論など公表した5篇すべてを収録。本邦初訳。〔酒井忠昭〕

√2の不思議　足立恒雄

√2とは？　見えてはいるけれどないようであるもの。納得しがたいその深淵には、おのがいた。抽象思考のギリシア人はおのがいた。抽象思考の不思議をひもとく。

輓近代数学の展望　秋月康夫

ガウスの整数論からイデアル論へ、そしてギリシア人の不思議をひた走る現代数学の一大潮流を概観する。

化学の歴史　アイザック・アシモフ　玉虫文一／竹内敬人訳

あのSF作家のアシモフが化学史を？　じつは化学本職だった教授の、錬金術から原子核までをエピソード豊かにひもといた上質の化学史入門。

ガロア理論入門　エミール・アルティン　寺田文行訳

線形代数を巧みに利用しつつ、直截簡明な叙述でガロア理論の本質に迫る。入門書ながら大数学者の卓抜なアイディアあふれる名著。

情報理論　甘利俊一

「大数の法則」を押さえれば、情報理論はよくわかる。シャノン流の情報理論から情報幾何学の基礎まで、本質を明快に解説した入門書。

アインシュタイン論文選　アルベルト・アインシュタイン　ジョン・スタチェル編　青木薫訳

「奇跡の年」こと一九〇五年に発表された、ブラウン運動・相対性理論・光量子仮説についての記念碑的論文五篇を収録。編者による詳細な解説付き。（佐武一郎）

偉大な数学者たち　岩田義一

君たちに数学者たちの狂熱を見せてあげよう！　ガウス、オイラー、アーベル、ガロア……。少年たちに数学への夢をかきたてた名著の復刊。（高瀬正仁）

数学のまなび方　彌永昌吉

「役に立つ」だけの数学から一歩前へ。教科書が教えない「数学する心」に触れるための、とっておきの勉強法を大数学者が紹介。

公理と証明　赤攝也

数学の正しさ、「無矛盾性」はいかにして保証されるのか。あらゆる数学の基礎となる公理系のしくみと証明論の初歩を、具体例をもとに平易に解説。（小谷元子）

高等学校の微分・積分

二〇一二年十月十日　第一刷発行
二〇二一年十一月十五日　第二刷発行

著　者　黒田孝郎・森毅
　　　　小島順・野﨑昭弘 ほか（一覧別記）

装幀者　喜入冬子

発行者　喜入冬子

発行所　株式会社　筑摩書房
　　　　東京都台東区蔵前二—五—三　〒一一一—八七五五
　　　　電話番号　〇三—五六八七—二六〇一（代表）

印刷所　株式会社加藤文明社
製本所　株式会社積信堂

乱丁・落丁本の場合は、送料小社負担でお取り替えいたします。
本書をコピー、スキャニング等の方法により無許諾で複製する
ことは、法令に規定された場合を除いて禁止されています。請
負業者等の第三者によるデジタル化は一切認められていません
ので、ご注意ください。

Ⓒ別記

ISBN978-4-480-09485-8　C0141